| 商业街·商场 | 1 |
| 单 层 厂 房 | 11 |

| 百 货 商 店 | 2 |
| 多 层 厂 房 | 12 |

| 专 业 商 店 | 3 |
| 洁净与精密厂房 | 13 |

| 饮 食 建 筑 | 4 |
| 计 算 机 房 | 14 |

| 服务·修理行业 | 5 |
| 科学实验建筑 | 15 |

| 开发式工业小区 | 6 |
| 动 力 站 | 16 |

| 厂 址 选 择 | 7 |
| 仓 库 | 17 |

| 总平面及运输 | 8 |
| 起重运输机械 | 18 |

| 工厂管理建筑 | 9 |

| 工 厂 生 活 间 | 10 |

建筑设计资料集

5

（第二版）

中国建筑工业出版社

图书在版编目（CIP）数据

建筑设计资料集．5/《建筑设计资料集》编委会编．
—2版．—北京：中国建筑工业出版社，2005
ISBN 978-7-112-02223-6

Ⅰ.建... Ⅱ.建... Ⅲ.建筑设计-资料 Ⅳ.TU206

中国版本图书馆CIP数据核字（2005）第021945号

建筑设计资料集
（第二版）
5
《建筑设计资料集》编委会
*
中国建筑工业出版社出版、发行(北京西郊百万庄)
各地新华书店、建筑书店经销
北京圣夫亚美印刷有限公司印刷
*
开本：880×1230毫米 1/16 印张：18¼ 插页：1 字数：754千字
1994年6月第二版 2016年1月第二十四次印刷
定价：60.00元
ISBN 978-7-112-02223-6
（7243）

版权所有 翻印必究
如有印装质量问题，可寄本社退换
（邮政编码 100037）
本社网址：http://www.cabp.com.cn
网上书店：http://www.china-building.com.cn

《建筑设计资料集》(第二版) 总编辑委员会

顾　　问	戴念慈	金瓯卜	龚德顺	徐尚志	毛梓尧	傅义通	石学海
	方鉴泉					
主　　任	张钦楠					
副 主 任	卢延玲	陈登鳌	蔡镇钰	费　麟	林　晨	彭华亮
委　　员	（按姓氏笔画顺序）					
	丁子梁	王天锡	王伯扬	卢延玲	卢文聪	田聘耕	朱昌廉
	何广麟	邱秀文	许福特	苏　常	李继炎	张钦楠	陈登鳌
	陈励先	胡　璘	林　晨	张家臣	周庆琳	范守中	郑时龄
	赵景昭	赵冠谦	赵友声	费　麟	费天成	柳尚华	钱增标
	黄元浦	黄克武	梅季魁	曹善琪	曾广彬	彭华亮	窦以德
	蔡吉安	蔡德道	蔡镇钰	薛恩伦			

《建筑设计资料集》(第二版) 第5集 分编辑委员会

顾　　问	石学海	建设部建筑设计院		
主　　编	费　麟	机械工业部设计研究院		
副 主 编	苏　常	机械工业部设计研究院		
委　　员	许福特	中国电子工程设计院	钱增标	核工业第二研究设计院
	何广麟	天津大学	黄元浦	中国建筑东北设计院
	李继炎	中国航天建筑设计研究院	曾广彬	中南建筑设计院
	郑时龄	同济大学	袁培煌	中南建筑设计院
	赵景昭	北京市建筑设计研究院		
责任编辑	王伯扬	李迪恒		
技术设计	孟宪莅	于佳瑞	郭耀秀	肖广慧
封面设计	赵子宽			

《建筑设计资料集》(第二版) 第 5 集
编写单位和编写人员

项　　目	编写单位	编写人员	
商业街·商场	重庆建筑大学	万钟英	
百货商店	中南建筑设计院	乔士和	李　锋
		蒋东宇	
专业商店	中南建筑设计院	胡心汛	杨云祥
饮食建筑	中国建筑东北设计院	刘执中	黄元浦
		逄　维	朱德敬
		谭永凤	
服务·修理行业	中国建筑东北设计院	黄元浦	张　军
		张庆荣	朱淑琴
		商辽平	
开发式工业小区	中国航天建筑设计研究院	杨雁行	杨　健
厂址选择	核工业第二研究设计院	杨椿年	
总平面及运输	中国航天建筑设计研究院	杨雁行	
	煤炭工业部北京设计研究院	傅达聪	周允诚
工厂管理服务建筑	哈尔滨建筑工程学院	耿善正	
工厂生活间	哈尔滨建筑工程学院	张珊珊	
单层厂房	机械工业部设计研究院	苏　常	葛曼云
		杨代灿	
	北京建筑工程学院	王志周	
多层厂房	同济大学	陈申源	陈　易
	中国电子工程设计院	徐怡青	
洁净与精密厂房	中国电子工程设计院	许福特	
	天津大学	何广麟	吕振荣
计算机房	中国航天建筑设计研究院	李继炎	
	中国电子工程设计院	张建元	
科学实验建筑	同济大学	陆　轸	毛乾楣
		周伟民	
	中国科学院北京建筑设计研究院	顾国瑞	曹一民
		杨正光	林漳生
		刘家驹	
动力站	核工业第二研究设计院	范学信	沈　舒
		马玉芝	聂同寅
	机械工业部设计研究院	沙志远	杨启钧
		薛君玉	丁伟同
仓库	机械工业部设计研究院	张腾辉	
起重运输机械	机械工业部设计研究院	秦芝芬	朱和钧

前 言

广大读者翘首以待的新编《建筑设计资料集》（第二版）从1987年开始修订，历时八载，现在开始与读者见面了。这是我国建筑界的一大盛事。新编的《建筑设计资料集》（第二版）集中反映了我国80年代以来建筑理论和设计实践中的最新成果，充分体现了参加编写的建筑专家和学者们的卓越智慧，标志着我国第一部大型建筑设计工具书在原版的基础上更上了一层楼。

原版《建筑设计资料集》（1～3集）问世于60年代，70年代陆续出齐，曾先后重印过六次，发行量达二十多万套，深受读者欢迎，被誉为广大建筑设计人员的"良师益友"，在我国社会主义建设事业中发挥过巨大的作用。然而，随着我国改革开放的不断深化，建设事业发展迅速，建筑科技日新月异，人们的社会生活多姿多彩，对建筑设计工作的要求越来越高，原版有许多内容已显陈旧，亟需修订。在建设部领导的支持下，1987年由部设计局和中国建筑工业出版社共主其事，成立总编委会，开展《建筑设计资料集》的修订工作。经过全国50余家承编单位和100余位专家、学者的共同努力，克服重重困难，终于在1994年完成了此项系统工程，实现了总编委会提出的为广大设计人员提供一套"内容丰富，技术先进，装帧精美，使用方便"的大型工具书的要求。

新编《建筑设计资料集》（第二版）编写内容体例由本书顾问石学海同志撰写，经总编委会讨论修改定稿通过。它是在原版的基础上，按照总类、民用建筑、工业建筑和建筑构造四大部分进行修订的，第1、2集为总类；第3、4、5、6集为民用及工业建筑；第7、8集为建筑构造。编写体例仍以图、表为主，辅以简要的文字。此次修订着重资料的充实和更新，全面汇集国内建筑设计专业及其相关专业的最新技术成果和经验，同时有选择地介绍一些国外先进技术资料。

新编《建筑设计资料集》（第二版）有以下几个特点：

首先，它更为系统、全面，涵盖建筑设计工作的各项专业知识。它概揽古今中外建筑设计的各个领域；不仅与水、暖、电、卫、建筑结构、建筑经济等专业有着水乳交融的密切关系，而且还涉及哲学、美学、社会学、人体工程学、行为与环境心理学等诸多知识领域。

其次，此次修订，除个别项目保留原版内容外，绝大部分内容作了较大的更新或充实。新增项目有：形态构成；园林绿化；环境小品；城市广场；中国古建筑；民居；建筑装饰；室内设计；无障碍设计；商业街；地铁；村镇住宅；法院银行；电子计算机房；太阳能应用等。此外新版所列各类建筑的技术参数、定额指标，以至设计原则，均选自新的设计规范，各种设计实例亦作全面更新，使这部大型工具书更具有实用性。

第三，在编写体系上分类明确，查阅方便。通用性总类集中汇编于1、2集，其他各集分别为各类型民用建筑、工业建筑和建筑构造。

第四，新版的装帧设计、版面编排注意保持原版的独特风格，保持这套大型工具书的延续性，但在纸张材料、印刷技术上较原版更为精美。

当前，处在世纪之交的我国建筑师，正面临深化改革、面向世界、构思21世纪建筑新篇章的关键时刻，相信新编《建筑设计资料集》（第二版）的问世，必将有力地推进我国建筑设计工作的发展，在我国"四化"建设中发挥重大作用。

值此新版问世之际，谨向所有支持本书编写工作的设计、科研和教学单位，以及为此发扬无私奉献精神、付出辛勤劳动的各位专家、学者表示最诚挚的谢意！

愿这份献给建筑界的具有跨世纪价值的礼物，将帮助我国建筑师，为人民创造更多更美好的空间环境作出新的贡献！

《建筑设计资料集》（第二版）总编辑委员会
中国建筑工业出版社
1994年3月

目 录

1 商业街·商场 [1~20]

- 类型·环境构成 [1] …………… 1
- 商业街 [2] …………… 2
- 商业设施 [3] …………… 3
- 中心商业街 [4] …………… 4
- 步行商业街 [5] …………… 5
- 步行商业街实例 [6] …………… 6
- 室内商业街拱顶 [10] …………… 10
- 室内商业街拱顶类型构造 [11] … 11
- 地下商业街 [12] …………… 12
- 商业组群 [13] …………… 13
- 商业组群实例 [14] …………… 14
- 购物中心 [16] …………… 16
- 购物中心实例 [17] …………… 17
- 复合商业建筑 [18] …………… 18
- 复合商业建筑实例 [19] …………… 19

2 百货商店 [1~28]

- 场地·总平面 [1] …………… 21
- 营业厅 [2] …………… 22
- 柱网·层高·货柜布置 [3] …………… 23
- 自选营业厅 [4] …………… 24
- 室内 [5] …………… 25
- 顶棚·墙面·地面 [6] …………… 26
- 照明设计 [7] …………… 27
- 陈列展览 [8] …………… 28
- 橱窗 [9] …………… 29
- 库房 [10] …………… 30
- 广告·标志 [11] …………… 31
- 实例 [12] …………… 32
- 柱网参考表 [28] …………… 48

3 专业商店 [1~17]

- 概述 [1] …………… 49
- 服装店 [2] …………… 50
- 鞋帽店 [4] …………… 52
- 皮包店 [5] …………… 53
- 金银首饰店 [6] …………… 54
- 钟表眼镜店 [7] …………… 55
- 音响·照像器材店 [8] …………… 56
- 家用电器店 [9] …………… 57
- 书店·文具店 [10] …………… 58
- 字画店 [11] …………… 59
- 礼品·文物店 [12] …………… 60
- 花店 [13] …………… 61
- 中药·西药店 [14] …………… 62
- 食品店 [15] …………… 63
- 菜市场 [17] …………… 65

4 饮食建筑 [1~20]

- 一般说明 [1] …………… 66
- 餐馆·饮食店餐厅家具 [3] …………… 68
- 食堂餐厅家具 [4] …………… 69
- 食堂备餐间 [5] …………… 70
- 餐馆厨房 [6] …………… 71
- 厨房设备 [7] …………… 72
- 厨房排气及排水 [10] …………… 75
- 厨房·附属部分 [11] …………… 76
- 堂用炉灶 [12] …………… 77
- 餐馆实例 [13] …………… 78
- 餐馆·饮食店实例 [15] …………… 80
- 餐馆·茶室实例 [16] …………… 81
- 食品街实例 [17] …………… 82
- 食堂实例 [18] …………… 83
- 国外饮食建筑实例 [20] …………… 85

5 服务·修理行业 [1~20]

- 一般说明 [1] …………… 86
- 公共浴室 [2] …………… 87
- 美发厅·理发店 [7] …………… 92
- 美容店 [9] …………… 94
- 洗染店 [10] …………… 95
- 照相馆 [11] …………… 96
- 邮电所·储蓄所 [14] …………… 99
- 综合修理一般说明 [15] …………… 100
- 服装·针毛织品缝补 [16] …………… 101
- 皮便鞋·旅行包修理 [17] …………… 102
- 自行车·摩托车修理 [18] …………… 103
- 家用电器修理 [19] …………… 104
- 钟表·眼镜·金笔修理 [20] …………… 105

6 开发式工业小区 [1~4]

- 规划布置 [1] …………… 106
- 实例 [2] …………… 107

7 厂址选择 [1~4]

- 基本原则与要求 [1] …………… 110
- 基础资料搜集提纲 [2] …………… 111
- 改扩建厂基础资料搜集提纲 [4] …………… 113

8 总平面及运输 [1~21]

- 基本要求·节约用地 [1] …………… 114
- 防护间距 [2] …………… 115
- 竖向布置 [6] …………… 119
- 场地排水 [8] …………… 121
- 土方计算 [9] …………… 122
- 管线综合 [10] …………… 123
- 绿化布置 [12] …………… 125
- 道路 [13] …………… 126
- 标准轨距铁路 [16] …………… 129
- 窄轨铁路 [20] …………… 133

9 工厂管理服务建筑 [1~7]

- 设计要点及布局 [1] …………… 135
- 工厂主出入口 [2] …………… 136
- 工厂主出入口实例 [3] …………… 137
- 办公楼·综合服务楼 [4] …………… 138
- 办公楼·综合服务楼实例 [5] … 139
- 工厂食堂 [6] …………… 140

厂前区实例 [7] ………………… 141

10 工厂生活间 [1～5]

概述 [1] …………………… 142
生活间布置示例·生活间流线 [2]
………………… 143
存衣室 [3] …………………… 144
盥洗室·厕所·淋浴 [4] ……… 145
多层厂房·通用厂房生活间 [5]
………………… 146

11 单层厂房 [1～16]

设计要点 [1] ………………… 147
空间布置 [2] ………………… 148
结构型式 [3] ………………… 149
机械厂 [5] …………………… 151
机械厂涂漆车间 [7] ………… 153
机械厂电镀车间 [8] ………… 154
机械厂焊接车间实例 [9] …… 155
机械厂金工装配·联合厂房实例 [10]
………………… 156
机械厂铸造车间实例 [11] …… 157
机械厂锻工·热处理车间实例 [12]
………………… 158
冶金厂电炉炼钢车间 [13] …… 159
冶金厂轧钢车间 [14] ………… 160
纺织厂 [15] …………………… 161
印染厂 [16] …………………… 162

12 多层厂房 [1～14]

特点·范围 [1] ……………… 163
柱网·剖面 [2] ……………… 164
结构方案 [3] ………………… 165
楼·电梯间 [4] ……………… 166
技术经济分析 [5] …………… 167
定位轴线 [6] ………………… 168
体型组合 [7] ………………… 169
多层通用厂房 [8] …………… 170
实例 [10] ……………………… 172

13 洁净与精密厂房 [1～25]

基本概念 [1] ………………… 177
洁净厂房净化基本原理 [2] … 178
洁净厂房 [6] ………………… 182
洁净厂房人员·物料净化 [8] … 184
洁净厂房管线布置 [11] ……… 187
洁净室内部装修 [12] ………… 188
洁净厂房装配化 [14] ………… 190
洁净厂房构造 [15] …………… 191
空气洁净技术设备 [18] ……… 194
洁净厂房实例 [19] …………… 195
洁净厂房生物洁净工厂实例 [20]
………………… 196
精密厂房空调车间 [22] ……… 198
精密厂房微振控制 [24] ……… 200
空调车间实例 [25] …………… 201

14 机算机房 [1～10]

概述 [1] ……………………… 202
设计细则 [2] ………………… 203
机房布局 [3] ………………… 204
主机房 [4] …………………… 205
活动地板 [5] ………………… 206
空气调节 [6] ………………… 207
电气·室内装修材料作法 [7] … 208
主要设备 [8] ………………… 209
实例 [9] ……………………… 210

15 科学实验建筑 [1～26]

总体规划 [1] ………………… 212
总体规划·规划配置 [2] …… 213
实验建筑平面设计 [4] ……… 215
实验室空间尺度 [5] ………… 216
实验室与研究室的平面布局 [6]
………………… 217
实验室工程管网设计 [7] …… 218
化学实验室 [10] ……………… 221

化学实验室实例 [11] ………… 222
测试实验室 [13] ……………… 224
测试实验室实例 [14] ………… 225
声学实验室 [16] ……………… 227
光学实验室 [18] ……………… 229
光学实验室实例 [19] ………… 230
生物实验室 [20] ……………… 231
地学实验室 [23] ……………… 234
地学实验室实例 [24] ………… 235
天文观测室·台·站 [25] …… 236
天文观测室实例 [26] ………… 237

16 动力站 [1～26]

锅炉房 [1] …………………… 238
煤气发生站 [11] ……………… 248
压缩空气站 [17] ……………… 254
氧气站 [19] …………………… 256
乙炔站 [22] …………………… 259
制冷站 [24] …………………… 261

17 仓库 [1～14]

分类 [1] ……………………… 264
面积计算 [2] ………………… 265
一般要求 [3] ………………… 266
设备 [4] ……………………… 267
单层仓库 [6] ………………… 269
多层仓库 [7] ………………… 270
高架仓库 [8] ………………… 271
油料化学品库 [10] …………… 273
集装箱库 [11] ………………… 274
筒仓 [12] ……………………… 275
煤堆场·废料场 [13] ………… 276
木材仓库 [14] ………………… 277

18 起重运输机械 [1～5]

起重机械 [1] ………………… 278
叉车及运输小车 [3] ………… 280
运输机械 [4] ………………… 281

类型·环境构成[1] 商业街·商场

购物环境泛指为人们日常购物行为提供商业活动的各种场所空间。由于各自的经营方式、功能要求、行业配置、规模大小、空间特性及交通组织等的不同而产生多种不同的建筑形式，但从环境及综合分析上可归纳为四种类型及六个环境构成要素。在设计时应根据各种类型相应的特征、要求结合具体条件处理。

构成现代购物环境的六个要素是评价环境品质的基本要求，应全面考虑。

城市购物环境分级   表1

类 型	城 市 型		社 区 型	
类 别	城市商业中心	区域商业中心	居住区商业中心	街坊、小区、商业点
顾客对象	本市及外地顾客	本区及过往顾客	本区及邻区住户	本区住户
经销商品	名、特、专、时新商品	时新品及日用品	日用品及时新品	日常必需品
购物规律	刺激诱导消费	诱导型购物	需要型购物	基本型购物
到达方式	乘车30min.	乘车10min.	步行8—10min.	步行3—5min.
停车场地	公用汽车、自行车……	专用汽车、自行车……	专用自行车停车	
行业配置	商业、饮食、娱乐	商业、饮食、娱乐	商业、服务业	
其它设施	文化、体育、公共设施	文化、健身	街道居民公用机构	

商业聚合形态	"点"式	"线"型	"面"状	"体"式
平面简图				
空间特征	独立式建筑 内部空间贯通	建筑沿交通线排列 构成街道空间	建筑分组成群 片区整体规划	建筑竖向开发 高层地下结合
交通组织原则	利用周围街道 合理组织内外流线	建立步行优化交通组织系统	组织区域交通体系纳入城市网络	利用多层空间开发立体交通体系
规划设计要点	合理利用基地组织商业环境 满足购物行为需求设计空间	重视街道空间环境设计 图底结合统一考虑空间	合理规划城市空间序列 建立富于个性购物环境	综合利用城市地下空间 开发高层节约城市用地
常用建筑形式	大厅式 中庭式	拱廊式 骑楼式 街道式	组群式 广场式 庭院式	复合空间式 高层式
环境意象简图示意				
商业建筑类型	大中型商场 市场	商业街 步行商业街	购物中心 商业广场	复合商业大厦 地下商场

[1] 环境类型

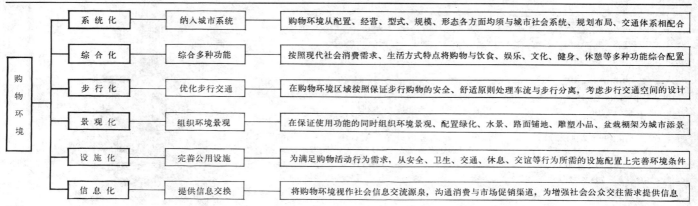

购物环境	系统化	纳入城市系统	购物环境从配置、经营、型式、规模、形态各方面均须与城市社会系统、规划布局、交通体系相配合
	综合化	综合多种功能	按照现代社会消费需求、生活方式特点将购物与饮食、娱乐、文化、健身、休憩等多种功能综合配置
	步行化	优化步行交通	在购物环境区域按照保证步行购物的安全、舒适原则处理车流与步行分离，考虑步行交通空间的设计
	景观化	组织环境景观	在保证使用功能的同时组织环境景观、配置绿化、水景、路面铺地、雕塑小品、盆栽棚架为城市添景
	设施化	完善公用设施	为满足购物活动行为需求，从安全、卫生、交通、休息、交谊等行为所需的设施配置上完善环境条件
	信息化	提供信息交换	将购物环境视作社会信息交流源泉，沟通消费与市场促销渠道，为增强社会公众交往需求提供信息

[2] 环境构成

商业街·商场 [2] 商业街

商业街按空间形态可分为：开敞式商业街、骑楼式商业街、拱廊式商业街、地下商业街及架空式商业街。在规划及设计时应根据具体要求及城市条件，通过保证步行与车行分离；设计过渡空间；组织绿化景观；设置街头公用设备；提供信息标志等构成街道环境要素的设计，使商业街成为既能满足购物和经营的买卖双方需要，又能为城市提供优良环境，促进城市社会发展的现代商业购物空间。

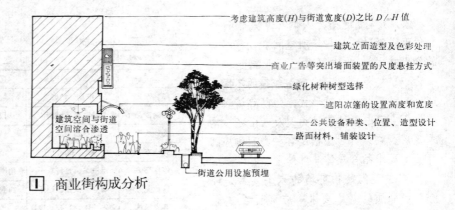

1 商业街构成分析

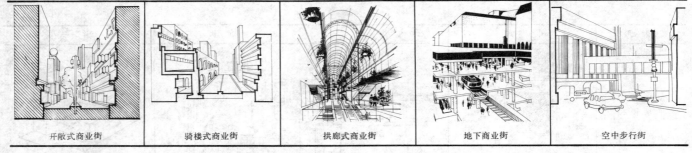

2 商业街类型

空间分区	平面简图示意	环境构成要素	作用、功能	内容组成
商店		店面展示	传达商品信息，刺激购物需要，吸引顾客入店购买	广告、招牌、橱窗陈设
步行空间		街道设备	提高环境舒适度，建立人与空间的联系，规定行为的情境	公用设施、景观、休息、卫生、信息、安全设备
休息停留区		绿化景观	美化环境，改善自然条件，增强地域性	行道树、植栽、草坪、花坛、水景、雕塑、小品
通行道路		步车分离	保证步行安全，建立与城市协调的交通系统	步车分离交通管理措施、步车分离空间设计
休息停留区		标志信号	满足城市功能，适应社会行为需要，提供时空认知坐标	定点标志、定向指引系统、报时装置
步行浏览区				
商店		过渡空间	加强内外空间联系，改善城市空间，丰富街道空间"图、地"关系变化	骑楼、拱廊、遮阳、出挑

3 街道环境要素

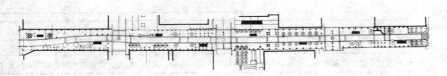

以宽 7.3m 弯曲车道布置减缓车速并限制通行车种，拓宽步行空间，步行区域宽度最大达 11m。
设置公用设备，提高街道环境质量，提供富有变化的街道景观和绿化小景，改善街道空间。喷泉四座，其中一座 3.7m×9.75m 喷泉，通过水流组合成立体水景。

绿化栽植：33个花岗石碗状盆栽，22个2.5m×2.5m方形花坛、3个3.7m六角形、4个 2.4m 八角形、4个直径 2m 圆形花坛以及 8 个钢筋混凝土的小花钵、96 株树。

其它设备：街灯150盏，采用四具或二具组合球灯。候车亭16座，在每一街区对应设在街头交叉口处，设有供冬季取暖的悬挂式红外线取暖炉。雕塑一座，自助式邮亭一座，气象预报亭一座，可观测气压、温湿度、风速、风力、雨量。

4 美国 明尼阿波利斯 尼柯莱德商业街

商业街设施 [3] 商业街·商场

街道设施分类及设置

类别	项目	设置原则	参考数据	银座商业街	横滨伊势佐木步行商业街	横滨马车道	仙台一号街
交通设施	公共汽车站	步行商业区的出入口附近		7所(160m/所)			
	停车站	市区内宜设地下或多层停车场 郊区露天停车场多采用围绕商业中心呈放射状布置	国外商业中心常按： 1台/100m²(建筑面积)× 乘自备车购物顾客占顾客总数百分比 =停车场停车台数计算	利用内厅设临时停车场			
公用设施	路灯	可按10~15m间距设置 照度50lx	步行商业街内以小于6m为宜	103支 (11m/支)	42支 (9.3m/支)	56支 (9m/支)	38支 (10m/支)
	公共厕所	宜设于休息场地附近与绿化配合		1所(1120m/所)			
绿化	行道树	选择适宜树种及栽植形态 并考虑与休息设施配合	行栽距6~10m或0.9~1.5m宽		69棵 (5.7m/株)	97棵	66棵 (6m/株)
	花草坛	宜与休息设施组合考虑设置	土壤深度：草本>0.15m, 矮树>0.3m, 高树>0.9m	各商店前均有	8个(可移式)	56个(9m/个)	40个 (9.5m/个)
休息	座椅	按不同场地考虑形式、围合布置方式	双人椅长1.50m,坐面高0.38m, 椅背0.8~0.9m	1处 (1120m/处)	48处 (8m/处)	18处 (27m/处)	7处 (54m/处)
卫生设备	饮水器	功能与装饰结合，保证视觉洁净感	高度以0.8m为宜				2个(190m/个)
	烟蒂筒	根据吸烟行为	高度0.8m左右,筒形直径0.35—0.55m	37个(30m/个)	42个(9.3m/个)	15个(32m/个)	12个(32m/个)
	废物箱	造型醒目，便于清除废物，与休息设施配合	高0.6~0.9m	5个 (22.4m/个)	42个 (9.3m/个)	11个 (37m/个)	12个 (32m/个)
休息设备	电话亭	选择人群聚集、滞留场所设置	正方形0.8×0.8m, 高度2.0m	16个(70m/个)	2个(195m/个)	3个(162m/个)	4个(95m/个)
	悬挂式电话机	色彩醒目，局部围合隔声，视线通透	电话设置高度1.5m左右(残疾者用0.8m)	4个(280m/个)	6个(65m/个)	14个(35m/个)	
	指路标	方向变换及人群多，聚集停留场所	设置高度2.0~2.40m, 字体8cm以上(视距6m以下)		7个(56m/个)		
	标志牌	符号含意清晰、醒目、美观		16个(70m/个)	7个(56m/个)		
	导游图	设于出入口及中心人群停留场所		2个(560m/个)	3个(130m/个)	1个(485m/个)	
	报时钟	功能与装饰相结合	高度6m以下，钟面0.8m左右	5个(224m/个)	1个(390m/个)		2个(190m/个)
	雕塑小品	考虑城市文脉及场所行为设计造型		5个(224m/个)	1个(390m/个)	4个(121m/个)	
	路面彩砖	表面光洁、防滑、色彩宜人	以0.3×0.3m~0.45×0.45m为宜			93个	
	车挡护栏	根据交通状况考虑固定式或活动式	高度0.6m~1.0m为宜		8处(195m/处)	36处(17m/处)	8处(47m/处)

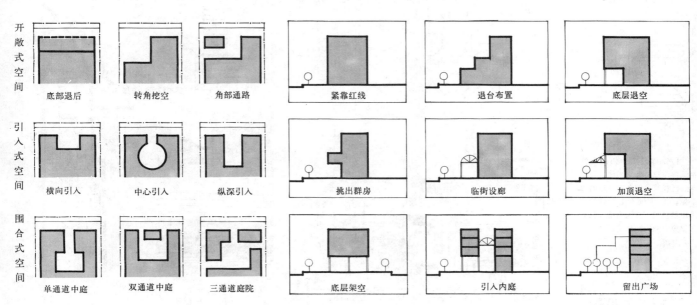

① 街道边缘空间组织方式　　② 建筑与街道空间结合方式

开敞式空间：底部退后／转角挖空／角部通路／紧靠红线／退台布置／底层退空

引入式空间：横向引入／中心引入／纵深引入／挑出群房／临街设廊／加顶退空

围合式空间：单通道中庭／双通道中庭／三通道庭院／底层架空／引入内庭／留出广场

商业街·商场 [4] 中心商业街

商业街是沿交通线布置商店的线型通过式布局，因此组织合理的城市交通道路、保证步行购物安全与便捷，是商业街规划与设计中的基本要求。当城市中心商业街车流繁忙难以分流改道时，须采用将车行道路与步行路线隔离的交通组织设计。目前常用立体分层处理，如：架空步行桥；下沉车道；地下交通线等方式取代传统的平面分流方式以节约城市用地。

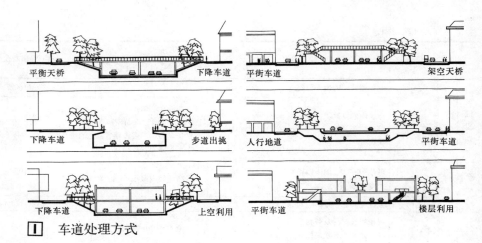

1 车道处理方式

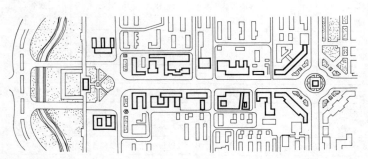

2 西安南大街规划　拓宽街道 步车水平分流

利用架空天桥连接各街区高层建筑底部商业设施，形成架空人行天桥交通系统，以保证安全、便捷的室内步行街道系统，且为城市增添独特景观。

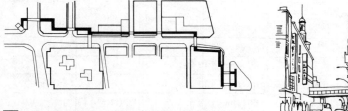

3 上海南京东路步行天桥系统规划　架空步行

4 美国明尼阿波利斯市架空天桥系统

1962年建成的银座地铁站由银座线、丸之内线、日比谷线、浅草线四条地铁线的六个站，43个地面出入口构成进出便捷地下交通系统，保证了银座商业大街繁华区的地面人车分流。

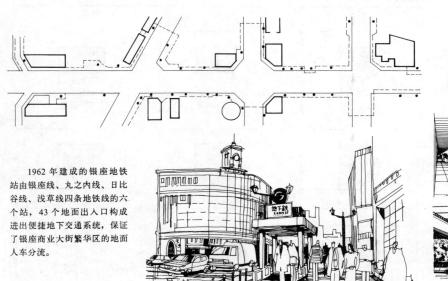

5 日本东京银座地铁出口分布

6 日本东京赤坂架空步行通廊　步车垂直分流

步行商业街 [5] 商业街·商场

步行商业街设计的首要原则是为消除频繁的城市交通对商业区造成的影响，采取限制车辆交通的措施，开辟保证步行交通优先的商业街，创造方便、安全的步行购物条件，并通过栽植绿化、布置景观、设置多种街道设施，提供舒适宜人的外部空间，以形成能满足现代社会购物需求的商业环境。在设计与规划中应依据条件选择适当的交通方式、空间类型和相应街道长度、宽度和街道空间宽高比。

交通方式	专用步行街	准步行街	公交步行街
实例	步行者专用街道 禁止车辆交通 路面整体铺装 日本 横滨 伊势佐木步行商业街	步行者专用道路+车道 限制车道宽度或对车辆交通进行限制 日本 横滨 马车道商业街	步行者专用道路+公共交通 美国 明尼阿波利斯 尼可莱德大街
街道空间示意 尺寸单位：m	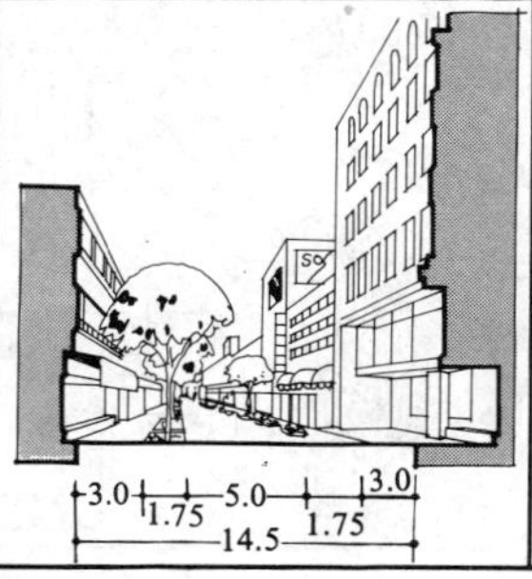 3.0 | 1.75 | 5.0 | 1.75 | 3.0 14.5	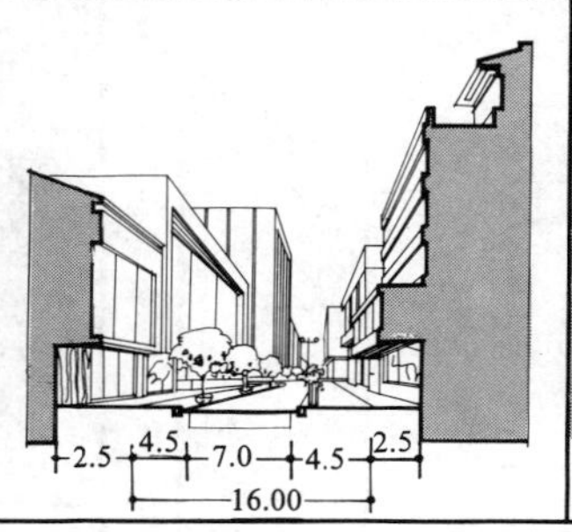 2.5 | 4.5 | 7.0 | 4.5 | 2.5 16.00	 $L=1500m$ $D/L=1/63$ $D/H=0.8$

1 交通方式

街道特征 \ 类别特征	老街改造更新形成的传统商业步行街	现代购物中心内的步行街	新建的步行商业街	繁华商业街以交通时限的步行者天国
步车分离方式	专用步行街 公交步行街 准步行街	专用步行街	专用步行街 准步行街	专用步行街
街长 L 街宽 D 单位 m	以限制车行交通，改造路面增添具其设施，美化环境，建成步行空间 $L=500\sim1000$ $D=4\sim24$	联结核心商店的步行街，按步行商业空间要求统一设计，环境舒适宜人 $L<400$ $D=6\sim12$	按城市规划交通体系专辟出的步行商业街 $L=200\sim500$ $D=8\sim18$	原商业街无法断绝车行路线，采用定时限制车辆交通方式 $L=500\sim1000$ $D=12\sim14$
空间形式	开敞式	遮盖式	开敞式 半遮式	开敞式
典型实例 尺寸单位：m	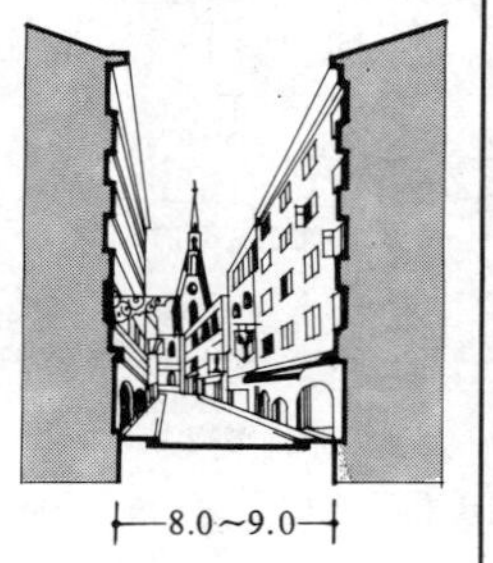 8.0~9.0	 5.0	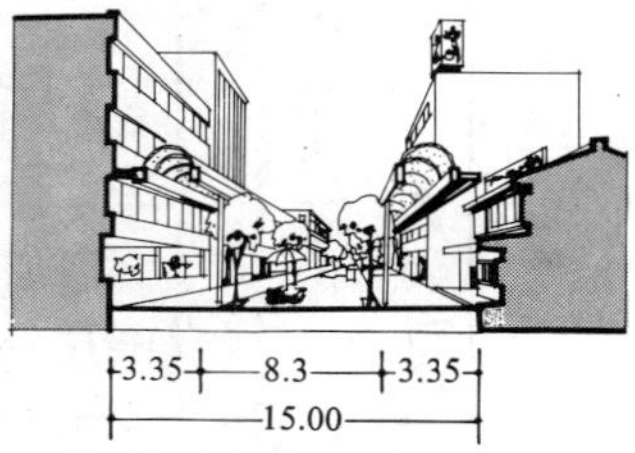 3.35 | 8.3 | 3.35 15.00	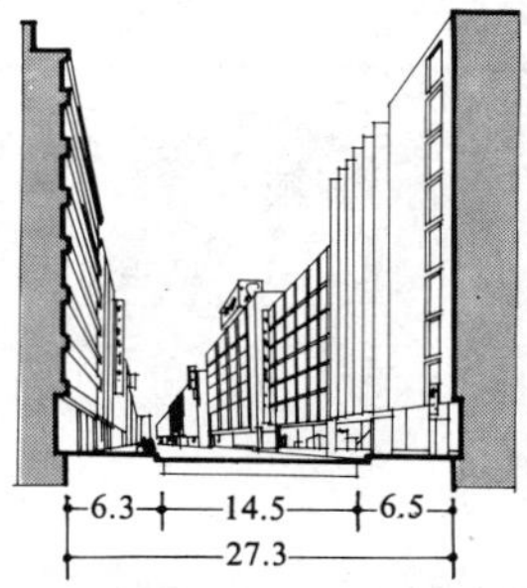 6.3 | 14.5 | 6.5 27.3

2 类型特征

街道宽度 m	交通组织方式		路面铺装	顶盖		行道树		街道设施设置
	步行车道分离	步行专用街道		两侧设	全盖顶	单侧	双侧	
4								
6								
8								
10								
12								
14								
16								

3 街道宽度选择

不同环境条件中的步行距离控制(m)

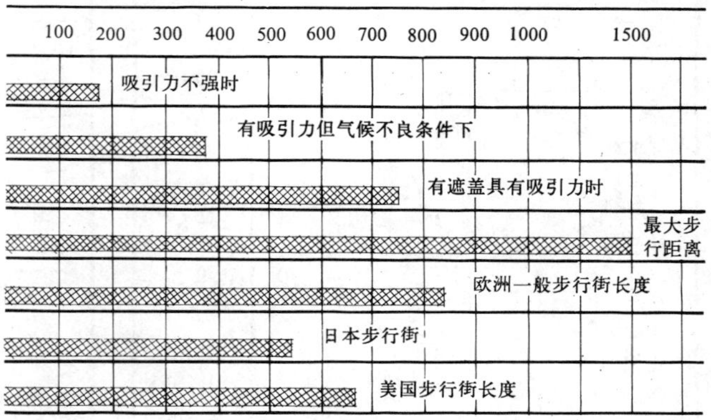

100　200　300　400　500　600　700　800　900　1000　　　1500

- 吸引力不强时
- 有吸引力但气候不良条件下
- 有遮盖具有吸引力时
- 最大步行距离
- 欧洲一般步行街长度
- 日本步行街
- 美国步行街长度

4 街道长度控制

商业街·商场 [6] 步行商业街实例（国内）

北京大栅栏步行商业街

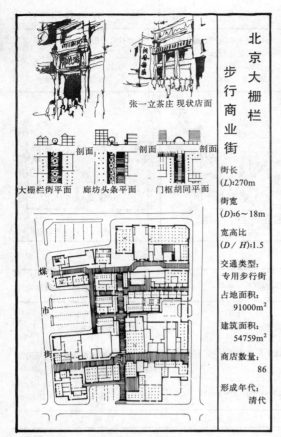

街长 (L)：270m
街宽 (D)：6~18m
宽高比 (D/H)：1.5
交通类型：专用步行街
占地面积：91000m²
建筑面积：54759m²
商店数量：86
形成年代：清代

南京夫子庙东西市场

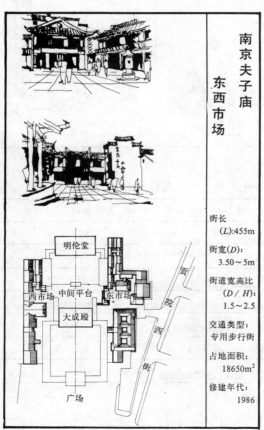

街长 (L)：455m
街宽 (D)：3.50~5m
街道宽高比 (D/H)：1.5~2.5
交通类型：专用步行街
占地面积：18650m²
修建年代：1986

四川 资中县 新正街步行街　修建年代：清代　街长 (L)：118m　街宽 (D)：5m　街道宽高比 (D/H)：0.75　建筑面积：5040m²　占地面积：2600m²　交通类型：专用步行街　商店数量：30

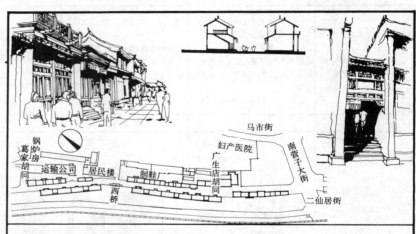

承德市 清风一条街　街长 (L)：357m　街宽 (D)：6~7m　街道宽高比 (D/H)：1.2　建筑面积：4612m²　占地面积：6426m²　交通类型：专用步行街　商店数量：46　修建年代：1985

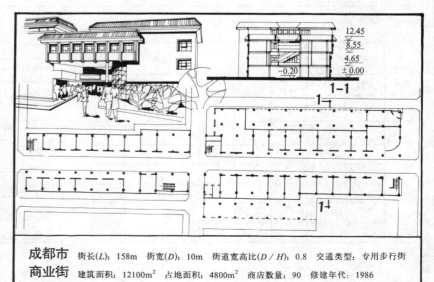

成都市 商业街　街长 (L)：158m　街宽 (D)：10m　街道宽高比 (D/H)：0.8　交通类型：专用步行街　建筑面积：12100m²　占地面积：4800m²　商店数量：90　修建年代：1986

步行商业街实例（国内）[7] 商业街·商场

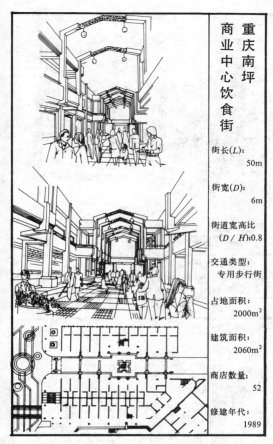

重庆南坪商业中心饮食街
街长(L): 50m
街宽(D): 6m
街道宽高比(D/H): 0.8
交通类型: 专用步行街
占地面积: 2000m²
建筑面积: 2060m²
商店数量: 52
修建年代: 1989

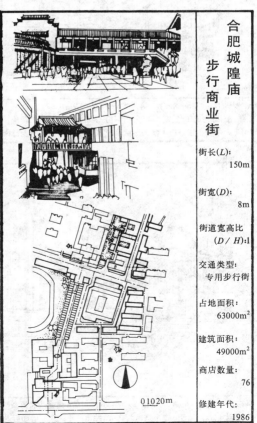

合肥城隍庙步行商业街
街长(L): 150m
街宽(D): 8m
街道宽高比(D/H): 1
交通类型: 专用步行街
占地面积: 63000m²
建筑面积: 49000m²
商店数量: 76
修建年代: 1986

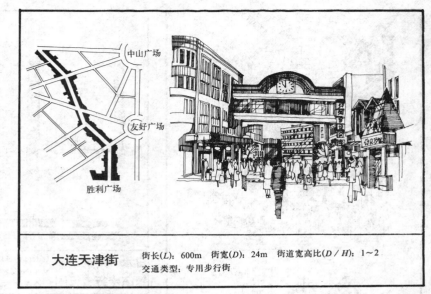

大连天津街　街长(L): 600m　街宽(D): 24m　街道宽高比(D/H): 1～2
交通类型: 专用步行街

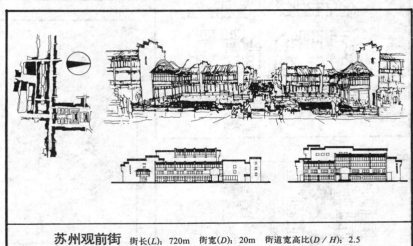

苏州观前街　街长(L): 720m　街宽(D): 20m　街道宽高比(D/H): 2.5
交通类型: 专用步行街　占地面积: 56720m²　商店数量: 200

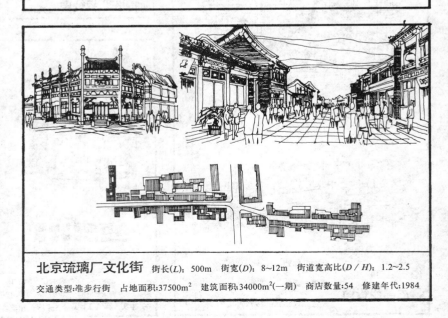

北京琉璃厂文化街　街长(L): 500m　街宽(D): 8～12m　街道宽高比(D/H): 1.2～2.5
交通类型: 准步行街　占地面积: 37500m²　建筑面积: 34000m²(一期)　商店数量: 54　修建年代: 1984

商业街·商场 [8] 步行商业街实例（国外）

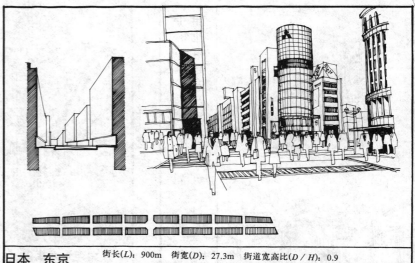

日本 东京 银座步行者天国
街长(L)：900m　街宽(D)：27.3m　街道宽高比(D/H)：0.9
从1970年起在银座大街实行定时步行街，即假节日及星期六中午12时起及星期日全天禁止车辆通行，街内摆放座椅供游人憩戏，成为步行者天国

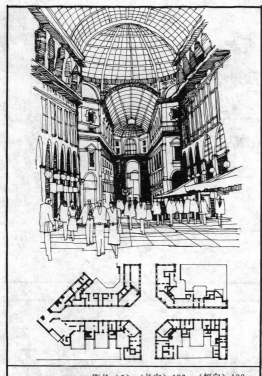

意大利米兰 拱廊步行街
街长(L)：（长向）193m（短向）100m
街宽(D)：14.6m　建造年代：1867年
街道宽高比(D/H)：0.51
拱廊顶28.6m　中央穹顶：48.8m

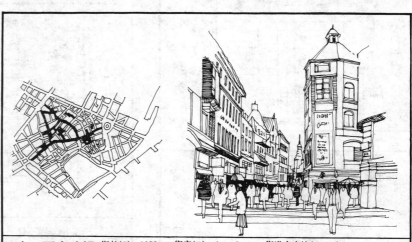

丹麦 哥本哈根 斯特洛耶步行街
街长(L)：1080m　街宽(D)：6m~8m　街道宽高比(D/H)：0.5
商店数量：2000家　改造完成年代：1968年　利用18世纪以来建造的传统建筑和弯曲狭窄街道，增设街道设施，禁止车辆通行，形成有地方特色的步行街

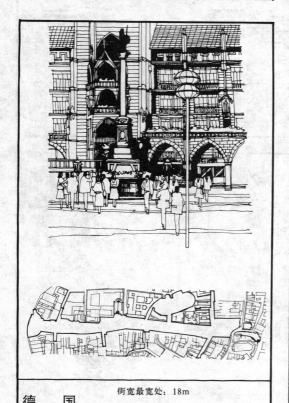

德国 慕尼黑步行街
街宽最宽处：18m
商店总面积：5万m²
改造完成年代：1972年

日本 横滨 马车道步行街
街长(L)：400m　街宽(D)：16m　街道宽高比(D/H)：0.9　1976年完成将原商业街3m宽人行道拓宽至4.5m，原9m宽车道减为7m，并通过建筑底层墙面后退2.5m增大和丰富了步行空间，并增设绿化景观休息设施，保留原街道历史风貌

步行商业街实例(国外)[9]商业街·商场

加拿大多伦多
伊顿中心
室内步行街

街长(L): 274m　街宽(D): 18m、8m
建筑面积 560000m²
商店数量: 300个　停车数量: 1900台

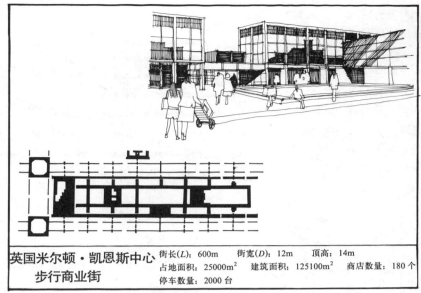

英国米尔顿·凯恩斯中心
步行商业街

街长(L): 600m　街宽(D): 12m　顶高: 14m
占地面积: 25000m²　建筑面积: 125100m²　商店数量: 180个
停车数量: 2000台

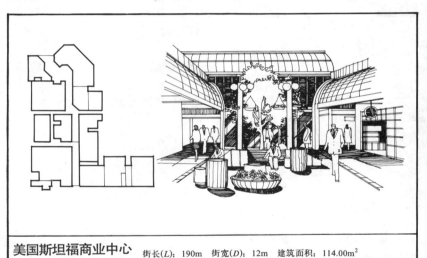

美国斯坦福商业中心
步行街

街长(L): 190m　街宽(D): 12m　建筑面积: 114.00m²
两侧玻璃拱顶宽2.4m 高3.5m　商店数量: 94个

日本　横滨
伊势佐木
步行商业街

交往	休憩	行为	交往
常绿落叶	落叶树	常绿树	常绿落叶
强调对比	谐调统一	明朗、色彩丰富	强调对比

街长(L): 400m　街宽(D): 14.5m
步行街设计为四段，根据顾客行为特征各具不同场所性质，街内断绝汽车交通，设置绿化景观设施，环境舒适宜人。

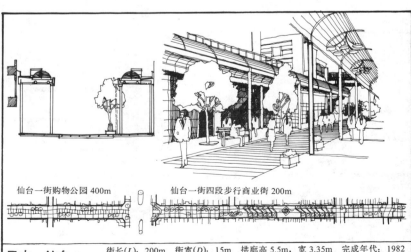

仙台一街购物公园 400m　　仙台一街四段步行商业街 200m

日本　仙台
一街四段步行街

街长(L): 200m　街宽(D): 15m　拱廊高5.5m，宽3.35m　完成年代: 1982
将原6m车道断绝车辆交通，道路两侧人行道上空设透明拱廊，街内增添设施，广植绿化，形成舒适的步行商业空间。

商业街·商场 [10] 室内商业街拱顶

为免除风霜雨雪侵袭，步行商业街上空常加设玻璃顶盖设计成室内步行商业街，使之具备长年气候宜人的商业空间、吸引顾客。此时须注意选择拱顶结构及通风、排除烟雾、防阳光直射及选择易清洁维修的构造。

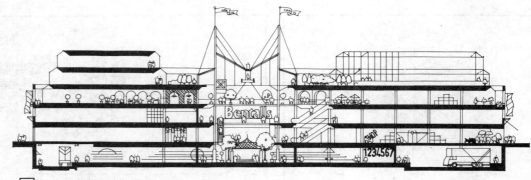

1 商业街拱顶与商店关系示意

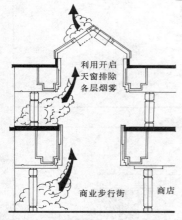

2 拱顶排烟方式

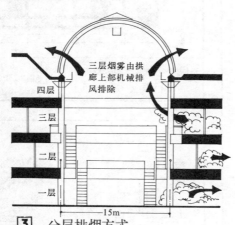

3 分层排烟方式

4 设备排烟方式

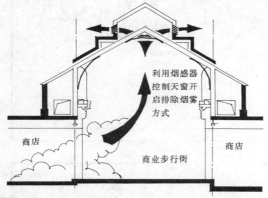

5 侧天窗排烟方式

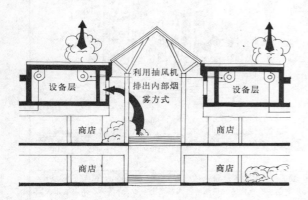

6 封闭拱顶利用设备排烟方式

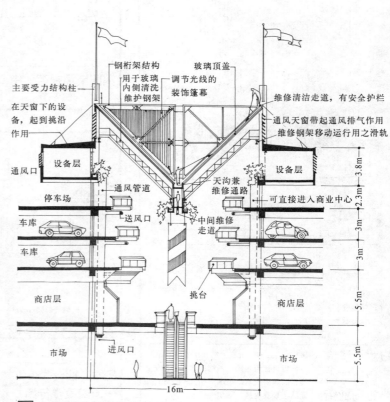

7 拱顶清扫维修方式

室内商业街拱顶类型构造 [11] 商业街·商场

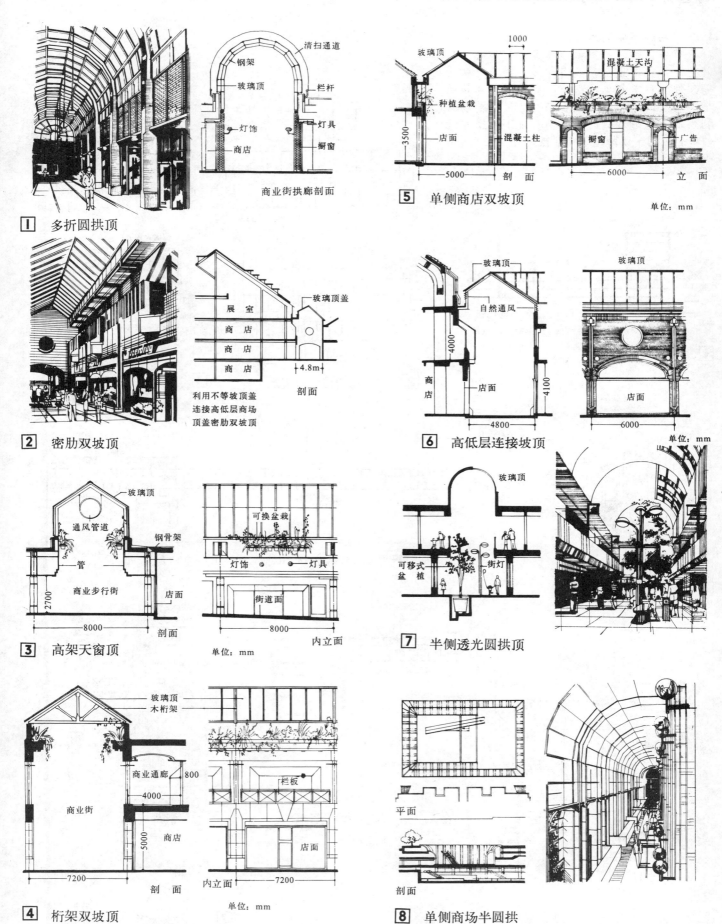

商业街·商场 [12] 地下商业街

利用地下空间作商业设施的地下商业街具有节省占地，提高城市商业地带综合利用效益的优势。但必须具备防震、防火、防水等条件。目前常见类型有：利用高层建筑的地下空间；结合人防战备工程的地下商场；利用地下通道形成的地下街和地下铁道车站的综合利用形成的地下商业点。

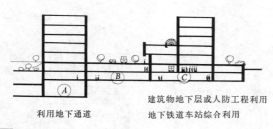

① 地下街类型

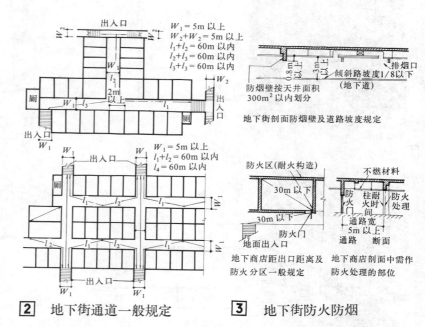

② 地下街通道一般规定

③ 地下街防火防烟

④ 哈尔滨 地下商业街

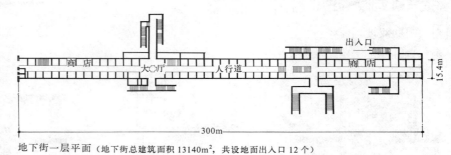

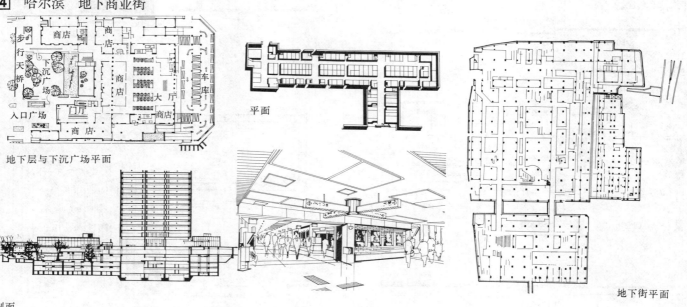

⑤ 日本 东京三井大厦地下空间　　⑥ 日本 东京新宿地下商业街　　⑦ 日本 大阪地下商业街

商业组群 [13] 商业街·商场

商业组群的规划与设计应注重空间布局的整体组织，通过建立道路骨架将用地划分成组，使其保持相对独立又互相联系。在此基础上根据功能划分、行业配置、景观设计、建筑体量组合等因素，综合考虑建筑设计，并进行边界、路径、中心、标志、出入口等重要部位设计处理，建立图底关系清晰明确的建筑空间关系，使商业组群既能满足现代社会购物需求，有利促销，又能发挥其社会效益和环境效益的整体优势。

商业街街景透视

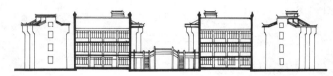
商业街中心立面

唐山市中心商业组群，由九幢商业服务性建筑，以通廊连接成为整体，建筑面积60000m²，百货商场建筑面积14036m²。

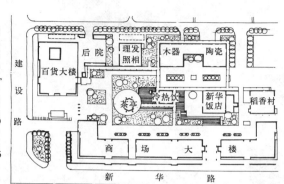

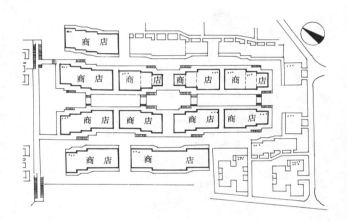

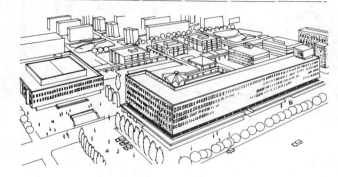

1 唐山百货大楼商业群（庭院式）　　　　　**2** 岳阳庙前商业区（街区式）

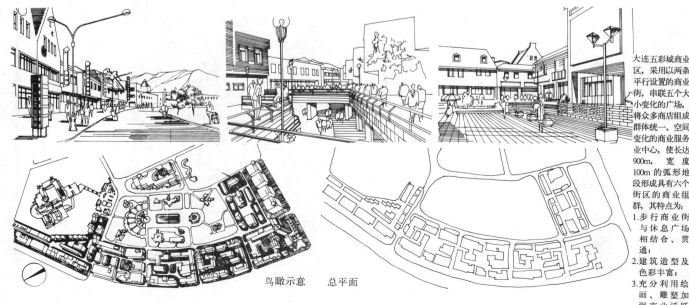

大连五彩城商业区，采用以两条平行设置的商业街，串联五个大小变化的广场，将众多商店组成群体统一、空间变化的商业服务业中心，使长达900m，宽度100m的弧形地段形成具有六个街区的商业组群，其特点为：
1. 步行商业街与休息广场相结合、贯联。
2. 建筑造型及色彩丰富。
3. 充分利用绘画、雕塑加强商业活跃气氛。

鸟瞰示意　　总平面

3 大连五彩城商业区（街区式）　建筑面积：130000m²　1989年建成一期工程

商业街·商场 [14] 商业组群实例（国内）

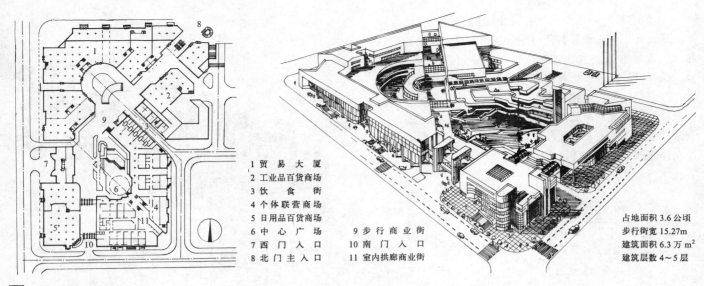

1 贸易大厦
2 工业品百货商场
3 饮食街
4 个体联营商场
5 日用品百货商场
6 中心广场
7 西门入口
8 北门主入口
9 步行商业街
10 南门入口
11 室内拱廊商业街

占地面积 3.6 公顷
步行街宽 15.27m
建筑面积 6.3 万 m²
建筑层数 4～5 层

1 重庆南坪商业城

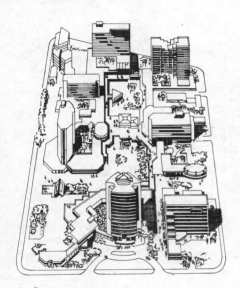

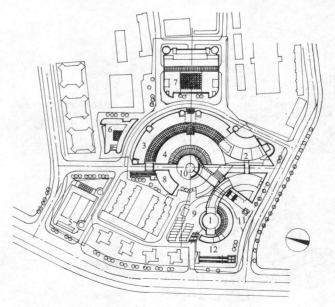

1 商城中心商场及主楼　5 文体活动中心　9 地下车库入口及停车场
2 二号楼商场及旅馆　　6 美　食　楼　　10 中　心　广　场
3 三号楼商业街及公寓　7 批　发　商　场　11 商城主入口
4 中心小商品商场　　　8 商城管理楼及公共设施　12 商城前广场

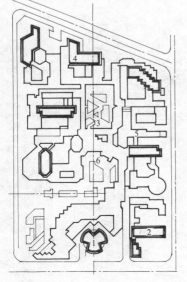

占地面积：100000m²
建筑面积：320000m²

1 高层旅馆
2 招　待　所
3 风味小吃街
4 高层办公楼
5 室内步行商业街
6 步行商业广场

2 昆明南窑商业中心　　　　**3** 江北商城

商业组群实例（国外）[15] 商业街·商场

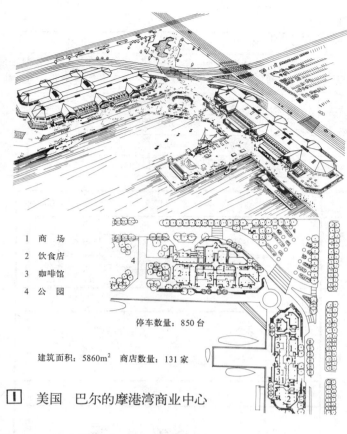

1　商场
2　饮食店
3　咖啡馆
4　公园

停车数量：850 台

建筑面积：5860m²　商店数量：131 家

1 美国　巴尔的摩港湾商业中心

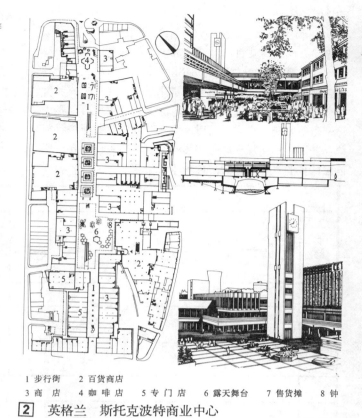

1 步行街　2 百货商店
3 商店　4 咖啡店　5 专门店　6 露天舞台　7 售货摊　8 钟

2 英格兰　斯托克波特商业中心

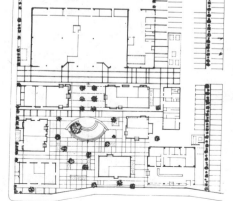

建筑面积：3300m²
商店：1646m²
专门店：1020m²
银行：390m²
管理部：150m²
仓库：100m²
完成年代：1978

3 日本　兵库县清和台商业中心

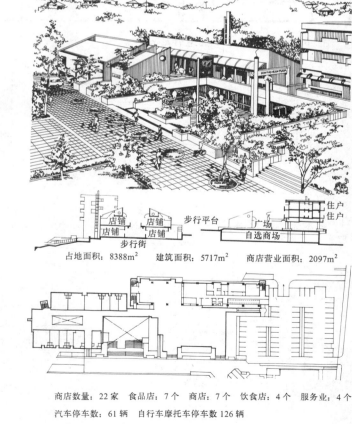

占地面积：8388m²　建筑面积：5717m²　商店营业面积：2097m²

商店数量：22 家　食品店：7 个　商店：7 个　饮食店：4 个　服务业：4 个
汽车停车数：61 辆　自行车摩托车停车数 126 辆

4 日本　川崎绿城商业中心

商业街·商场 [16] 购物中心

购物中心

购物中心（Shopping Center）是五十年代起在国外普遍兴起的商业中心型式，其主要特征是以几家大型核心百货商店为主体，相互间由多个专门商店构成并具备各种街道设施的步行商业街贯穿结合，在中心或步行街交叉结合点部位设置供人休息、交往的中庭，以形成统一完整的建筑空间。同时，商业与其它公共服务设施结合并配备不同规模的停车场与高速道路系统连接，来适应以自备汽车交通为主的城市社会需求。

购物中心类型分类

类型	商业圈人口（万人）	核心商店构成	营业面积（m²）	附属设施
超大型大区域型	120 (150-120-80)	3-4个购物中心、百货店、专业店	35000以上	市民服务、政府派出部门、福利设施、医疗、文化、娱乐体育设施、餐厅、茶室、饮料店、会馆、办公、旅馆、停车场、公共交通换乘站
大型区域性	40 (80-40-25)	1-2个购物中心、百货店	18000～35000	市民服务、医疗、文化设施、会场、文体、餐厅、饮食店、旅馆、停车场
中型地方性	20 (25-20-15)	1-2个购物中心	8000～18000	市民服务、医疗、文化、体育、餐厅、饮食店、停车场
小型邻里型	8 (15-8-4)	1个购物中心	3000～8000	医疗、文化、体育设施、餐厅、饮食店、停车场
微型	1.6 (4-1.6-0.8)	1个购物中心、超级市场	1500～3000	饮食店、停车场、文化教室

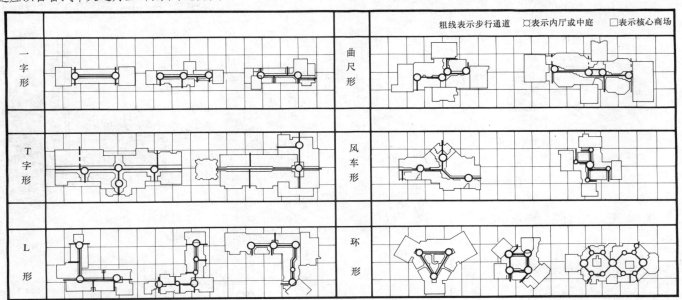

1 国外购物中心常用平面组合形式

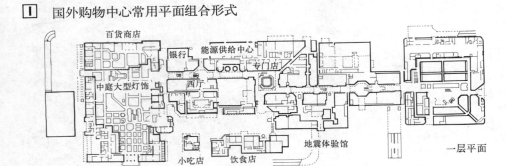

2 日本船桥购物中心

建筑面积 158876m²　占地面积 170 930m²　步行街长 300m　商店数量 200个　完成年代 1981.3
停车数量 5000辆　自动扶梯 33台　客用电梯 6台　货用电梯 11台

附设停车楼

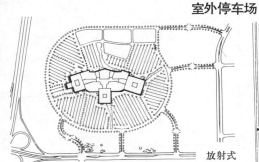
放射式

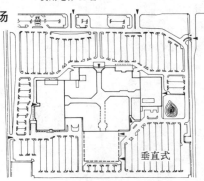
垂直式

3 国外购物中心停车场设置方式

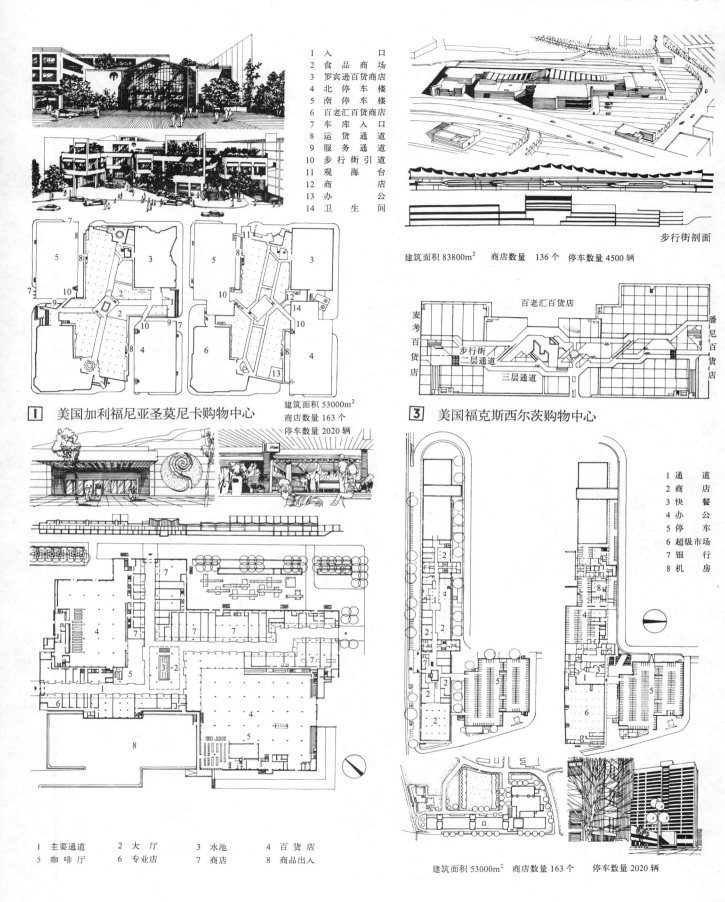

购物中心实例（国外）[17] 商业街·商场

商业街·商场 [18] 复合商业建筑

复合商业建筑

为满足社会需求和适应城市发展,商业服务设施与其他用途的建筑类型结合而形成的复合商业建筑,具有节约城市用地、集中使用能源综合多种功能的优点,其组合方式有叠加式、中庭式、并列式、相贯式、分离式等,在设计中应注重解决由于功能综合而出现的多股流线、多向进出口、内外交通联结、大量集聚人流的疏散安全等问题。

① 分类

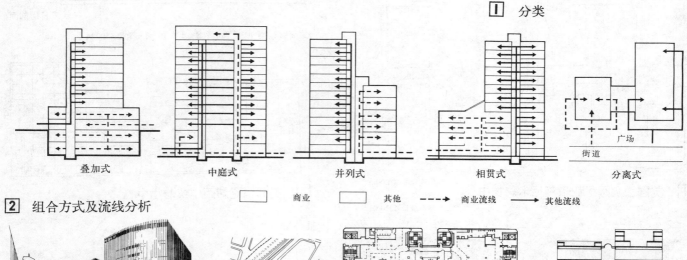

叠加式　　中庭式　　并列式　　相贯式　　分离式

□ 商业　　□ 其他　　--→ 商业流线　　→ 其他流线

② 组合方式及流线分析

总平面
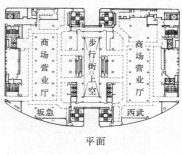
平面

剖面

③ 日本 东京马里昂商业大厦

办公大厦　60层　高240m
旅馆　　　38层　高129m
商业街　　地上3层　总面积:31135m²
　　　　　地下3层
　　　　　商店数量:220个
商场　　　水族馆　文艺中心
　　　　　地下5层
　　　　　地上12层
文化馆会　剧场　800座　48805m²
停车数量　1800辆　室内停车场
占地面积　54688m²
修建年代　1978

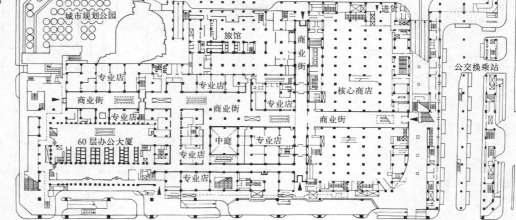

④ 实例·日本东京阳光城大厦

复合商业建筑实例（国内）[19] 商业街·商场

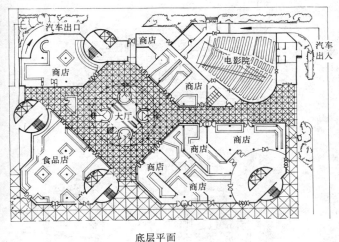
底层平面

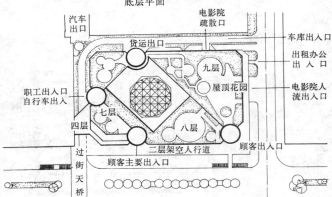

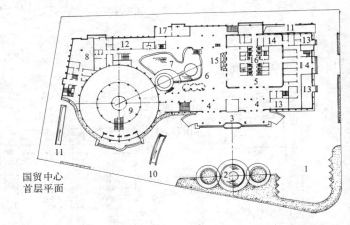
国贸中心首层平面

1 北京西单华威商场

1 停车场	15 观光电梯
2 喷水池、雕塑	16 主楼候梯厅
3 入口坡道	17 电气设备间
4 门厅	18 标准层平面
5 主楼大厅	19 写字间
6 中庭（咖啡厅）	20 电话总机房
7 音乐喷泉	21 商场、咖啡厅
8 库房	22 餐厅
9 超级商场	23 厨房
10 地下车库入口坡道	24 备餐
11 地下车库出口坡道	25 机房
12 厨房	26 商场
13 银行营业厅	27 库房
14 中央控制室	28 中庭上空
	29 圆形挑台、天桥
	30 叠落瀑布
	31 雨棚

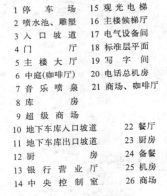
二层平面

首层平面

1 自选商店
2 购物中心
3 中百二店

基地面积 7 200m²
建筑面积 36 000m²

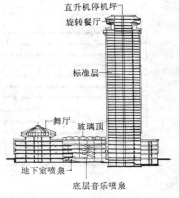

2 上海国际购物中心　　**3** 深圳国贸中心商场

商业街·商场 [20] 复合商业建筑实例（国外）

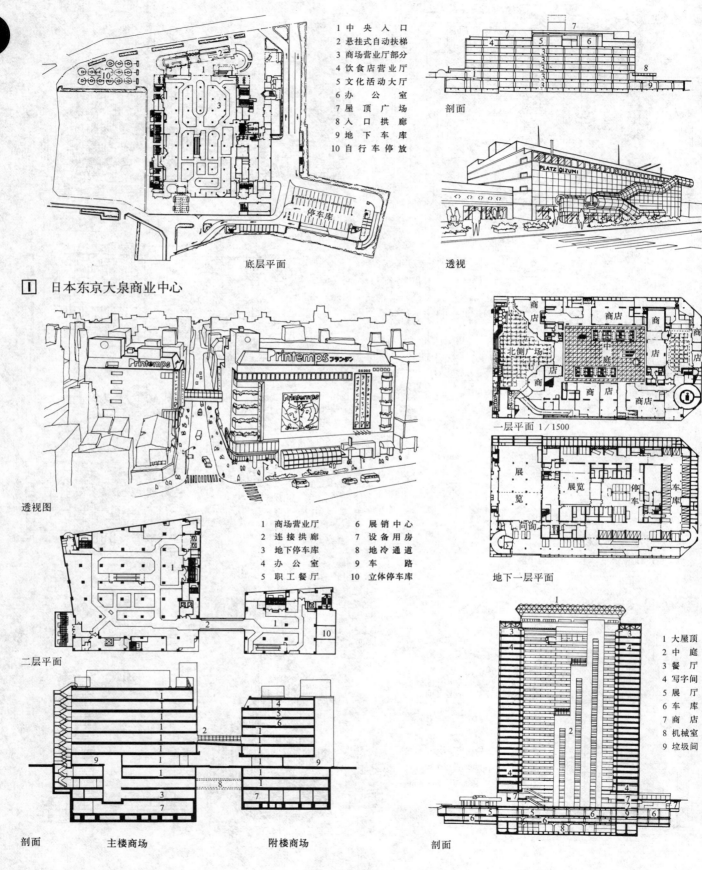

1 日本东京大泉商业中心
2 日本东京普兰丹商业大厦
3 日本东京新宿 NS 大厦

场地·总平面 [1] 百货商店

基地和总平面设计要点:

一、大中型商店建筑基地宜选择在城市商业地区或主要道路的适宜位置。

二、大中型商店建筑应有不少于两个面的出入口与城市道路相邻接;或基地应有不小于1/4的周边总长度和建筑物不少于两个出入口与一边城市道路相邻接;基地内应设净宽度不小于4m的运输、消防道路。

三、大中型商店建筑的主要出入口前,按当地规划及有关部门要求,应设相应的集散场地及能供自行车与汽车使用的停车场地。

四、总平面布置应按商店使用功能组织好顾客流线、货运流线、店员流线和城市交通之间的关系,避免相互干扰。并考虑防火疏散安全措施和方便残疾人通行。

流程

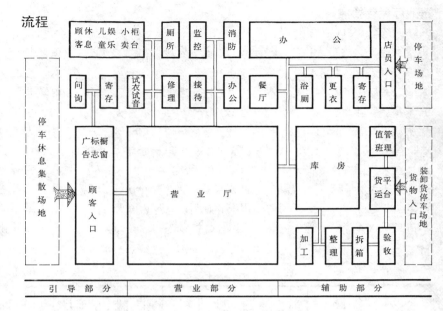

停车场标准参考表 表1

建筑类别	计算单位	标准车位数	
		小型汽车	自行车
商店 一类	每1000m² 建筑面积	2.5	40
商店 二类		2	40

注:①此表摘自《北京市大中型公共建筑停车场标准》。
②一类指建筑面积10000m²以上的商店,二类指不足者。

面积定额参考表 表2

规模分类	建筑面积(m²)	营业(%)	仓储(%)	辅助(%)
小型	<3000	>55	<27	<18
中型	3000~15000	>45	<30	<25
大型	>15000	>34	<34	<32

注:①此表摘自《商店建筑设计规范》JGJ 48—88。
②国外百货商店纯营业厅与总有效面积之比通常在50%以上,高效率的百货商店则在60%以上。

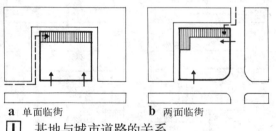
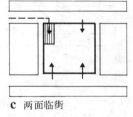
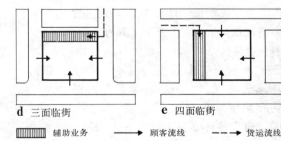

1 基地与城市道路的关系

a 单面临街　b 两面临街　c 两面临街　d 三面临街　e 四面临街

□ 营业部分　▨ 辅助业务　→ 顾客流线　--→ 货运流线

营业部分与辅助业务的关系

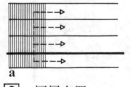
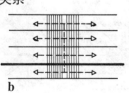
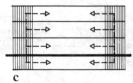
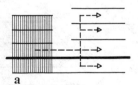
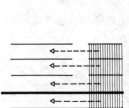

2 同层布置　　**4** 独立布置

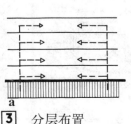
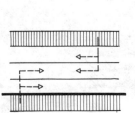
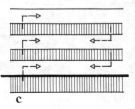
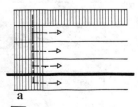
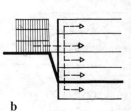

3 分层布置　　**5** 综合布置

百货商店 [2] 营业厅

营业厅设计要点

一、顾客出入口应与橱窗、广告、灯光统一设计，并宜设置隔热、保温和遮阳、防雨、除尘等设施。

二、柱网尺寸应根据顾客流量、商店规模、经营方式和有无地下车库而定；柱距宜相等，以便货柜灵活布置。

三、每层营业厅面积一般宜控制在2000m²左右并不宜大于防火分区最大允许建筑面积，进深宜控制在40m左右；当面积或进深很大时，宜用隔断分割成若干专卖单元，或采用室内商业街方式，并加强导向设计。

四、大中型百货商店宜设顾客电梯或自动扶梯，自动扶梯上下两端水平部分3m范围内不得兼作他用；当厅内只设单向自动扶梯时，附近应设与之相配合的楼梯。

五、大中型百货商店应按营业面积的1～1.4%设顾客休息场所；应在二楼及二楼以上设顾客卫生间。

六、营业厅与仓库应保持最短距离，以便于管理，厅内送货流线与主要顾客流线应避免相互干扰。

七、营业厅尽量利用天然采光；若采用自然通风时，其外墙开口的有效通风面积不应小于楼地面面积的1/20，不足部分用机械通风加以补充。

八、营业厅连通外界的各楼层门窗应有安全措施。

九、非营业时间内，营业厅应与其他房间隔离。

十、地下营业厅应加强防潮、通风和顾客疏散设计。

十一、营业厅不应采用彩色窗玻璃，以免商品颜色失真。

百货商店营业项目参考表

经营品种\商店分级	食品	日用百货	医药用品	玻璃器皿	铝制用品	搪瓷器皿	陶瓷器皿	五金交电	家用电器	自行车	缝纫机	文化用品	体育用品	儿童玩具	布匹	绸缎	呢绒	皮箱皮货	服装	衬衣	鞋类	帽子	针织品	毛织品	床上用品	中西乐器	钟表眼镜	照相器材	金银饰品	工艺品	家具	建筑饰品	修理加工
小型商店	■	■	■	■	■	■	■	■				■	■	■	■				■	■	■	■	■										
中型商店	■	■	■	■	■	■	■	■	■	■	■	■	■	■	■	■	■	■	■	■	■	■	■	■	■	■	■	■					
大型商店	■	■	■	■	■	■	■	■	■	■	■	■	■	■	■	■	■	■	■	■	■	■	■	■	■	■	■	■	■	■	■	■	■

营业厅流线设计要点

一、流线组织应使顾客顺畅地浏览选购商品，避免死角，并能迅速、安全地疏散。

二、水平流线应通过通道宽幅的变化、与出入口的对位关系、垂直交通工具的设置、地面材料组合等区分顾客主要流线与次要流线。

三、柜台布置所形成的通道应形成合理的环路流动形式，为顾客提供明确的流动方向和购物目标。

四、垂直流线应能迅速地运送和疏散顾客人流、交通工具分布应均匀，主要楼梯、自动扶梯或电梯应设在靠近入口处的明显位置。

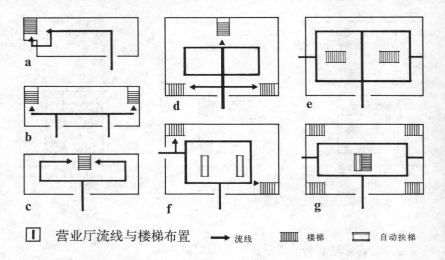

1 营业厅流线与楼梯布置　　→ 流线　　▥ 楼梯　　▭ 自动扶梯

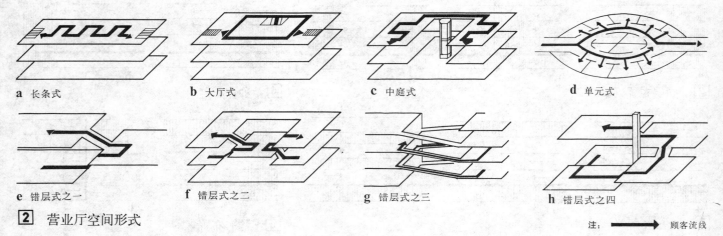

a 长条式　　b 大厅式　　c 中庭式　　d 单元式

e 错层式之一　　f 错层式之二　　g 错层式之三　　h 错层式之四

2 营业厅空间形式

注：→ 顾客流线

柱网·层高·货柜布置 [3] 百货商店

柱网、层高的确定

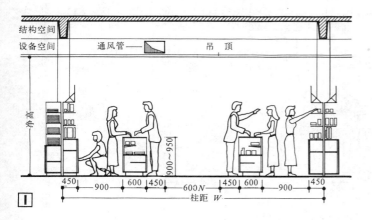

营业厅最小净高与一般层高   表1

通风方式	自然通风			机械排风和自然通风相结合	系统通风空调
	单面开窗	前面敞开	前后开窗		
最大进深与净高比	2:1	2.5:1	4:1	5:1	不限
最小净高（m）	3.20	3.20	3.50	3.50	3.00
一般层高（m）	底层层高一般为5.4~6.0m　　楼层层高一般为4.5~5.4m				

注：设有全年不断空调、人工采光的局部空间的净高可酌减，但不应小于2.40m。

柱距 W 计算参考公式

$$W = 2 \times (450 + 900 + 600 + 450) + 600N \quad (N \geq 2)$$

注：标准货架宽450　标准柜台宽600　店员通道宽900　购物顾客宽450
行走顾客宽600　N为顾客股数　当$N=2$时顾客通道最小净宽2.1m

2 顾客人流与柱距选择　注：①柱网选择在满足人流的基础上应以多摆柜台为目的。②若营业厅需分隔、出租使用，一般采用7.2~7.8m柱网比较合适。

- $N=2$，柱距$W=6.0$m
- $N=3$，柱距$W=6.6$m　适用于中小城市，顾客人流不大的地方
- 人流股数$N=4$　柱距$W=7.2$m　适用于中等城市市中心的大中型商店；以及大城市边缘地带的中型商店
- 人流股数$N=5$，柱距$W=7.8$m
- 人流股数$N=6$，柱距$W=8.4$m　适用于大城市人口密集的闹市区的大中型商店；当商店有地下车库时，7.8m的柱距可安排三辆小汽车，是比较经济的柱网尺寸

柜台货架布置形式

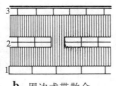
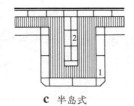
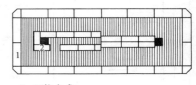

a 周边式　　b 周边式带散仓　　c 半岛式　　d 单柱岛式　　e 双柱岛式

3 封闭式　1 柜台　2 货架　3 散仓货架

普通营业厅内通道最小净宽表   表2

通道位置	最小净宽（m）
通道在柜台与墙或陈列窗之间	2.20
通道在两个平行的柜台之间	
a.柜台长度均小于7.50m	2.20
b.一个柜台长度小于7.50m 　另一个柜台长度为7.50~15m	3.00
c.柜台长度均为7.50~15m	3.70
d.柜台长度均大于15m	4.00
e.通道一端设有楼梯	上、下两梯段之和加1m
柜台边与开敞楼梯最近踏步间距离	4m，且不小于楼梯间净宽

注：①通道内如有陈设物时，通道最小净宽应增加该物宽度。
②无柜台售区、小型营业厅依需要按本数字20%内酌减。

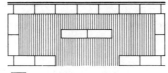

4 半开敞式

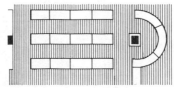

5 开敞式

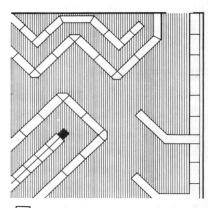

6 综合式

百货商店[4] 自选营业厅

自选厅设计要点

一、自选厅的设置应相对独立；出入口要分开设置，出厅处每100人应设收款台一处。

二、用以设置小件寄存处、进厅闸位、供选购用盛器堆放位以及出厅收款、包装台位等服务面积总和不宜小于自选厅面积的8%。

三、自选厅面积超过1000m² 宜设监视装置。

四、自选厅的面积指标可按每位顾客1.35m² 计算；如顾客用小车选购则按1.70m² 计算。

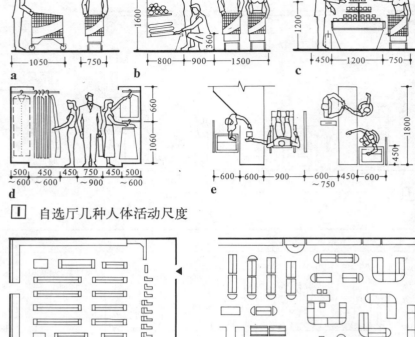

1 自选厅几种人体活动尺度

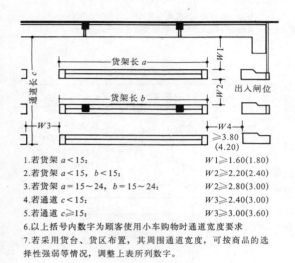

1. 若货架 $a<15$：$W1\geq 1.60(1.80)$
2. 若货架 $a<15$，$b<15$：$W2\geq 2.20(2.40)$
3. 若货架 $a=15\sim24$，$b=15\sim24$：$W2\geq 2.80(3.00)$
4. 若通道 $c<15$：$W3\geq 2.40(3.00)$
5. 若通道 $c\geq 15$：$W3\geq 3.60$
6. 以上括号内数字为顾客使用小车购物时通道宽度要求
7. 若采用货台、货区布置，其周围通道宽度，可按商品的选择性强弱等情况，调整上表所列数字。

2 自选厅通道净宽　　　　　　　单位（m）

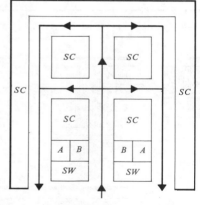

3 自选厅货柜布置形式

a 行列式布置　　　b 自由式布置

注：兼作疏散的通道应尽量直通至出厅口或安全门

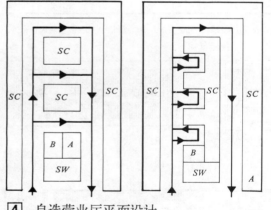

4 自选营业厅平面设计

SW：橱窗　SC：陈列架　A：出口收款（出纳设施）　B：入口卡设施

营业厅无障碍设计要点

一、出入口有高差处应设供轮椅通行的坡道和残疾人通行指示标志；厅内尽量避免高差。

二、多层营业厅应设可供残疾人使用的电梯。

三、供坐轮椅购物的柜台应设在入口易见处。

四、盲人应通过盲道引导至普通柜台，走道四周和上空应避免可能伤害顾客的悬突物。

五、按规范设供残疾顾客使用的卫生设施。

商店卫生设施设置参考表

	顾客卫生间		店员卫生间	
	男卫生间	女卫生间	男卫生间	女卫生间
洗脸盆	1个/600人	1个/300人	1个/35人	1个/35人
污水池	1个	1个	1个	1个
大便位	1个/100人	1个/50人	1个/50人	1个/30人
小便位	2个小便斗/100人 或1.20m小便槽/100人	至少设1~2个抽水马桶	1个小便斗/50人 或0.60m小便槽/50人	至少设1~2个抽水马桶

室内设计要点

一、充分表达现代商店的机能：展示性、服务性、休闲性和文化性。

二、根据商店的经营性质、商品特点、顾客构成以及商品的流行趋势等来确定室内设计总格调，形成各售货单元的独特风格。

三、充分结合室内空间特点与结构形式。

四、室内设计的基本原则是突出商品、诱导消费；总色调以素雅、柔和为主，各售货单元可根据各自特征有所变化。

五、室内装饰材料的选择，除满足设计要求外，还应考虑耐脏利清洗。

六、应符合防火规范的要求。

售货单元设计

一、相对独立的售货单元宜从地面、墙面、天棚的色彩、造型和材料选择、高度变化、灯具组合等方面予以限定而区分于四周空间。

二、封闭式售货单元的柜台应保持足够的营业长度；半开敞及开敞式售货单元应便于购物、服务及管理。

1	广告	5	照明	7	地面
2	绿化	6	壁架	8	陈列
3	标志			9	柜台
4	天花板			10	柱面

1 室内视觉环境构成要素

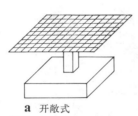  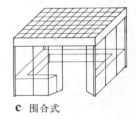

a 开敞式　　b 半开敞式　　c 围合式

2 售货单元的空间限定

视觉中心	陈列台、陈列柜、装饰物、壁饰、专售单元	自动扶梯、楼梯、透明电梯
设计特点	将中心物置于走道端头作为视觉通道的对景	利用垂直交通的动态因素活跃室内空间
实例		
视觉中心	夹层空间、多层空间、中央大厅	几何形体的构成
设计特点	多层次的空间配以公共设施成为休憩、观赏中心	几何形体的穿插构成，分隔、限定空间成为展示背景
实例		

3 室内视觉中心设计实例

室内装修常用材料

分类	材料名称
木材	柳安、白木、桧、柚、红木、樟、荃、南洋杉、松、橡
木材加工	三合板、木芯板、塑合板、集成材、线材、软木板
	丽光板、美耐板、耐曲板
塑胶板	透明板、色彩板、彩绘板、图案板、塑胶镜
壁纸	塑胶壁纸、泡棉壁纸、壁布
板材	石膏板、石棉板、吸音板
塑胶地砖	素色、图案、仿石纹、仿木纹
石材	大理石、花岗石、人造石、磨石砖
地毯	人造地毯、羊毛地毯、织花地毯、人造草坪
布类	沙发布、帆布、窗帘布、绒布
涂料	油漆、喷漆、烤漆、乳胶漆、塑胶漆、木质染色、透明漆、金属漆、丽纹漆
玻璃	明镜、墨镜、铜镜、马赛克镜、透明玻璃、色玻璃、彩绘玻璃、喷砂玻璃、雕花玻璃、玻璃砖
陶磁	磁砖、陶砖、马赛克磁砖
五金	铁管、铁板、铜板、铜管、不锈铁板、不锈钢管、铝方格板、铝框、铝门窗、铝镜、合金材

百货商店 [6] 顶棚·墙面·地面

顶棚、墙面、地面设计

一、顶棚、墙面、地面是塑造空间环境气氛的基本要素，应作统一设计。

二、顶棚应根据室内表现风格和顾客人流导向的要求，确定其色彩、造型、装饰材料，并综合考虑照明、通风、消防、音响等设施及结构形式。

三、充分利用墙面及灯光展示商品，根据照明种类选择照度、照明方式及灯具。

四、地面设计应结合柜台布置、顾客通道和售货区，利用不同材料和不同花饰色彩加以区分，以引导顾客人流；主要地面材料应防滑、耐磨、不起尘及便于清洗。

1 储存商品
2 陈列商品
3 展示商品
4 搁板陈列
5 吊架陈列
6 重点装饰
7 重点照明
8 空间造型

1 壁面功能分析

地面材料组合参考

同质材料	异质材料
1.同质同色材料表现颜色与质感 木地板、磁砖、地毯、铺地砖、塑胶地砖、大理石、花岗岩等 2.同质异色材料，通过不同组合形成各类图案	表现不同材料的质感与颜色 木材—石材、木材—地毯 地毯—石材、石材—磁砖 金属条—石材（花岗岩等） 金属条—水磨石

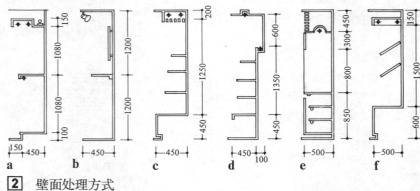

2 壁面处理方式

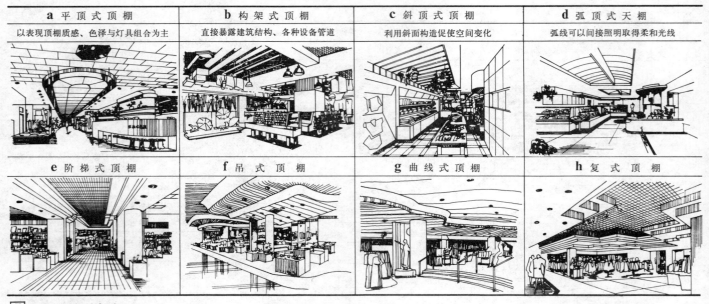

3 顶棚处理方式

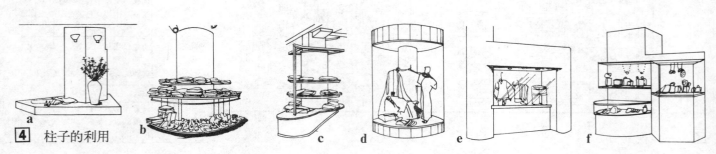

4 柱子的利用

照明设计 [7] 百货商店

照明设计要点

一、为表现营业厅的特定光色、气氛突出商品的质感、色彩，强调其真实性，应合理选择色温、照度及光色对比度。

二、照明方式应与室内环境统一设计。

三、进深大的营业厅应加强厅内深处的照度。

四、设厅内平均照度为 L，则商店营业部分照度大致分配比例为：

店面照度 $\approx 1.5 \sim 2L$；橱窗 $\approx 2 \sim 4L$；
深处陈列 $\approx 2 \sim 3L$；柜台 $\approx 2 \sim 4L$；
重点商品、重点陈列点照度 $\approx 3 \sim 5L$；
一般陈列架、陈列台照度 $\approx 1.5 \sim 2L$；

五、大中型商店应设事故照明供继续营业，其照度不宜低于一般推荐照度的10%。

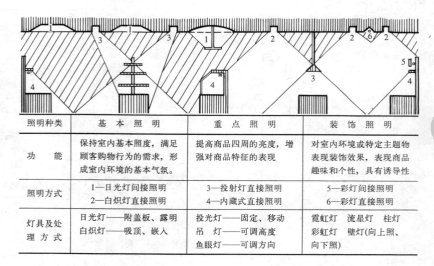

照明种类	基本照明	重点照明	装饰照明
功能	保持室内基本照度，满足顾客购物行为的需求，形成室内环境的基本气氛。	提高商品四周的亮度，增强对商品特征的表现	对室内环境或特定主题物表现装饰效果，表现商品趣味和个性，具有诱导性
照明方式	1—日光灯间接照明 2—白炽灯直接照明	3—投射灯直接照明 4—内藏式直接照明	5—彩灯间接照明 6—彩灯直接照明
灯具及处理方式	日光灯——附盖板、露明 白炽灯——吸顶、嵌入	投光灯——固定、移动 吊灯——可调高度 鱼眼灯——可调方向	霓虹灯 流星灯 柱灯 彩虹灯 壁灯（向上照、向下照）

1 照明种类及特征

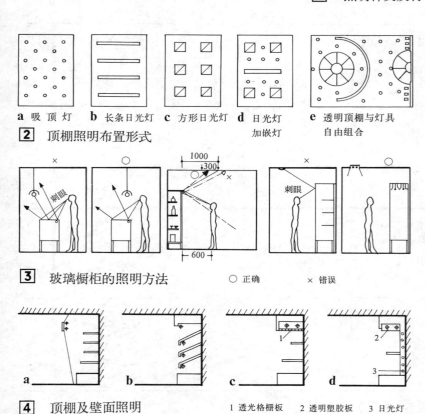

a 吸顶灯　b 长条日光灯　c 方形日光灯　d 日光灯加嵌灯　e 透明顶棚与灯具自由组合

2 顶棚照明布置形式

3 玻璃橱柜的照明方法　○ 正确　× 错误

4 顶棚及壁面照明　1 透光格栅板　2 透明塑胶板　3 日光灯

国内一般推荐照度值　表1

商店场所	推荐照度（lx）
百货自选商场、超级市场的营业厅	500～750
百货商店的营业厅及选购用房	300～500
百货商店的门厅；广播室、美工室、试衣间	75～150
值班室、换班室、一般工作室	30～75
一般商品库及主要的楼梯间、走道、卫生间	20～50
内部使用的楼梯间、走道、卫生间、更衣室	10～20

国外照度值参考　表2

照度(lx)	商店场所	百货商店
3000	最重要的陈列点	展示橱窗；戏剧性、重点陈列
2000		
1500		服务台、店内陈列
1000	重点陈列部、收款台包装台、自动扶梯口	重点楼层、专卖单元咨询性专柜
750	电梯间、自动扶梯	一般楼层基本照明
500	一般陈列、洽谈室	高楼层基本照明
300	接待室	
200	洗手间、厕所、楼梯、走廊	
150		
100		
75	休息区、室内总体照明	

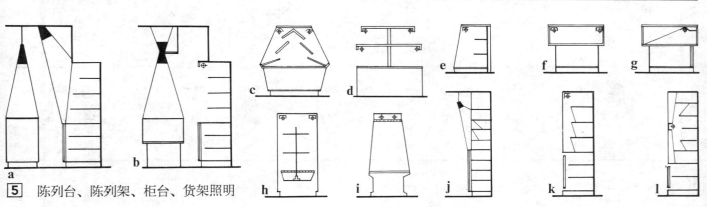

5 陈列台、陈列架、柜台、货架照明

百货商店[8] 陈列展览

商品视觉化表现程序

色彩、质地、款式、功能　尺寸、产地、厂商　知名度　其他 → 商品属性 ← 促销活动　商品购进：主题　商品买卖：设计　商品处理：价格

橱窗、地台、顶棚　墙面、柱面、平地 → 陈列场所 ← 表现构成：动态　静态　对比　对称　非对称

模特、小道具、钉板　陈列架、台、桌、柜　钢丝网、挂钩、活动人形　其他 → 陈列用具 ← 表现方法
- 时装介绍：色彩、款式、质地
- 生活形态：用途、特点、价格
- 生活背景：活动、季节、范围
- 商店环境：空间构成
- 日常性：真实的生活反映
- 非日常性：象征性、奇异性
- 轻松　休闲　正式　传统
- 运动　高雅　华丽　柔和
- 阳刚　阴柔　男性　女性

顾客生活方式　顾客消费倾向　顾客购物心理 → 顾客属性

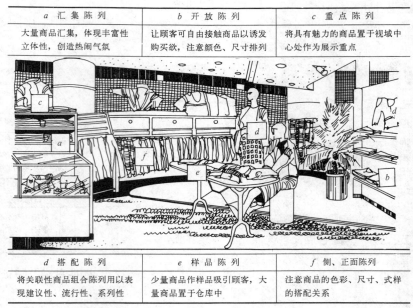

a 汇集陈列	b 开放陈列	c 重点陈列
大量商品汇集，体现丰富性立体性，创造热闹气氛	让顾客可自由接触商品以诱发购买欲，注意颜色、尺寸排列	将具有魅力的商品置于视域中心处作为展示重点

d 搭配陈列	e 样品陈列	f 侧、正面陈列
将关联性商品组合陈列用以表现建议性、流行性、系列性	少量商品作样品吸引顾客，大量商品置于仓库中	注意商品的色彩、尺寸、式样的搭配关系

1 商品陈列手法

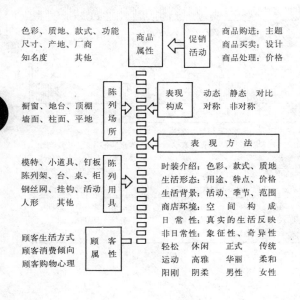

2 陈列重点的设置

图例：----- 顾客流线　▦ 垂直交通工具　◁ 一般视野　◁◁ 诱导视野　● 陈列重点

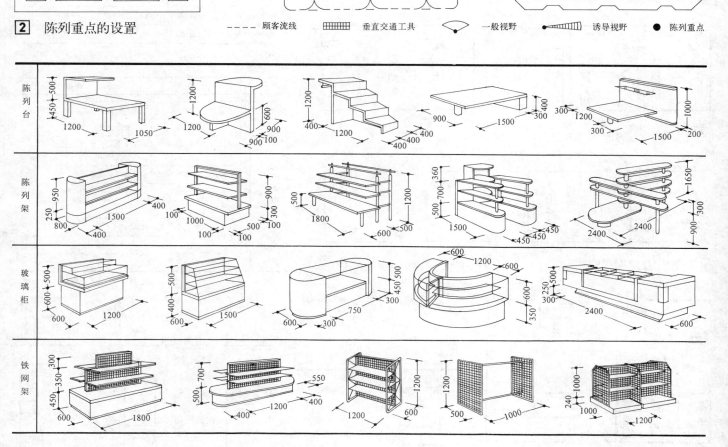

3 陈列展览用具

（陈列台　陈列架　玻璃柜　铁网架）

橱窗[9]百货商店

橱窗设计要点

一、橱窗的尺度应根据商店的性质、规模、店前道路、商品特征、陈列方式等确定。

二、橱窗应符合防晒、防眩光、防盗等要求。

三、橱窗平台高于室内地面不应小于 0.20m，高于室外地面不应小于 0.50m。

四、橱窗应设小门，尺寸一般为 700×1800。

五、橱窗内应设陈列支架的固定设施。

六、封闭式橱窗应考虑自然通风；采暖地区的封闭橱窗一般不采暖，但里壁应为绝热构造，外表应为防雾构造，避免冷凝水的产生。

七、布置橱窗应考虑营业厅内的采光和通风。

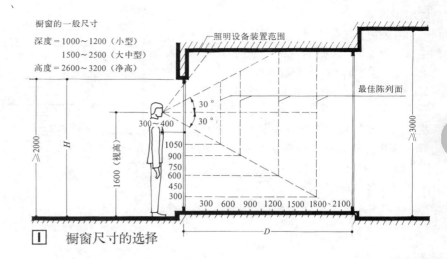

橱窗的一般尺寸
深度 = 1000～1200（小型）
　　　1500～2500（大中型）
高度 = 2600～3200（净高）

1 橱窗尺寸的选择

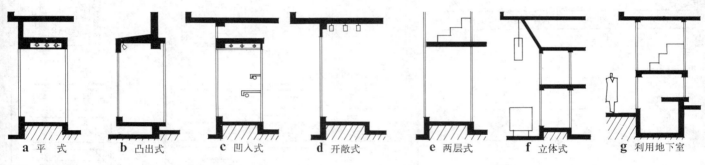

a 平式　b 凸出式　c 凹入式　d 开敞式　e 两层式　f 立体式　g 利用地下室

2 橱窗剖面形式

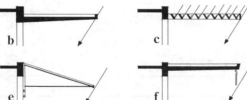

3 橱窗的遮阳

橱窗的眩光

橱窗眩光的产生，是由于橱窗外的亮度高于橱窗内的亮度，橱窗附近的受光影像反射到橱窗玻璃上，妨碍了顾客观看商品。

1 直射阳光　2 天空云彩
3 明亮的建筑　4 树木
5 来往车辆　6 视点

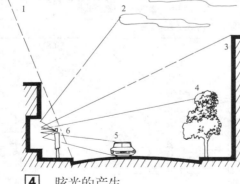

4 眩光的产生

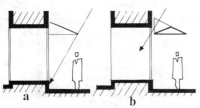

5 眩光的消除

视野高度表 H (m)　　注：一般视野在30°的圆锥体中

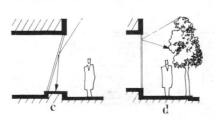

d (m) \ θ (度)	2.5	5	15	30	0.5	2.5	5	15	30
1	1.54	1.59	1.77	2.08	0.03	0.09	0.18	0.54	1.16
2	1.59	1.68	2.04	2.66	0.06	0.18	0.35	1.08	2.31
5	1.72	1.94	2.84	4.39	0.15	0.44	0.88	2.68	5.78
10	1.94	2.38	4.18	7.27	0.30	0.87	1.75	5.36	
20	2.37	3.25	6.86	13.05	0.60	1.75	3.50		
40	3.25	4.95	12.25		1.20	3.50	7.00		
60	4.12	6.75			1.80	5.24			
80	5.00	8.50			2.40	6.94			
100	5.87	10.25			3.00	8.74			

百货商店[10]库房

库房设计要点

一、商店应根据经营规模与方式、商品销售量等特点设置供商品短期周转的储存库房和有关的验收、整理、加工、管理等辅助用房。

二、营业厅同层宜设置分库以减轻垂直货运。

三、进货入口处应靠近通路,并设卸货平台。

四、大中型商店应设两部以上的货运电梯。

五、库房应根据商品特点分类储存,同时采取防潮、防晒、防盗、防污染、通风、隔热、除尘等各种措施。

六、营业厅若有厂方专销柜台,需设专用仓库。

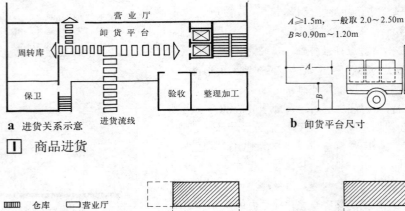

a 进货关系示意

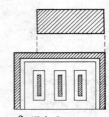

b 卸货平台尺寸

1 商品进货

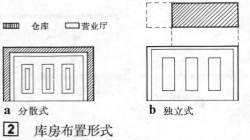

a 分散式　　b 独立式　　c 混合式

2 库房布置形式

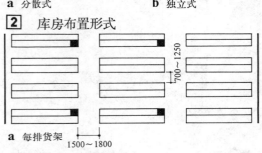

a 每排货架　　　　　　　b 单排货架

3 货架排列形式

库房面积参考　　　　　　　　表1

货物名称	按每个售货单位计(m²)
首饰、钟表、眼镜、高级工艺品类	3.0
衬衣、纺织品、帽类、皮毛、装饰用品、文具类、照明器材类	6.0
包装食品、药品、书籍、绸布、布匹、中小型电器	7.0
体育用品、旅行用品、儿童用品、电子产品、日用工艺品、乐器	8.0
油漆、颜料、建筑涂料、鞋类	10.0
服装	11.0
五金、玻璃、陶瓷用品	13.0

注:1.当某类货品仅有一个售货位置时,存货面积可增加50%;
　2.家具、大型家电、车辆类存放面积视需要而定。

常用柱网和净高　　　　　　　表2

层数	柱网尺寸	净高(m)
单层	6000、9000 12000、15000	设有货架者净高≥2.10 设有夹层者净高≥4.60
多层	7500×7500 7800×7800	无固定堆放形式者 净高≥3.00

库房内通道净宽度　　　　　　表3

通道位置	净宽(m)	备注
1.货架或堆垛端头与墙面间的通风通道	>0.30	1.单个货架宽度为0.30~0.90m 一般为两架并靠成组;堆垛宽度为1.60~1.80m 2.电瓶车速不应超过75m/min 通道宜直,回车场应≥6m×6m
2.平行货架或堆垛间并可携商品通过者	0.70~1.25	
3.垂直于货架或堆垛间通道并可通行小推车	1.50~1.80	
4.可通行电瓶车的通道(单车道)	>2.50	

货架及堆存方式

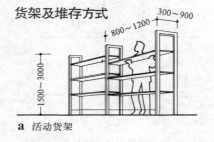

a 活动货架

b 固定货架

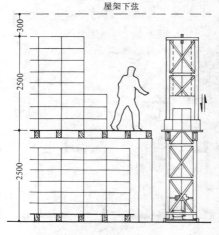

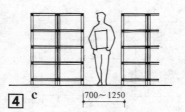

c

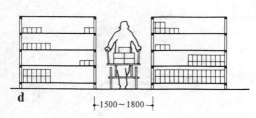

d

e 双层堆垛(平面尺寸 2500×6000 用于大型库)

4

广告·标志 [11] 百货商店

广告和标志设计要点

一、广告的功能是通过符号形象传递商品质量、特征、商店经营及销售服务方式等商业信息以招徕顾客。

二、广告的手段有文字、图形、色彩、材料、音像等；广告的表现形式分动态与静态二类。

三、良好的广告应具有良好的视觉领域、用简短的文字、独特的造型或明快的色彩突出商品特色使人一目了然。

四、标志分为定点标志、指引标志、公用标志和店用标志，在设计中可对其设置位置、尺度、式样、色彩作统一考虑。

五、标志设置分悬挂、摆放和附着固定等。

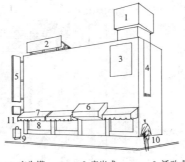

1 广告塔　　5 突出式　　9 活动式
2 屋顶式　　6 门脸式　　10 模　特
3 墙面式　　7 篷帐式　　11 突出式
4 悬幕式　　8 橱窗式　　　　小招牌

① 广告设置形式

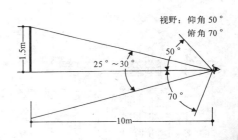

注：为有良好的辨认率，当视距为10m时，应将广告控制2.5m大小，偏心率在15°以内。

广告位置	视距	文字高度
一层部分 (≤4m)	≤20m	≤8cm
二层以上 (4~10m)	≤50m	≈10cm
顶层以上	≤500m	≈20cm

② 广告位置与文字大小

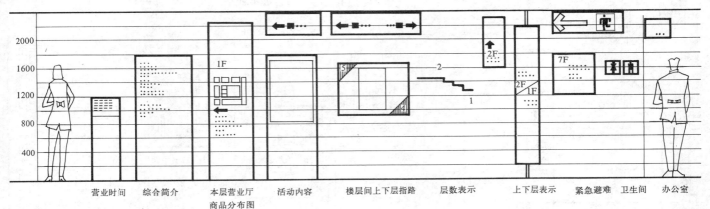

营业时间　综合简介　本层营业厅商品分布图　活动内容　楼层间上下层指路　层数表示　上下层表示　紧急避难　卫生间　办公室

③ 标志设置方式及尺度

注：本实例为顾客公用标志，车辆指路标志不在其内

广告和标志文字辨认顺序　表1

辨认顺序	汉文字体	文字笔划
1	老宋体	少笔划
2	清体	横笔划
3	黑体	竖笔划
4		斜笔划
5	隶书	多笔划

广告和标志颜色选用参考　表2

衬底色	文字色	最大辨认距离(m)	衬底色	文字色	最大辨认距离(m)
黄	黑	114	绿	白	104
白	绿	111	黑	白	104
白	红	111	黄	红	101
黑	黄	107	红	绿	90
白	黑	106	绿	红	88
红	白	106	黄	绿	84

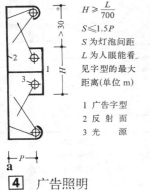

$H \geq \dfrac{L}{700}$

$S \leq 1.5P$

S 为灯泡间距

L 为人眼能看见字型的最大距离（单位 m）

1 广告字型
2 反射面
3 光　源

④ 广告照明

b　c　d　e

f　g　h　i

百货商店[12]实例

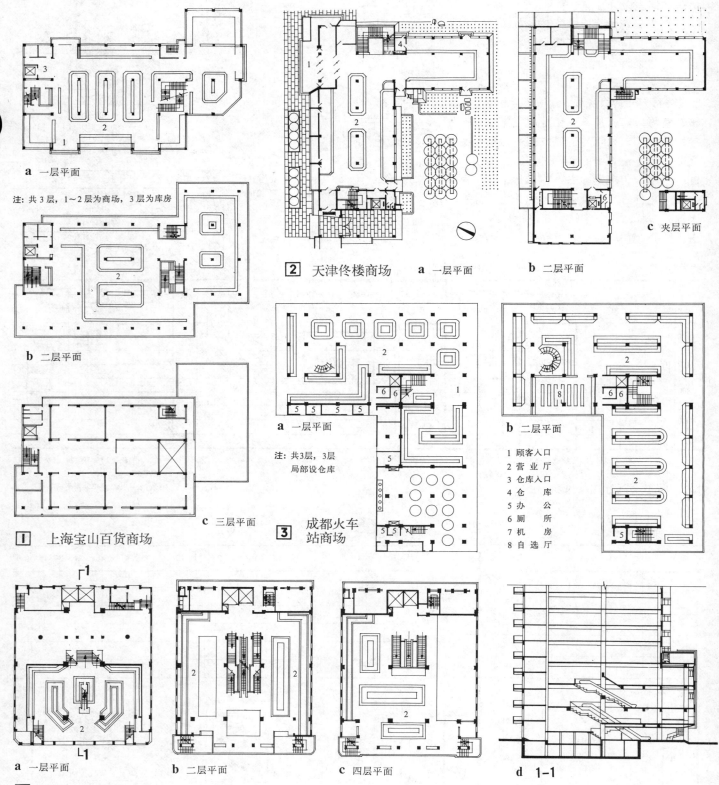

1 上海宝山百货商场 (a 一层平面, b 二层平面, c 三层平面)
注：共3层，1~2层为商场，3层为库房

2 天津佟楼商场 (a 一层平面, b 二层平面, c 夹层平面)

3 成都火车站商场 (a 一层平面)
注：共3层，3层局部设仓库

b 二层平面

1 顾客入口
2 营业厅
3 仓库入口
4 仓　　库
5 办　　公
6 厕　　所
7 机　　房
8 自 选 厅

4 长沙司门口商场 (a 一层平面, b 二层平面, c 四层平面, d 1-1)

商店名称	建筑面积(m²)	营业面积(m²)	库房面积(m²)	辅助面积(m²)	柱网尺寸(m)	层　　高　(m)	设计单位
上海宝山百货商场	3990	3106	542	66	6.0×8.0	1层：5.0　2~3层：4.2	上海市民用建筑设计院
天津佟楼百货商场	4880	2472	534	580	6.3×8.1	1层：4.8　2~4层：4.0	天津市建筑设计院
成都火车站商场	6105	3681	324	276	7.5×7.5	1层：5.1　2~3层：4.8	四川省建筑设计院
长沙司门口商场	10479	3246	3620	3613			长沙市建筑设计院

实例[13] 百货商店

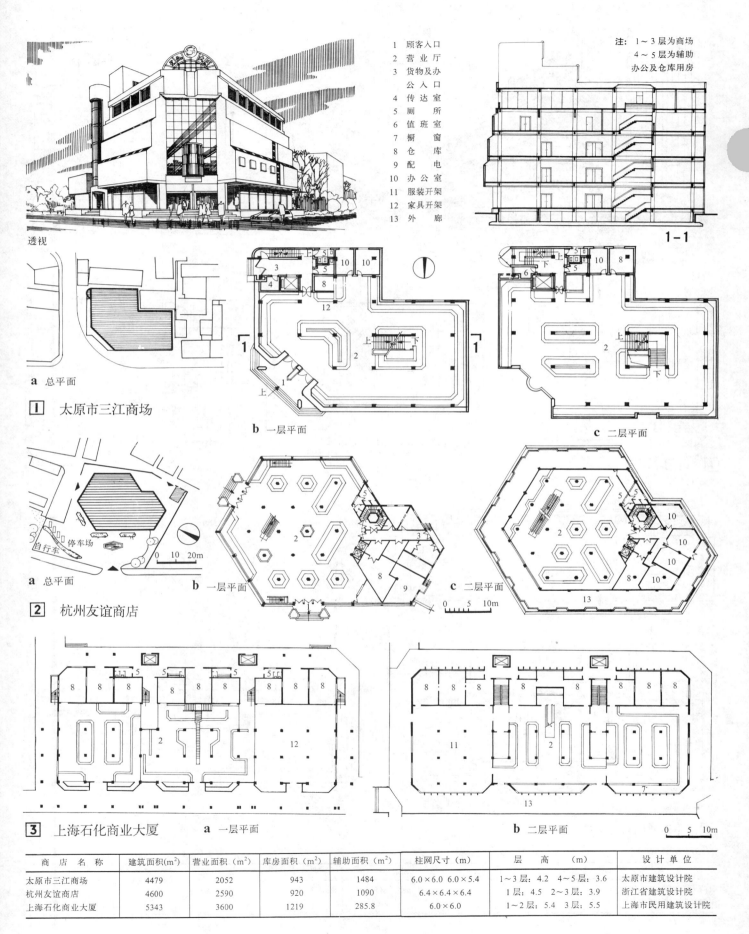

商店名称	建筑面积(m²)	营业面积(m²)	库房面积(m²)	辅助面积(m²)	柱网尺寸(m)	层高(m)	设计单位
太原市三江商场	4479	2052	943	1484	6.0×6.0 6.0×5.4	1~3层:4.2 4~5层:3.6	太原市建筑设计院
杭州友谊商店	4600	2590	920	1090	6.4×6.4×6.4	1层:4.5 2~3层:3.9	浙江省建筑设计院
上海石化商业大厦	5343	3600	1219	285.8	6.0×6.0	1~2层:5.4 3层:5.5	上海市民用建筑设计院

百货商店[14]实例

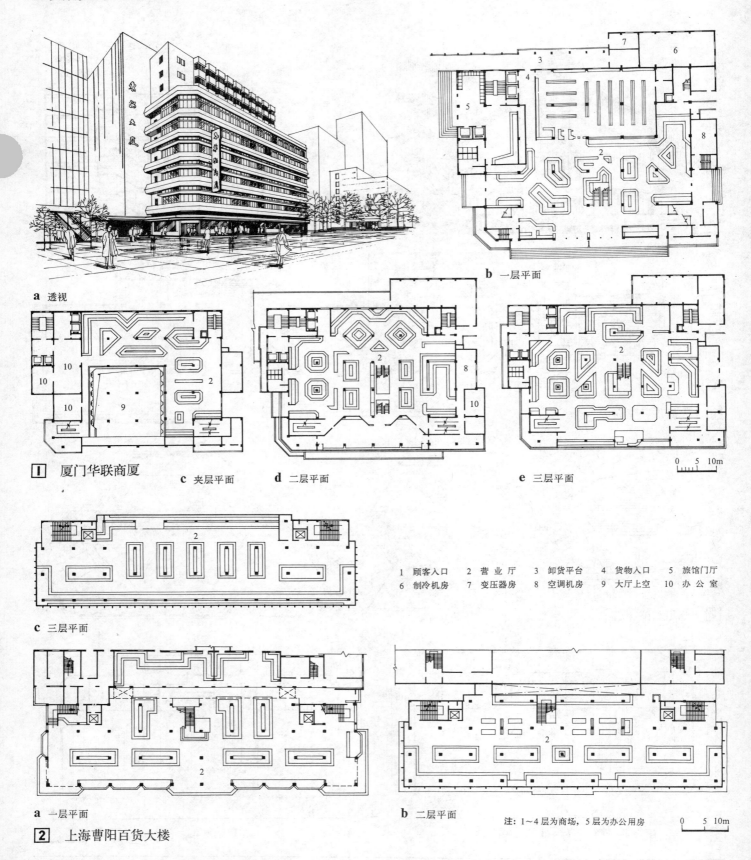

1 顾客入口　2 营业厅　3 卸货平台　4 货物入口　5 旅馆门厅
6 制冷机房　7 变压器房　8 空调机房　9 大厅上空　10 办公室

① 厦门华联商厦
　a 透视　　b 一层平面　　c 夹层平面　　d 二层平面　　e 三层平面

② 上海曹阳百货大楼
　a 一层平面　　b 二层平面　　c 三层平面

注：1～4层为商场，5层为办公用房

商店名称	建筑面积(m²)	营业面积(m²)	库房面积(m²)	辅助面积(m²)	柱网尺寸(m)	层高(m)	设计单位
厦门华联商厦	10675	9078	1297	877	8×8	6~4	
上海曹阳百货大楼	7454	6535	利用旧房	466	6.6×6	1层：5.2　2~4层：4.2	上海市民用建筑设计院

实例[15] 百货商店

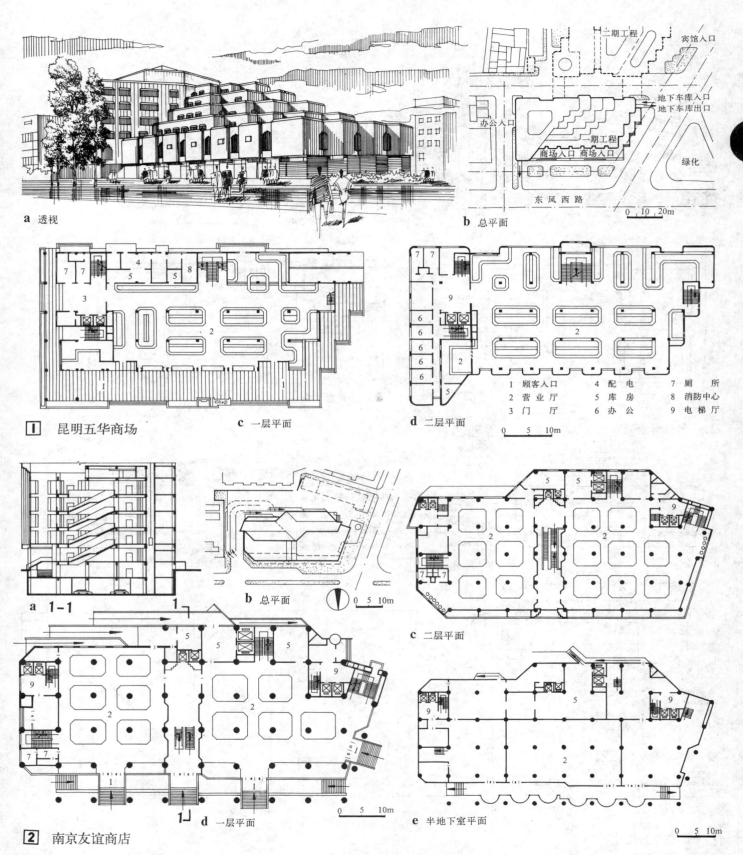

1 昆明五华商场
a 透视 b 总平面 c 一层平面 d 二层平面

1 顾客入口 4 配电 7 厕所
2 营业厅   5 库房 8 消防中心
3 门厅   6 办公 9 电梯厅

2 南京友谊商店
a 1-1 b 总平面 c 二层平面 d 一层平面 e 半地下室平面

商店名称	建筑面积(m²)	营业面积(m²)	库房面积(m²)	辅助面积(m²)	柱网尺寸(m)	层高(m)	设计单位
南京友谊商店	20160	11200	3210	5760	8×8	4.8	江苏省建筑设计院
昆明五华商场	10980	4090	3600	3250	8×8	4.2	昆明建筑设计院

百货商店[16]实例

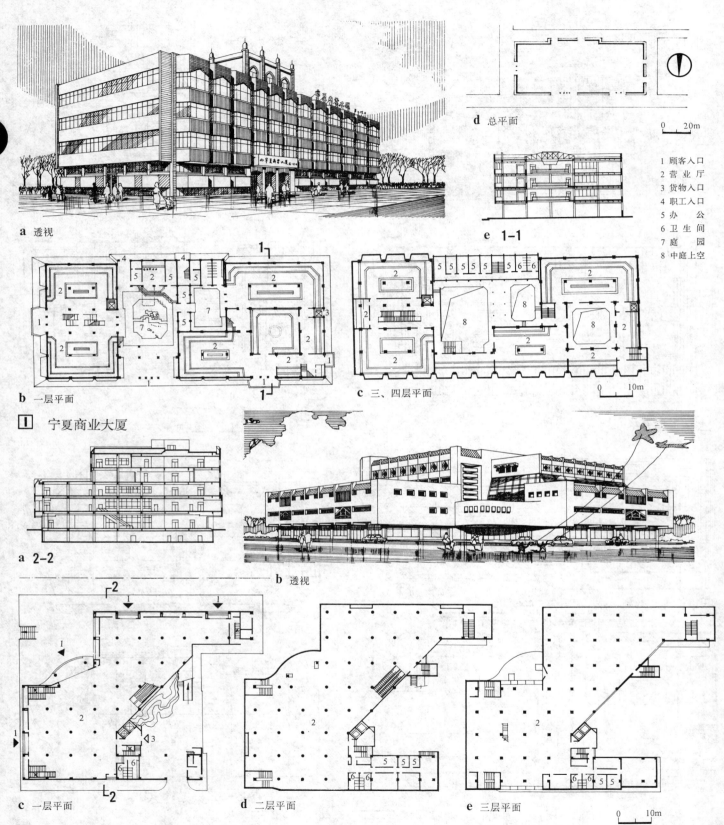

a 透视
d 总平面
e 1-1
b 一层平面
c 三、四层平面
1 宁夏商业大厦
a 2-2
b 透视
c 一层平面
d 二层平面
e 三层平面
2 苏州五金交化大楼

1 顾客入口
2 营业厅
3 货物入口
4 职工入口
5 办 公
6 卫生间
7 庭 园
8 中庭上空

商店名称	建筑面积(m²)	营业面积(m²)	库房面积(m²)	辅助面积(m²)	柱网尺寸(m)	层 高 (m)	设计单位
宁夏商业大厦	12870	8622	2060	2188	7.5×7.5	首层：7.5 楼层：4.5	甘肃省建筑勘察设计院
苏州五金交化大楼	13000	7300	2600	3100	7.1×7.4	5.5	浙江省建筑设计院

实例[17] 百货商店

a 室外透视
b 1-1
c 二层平面
d 一层平面

1 顾客入口　　4 办　公
2 营业厅　　　5 中　庭
3 货物入口　　6 厕　所

注：1～3层为商场，4层一部分为商场，另一部分为会议及游艺室。

① 沈阳铁西商业大厦

a 一层平面
b 立面
c 二层平面
d 地下层平面
e 2-2

注：1～4层为个体商场，5～6层为办公用房。

1 办公楼门厅　　4 厕　所　　　　7 生活水池
2 消防中心　　　5 货物入口　　　8 水泵房
3 配电间　　　　6 办　公　　　　9 消防水池

② 桂林东城第一商场

商店名称	建筑面积(m²)	营业面积(m²)	库房面积(m²)	辅助面积(m²)	柱网尺寸(m)	层　高(m)	设计单位
沈阳铁西商业大厦	12000	9608	876	1928	8.3×8.3	4.5	中国建筑东北设计院
桂林东城第一商场	13730	10610	1000	2120	6.6×6.6	1～4层：3.6　5～6层：3.0	桂林市建筑设计院

37

百货商店[18]实例

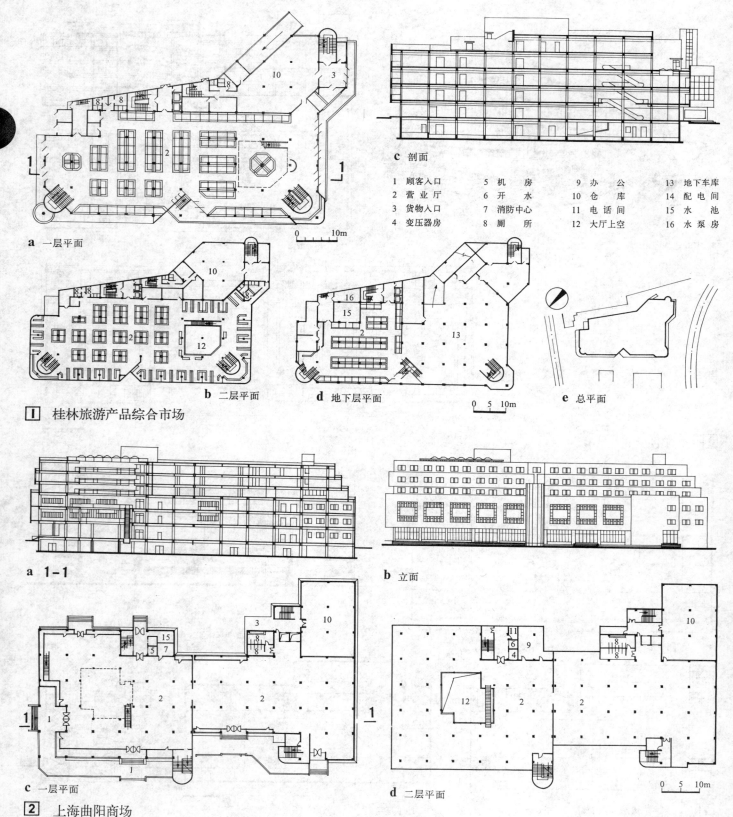

商店名称	建筑面积(m²)	营业面积(m²)	库房面积(m²)	辅助面积(m²)	柱网尺寸(m)	层高(m)	设计单位
桂林旅游产品综合市场	13251	8335	250	4666	6.6×6.6	地下层：4.1 1～5层：4	桂林市建筑设计院
上海曲阳商场	25200	12678	50432	7469	7.5×7.5	4	华东建筑设计院

实例[19] 百货商店

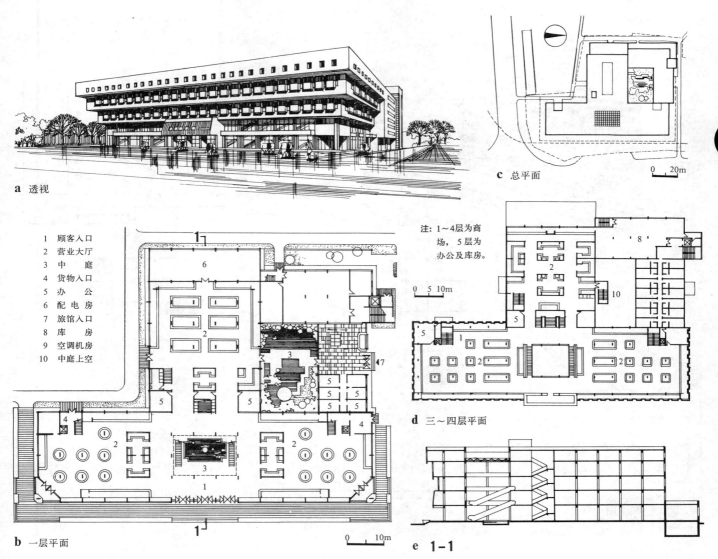

1 顾客入口
2 营业大厅
3 中庭
4 货物入口
5 办公
6 配电房
7 旅馆入口
8 库房
9 空调机房
10 中庭上空

注：1～4层为商场，5层为办公及库房。

a 透视　　c 总平面　　b 一层平面　　d 三～四层平面　　e 1-1

① 南京银都商业大厦

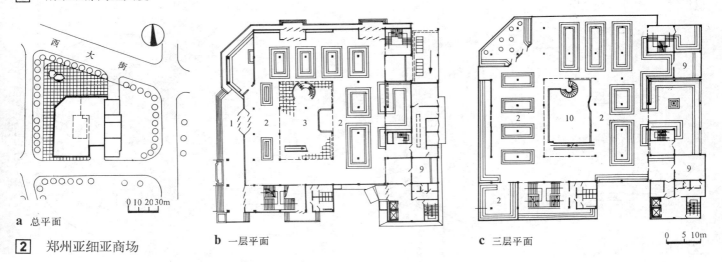

a 总平面　　b 一层平面　　c 三层平面

② 郑州亚细亚商场

商店名称	建筑面积(m²)	营业面积(m²)	库房面积(m²)	辅助面积(m²)	柱网尺寸(m)	层高(m)	设计单位
南京银都商业大厦	25000	18300	5500	1200	6.0×6.0	4.5，4.0	东南大学建筑系
郑州亚细亚商场	24000	15747			7.5×7.5	1层：5.10 2～5层：4.10	核工业部第五设计院

39

百货商店[20]实例

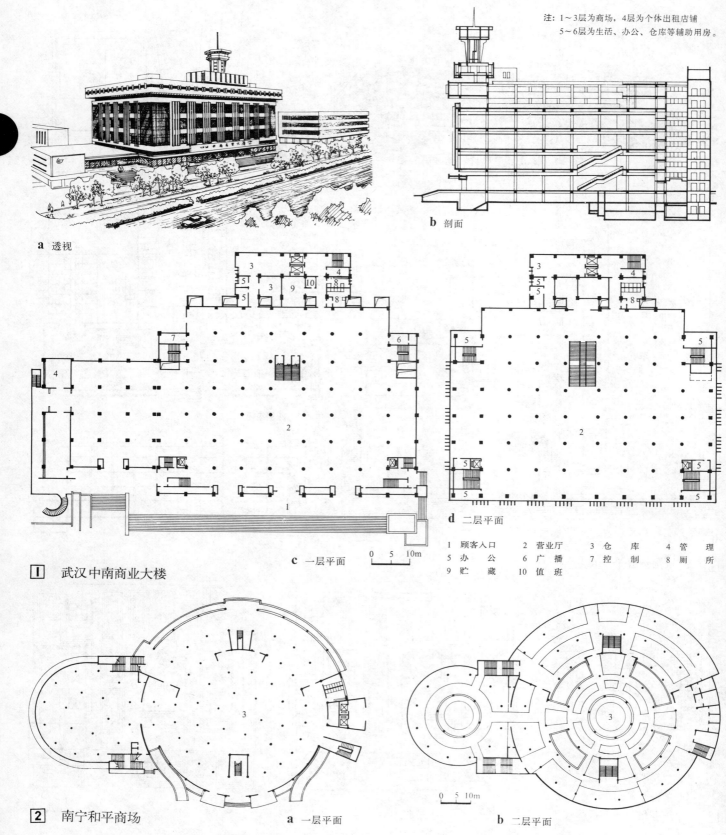

注：1～3层为商场，4层为个体出租店铺
5～6层为生活、办公、仓库等辅助用房。

a 透视
b 剖面
c 一层平面
d 二层平面

1 顾客入口　2 营业厅　3 仓库　4 管理
5 办公　6 广播　7 控制　8 厕所
9 贮藏　10 值班

① 武汉中南商业大楼

② 南宁和平商场
a 一层平面
b 二层平面

商店名称	建筑面积(m²)	营业面积(m²)	库房面积(m²)	辅助面积(m²)	柱网尺寸(m)	层高(m)	设计单位
武汉中南商业大楼	39878	21600	6296	11982	8×8	6	中南建筑设计院
南宁和平商场	50868	30768	18754	17546	7.5×7.5	4.8	广西省建筑设计院

实例[21] 百货商店

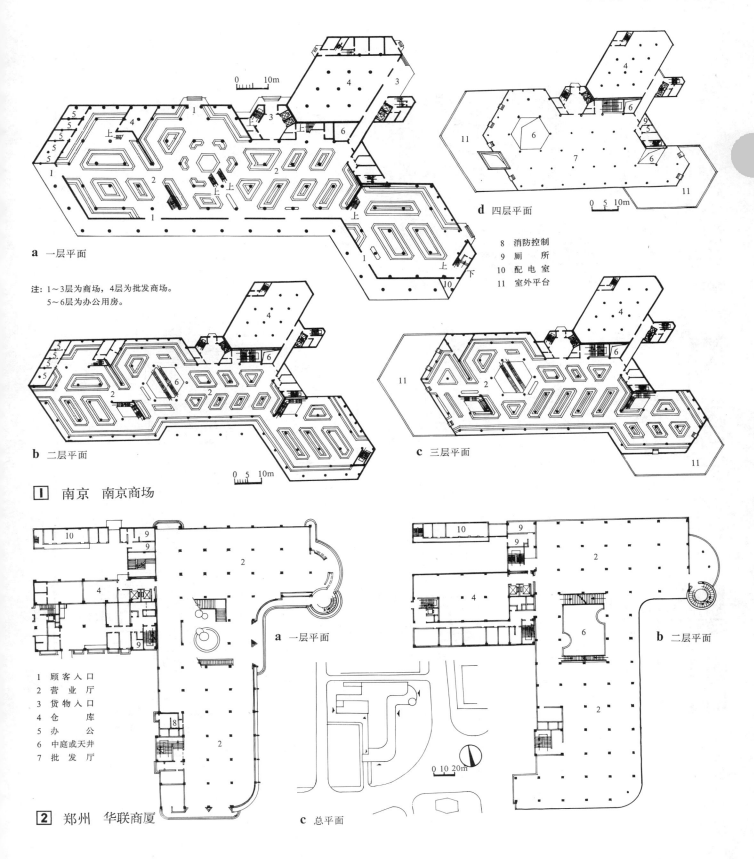

a 一层平面
b 二层平面
c 三层平面
d 四层平面

注：1～3层为商场，4层为批发商场。
5～6层为办公用房。

8 消防控制
9 厕所
10 配电室
11 室外平台

1 南京 南京商场

1 顾客入口
2 营业厅
3 货物入口
4 仓库
5 办公
6 中庭或天井
7 批发厅

a 一层平面
b 二层平面
c 总平面

2 郑州 华联商厦

商店名称	建筑面积(m²)	营业面积(m²)	仓储面积(m²)	辅助面积(m²)	柱网尺寸(m)	层高(m)	设计单位
南京 南京商场	31418	18033	7295	6090	8.7×8.7×8.7	1～4层：6.0 5～6层：4.8	南京市建筑设计院
郑州 华联商厦	26500	16200	1600	7800	8.7×7.5 7.2×7.5		核工业部第五设计院

百货商店[22]实例

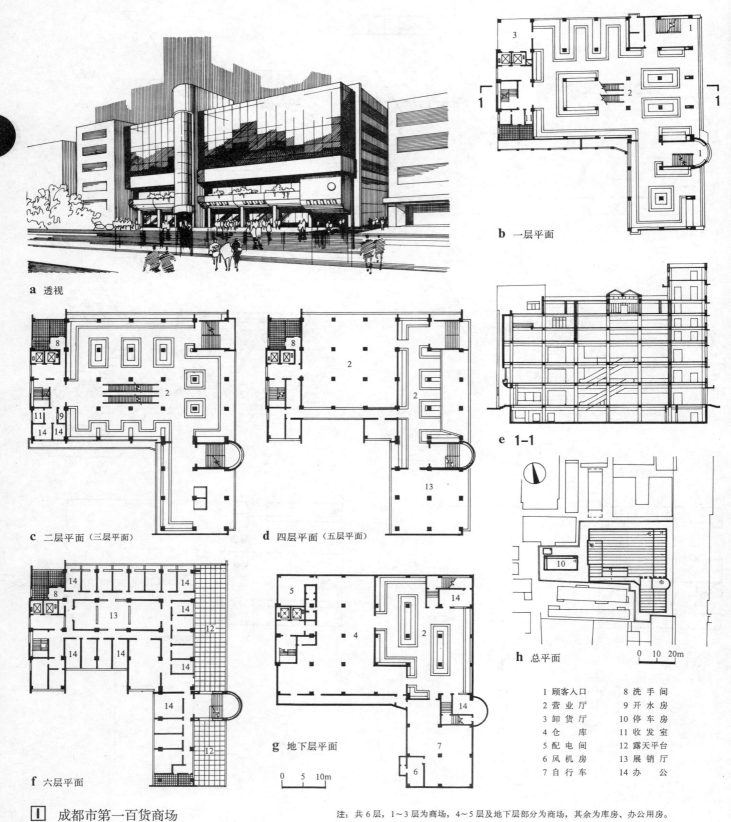

a 透视
b 一层平面
c 二层平面（三层平面）
d 四层平面（五层平面）
e 1-1
f 六层平面
g 地下层平面
h 总平面

1 顾客入口　8 洗手间
2 营业厅　　9 开水房
3 卸货厅　　10 停车房
4 仓　库　　11 收发室
5 配电间　　12 露天平台
6 风机房　　13 展销厅
7 自行车　　14 办　公

Ⅰ 成都市第一百货商场

注：共6层，1~3层为商场，4~5层及地下层部分为商场，其余为库房、办公用房。

商店名称	建筑面积(m²)	营业面积(m²)	库房面积(m²)	辅助面积(m²)	柱网尺寸(m)	层　高(m)	设计单位
成都市第一百货商场	11491.00	5339.50	1752.00	4399.50	7.0×7.0，7.2×7.2	1~3层：4.8　4~6层：3.2	成都市建筑勘测设计院

实例[23] 百货商店

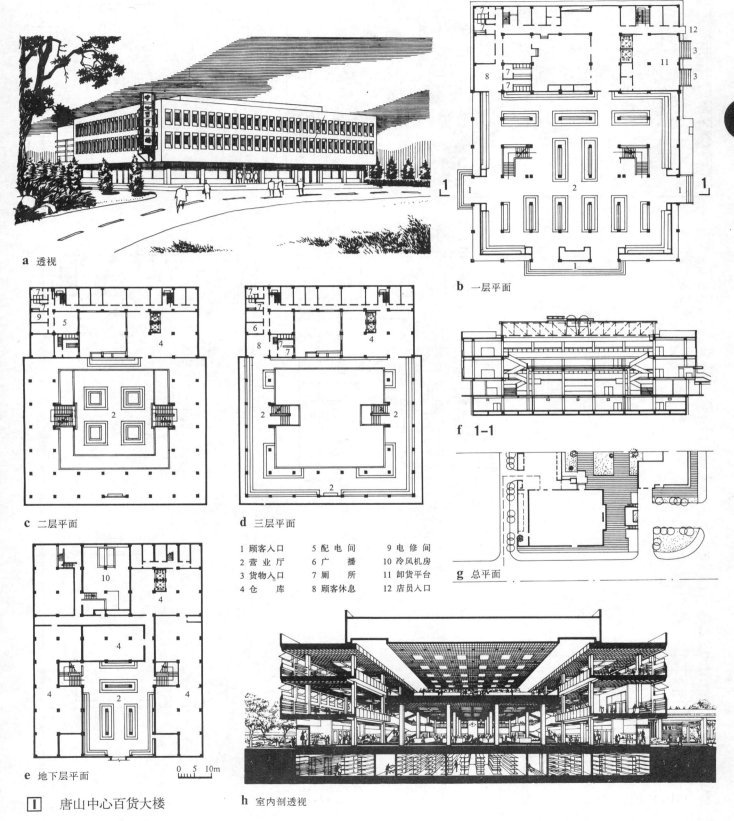

a 透视
b 一层平面
c 二层平面
d 三层平面
e 地下层平面
f 1-1
g 总平面
h 室内剖透视

1 顾客入口　5 配电间　9 电修间
2 营业厅　　6 广播　　10 冷风机房
3 货物入口　7 厕所　　11 卸货平台
4 仓库　　　8 顾客休息 12 店员入口

Ⅰ 唐山中心百货大楼

商店名称	建筑面积(m²)	营业面积(m²)	库房面积(m²)	辅助面积(m²)	柱网尺寸(m)	层高(m)	设计单位
唐山中心百货大楼	14036	6000	4000	4036	7.2×7.2	4.2	建设部建筑设计院

百货商店[24]实例

a 透视

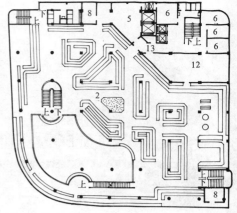

c 二层平面

1 顾客入口
2 营业厅
3 货物入口
4 店员入口
5 小仓库
6 办　公
7 空调机房
8 配电房
9 变电房
10 门　卫
11 厕　所
12 大仓库
13 仓库管理

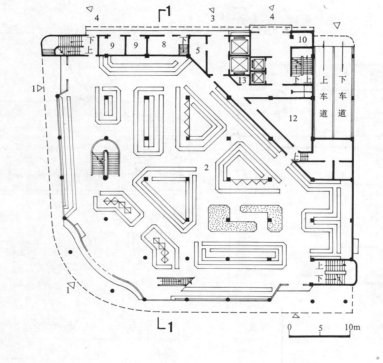

b 一层平面

d 三层平面

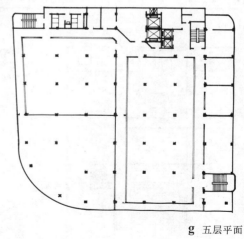

g 五层平面

注：1～4层为商场
　　5～6层为库房
　　及办公用房。

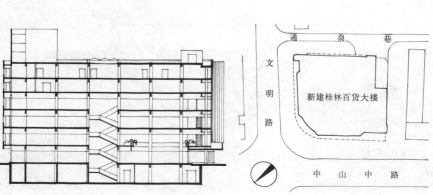

Ⅰ 桂林市百货大楼　　e 1-1　　f 总平面

商店名称	建筑面积(m²)	营业面积(m²)	库房面积(m²)	辅助面积(m²)	柱网尺寸(m)	层　高　(m)	设计单位
桂林市百货大楼	16914.4	7866.73	2838.18	4446.46	7.0×7.0	1～4层：4.1　5～6层：3.4	桂林市建筑设计院

实例[25] 百货商店

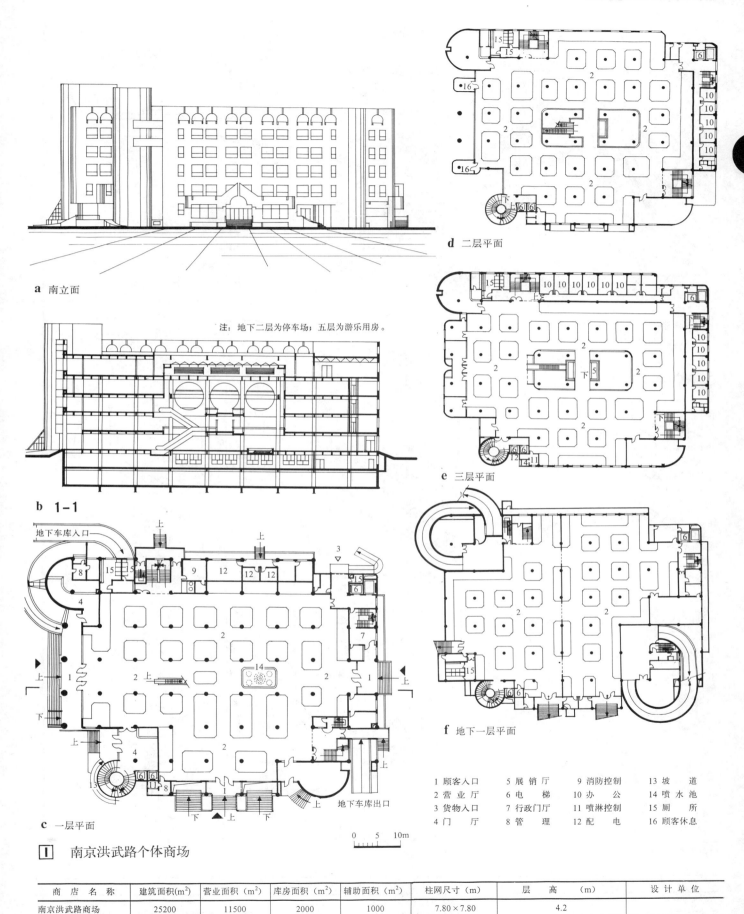

a 南立面
b 1-1
c 一层平面
d 二层平面
e 三层平面
f 地下一层平面

注：地下二层为停车场；五层为游乐用房。

1 顾客入口　5 展销厅　9 消防控制　13 坡道
2 营业厅　　6 电梯　　10 办公　　　14 喷水池
3 货物入口　7 行政门厅 11 喷淋控制　15 厕所
4 门厅　　　8 管理　　12 配电　　　16 顾客休息

Ⅰ 南京洪武路个体商场

商店名称	建筑面积(m²)	营业面积(m²)	库房面积(m²)	辅助面积(m²)	柱网尺寸(m)	层高(m)	设计单位
南京洪武路商场	25200	11500	2000	1000	7.80×7.80	4.2	

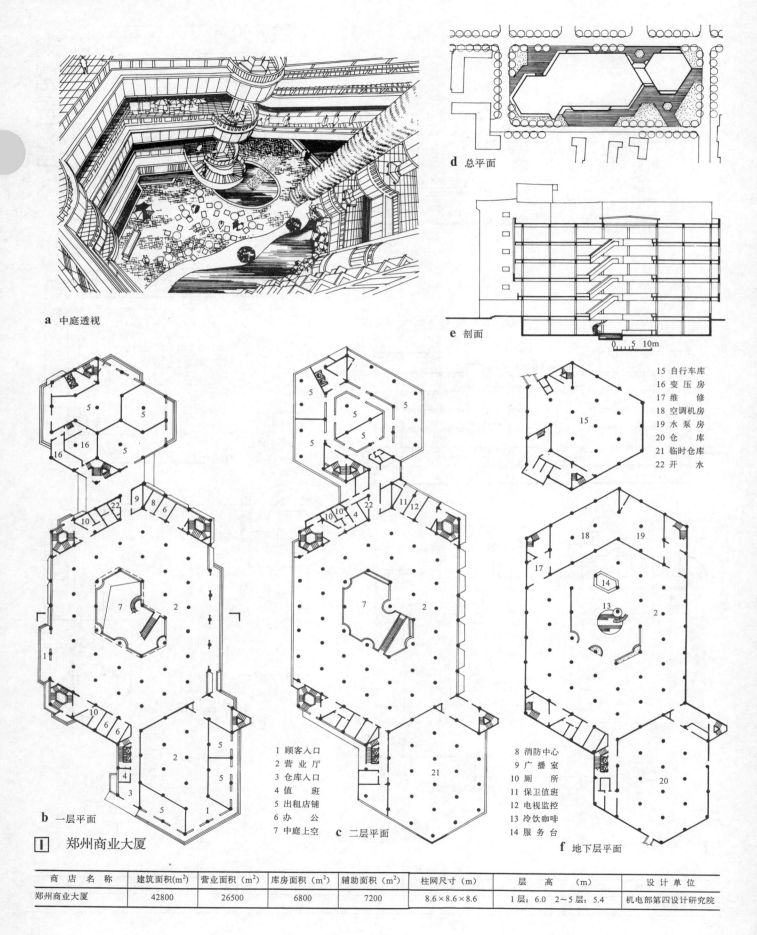

实例[27]百货商店

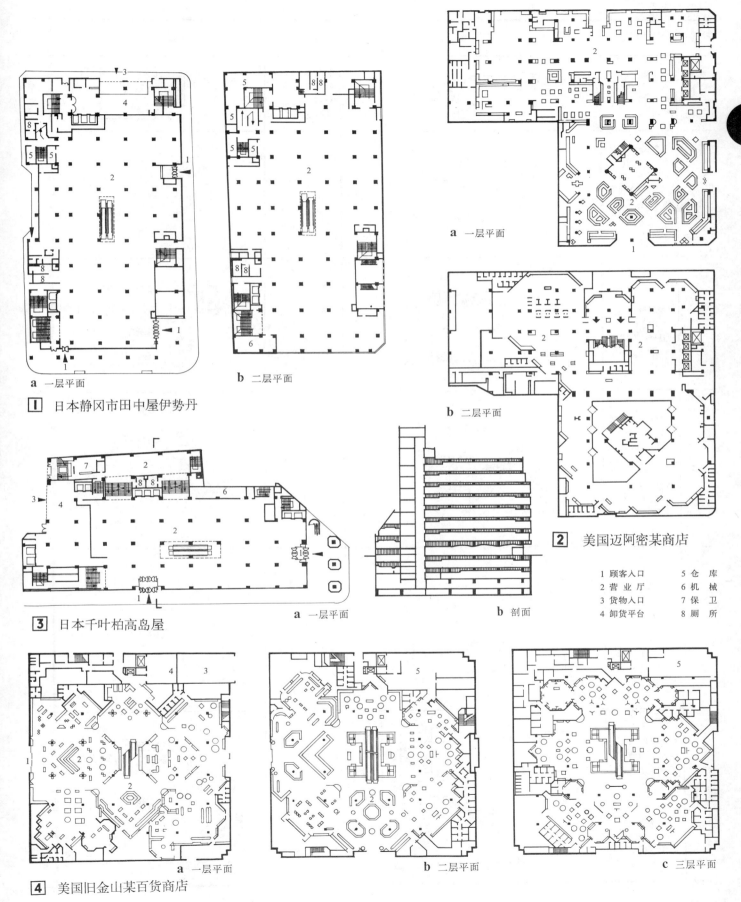

a 一层平面
b 二层平面
1 日本静冈市田中屋伊势丹

a 一层平面
b 二层平面
2 美国迈阿密某商店

a 一层平面
b 剖面
3 日本千叶柏高岛屋

1 顾客入口　5 仓库
2 营业厅　　6 机械
3 货物入口　7 保卫
4 卸货平台　8 厕所

a 一层平面
b 二层平面
c 三层平面
4 美国旧金山某百货商店

百货商店[28]柱网参考表

国外百货商店面积、柱网参考表

序号	简介	平面示意图	序号	简介	平面示意图
1	苏黎世-曼里康百货商店(瑞士) 规模：3~5层 柱网：9×9	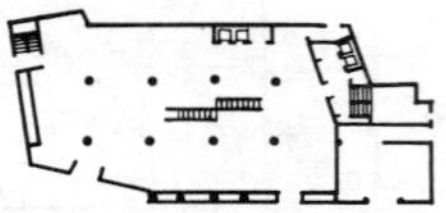	7	纽伦堡"密尔古勒"百货商店（德国） 柱网：7.6×7.5	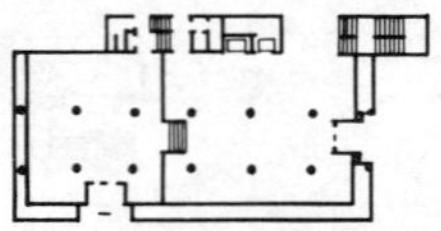
2	冈市"长廊"百货商店（法国） 规模：4~5层 无地下室 体积：32000m³ 柱网：6.4×5.6 与 6.4×4.5	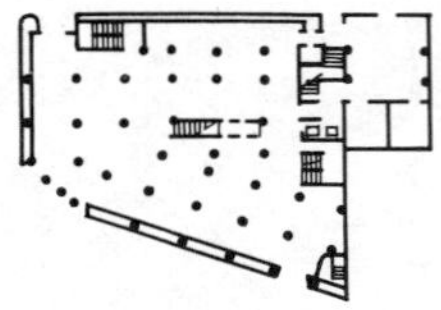	8	日本某商店 柱网：12×9	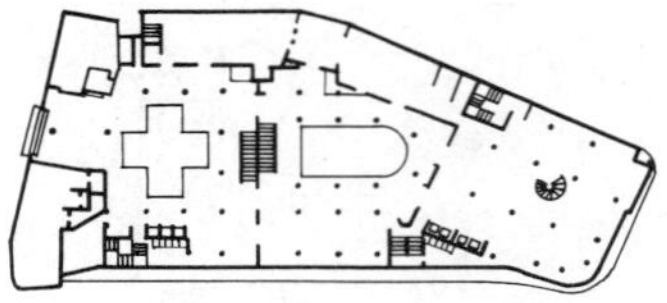
3	松板屋 (日本) 柱网：7.2×9	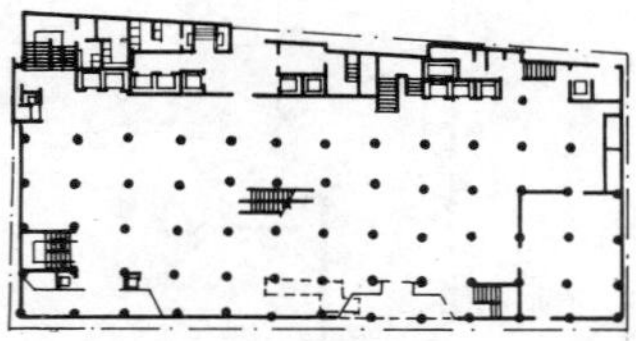	9	丰桥丸荣 (日本) 规模：10层 3层地下室 面积：27084m² 柱网：8×7.6	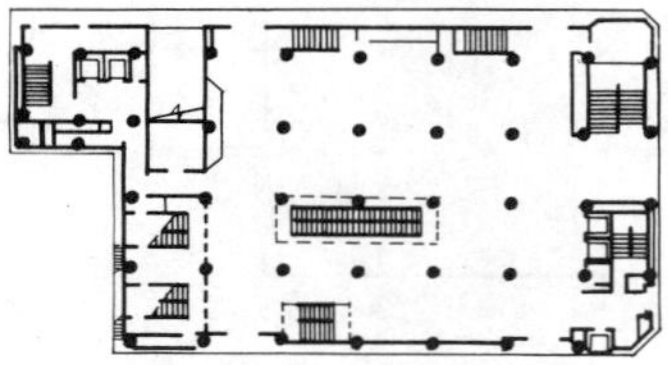
4	巴黎"春天"百货商店(意大利) 规模：7层 3层地下室 体积：135000m³ 柱网：8.6×9.4 层高：4.3~4.9	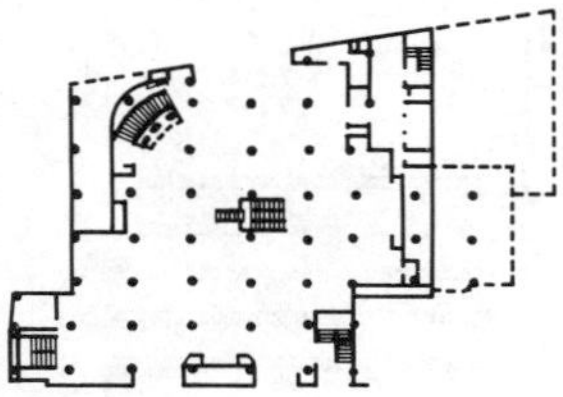	10	米兰"利纳参捷"百货商店(意大利) 规模：8层 2层地下室 体积：110000m³ 柱网：8.5×8.5m 层高：4~6	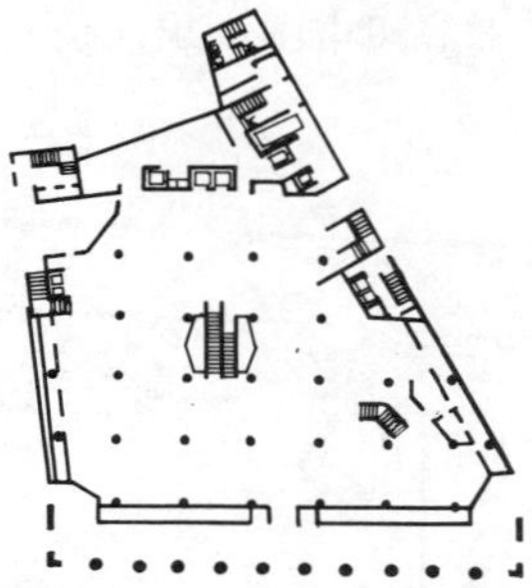
5	法兰克福—美因"考夫霍夫"百货商店（德国） 规模：5层 1层地下室 体积：112000m³ 柱网：11×8.8 层高：4.8~5.5	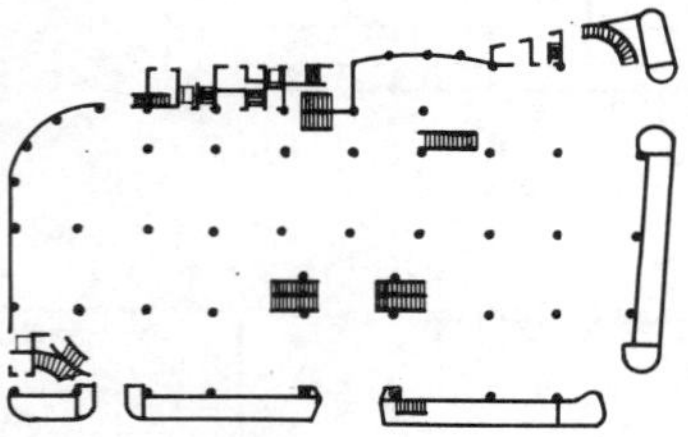	11	南特"捷克列"百货商店(法国) 规模：4~5层 1层地下室 体积：60000m³ 柱网：10×6.25 与 5×6.25 层高：4~6.8	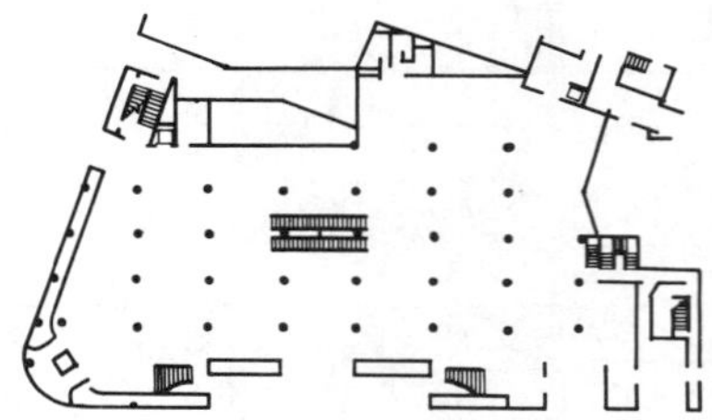
6	鹿特丹"皮也考尔夫"百货商店(荷兰) 规模：5层 1层地下室 体积：180000m³ 柱网：12×12 层高：5.2	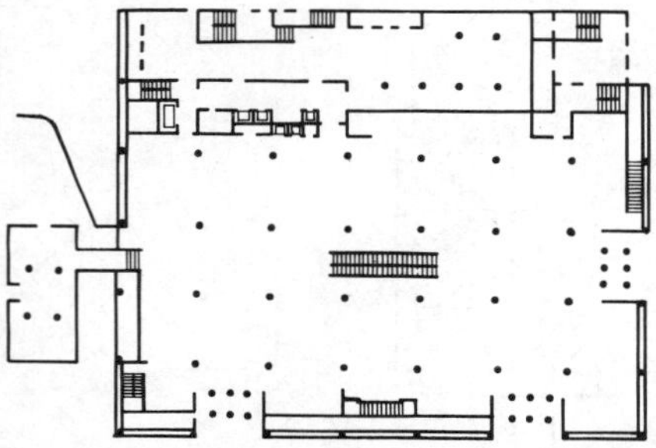	12	吉祥寺东急 (日本) 规模：8层 3层地下室 面积：62006m³ 柱网：8.5×8.5 层高：4.2~4.5	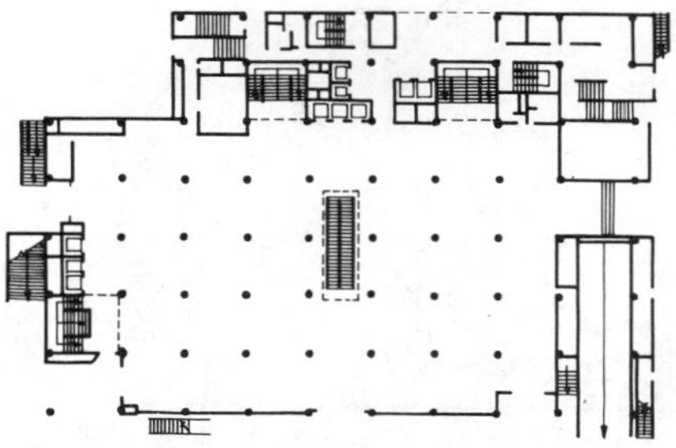

概述 [1] 专业商店

专业商店设计原则

一、专业商店的性格，应依据商店的专业性质、设置地点、服务对象、业主要求和设计意图等确定。

二、店面与陈列橱窗的设计应起着诱导顾客购买的作用。

三、在专业商店的各种流线设计中应以减少死角为原则，合理布置服务和进出货物的路线。

四、商品的陈列与展示，应以突出商品为原则。陈列展示应表现丰富性、立体性、创造热闹的气氛，常以阶梯式、墙面开放架为主。个性化展示应以大面积的展示台或壁面，做出突出商品特性的表现。精品展示，通常以柜内或展示橱窗为主，以照明为衬托。

五、墙面、地面、顶棚是形成空间环境的三要素，确定其装饰标准和材料，必须满足专业商品的特殊要求，以突出专业商店的个性。

六、专业商店在消防、隔热、通风、采光、除尘等设计中除满足规范外，还应根据专营商品特点作相应处理。

七、方便设施，如休息座椅、公用电话、盥洗间、引导标志等，是吸引顾客提高服务质量的有利投资。

注：1. 本章以中小型专业商店为主。
　　2. 一般商店共性设计原则参见本集百货商店部分。

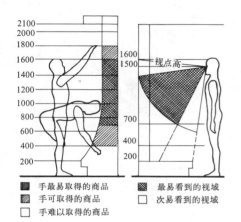

[1] 商品设置高度与人的视域

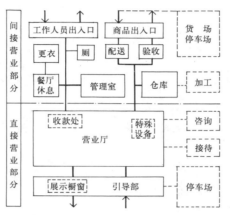

[2] 专业商店构成

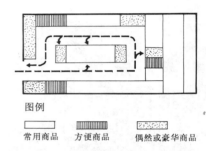

注：商品是根据以下分类进行布置的：
常用商品的布置要没有障碍且易于达到；豪华物品要布置在顾客拿不到但却能吸引顾客的地方。服务柜台的位置要设在便于收款员、包装员和问讯处等进行工作的地方。

[3] 商品布置原则

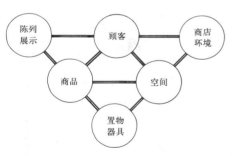

[4] 专业商店构成要素

注：走道、层高一般要求
营业员走道：最小宽度 0.5m
　　　　　　推荐宽度 0.6～0.7m
　　　　　　（如用于食品店）0.9m
公共走道：主要的，最小宽度 1.4m
　　　　　　平均 1.7～2.1m
　　　　　　最大宽度 3.3m
　　　　　次要的，最小宽度 0.9m
　　　　　　推荐 0.9～1m
层　高：营业厅净高推荐 3.6m
　　　　地下室净高 2.4～2.7m
　　　　夹层净高 2.15m

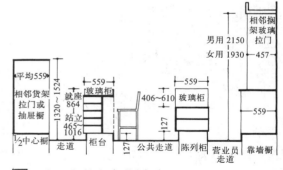

[5] 典型家具和走道剖面

专业商店分类表

业种	服装				用											品									医药		食品				
商品	女装	时装	运动装	男装	童装	饰品首饰	鞋帽皮饰品	钟表眼镜	化装品	纺织品	用具	灯餐具	家庭用品	油漆	山货器皿	家具	自行车汽车	家电	图书文具	唱片礼品	字画	工艺品古玩	民俗用品	体育用品、鲜花	乐器	模型	土特产品	医疗用品	药品	副食粮食	糕点特产	烟酒茶糖	生鲜果菜	熟食
商店例	妇女时装店皮衣店	时装店	运动内衣店	男士服饰时装店	儿童时装店西服店	金银首饰店珠宝店	鞋店帽店皮包店	钟表店眼镜店	化装品店	纺织品店干洗店	儿童玩具店杂货店	盥洗用品店灯饰店	家内装饰店餐具蜡烛店	油漆店	玻璃器皿店山货店	五金店家具行	汽车配件店车行	家用电器店音响店	书店文具店笔店	音像店礼品店	美术用品店字画店	文物店工艺品店	风筝店香店	体育用品店摄影器材店花店	乐器行	模型店	日杂店	医疗器械用品店	中药店西药店	粮油副食品店	土特产食品店	糖果店烟酒店茶叶店	菜市场炒货店水果店	烧腊店熟食店

专业商店[2]服装店

设计要点

在所有的专业商店中，服装店的流行性表现最为强烈。店面、入口和展示橱窗等应有鲜明个性和诱导性。室内环境应针对服务对象的特点确定其格调，呈现时装的多样化和流行性。服装展示应以顾客获得最多商品信息为原则。服装模特表演对促进时装流行起着推动作用。照明设计应不影响服装的色泽和质感。

服装店如附设加工部时，加工部与营业部一般应分开设置。

商店组成

营业厅	商品陈列、包装、接待
试衣室	试穿服装
接待室	洽谈业务
辅助室	店员休息、卫生、办公
作业室	剪裁、加工服装、修理
库房	储存商品

面积构成

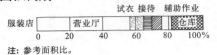

注：参考面积比。

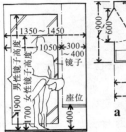
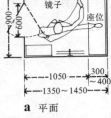

（试衣室至少 1×1.2m）

① 试衣室

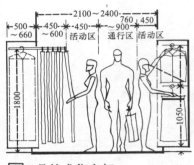

② 悬挂式售衣架

③ 室内透视

④ 某服装店入口透视

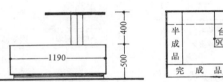
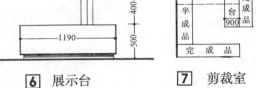

⑤ 柜台　　⑥ 展示台　　⑦ 剪裁室　　⑧ 三面镜箱

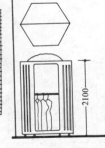

⑨ 悬挂陈列　⑩ 活动展示器　⑪ 衣架　⑫ 模特展示　⑬ 活动衣架　⑭ 特色衣架

壁面构成

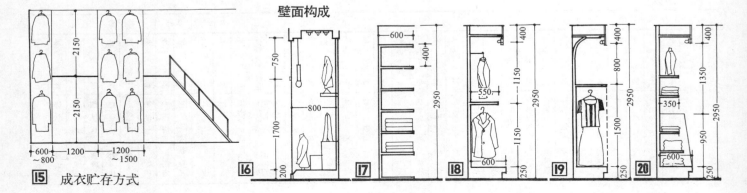

⑮ 成衣贮存方式

服装店 [3] 专业商店

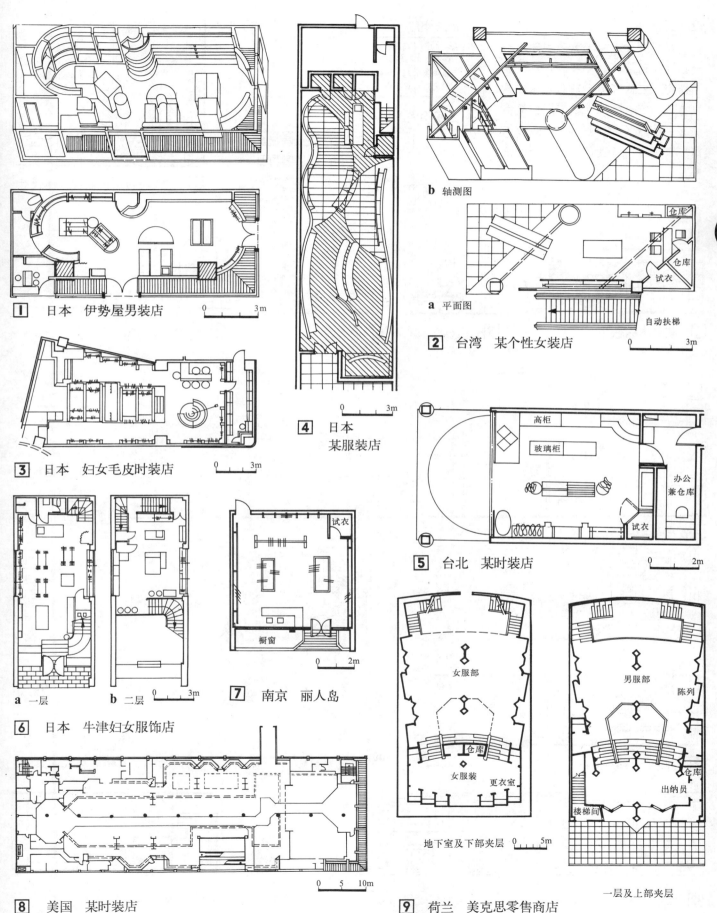

1 日本 伊势屋男装店
2 台湾 某个性女装店
　a 平面图
　b 轴测图
3 日本 妇女毛皮时装店
4 日本 某服装店
5 台北 某时装店
6 日本 牛津妇女服饰店
　a 一层
　b 二层
7 南京 丽人岛
8 美国 某时装店
9 荷兰 美克思零售商店

专业商店 [4] 鞋帽店

设计要点

鞋帽店是流行要素表现较强的一种专业商店。其外观、入口、展示橱窗、室内环境和商品展示应具有特色，富有招徕性。店内应提供试穿、试戴的便利。如附设加工部，加工部与营业部一般应分开设置。

商店组成

营业厅	商品陈列、展示
作业间	加工修理鞋、帽
辅助室	店员休息、办公、值班
库房	储存商品

面积构成

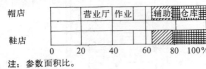

注：参数面积比。

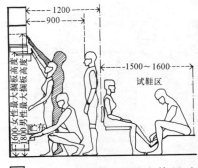

① 贮存、试鞋区有关人体尺寸

柜台及展示架

② 某鞋店标志

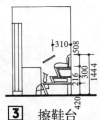

③ 擦鞋台

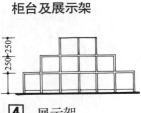

④ 展示架

⑤ 柜台

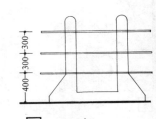

⑥ 展示架

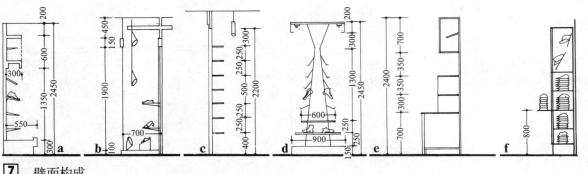

⑦ 壁面构成

⑧ 旋转式货架

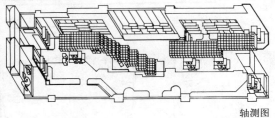

轴测图

⑨ 日本 黛安娜鞋店

⑩ 室内透视

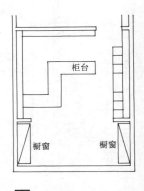

⑪ 珠海 步步高

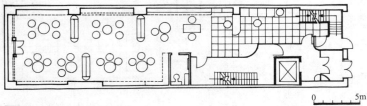

⑫ 美国 格罗丽亚鞋廊

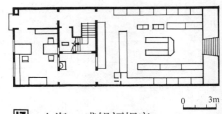

⑬ 上海 盛锡福帽店

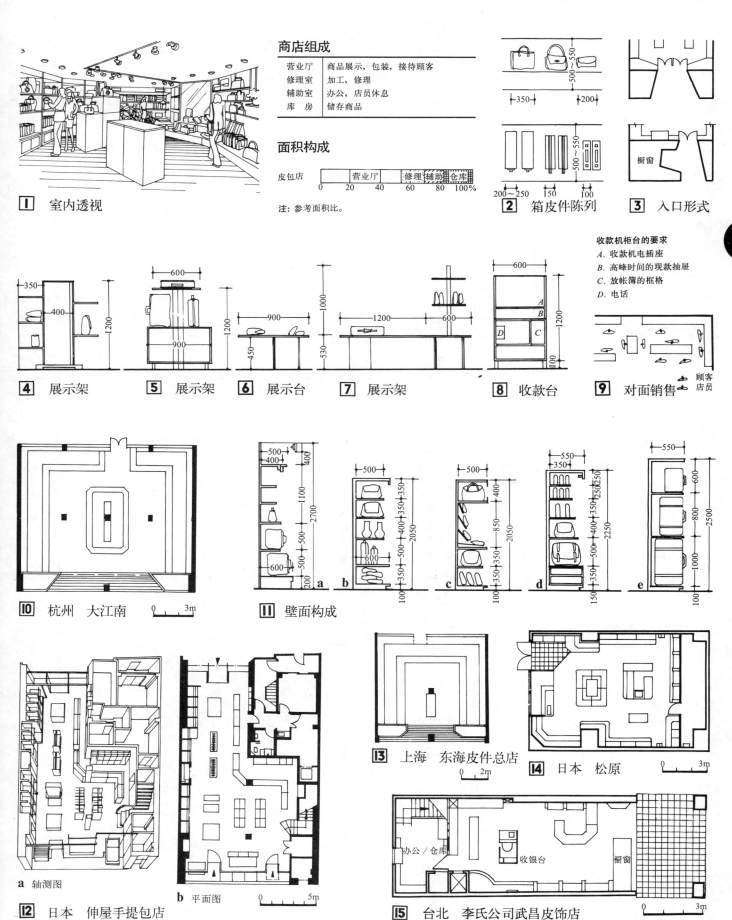

专业商店 [6] 金银首饰店

设计要点

金银首饰店属高品位专业店。室内环境宜凝重、典雅，要求照度良好。商品均要求单独展示，既可增加商品的安全性，又可增加商品的价值感。应设置防盗报警安全系统。店面应有良好的诱导性，入口宜小。

商店组成

营业厅	商品陈列，展示
接待室	接待顾客，洽谈业务
作业室	修理，加工翻新首饰
辅助室	店员休息，办公
库 房	保险库

面积构成

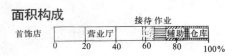

注：参考面积比。

① 某首饰店室内透视

② 店面设计示例

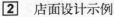

③ 翻修部

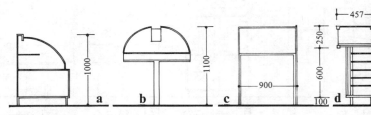

④ 柜台

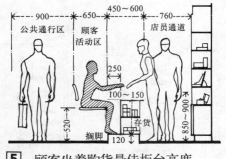

⑤ 顾客坐着购货最佳柜台高度

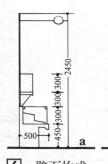

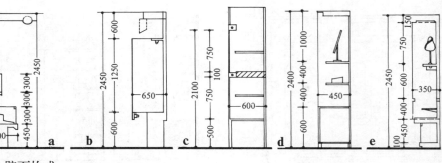

⑥ 壁面构成

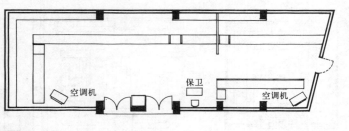

⑦ 武汉 天宝金号

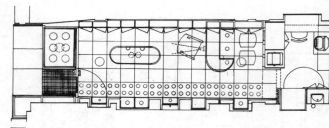

⑧ 奥地利 某珠宝店

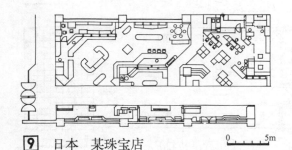

⑨ 日本 某珠宝店

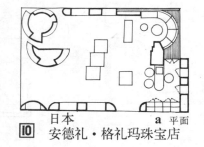
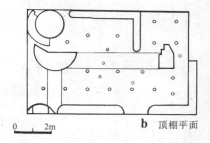

⑩ 日本 安德礼·格礼玛珠宝店　a 平面　b 顶棚平面

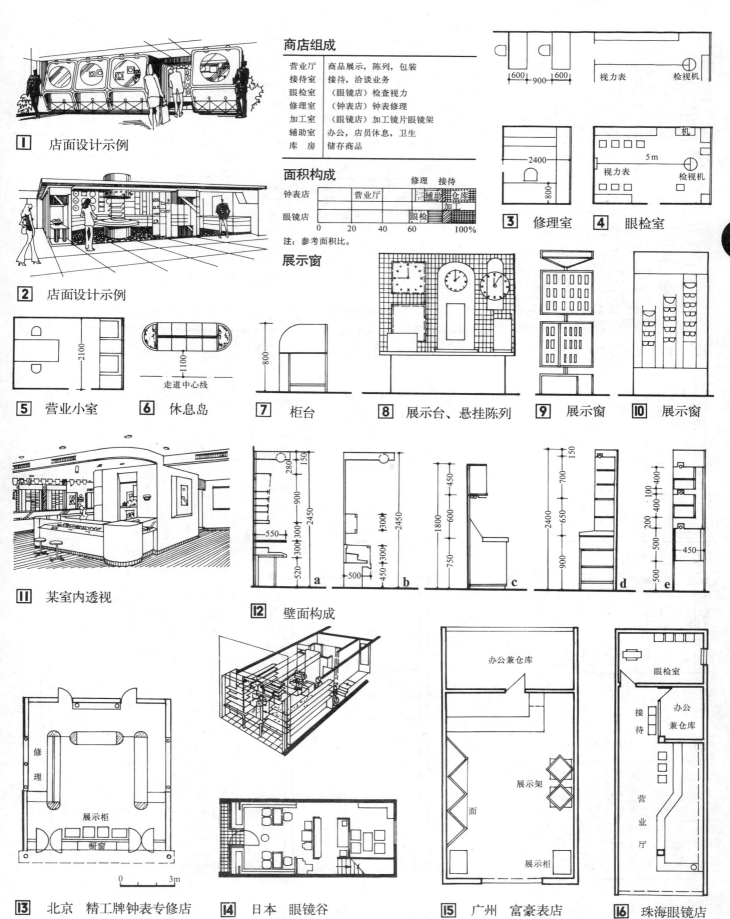

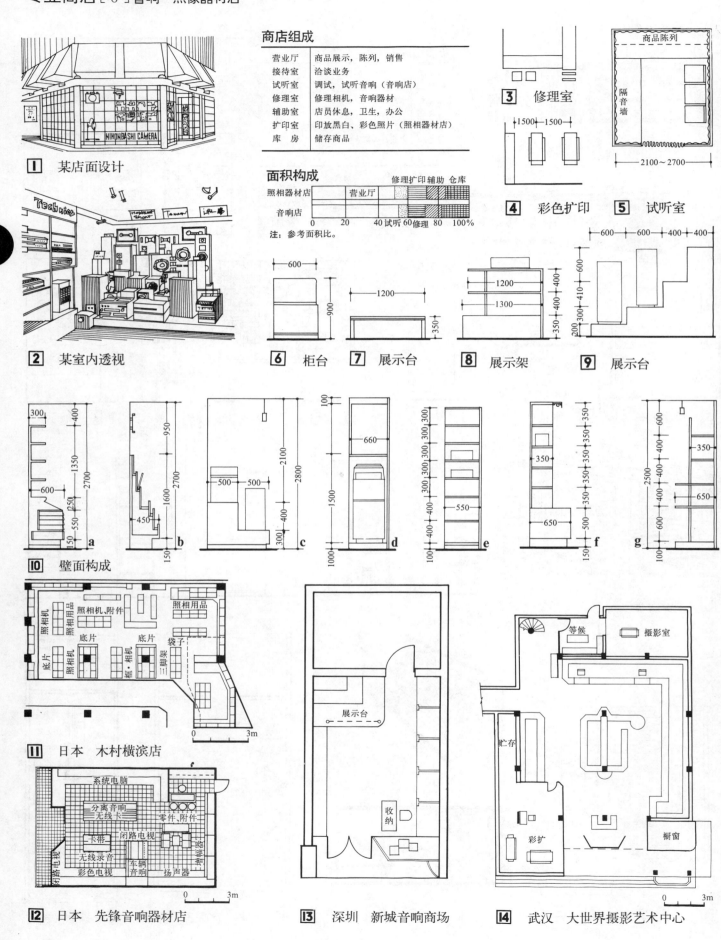

家用电器店 [9] 专业商店

设计要点

宜设置接待室、调试室，诱导顾客在适宜的环境中购买昂贵的家电商品。提供电器维修、配电、给排水等便利。仓库要有一定的容量。

商店组成

营业厅	商品展示，陈列，销售
接待室	洽谈业务
修理室	修理家用电器
调试室	调试电器
辅助室	办公，店员休息
库房	储存商品

面积构成

电器行：营业厅｜修｜辅｜调｜仓库

注：参考面积比。

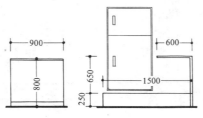

1 信用间　　2 接待休息

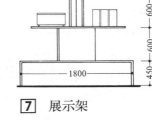

3 调试室　　4 修理室

展示台、展示架

5 某店室外透视

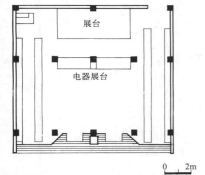

8 杭州家用电器商场

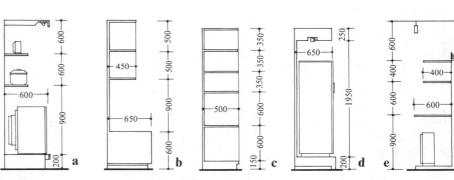

6 展示台　　　　7 展示架

9 壁面构成

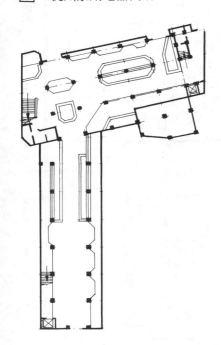

10 南京 家用电器商场

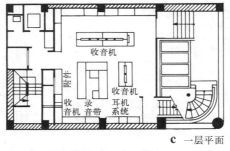

c 一层平面

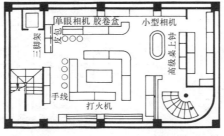

a 地下一层

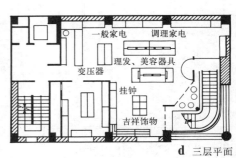

d 三层平面 / b 二层平面

11 日本 山际免税店

专业商店[10] 书店·文具店

设计要点

书店销售方式以开架陈列让顾客自由选购为主。顾客巡回路线与停留空间应有明确区别。宜用不眩目的高照度照明,以保证顾客能舒适地阅读。

壁柜的配置应使顾客在前面能看清柜内物品。文具库应干燥、防虫。

商店组成

营业厅	商品展示,接待顾客
接待室	洽谈业务
管理室	办公,店员休息
收发室	接收商品,批发
库 房	储存商品

面积构成

注:参考面积比。

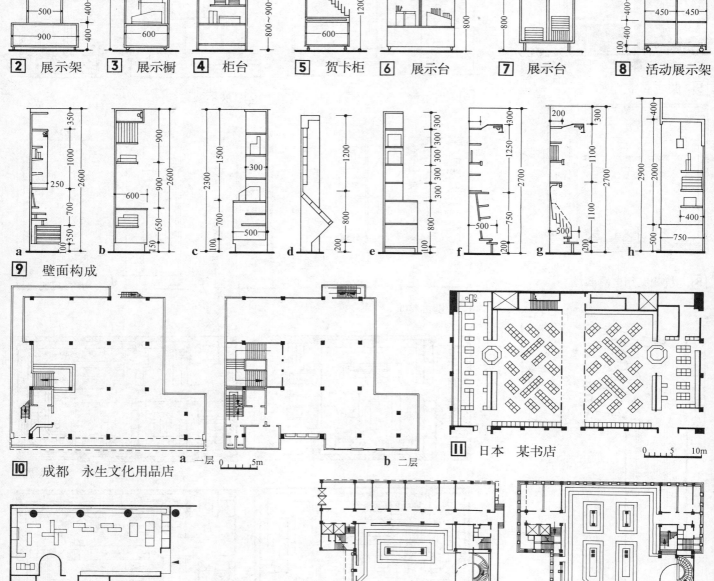

1 书店开架陈列区

2 展示架　3 展示橱　4 柜台　5 贺卡柜　6 展示台　7 展示台　8 活动展示架

9 壁面构成

10 成都　永生文化用品店　　11 日本　某书店

12 日本　文房具店　　13 南京　外文书店

字画店 [11] 专业商店

设计要点

营业厅高度应满足挂画陈列要求。勾描室、木刻室应有良好的采光，避免阳光直射。印刷间内温度应不低于20℃，湿度以75%左右为宜。字画是我国的国粹，室内设计应有浓郁的中国味，以便顾客在选购商品时能受到传统文化的熏陶。

商店组成

营业厅	商品展示、陈列、字画、文房四宝
接待室	洽谈业务
裱糊室	裱糊、修复字画
作业室	染绢、勾描、刻版、印刷
辅助室	办公、资料、店员休息
库房	颜料、画具、版库、杂物等

面积构成

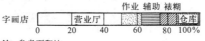

注：参考面积比。

1 室内透视

设备

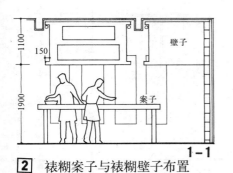

2 裱糊案子与裱糊壁子布置

3 染绢架　4 活动泡水池　5 整芯设备　6 整芯架

柜台、货架

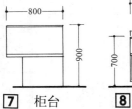 7 柜台
 8 收款台
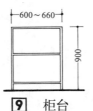 9 柜台
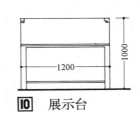 10 展示台
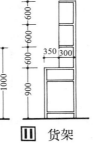 11 货架
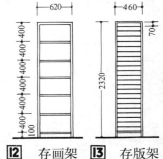 12 存画架　13 存版架

宣纸尺寸　表1

规格	长	宽
	1333	666
	1333	833
六尺	1830	1000
八尺	2500	1500
丈二	3830	2664

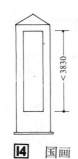

14 国画

裱糊壁子　表2

规格（市尺）	宽(mm)	长(mm)
2×3	666	1333
3×6	1000	2000
3×8	1000	2660

注：壁子尺寸未包括支撑长度。

裱糊案子　表3

型	长(mm)	宽(mm)	高(mm)
小	1800	1000	850
	3000	1000	850
中	2200	1500	850
大	3000	2000	850

注：案子是裱糊主要工作台表面为披麻油漆。

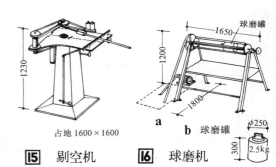

15 剔空机　占地1600×1600
16 球磨机

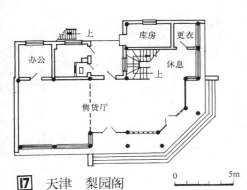

17 天津 梨园阁

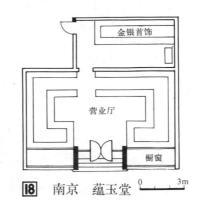

18 南京 蕴玉堂

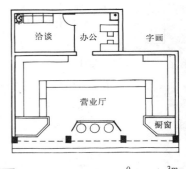

19 杭州 某字画店

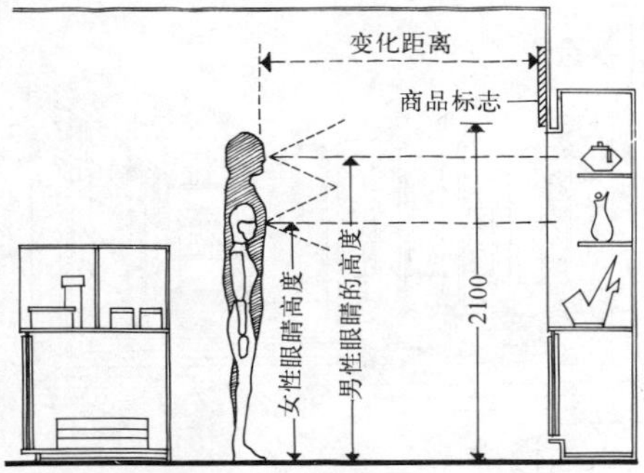

专业商店 [12] 礼品·文物店

商店组成

营业厅	商品展示，陈列
辅助室	店员办公，休息
接待室	洽谈业务
咨询室	鉴别艺术品、古玩，提供咨询
库 房	储存商品

面积构成

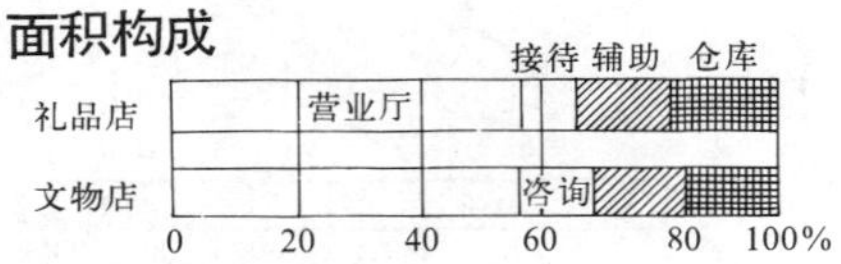

注：参考面积比。

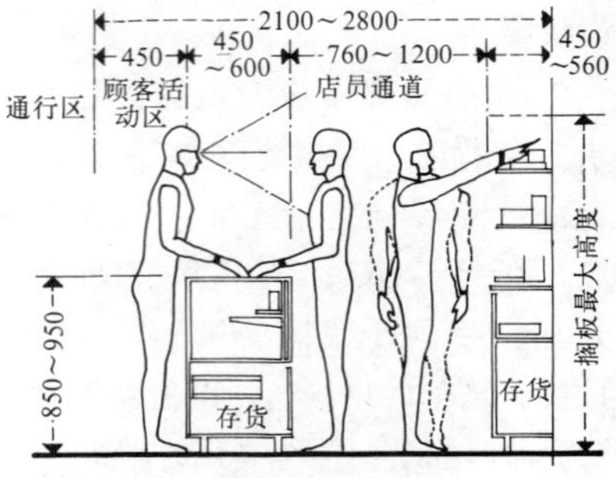

① 陈列品与视觉关系

② 典型的售货区域

包装柜台的要求：
A 放纸袋的框格
B 放纸袋的框格
C 纸卷和裁纸器
D 绑绳和方便抽屉

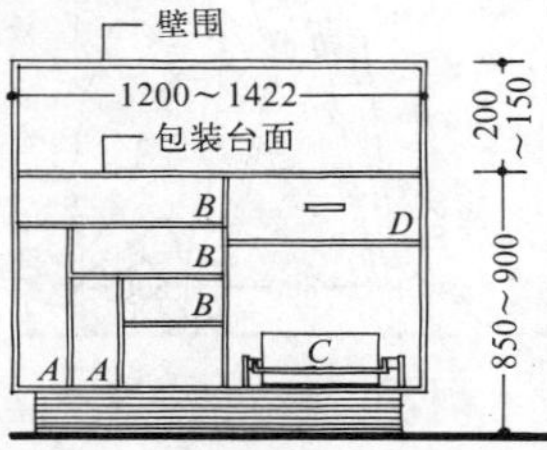

③ 包装柜台 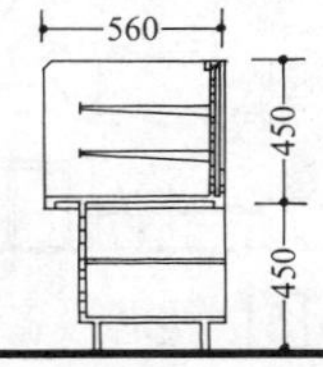　④ 柜台 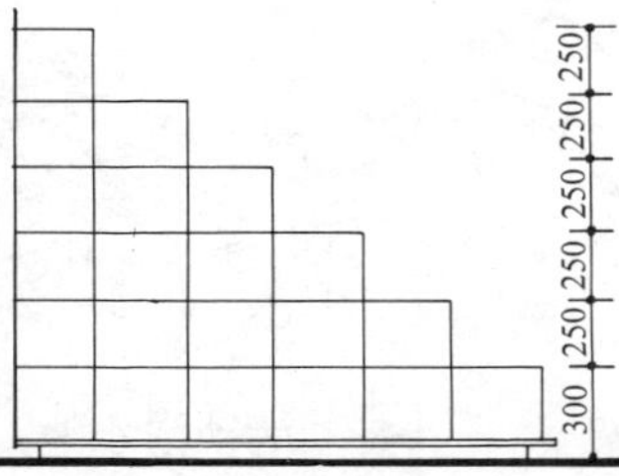　⑤ 展示架 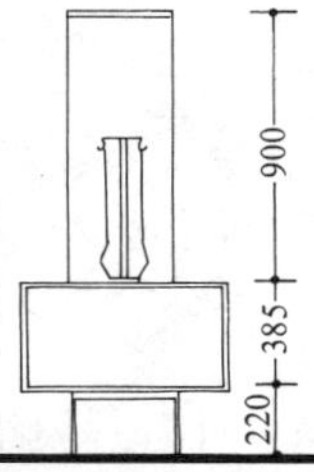　⑥ 展示架 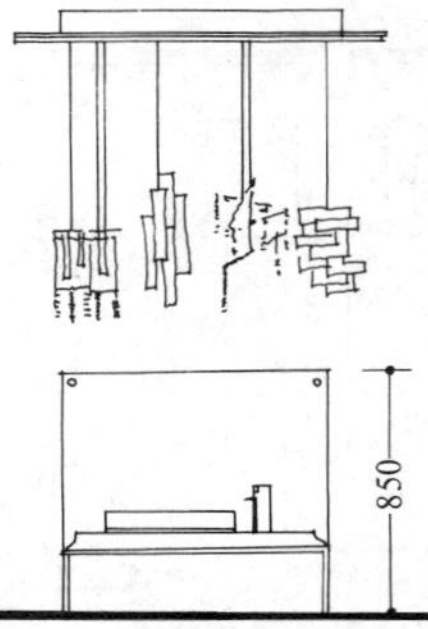　⑦ 悬挂陈列 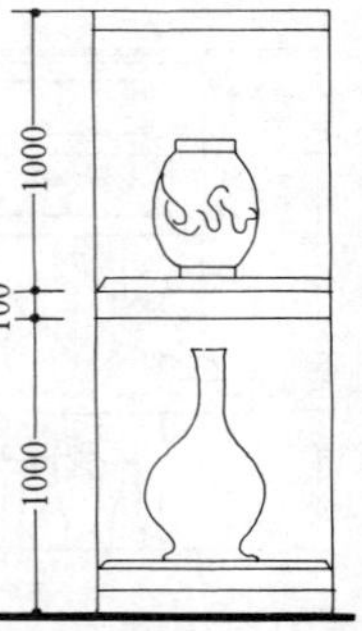　⑧ 展示柜

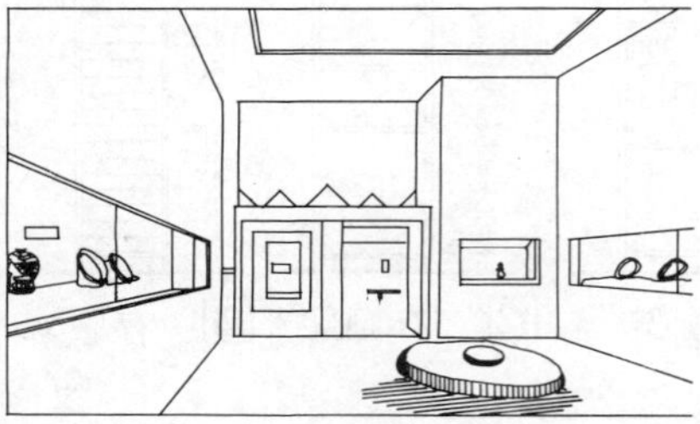

⑨ 室内透视

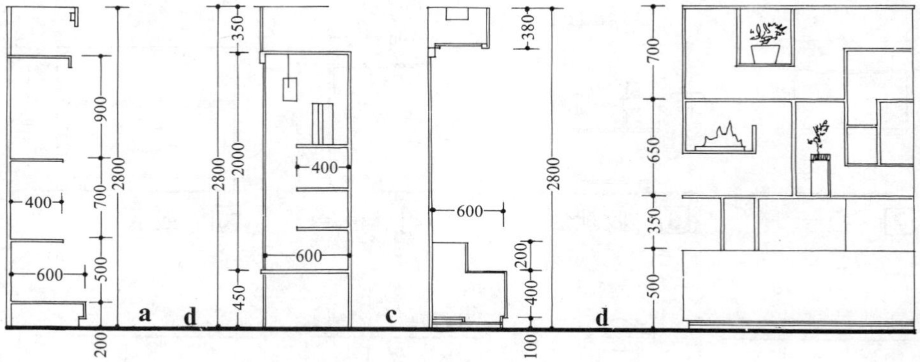

⑩ 壁面构成

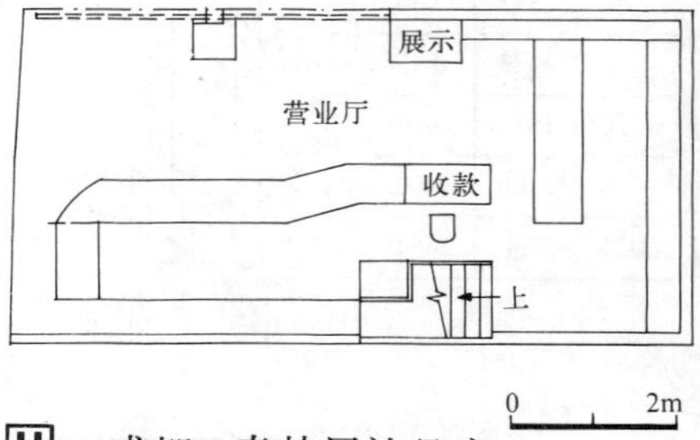

⑪ 成都　奇特屋礼品店

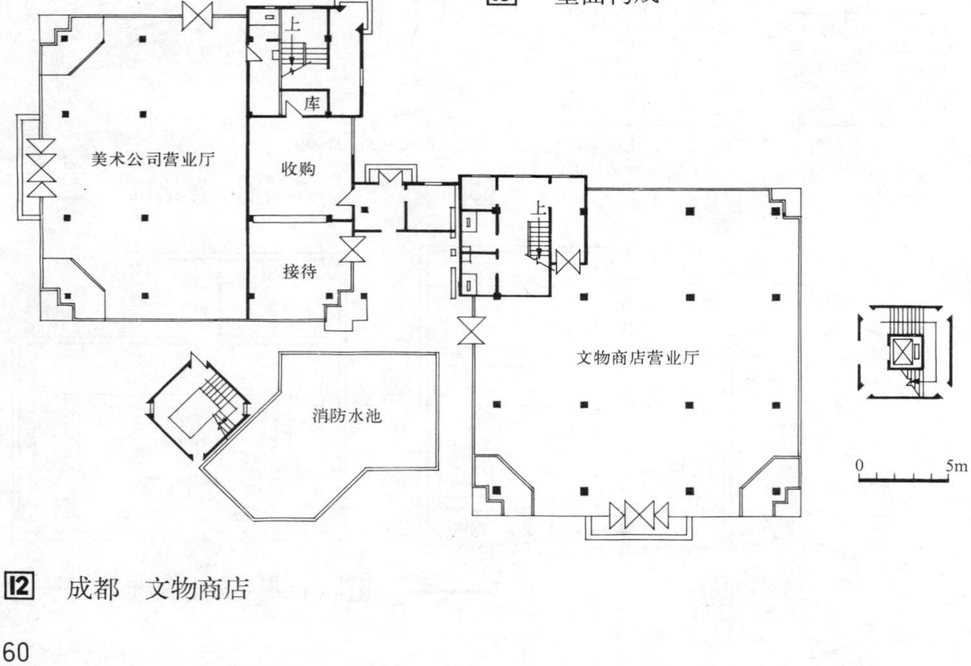

⑫ 成都　文物商店

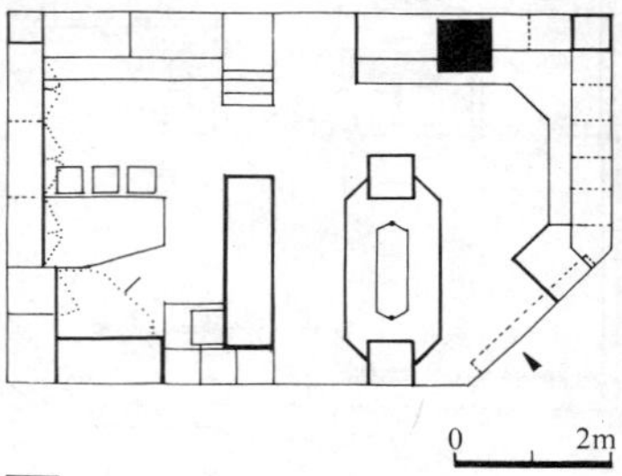

⑬ 某礼品店

花店 [13] 专业商店

设计要点

室内温度应保持在10℃左右，以便达到花木所需的最佳条件。公共场地和冰箱区的地面必须是不透水的。店内宜设供人书写送礼片名的桌子。商品陈列展示宜有生活情调。店面设计应富有招徕性。

商店组成

营业厅	商品陈列，展示
接待室	洽谈业务
辅助室	办公，店员休息，卫生
温 室	栽培鲜花，陈列商品
库 房	储存器具

面积构成

注：参考面积比。

1 装饰台

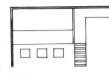
2 咨询处

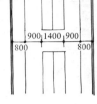
3 温室布置

陈列展示

5 展示台　　6 个性陈列　　7 悬挂、组合陈列

4 某花店室内透视

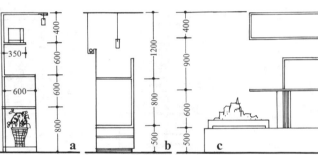

9 壁面构成

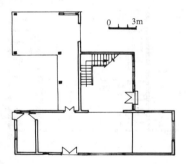

8 柳州 鲜北花木门市部

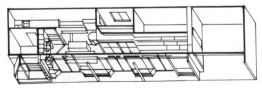

c 轴测图

b 纵剖面

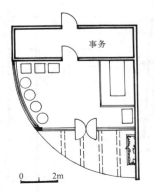

10 上海 新艺花店

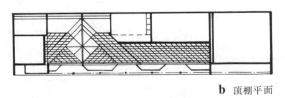

b 顶棚平面

a 平面图

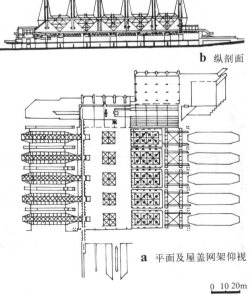

a 平面及屋盖网架仰视

11 日本 花和绿　　12 意大利 佩夏市花市场

专业商店[14] 中药·西药店

设计要点

营业厅内应设小范围的等候区或座位。药品应避免阳光照射。室温不宜过高，应干燥、通风。有毒药品及强烈气味药品应与一般药品分开存放。作业间与营业厅隔开。药材饮片及成药对温湿度和防霉变有不同要求，要分开存放。

商店组成

营业厅	商品展示，陈列
辅助室	办公，店员休息
接待室	洽谈业务，接待顾客
作业室	加工中草药（中药店）
调剂室	调配药品（西药店）
库房	储存商品

面积构成

注：参考面积比。

柜台、展示台

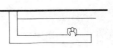

① 柜台布置方式　② 调剂室

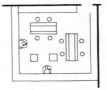

③ 店面设计　④ 柜台　⑤ 柜台　⑥ 展示架　⑦ 展示架

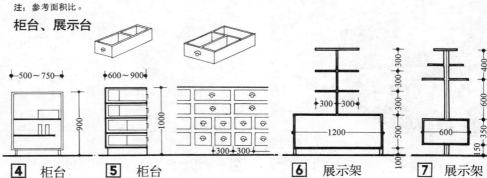

⑧ 壁面构成

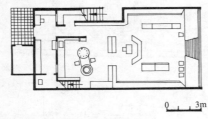

⑨ 上海 新建药房

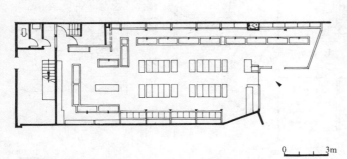

⑩ 日本 某药店

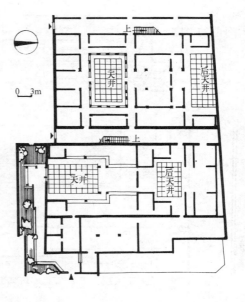

⑪ 杭州 胡庆余堂中药店

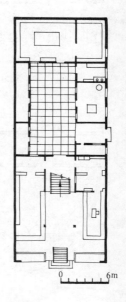

⑫ 天津 达仁堂中药店

食品店[15] 专业商店

设计要点

营业厅须有冷冻保鲜设备。设计上应考虑防尘，防蝇虫侵入。加工间应便于原料搬入与储放。仓库应设置防虫设备，冷冻设备更是必不可少的。茶叶库应与有味物品隔绝。水果库宜设在地下室。店前应留有应时货摊位置。橱窗中食品应避免阳光直射。室内环境设计应简洁明快，采用视觉化商品陈列法。商品照度应大于环境照度，并以不影响食品的原色为原则，以突出食品为最终目的。店面应醒目，有诱导性。

注：食品店经营范围广，种类很多。各店对经营的商品有所侧重：有大型综合类食品店；有专营某类食品的特色商店；有的设有加工间，自产自销等等。

商店组成

营业厅	商品陈列，接待顾客
加工间	制做点心，加工半成品
冷饮室	热冷饮，点心
辅助室	店员休息，办公
库 房	储存商品

面积构成

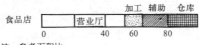

注：参考面积比。

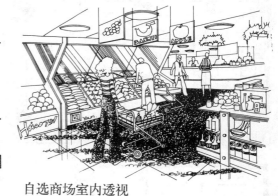

自选商场室内透视

柜台、展示架

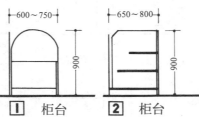

1 柜台　　2 柜台　　3 柜台　　4 展示架

注：卧式冷藏柜宽 600～1690
容积 0.22～1.3m²

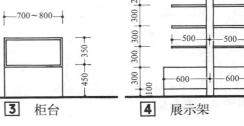

5 展示架　　6 展示架　　7 展示架　　8 卧式冷藏柜

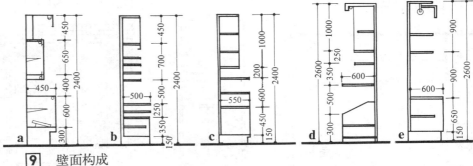

9 壁面构成

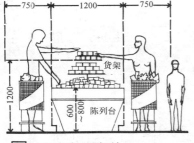

12 某食品店面设计

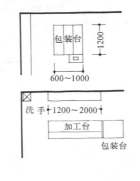

13 岛式商品陈列

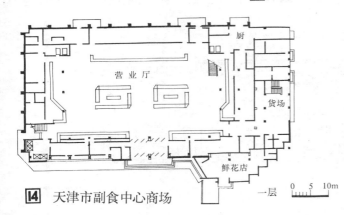

14 天津市副食中心商场

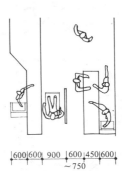

10 加工间　　11 自选厅出入口

专业商店[16]食品店

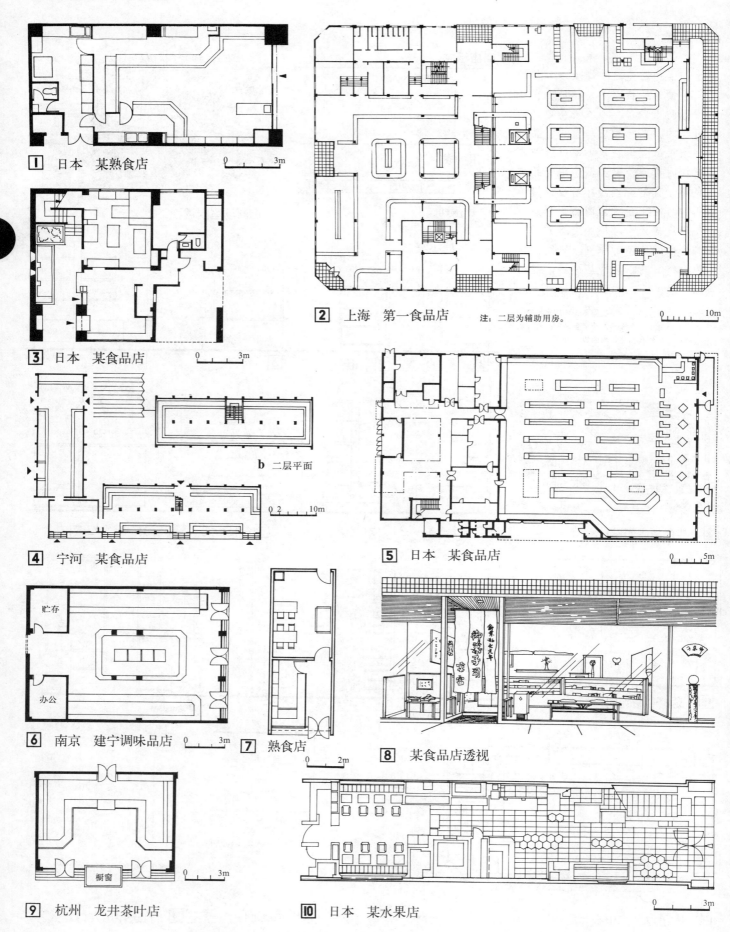

1 日本 某熟食店
2 上海 第一食品店 注：二层为辅助用房。
3 日本 某食品店
b 二层平面
4 宁河 某食品店
5 日本 某食品店
6 南京 建宁调味品店
7 熟食店
8 某食品店透视
9 杭州 龙井茶叶店
10 日本 某水果店

菜市场[17]专业商店

设计要点

菜场、副食品店、集贸市场均属居民日常生活必需的专业商店，顾客多，销售量大，选址应靠近居民区和交通便捷之处。总平面的布置应将客流与货流分开，留有足够的顾客集散地，停车场地和货场。

菜市场客货流量大，应保证货流畅通和足够的客流疏散出入口。行政管理用房设单独的出入口。

菜市场以供应新鲜食品为主，冷冻保鲜设备是必需的。气味大的商品应分门别类保鲜存放，防止串味和蝇虫的侵入。

营业厅应有良好的通风、采光及垃圾处理设施。地面材料的选择以便于清洗为原则。

室内设计宜简洁，货架、照明配置以突出食品，不影响食品本色为原则。营业厅的货位配置一般以专业为主，但销售量大的商品应分散，并与辅助业务部分紧密联系。

为了适应少数民族的生活习惯，应设置专营的柜台。

注：① 副食品包括：油、盐、酱、醋、糖、碱、腌海味、调料、腊、蛋、豆制品及南北干鲜货等。
② 水产品包括：河鲜、海鲜、水发及贝壳等。
③ 专营柜为：营养品、孕妇食品、清真食品、地方风味、节日供应和特殊客货等。

商店组成

营业厅	商品陈列、销售
辅助室	办公、店员休息、卫生
作业室	肉类、副食、蔬菜加工
服务室	接待、代客加工、咨询
小吃部	快餐、热冷饮
库房	冷藏库、副食库、车库、储存间

面积构成

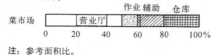

注：参考面积比。

营业厅过道间距参考表　表1

	营业厅过道	营业厅次过道
小型店	≥2400	≥900
中型店	≥3500	≥1500
大型店	≥4000	1500～2400

蔬菜副食品类库房面积标准参考表　表2

商品种类	每货位 m² 常温	每货位 m² 冷藏	附注
蔬菜、水果（中低档）	14	—	北方地区面积可适当放大
调味品、粮食制品	10	—	贮存时分堆放置，防串味
肉	2	4.5	冷藏每m²可存猪肉800kg或牛肉700kg
水果、蔬菜、蛋类	10	4	冷藏每m²可存货约500～600kg
鱼	5	2.5	冷藏每m²可存货约950kg
卤制品、乳制品	2	2	均为熟食品，不和其它生鲜品混同贮存
糖果、点心	7		注意防潮，保持新鲜
烟、酒、茶类	7		设置专间，不与其它商品混同贮存

注：仅有一个售货岗位的商品，库房面积可增0.5倍。

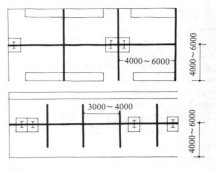

1　独立式售货摊位

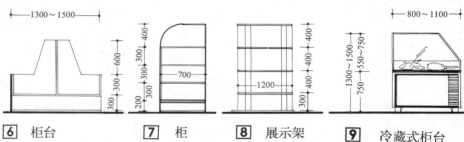

2　柜台　　3　柜台　　4　水产柜台　　5　活动货架

6　柜台　　7　柜　　8　展示架　　9　冷藏式柜台

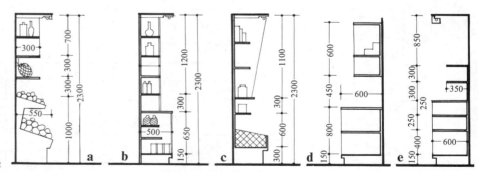

10　壁面构成

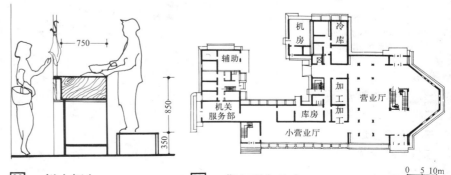

11　鲜肉柜台　　12　燕山副食品店

饮食建筑[1]—一般说明

分类及特征 表1

餐 馆	饮 食 店	食 堂
1. 指营业性的中式餐馆、西式餐馆、风味餐馆及其他各种专营餐馆 2. 顾客性质及周转率不固定 3. 营业时间不固定 4. 供应方式多为服务员送餐到位和自助式 5. 多附有外卖部及饮食部（快餐、小吃、冷热饮）等营业内容	1. 指营业性的冷热饮料店、咸甜点心店、快餐店、风味小吃、酒吧、咖啡店、牛奶店及茶馆等 2. 顾客性质及周转率不固定 3. 营业时间不固定 4. 供应方式有服务员送及自助式两种 5. 多附有外卖酒菜、点心及饮料等营业内容。高级饮食店还附有音乐欣赏及"卡拉OK"等内容	1. 指机关、厂矿、商业、学校等设置的供员工、学生集体就餐的非营业性的专用福利食堂 2. 就餐人数基本固定 3. 供应时间比较集中和固定 4. 供应方式多为自购、自取，服务人员较少 5. 餐厅有时兼作集会及娱乐场所使用

分级及设施 表2

类别	标准及设施	级别	一	二	三
餐馆	服务标准	宴请	高级	中级	一般
		零餐	高级	中级	一般
	建筑标准	耐久年限	不低于二级	不低于二级	不低于三级
		耐火等级	不低于二级	不低于二级	不低于三级
	面积标准	餐厅面积/座	≥1.3m²	≥1.10m²	≥1.0m²
		餐厨面积比	1:1.1	1:1.1	1:1.1
	设施	顾客公用部分	较全	尚全	基本满足使用
		顾客专用厕所	有	有	有
		顾客用洗手间	有	有	无
		厨房	完善	较完善	基本满足使用
饮食店	建筑环境	室外	较好	一般	
		室内	较舒适	一般	
	建筑标准	耐久年限	不低于二级	不低于三级	
		耐火等级	不低于二级	不低于三级	
		饮食厅面积/座	≥1.3m²	≥1.1m²	
	设施	顾客专用厕所	有	无	
		洗手间(处)	有	有	
		饮食制作间	能满足较高要求	基本满足要求	
食堂	建筑标准	耐久年限	不低于三级	不低于三级	
		耐火等级	不低于三级	不低于四级	
	面积标准	餐厅面积/座	≥1.1m²	≥0.85m²	
		餐厨面积比	1:1	1:1	
	设施	洗手、洗碗	设于餐厅内	设于餐厅内	
		厨房	比较齐全	能满足要求	

餐馆组成

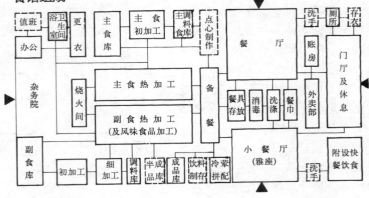

饮食店组成

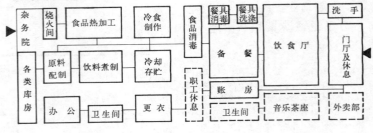

食堂组成

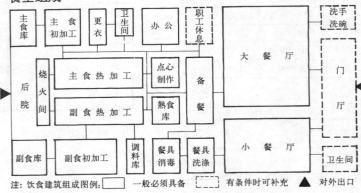

注：饮食建筑组成图例：□ 一般必须具备　┌┈┐有条件时可补充　▲ 对外出口

注：①各类各级厨房及饮食制作间的热加工部分，其耐火等级均不得低于二级。
②餐厨比按100座及100座以上餐厅考虑，可根据饮食建筑的级别、规模、供应品种、原料贮存与加工方式、及采用燃料种类与所在地区特点等不同情况适当增减厨房面积。
③厨房及饮食制作间的设施均包括辅助部分的设施。

布置类型

一、独立式的单层建筑。
二、独立式的多层建筑。
三、全部附建于多层或高层建筑。
四、局部附建于多层或高层建筑，其他部分与主建筑相连。
五、属于综合建筑（单层、多层、高层）的一部分。
六、属于高层建筑的裙房部分。

注：①各种类型的实例图，参见各类饮食建筑的实例专页。
②附建于旅馆、宾馆和办公楼等建筑的饮食建筑实例，均参见各该类的实例。

一般说明 [2] 饮食建筑

设计要点
表1

总则	1. 饮食建筑设计必须符合国家批准的有关卫生、防火等规范和标准；必须符合当地城市规划和食品卫生监督机构的要求
选址	1. 饮食建筑必须选择在群众使用方便、通风良好并具有给排水和电源供应条件的地段。饮食建筑严禁建于会产生有害有毒的工业企业防护地段内。应与有碍公共卫生的污染源保持一定的距离
总平面布置	1. 在总平面布置上应考虑避免厨房或饮食制作间的油烟、气味、噪声及废弃物等对邻近居住与公共活动场所的污染 2. 饮食建筑的基地出入口应按人流、货流分别设置，妥善处理易燃、易爆物体及垃圾等的运输路线与堆场 3. 一、二级餐馆与一级饮食店应适当考虑停车条件
顾客交通	1. 位于三层及三层以上的一级餐馆与饮食店和四层与四层以上的其他各级餐馆与饮食店均宜设置顾客电梯 2. 当城市有关部门要求该饮食建筑须照顾残疾人使用方便时，在平面布局和交通及卫生设施上应考虑他们的特殊条件
防护与消毒	1. 饮食建筑应有防蝇、鼠、虫、鸟及防尘、防潮等措施 2. 外卖柜台或窗口设于临街时，与人行道之间应留有适当距离并应有遮雨、防尘、防蝇等措施。设于厅内时，应注意不要干扰顾客路线 3. 餐具的洗涤与消毒均须单独设置
厨房、饮食制作间	厨房与饮食制作间应按原料处理、工作人员更衣、主食加工、副食加工、餐具洗涤消毒存放的工艺流程合理布置。对原料与成品，生食与熟食，均应作到分隔加工与存放，并注意以下各点： 1. 副食初加工中肉禽和水产的工作台与清洗池均应分隔设置，经初加工的食品应能直接送入细加工间，避免回流，同时还要考虑废弃物的清除问题 2. 冷荤食品应单独设置带有前室的拼配室，前室中应设洗手盆 3. 冷食制作间的入口处应设通过式的消毒措施 4. 垂直运输生食和熟食的食梯应分别设置，不得合用
各加工间的通风、排气、排烟和除灰	1. 各加工间均应处理好通风与排气，并防止厨房的油烟、气味串入餐厅。热加工间应采用机械排风或直通屋面的排风竖井以及带挡风板的天窗等有效的自然排风措施。产生油烟的设备上，应加设附机械排风及油烟过滤的排烟装置和收油装置。产生大量蒸汽的设备，除加设机排风外，还应分隔设置防止结露和做好凝结水的引泄措施 2. 以煤或柴为燃料的主、副食热加工间，应设烧火间，在严寒与寒冷地区宜采用封闭式，并位于下风侧，同时处理好进煤与除灰。不设烧火间的主、副食加工间，宜在室外掏灰 3. 当餐厅及其他公共房间位于热加工间的上层时，热加工间外墙的洞口上方应设宽度不小于1.0m的防火挑檐
卫生间	顾客卫生间的位置应隐蔽，其前室的入口不应靠近餐厅或与餐厅相对。工作人员卫生间的前室不应朝向各加工间
室内墙面和地面	1. 餐厅与饮食厅室内各部分表面均应选用不易积灰、易清洁的材料 2. 厨房各加工间的地面均应采用耐磨、不渗水、耐腐蚀、防滑、易清洗的材料制作，并应处理好地面排水问题。室内墙面、隔断及各种工作台、水池等设施的表面，均应采用无毒、光滑和易清洁的材料 3. 以上各房间的墙面阴角宜作弧形，以免积尘

不同规模的饮食建筑面积分配参考表
表2

级别	分项	每座面积 m²	比例 %	规模（座）				
				100	200	400	600	800/1000
一级餐馆	总建筑面积	4.50	100	450	900	1800	2700	3600
	餐厅	1.30	29	130	260	520	780	1040
	厨房	0.95	21	95	190	380	570	760
	辅助	0.50	11	50	100	200	300	400
	公用	0.45	10	45	90	180	270	360
	交通·结构	1.30	29	130	260	520	780	1040
二级餐馆	总建筑面积	3.60	100	360	720	1440	2160	2880
	餐厅	1.10	30	110	220	440	660	880
	厨房	0.79	22	79	158	316	474	632
	辅助	0.43	12	43	86	172	258	344
	公用	0.36	10	36	72	144	216	288
	交通·结构	0.92	26	92	184	368	552	736
三级餐馆	总建筑面积	2.80	100	280	560	1120	1680	2240
	餐厅	1.00	36	100	200	400	600	800
	厨房	0.76	27	76	152	304	456	608
	辅助	0.34	12	34	68	136	204	272
	公用	0.14	5	14	28	56	84	112
	交通·结构	0.56	20	56	112	224	336	448
一级食堂	总建筑面积	3.20	100	320	640	1280	1920	3200
	餐厅	1.10	34	110	220	440	660	1100
	厨房	0.80	25	80	160	320	480	800
	辅助	0.34	11	34	68	136	204	340
	公用	0.16	5	16	32	64	96	160
	交通·结构	0.80	25	80	160	320	480	800
二级食堂	总建筑面积	2.30	100	230	460	920	1380	2300
	餐厅	0.85	37	85	170	340	510	850
	厨房	0.60	26	60	120	240	360	600
	辅助	0.30	13	30	60	120	180	300
	公用	0.09	4	9	18	36	54	90
	交通·结构	0.46	20	46	92	184	276	460

注：①本表系根据《建筑设计资料集》1版1集第438页所列的参考指标及现行《饮食建筑设计规范》进行综合分析后编制的。
②表内除总建筑面积外其他面积指标均指使用面积。表内食堂最大规模为1000座。
③总建筑面积＝餐厅、厨房、辅助、公用、交通与结构每座面积分别乘以座位数之和。

餐厅、各加工间室内最低净高
表3

顶棚形式 \ 房间名称	餐厅		各加工间
	大餐厅	小餐厅	
平顶	3.0m	2.6m	3.0m
异形顶	2.4m	2.4m	3.0m

自然采光与通风
表4

房间名称	餐厅	各加工间	库房
$a_1:A$	1:6	1:6	1:10
$a_2:A$	1:16	1:10	1:20

注：a_1 窗洞面积　a_2 开启面积　A 地板面积

顾客卫生间设备设置
表5

卫生器皿数 \ 顾客座位数		≤50	≤100	每增加100
洗手间	洗手盆	1	1	1
洗手处	洗手盆	1	1	1
男厕	大便器		1	1
	小便器	1	1	或1
	洗手盆		1	1
女厕	大便器	1	1	1
	洗手盆		1	1

注：按分级情况设洗手间或附在餐厅内的洗手处

工作人员卫生间设备设置
表6

最大班人员数	≤25	25~50		每增25	
卫生器皿数	男女合用	男	女	男	女
大便器	1	1	1	1	1
小便器	1	1		1	
洗手盆	1	1	1	1	1
淋浴器	1	1	1	1	1

注：工作人员包括炊事员、服务员和管理人员。

饮食建筑 [3] 餐馆、饮食店家具

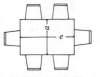
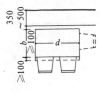
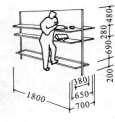

① 2人长桌　② 4人方桌　③ 4人长桌　④ 6人长桌　⑤ 沙发座

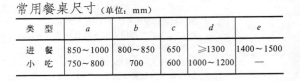

⑥ 火车座　⑦ 快餐台

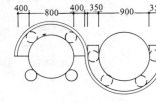

⑧ 圆桌　⑨ 曲形沙发座

常用餐桌尺寸（单位：mm）

类型	a	b	c	d	e
进餐	850~1000	800~850	650	≥1300	1400~1500
小吃	750~800	700	600	1000~1200	—

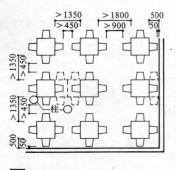
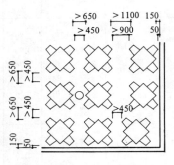
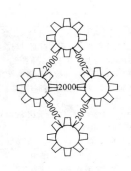
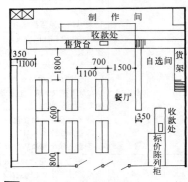

⑩ 方桌正向布置　⑪ 方桌斜向布置　⑫ 圆桌布置　⑯ 快餐厅布置示例

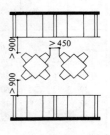
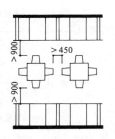
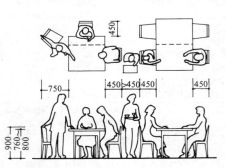
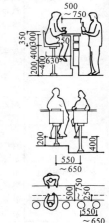

⑬ 火车座布置　　　　　　　　　　　　　　　　⑰ 过道空间尺寸　　⑱ 饮酒柜台

⑭ 单间条桌布置

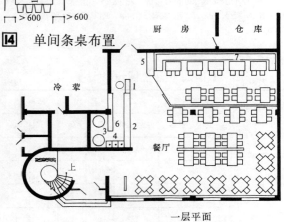

⑮ 餐厅家具布置示例（北京森隆饭庄）

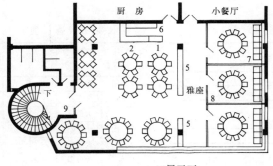

1 收款台
2 小卖柜台
3 啤酒罐
4 水池
5 花台
6 货柜
7 沙发
8 活隔断
9 橱窗

食堂餐厅家具 [4] 饮食建筑

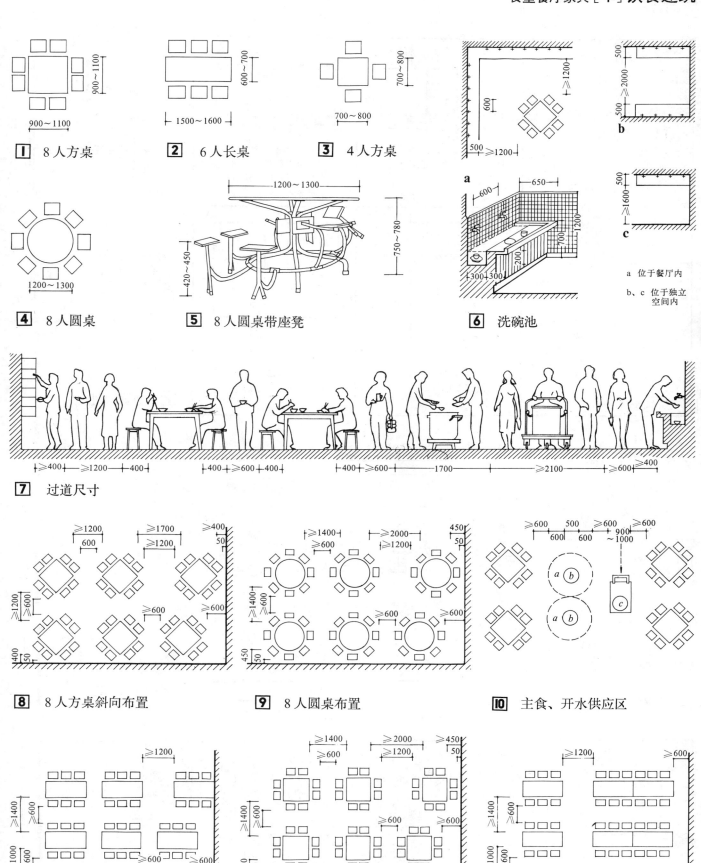

1	8人方桌
2	6人长桌
3	4人方桌
4	8人圆桌
5	8人圆桌带座凳
6	洗碗池

a 位于餐厅内
b、c 位于独立空间内

7 过道尺寸

8 8人方桌斜向布置
9 8人圆桌布置
10 主食、开水供应区
11 6人长桌布置
12 8人方桌正向布置
13 12人长桌布置

饮食建筑 [5] 食堂备餐间

如果为自购饭菜的专用食堂,应设备餐间。布置备餐间位置时应注意等候区、备餐区、食堂主要入口之间的位置关系,使其不影响人流出入与进餐。

备餐间与餐厅位置关系有以下两种方式:

一、备餐区与主要入口组成一个独立空间。等候区与进餐区截然分开,等候人流与进餐人流互不干扰,如图a。

二、等候区位于进餐区内,此时应注意等候区、进餐区的位置关系,如图b、c、d。

▷ 主要入口　　1 备餐区
▶ 次要入口　　2 主要进餐区
　 进餐人流　　3 次要进餐区
▨ 等候区　　　4 厨　房

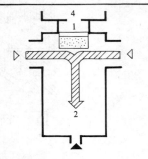

a 主要入口位于独立空间,进餐区不受干扰。

b 主要进餐区位于两侧,主要人口与等候区人流不影响主要进餐区。

c 主要入口靠近等候区、出入人流不影响进餐区。

d 两个独立进餐区合用一个备餐区、人流不影响主要进餐区。

1 与餐厅位置关系

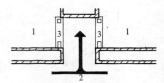

a 备餐间两侧布置餐厅

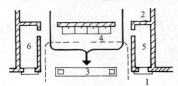

b 备餐间后部沿墙布置洗碗处

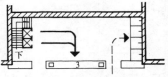

餐厅分设于两层,上层备餐间一侧设置食梯,一侧设置洗碗池,下层为厨房。

1 餐　厅　2 厨房　3 售菜台
4 洗碗处　5 小卖　6 办公

2 布置示例

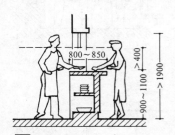

3 售菜窗口

5 售菜台

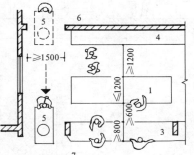

1 配菜台　2 售菜窗口　3 售菜台　4 备用台　5 小推车　6 厨房　7 餐厅

4 家具布置

售菜窗口个数表

规　模(人)	100	200	300	400	500	600	700	800
售菜窗口数(个)	2	3	5	7	8	10	12	13

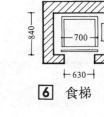

6 食梯

7 售菜台布置举例

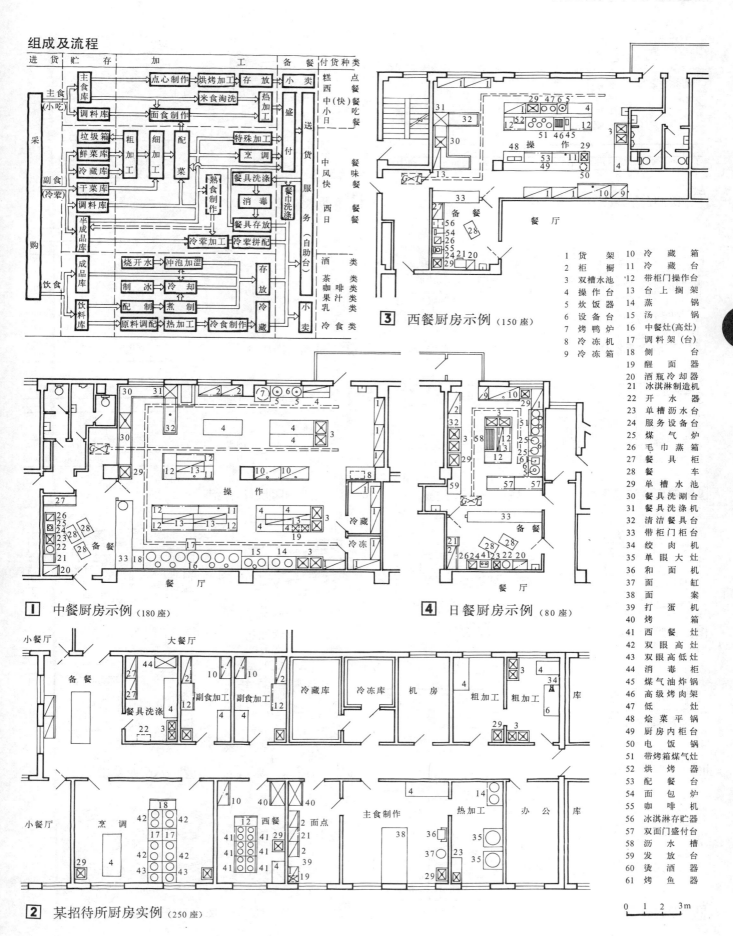

饮食建筑 [7] 厨房设备

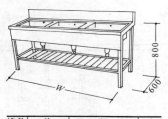
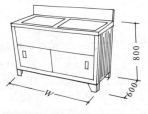

槽数	单		双		三
W	600	900	1200	1500 1800	1800

① 洗涮台

槽数	单		双		三
W	600	900	1200	1500 1800	1800

② 洗涮柜

槽数	单	双	
W	1500	1800	1800
D	900	600	600

③ 沥水洗涮柜

槽数	单	双	
W	1500	1800	1800
D	900	600	600

④ 沥水洗涮台

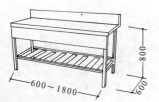

⑤ 带后立板操作台 ⑥ 无后立板操作台 ⑦ 带抽屉操作台

操作台(柜)类型	外形尺寸	
	W	D
无后立板操作台	900	600
	1200	600
带抽屉操作台	1500	600
	1500	750
单面拉门操作柜	1500	900
	1800	600
带抽屉操作柜	1800	750
	1800	900

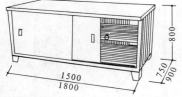
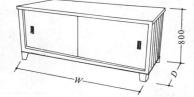
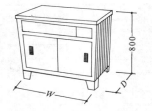

⑧ 双面拉门操作柜 ⑨ 单面拉门操作柜 ⑩ 带抽屉操作柜

抽屉数	W	D		
单	900	600		
双	1200	600		
	1500	600	750	900
多	1800	600	750	900

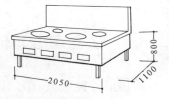

⑪ 三眼中餐灶 ⑫ 四眼中餐灶 ⑬ 三眼中餐燃油灶 ⑭ 五眼西餐灶

⑮ 双眼中餐灶

品名	外形尺寸			附注
	W	D	H	
单眼大灶	1350	1350	750	
	1200	200	750	灶眼 φ700
	1000	1100	750	灶眼 φ715
	900	1050	700	
	700	900	580	
双眼中餐灶	1200	900	850	二主火
	1350	900	870	二主火
	1800	1050	700	二主火
三眼中餐灶	1500	800	750	二主火
	1800	900	850	三主火
	1800	1050	700	二主火
	1900	900	870	三主火

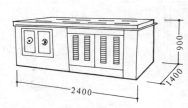

⑯ 双眼高低灶 ⑰ 八眼西餐灶

⑱ 单眼大灶 ⑲ 火车餐车灶 ⑳ 六眼煤气灶（带烤箱、烤板）

注：本页炉灶除注明者外均为燃气灶。

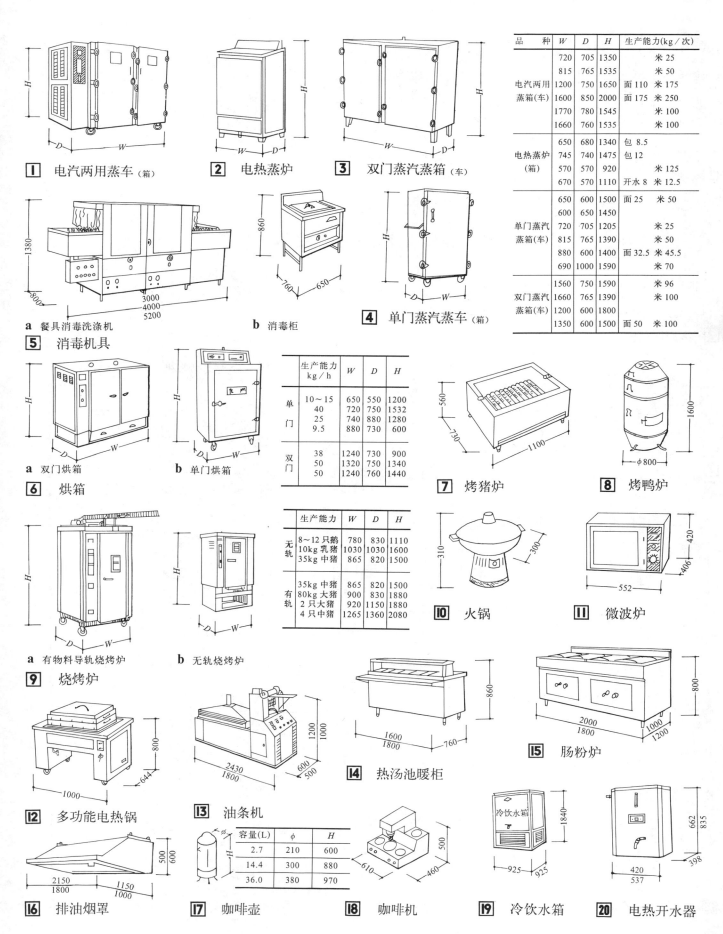

饮食建筑 [9] 厨房设备

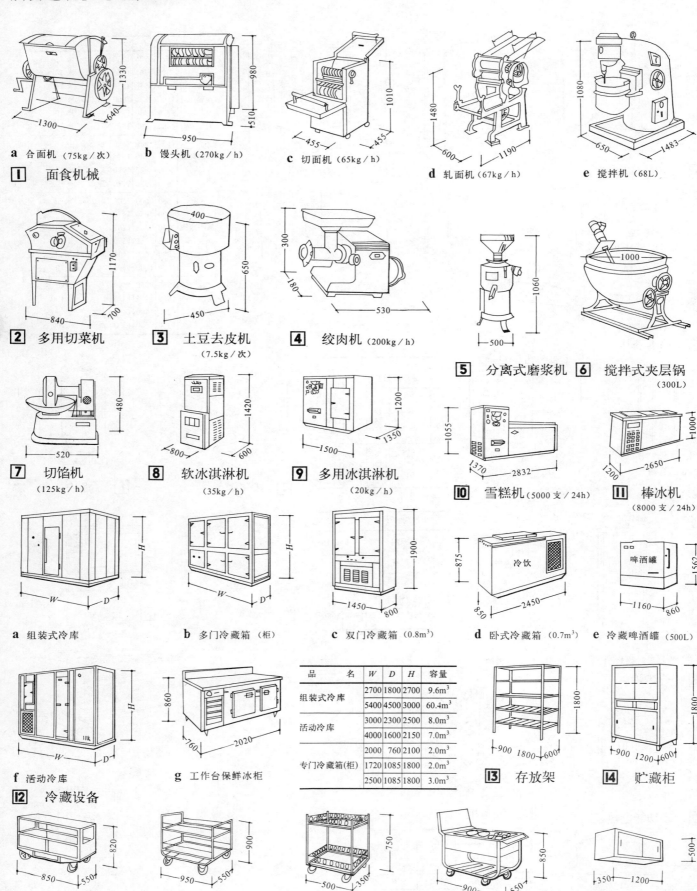

排气及排水

一、热加工间的排气和剖面形式的选择

1. 热加工间所产生的大量热气、蒸汽和油烟，依靠排气罩用机械排风或有组织的自然排风解决。
2. 热加工间经处理后的余热，可借侧窗或天窗有组织的自然通风解决。
3. 热加工间的净高不宜过低，天花板之最低点的净高不应小于3.2m。
4. 应尽量避免气流途程中的障碍和拐弯。
5. 天窗位置最好设于产生热气、蒸汽、油烟等设备的上方，以利于直接排除余热，但须解决结露问题。
6. 当有大型蒸煮设备，产生很大蒸汽量时，可用墙把设备单独隔开，同时将此小间的高度局部提高，并加设排气天窗，以保证其它部分不受蒸汽侵袭。
7. 一般有天窗的热加工间剖面形式见 1 。

二、自然排风

1. 天窗应朝主导风向，并应考虑防风措施，如设置挡风板。
2. 天窗与烟囱的关系，应尽量使天窗在上风位。
3. 严寒地区在天窗下面可设通长的散热管，以避免玻璃结霜和加强通风排气。
4. 热加工间的气压应低于邻室，并尽可能和用邻室进风来补充换气。
5. 天窗应便于启闭，易于清扫，密闭防尘。

三、机械排风

1. 热加工间的机械排风可分为集中系统（几个设备用一根风道集中排出）和分散系统（每个设备各自以一根风道单独排出），两者均属于局部处理排风方式。
2. 排风设备应尽量选用离心风机，不宜采用短轴轴流风机，以免电动机线包受潮后发生安全事故。
3. 应注意解决风机噪声的隔声问题，尽量选用低转速风机。

四、排气罩

在热加工设备上部应装置排气罩，连接排气管，加强吸气。

1. 排气罩的材料，可用金属、玻璃及板条抹灰等。
2. 伞形排气罩下缘四周须做排水槽，以0.5～1%坡度流向出水口，下接排水管将冷凝水排走。
3. 排气罩的排气立管伸出屋面后应加设风帽，且高出屋面不应小于1m。
4. 油烟量大的设备上部的排气罩还应考虑除油措施。

五、地面排水

1. 加工间地面的排水坡度应为0.5～1%。
2. 在水池、蒸箱、汽锅、灶台等用水量与排水量较大的设备四周应做排水沟。
3. 面积大的厨房除地面应做坡度外，还须设排水明沟，上盖带孔的格板。明沟内排水坡度不宜小于1%。
4. 厨房排水须经过除油处理后方得排入排水干管。除油井做法见 7 。

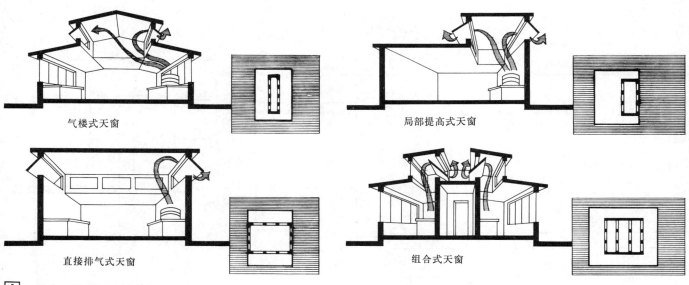

1 热加工间的剖面形式（气楼式天窗、局部提高式天窗、直接排气式天窗、组合式天窗）

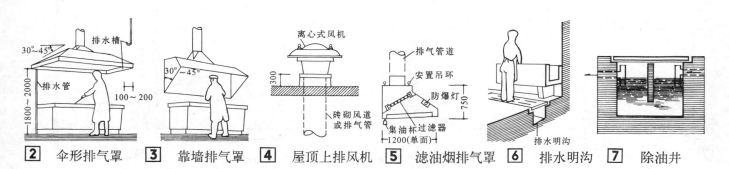

2 伞形排气罩　3 靠墙排气罩　4 屋顶上排风机　5 滤油烟排气罩　6 排水明沟　7 除油井

饮食建筑[11] 厨房及附属部分

组成及流程

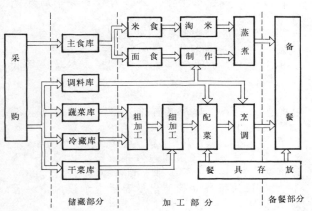

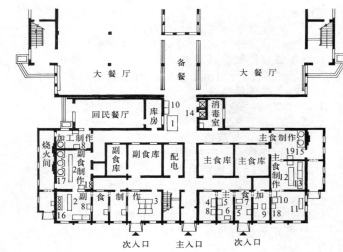

1 冷冻机	8 水池	15 大灶
2 菜案	9 饺子机	16 烙灶
3 洗菜池	10 洗碗池	17 高灶
4 烤箱	11 馒头机	18 洗手池
5 合面机	12 面案	19 洗米池
6 多用锅	13 蒸汽柜	
7 面条机	14 货梯	

贮藏室 表1

种类		设计要求
干货贮藏	粮食 调料 干菜	1. 应有良好的通风、防湿、防鼠处理，并注意朝向，以免室温过高使食品变质 2. 室内墙面地面应选用易清扫的材料 3. 仓库内或仓库附近应设有过磅的设备 4. 应靠近室外场地，以便晾晒粮食等物
鲜货贮藏	鸡鸭鱼肉蔬菜	1. 鸡、鸭、鱼、肉等易腐食品应储存在冷藏库或冰箱中。冷藏库及冰箱的门不宜朝热源方向 2. 蔬菜一般为当日处理。若需短期存放，应设木架分层放置，以免因堆压而发热变质
饮料		少量可存放在干菜库中。大量时，酒类应存在地下室或地窖中，冷饮应放在冷藏库中
餐具		应靠近备餐间、厨房及餐厅，并设碗架、碗厨

食品冷藏保存条件 表2

种类	冷藏温度(℃)	相对湿度(%)	换气次数(次/日)	保存日数
肉	2～4	80	2	4
鱼	-2～0	90	1	3
油、乳制品	0～2	85	2	5
水果蔬菜	4～6	80	2	5
蛋	4～6	85	2	2

烧火间形式

1 封闭式烧火间，宜用于寒冷地区，使用时应注意通风。
2 开敞式烧火间，宜用于温热地区，以煤为燃料，不应朝主导风向。

烧火间尺寸

烧火间内无热水锅炉时，其进深应不少于2m。
烧火间内有热水锅炉时
　炉门正对外墙——$D \geq 2.50m$
　炉门斜对外墙——$D \geq 2.00m$

常用蒸汽热水锅炉规格 表3

规格	1号	2号	3号	4号
直径(mm)	762	915	1070	1220
高(mm)	1725	1070	2640	3355

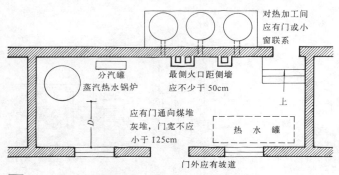

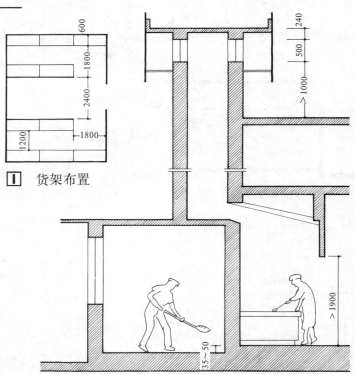

1 货架布置

2 有热水锅炉的烧火间典型布置平面

3 烧火间及排气孔剖面

常用炉灶 [12] 饮食建筑

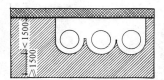

蒸煮主副食及烧汤烧水用。以煤或柴为燃料时，为保持室内清洁，最好在烧火间中添煤及出灰，灶的布置亦应沿烧火间墙安放。为考虑通风排气的方便，大灶的位置最好处于天窗之下或靠近天窗。

1 燃煤大灶

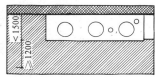

供中餐煎炒副食用。以煤柴为燃料时，添煤多在热加工间内，因此可不必连接烧火间。为保证清洁，出灰可在邻室，但亦可在加工间内。高灶温度较高，应有天窗或排气罩。

2 燃煤高灶

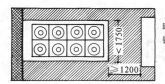

供西餐煎炸副食用，附有烤箱。以煤炭为燃料时，添煤及出灰可在室内或烧火间中。灶面均为铁板，散热量极大，灶上应有天窗或排气罩。

3 燃煤西餐灶

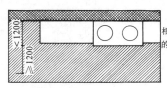

供中餐烤烙主食用。添煤出灰方式与高灶相同。由于制作时为随作随烙，因而应于专用的面案连成一排，灶上应有排气罩。

4 燃煤烙灶

简明炉灶设计表

表1

图号	用膳人位(人)	生 铁 锅 数 量					笼 屉		烟 囱		座次
		主食①	稀饭②	副食③	保温④	明火⑤	规格	层数	口径(cm)	高度(cm)	
a	200	24印锅 1只	24印锅 1只	22印锅 1只	1只		245圆笼	10~12	26×26	7.00	1
b	400	24印锅 1只	28印锅 1只	24印锅 1只	1只	1只	305圆笼 300方笼	12 10~12	26×26	8.00	1
c	600	34印锅 1只	30印锅 1只	26印锅 1只	1只	1只	340方笼	10~12	26×38	8.00	1
d	800	30印锅 2只	34印锅 1只	22印锅 2只	1只	1只	305圆笼 300方笼	12 10~12	26×26	8.00	2
e	1000	32印锅 2只	26印锅 2只	24印锅 2只	1只	1只	320方笼	10~12	26×38	8.00	2
f	1200	34印锅 2只	30印锅 2只	26印锅 2只	1只	3只	340方笼	12~14	26×38	8.00	2
g	1600	32印锅 3只	32印锅 2只	26印锅 2只	1只	3只	320方笼	14~16	26×38	8.00	3
h	2000	34印锅 3只	34印锅 2只	26印锅 4只	1只	3只	340方笼	14~16	26×38	8.00	4

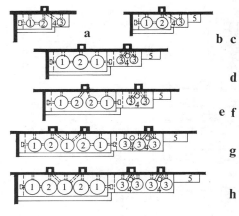

5 简明炉灶设计表附图

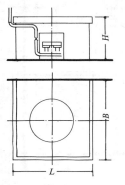

大灶沿墙布置灶间净距不小于200，平列布置大灶必须设置烟道，以每灶单设烟道为宜。多台合道时应保证互不影响。

6 燃气大灶

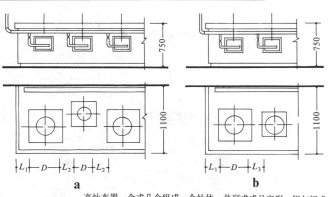

高灶布置一个或几个组成一个灶体，并列或成品字形，锅与锅或墙间净距不小于200。高灶通常不设烟道，但操作时温度高油烟大，应设置排气罩。

7 燃气高灶

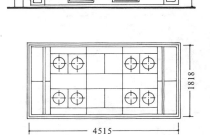

西餐灶布置成单排或双排两种，单排一般靠墙布置，双排设在房中间方便处。西餐灶有专用烟道，灶上方应设排气罩。

8 燃气西餐灶

大灶砌筑尺寸

表2

锅直径 D (mm)		780	850	1000	1100	1150	1260
大灶尺寸 (mm)	H	700	700	700	700	700	700
	B=L	1080	1150	1300	1400	1450	1560
排烟口尺寸(mm)		130×180	130×180	150×200	150×200	180×200	180×200

高灶砌筑尺寸

表3

锅直径 D (mm)	300~400	400~500	500~600	600~700

注：炉灶布置方式可分为炉灶长边靠墙、短边靠墙或不靠墙三种。如以煤柴为燃料时，为了安放烟筒及靠近烧火间，最好用前二种，若煤气或电炉时，则可用第三种。

饮食建筑 [13] 餐馆实例

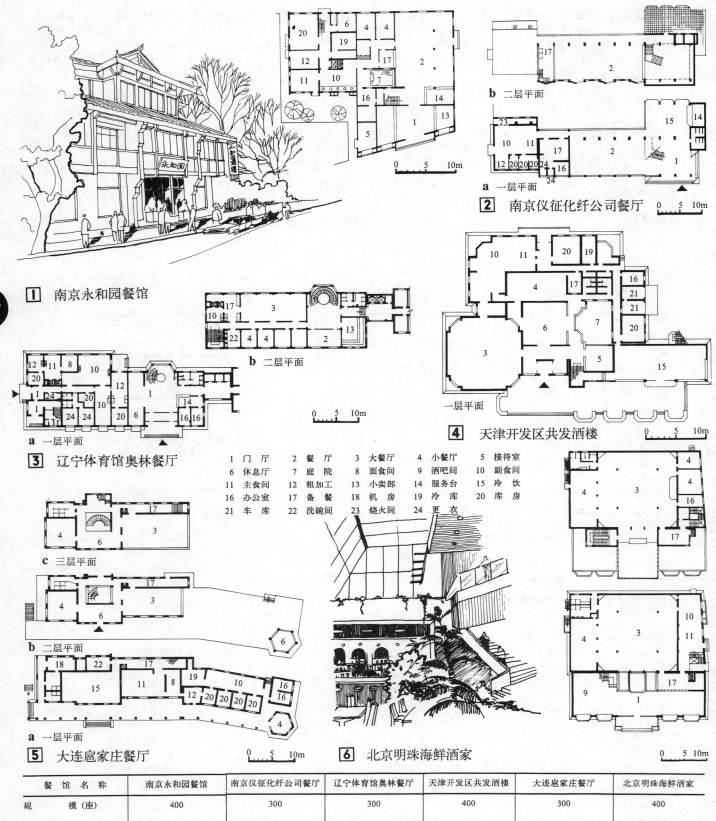

1 门厅　2 餐厅　3 大餐厅　4 小餐厅　5 接待室
6 休息厅　7 庭院　8 面食间　9 酒吧间　10 副食间
11 主食间　12 粗加工　13 小卖部　14 服务台　15 冷饮
16 办公室　17 备餐　18 机房　19 冷库　20 库房
21 车库　22 洗碗间　23 烧火间　24 更衣

1 南京永和园餐馆
2 南京仪征化纤公司餐厅
3 辽宁体育馆奥林餐厅
4 天津开发区共发酒楼
5 大连扈家庄餐厅
6 北京明珠海鲜酒家

餐馆名称	南京永和园餐馆	南京仪征化纤公司餐厅	辽宁体育馆奥林餐厅	天津开发区共发酒楼	大连扈家庄餐厅	北京明珠海鲜酒家
规模（座）	400	300	300	400	300	400
建筑面积（m²）	1512	1080	1320	1672	1112	1542
平均建筑面积（m²/座）	3.80	3.60	4.40	4.10	3.70	3.85
设计单位	东南大学建筑系	南京市建筑设计院	中国建筑东北设计院	天津市建筑设计院	大连市环境卫生管理处	机电部设计研究院

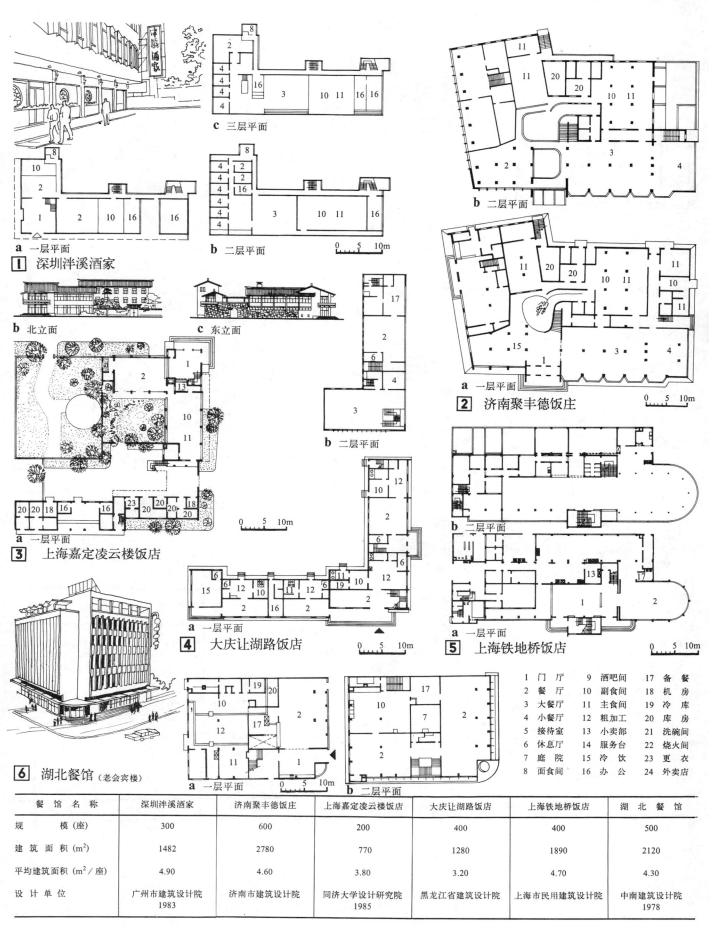

饮食建筑[15] 餐馆·饮食店实例

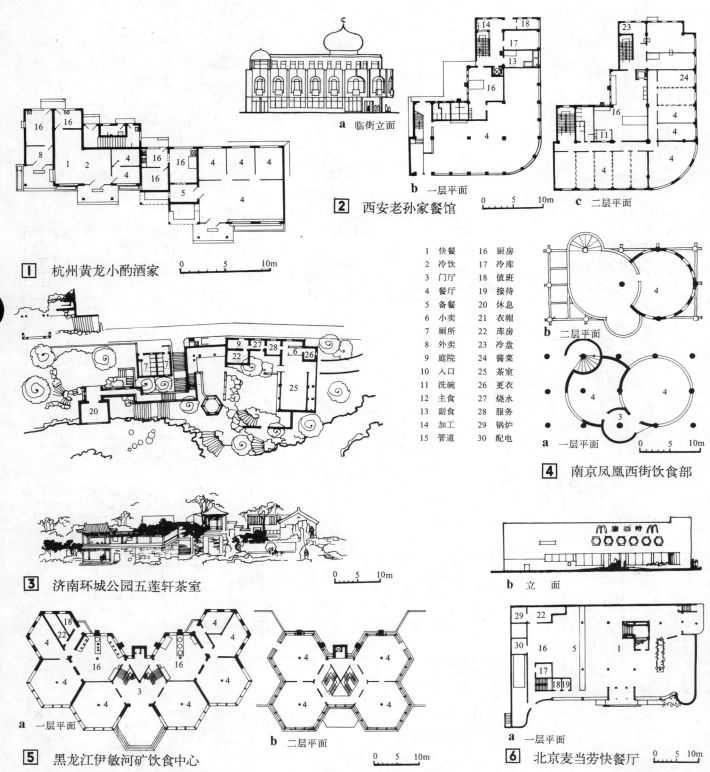

名　　称	杭州黄龙小酌酒家	西安老孙家餐馆	济南五莲轩茶室	南京凤凰西街饮食部	伊敏河矿饮食中心	北京麦当劳快餐厅
规　模（座）	80	450		80	400	700
建筑面积（m²）	256	2148	398	237	1550	2594
平均建筑面积（m²/座）	3.20	4.70		2.90	3.80	3.70
设计单位	浙江省建筑设计院	中国建筑西北设计院	济南市建筑设计院	南京市建筑设计院	黑龙江省建筑设计院	北京市城建设计研究院

餐馆·茶室实例[16]饮食建筑

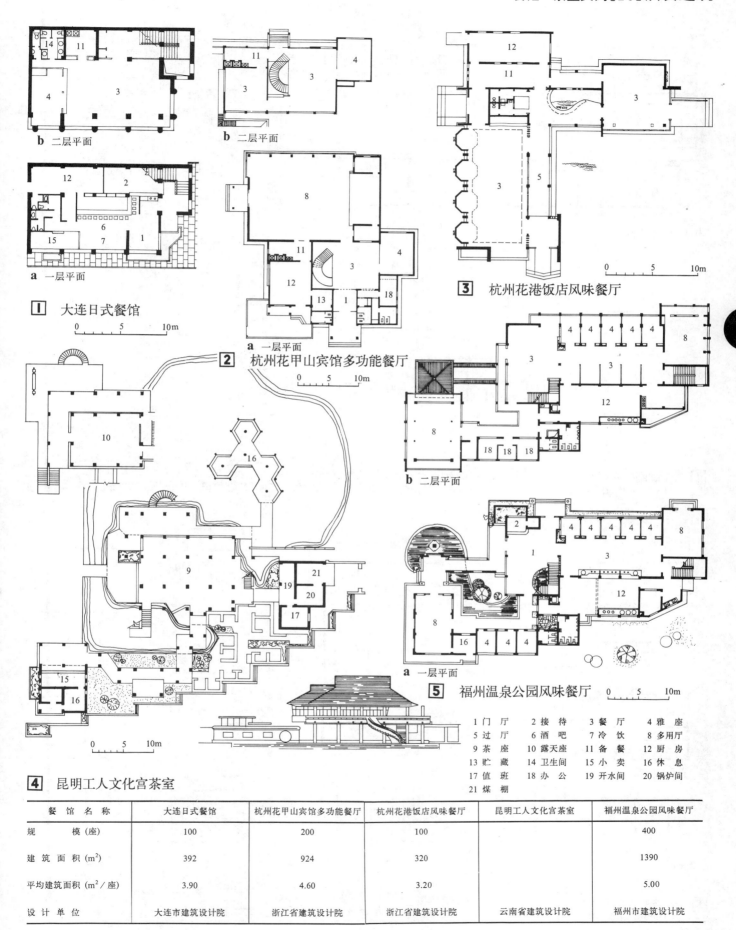

1 门　厅　　2 接　待　　3 餐　厅　　4 雅　座
5 过　厅　　6 酒　吧　　7 冷　饮　　8 多用厅
9 茶　座　　10 露天座　　11 备　餐　　12 厨　房
13 贮　藏　　14 卫生间　　15 小　卖　　16 休　息
17 值　班　　18 办　公　　19 开水间　　20 锅炉间
21 煤　棚

餐馆名称	大连日式餐馆	杭州花甲山宾馆多功能餐厅	杭州花港饭店风味餐厅	昆明工人文化宫茶室	福州温泉公园风味餐厅
规模（座）	100	200	100		400
建筑面积（m²）	392	924	320		1390
平均建筑面积（m²/座）	3.90	4.60	3.20		5.00
设计单位	大连市建筑设计院	浙江省建筑设计院	浙江省建筑设计院	云南省建筑设计院	福州市建筑设计院

81

饮食建筑[17] 食品街实例

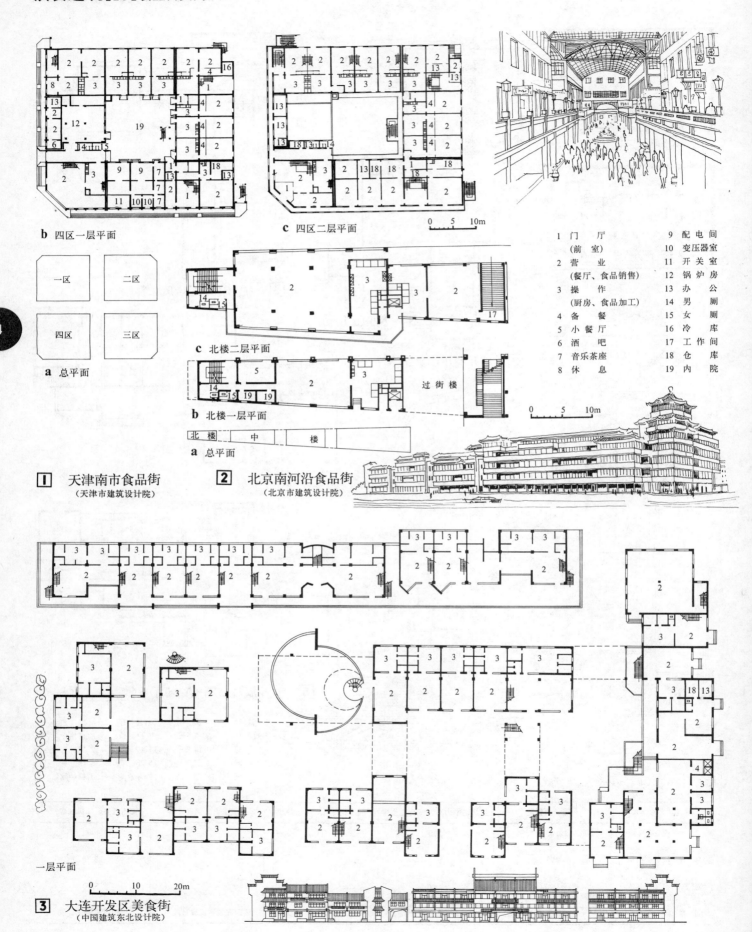

b 四区一层平面 c 四区二层平面

1 门 厅（前室）	9 配电间
2 营 业（餐厅、食品销售）	10 变压器室
3 操 作（厨房、食品加工）	11 开关室
	12 锅炉房
4 备 餐	13 办 公
5 小餐厅	14 男 厕
6 酒 吧	15 女 厕
7 音乐茶座	16 冷 库
8 休 息	17 工作间
	18 仓 库
	19 内 院

a 总平面（一区、二区、三区、四区）

1 天津南市食品街（天津市建筑设计院）

c 北楼二层平面
b 北楼一层平面　过街楼
a 总平面（北楼　中　楼）

2 北京南河沿食品街（北京市建筑设计院）

一层平面

3 大连开发区美食街（中国建筑东北设计院）

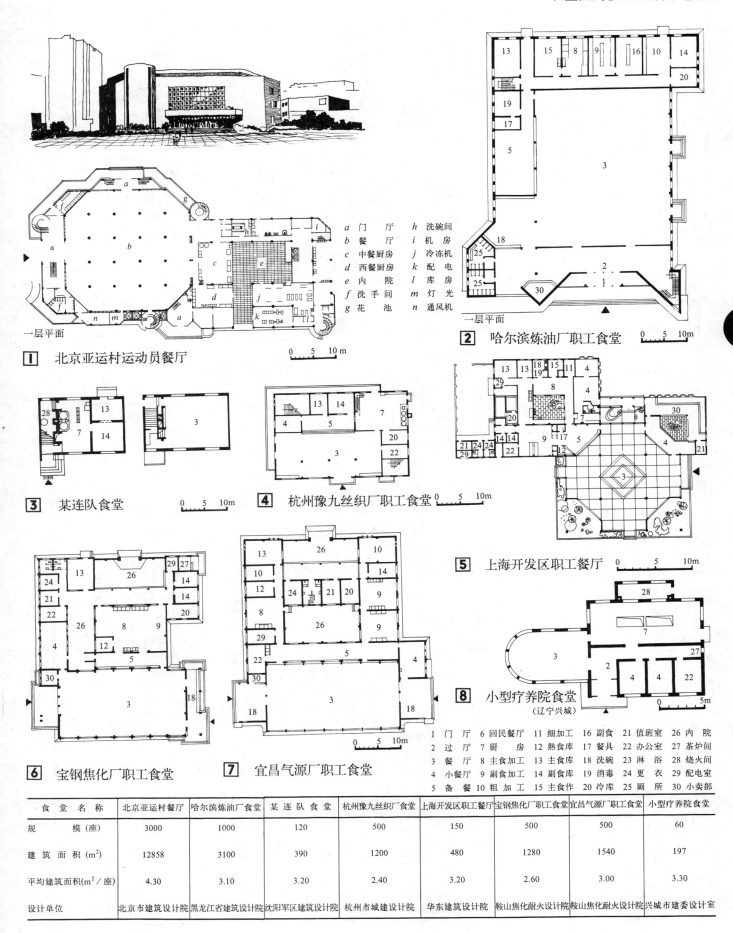

饮食建筑 [19] 食堂实例

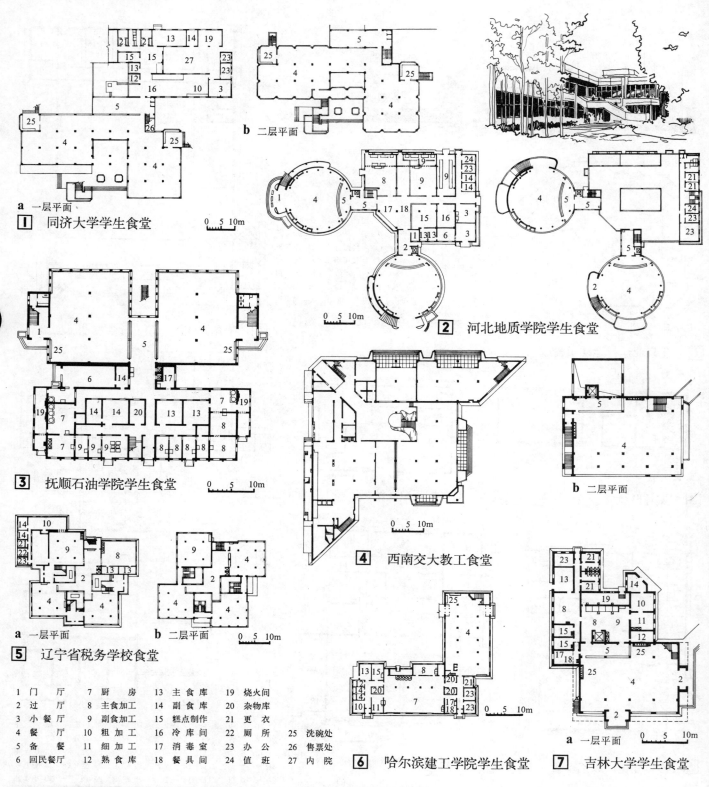

1 同济大学学生食堂
a 一层平面　b 二层平面

2 河北地质学院学生食堂

3 抚顺石油学院学生食堂

4 西南交大教工食堂

5 辽宁省税务学校食堂
a 一层平面　b 二层平面

6 哈尔滨建工学院学生食堂

7 吉林大学学生食堂
a 一层平面

1 门厅	7 厨房	13 主食库	19 烧火间
2 过厅	8 主食加工	14 副食库	20 杂物库
3 小餐厅	9 副食加工	15 糕点制作	21 更衣
4 餐厅	10 粗加工	16 冷库间	22 厕所
5 备餐	11 细加工	17 消毒室	23 办公
6 回民餐厅	12 熟食库	18 餐具间	24 值班
			25 洗碗处
			26 售票处
			27 内院

食堂名称	同济大学学生食堂	河北地质学院学生食堂	抚顺石油学院学生食堂	西南交大教工食堂	辽宁省税务学校食堂	哈尔滨建工学院食堂	吉林大学学生食堂
规模（座）	1000	1200	1600	500	800	400	1000
建筑面积（m²）	2064	3050	3600	2053	1860	1020	1955
平均建筑面积（m²/座）	2.00	2.50	2.30	4.00	2.30	2.50	2.00
设计单位	同济大学设计研究院	天津大学设计研究院	抚顺市建筑设计院	中国建筑西南设计院	大连市建筑设计院	哈尔滨建工学院设计院	中国建筑东北设计院

国外饮食建筑实例 [20] 饮食建筑

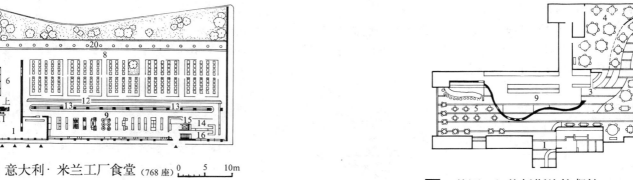

1 意大利·米兰工厂食堂（768座）

2 美国 纽约托斯坎拉餐馆

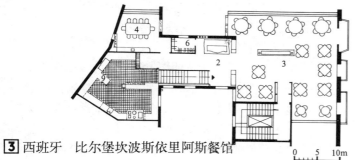

3 西班牙 比尔堡坎波斯依里阿斯餐馆

1 门厅	2 过厅	3 餐厅	4 小餐厅
5 酒吧间	6 存衣	7 饮料间	8 点心间
9 厨房	10 厕所	11 售票处	12 备餐
13 食品带	14 更衣	15 管理	16 洗碟间
17 休息	18 贮藏室	19 冷藏间	20 水池

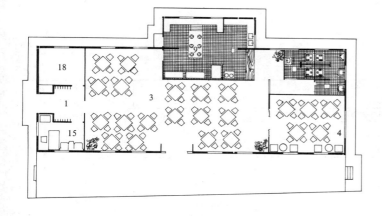

4 土耳其 安卡拉装配式餐厅（100座）

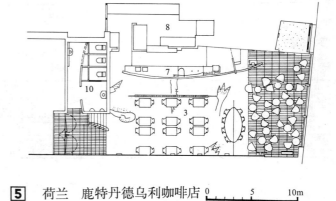

5 荷兰 鹿特丹德乌利咖啡店

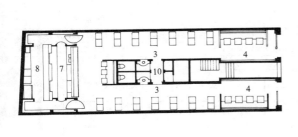

6 西班牙 墨菲斯酒吧间

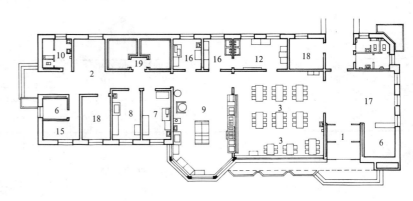

7 前苏联 霍里木利砖厂食堂（50座）

服务·修理行业[1]—一般说明

服务、修理行业建筑的分类及特征

根据城市规划及居住区规划的原则，将直接为城市居民生活服务的公共建筑归纳为"饮食服务建筑"。其中，服务、修理行业建筑的分类及特征见表1。

服务、修理行业建筑的分类及特征　　　　表1

类别	所属公共建筑分级			特征
	市级	居住区级	小区级	
浴 室	○	○	○	一般位于市区中心并兼营旅馆业
理 发	○	○	○	设美容部的高档店位于市区中心，小型店散设
洗 染	○	○	○	多设在商业区
服装加工	○	○	○	市区级高档次加工多属于服装专业商店
综合修理	○	○	○	分类修理多为商亭式
委托寄售	○	○	○	多设在商业区
废品回收			○	

布置类型

一、独立式

　　1. 集中几种类别的服务、修理行业于一栋建筑。

　　2. 按类别分散布置为单栋建筑。

二、附建式

　　1. 附建于多层及高层办公楼的底层。

　　2. 附建于多层及高层住宅的底层。

　　3. 附建于多层及高层宾馆、旅馆底层。

　　4. 附建于高层宾馆、旅馆的裙房。

　　5. 属于综合楼的一部分。

三、其他

　　1. 布置于商业街上的装配式活动商亭。

　　2. 布置于农贸市场上的活动摊床。

　　3. 商亭式：分散布置在位于商业街区或农贸市场内的固定或可移动的商亭。也可分散布置在其他需要的区域，如居民区、公园及游览区等。

参考指标

有关的规划定额指标表　　　　表2

名称	《居住区公共建筑定额指标》			《市区新建住宅区公共建筑设施参考指标》			《唐山市居住区公共建筑指标》			《城市规划定额指标暂行规定》			《沈阳市居住区公共服务设施建筑参考定额指标》			《北京市新建居住区公共设施配套建设指标》		
编制单位	上海市规划设计院			北京市城市规划局			唐山市规划设计指挥部			国家建委			沈阳市规划设计院			北京市委		
编制时间	1978			1976			1978			1980			1980			1985		
项目＼指标	单位	m²/单位	m²/千人	单位	m²/单位	m²/千人	单位	m²/单位	m²/千人	单位	m²/单位	m²/千人	单位	m²/单位	m²/千人	单位	m²/单位	m²/千人
浴 室		1.50			6-8				15		5	1000-1250	25			10-20	0.02	1200-1500	24-26
理 发		6		1	15				15			200-250	5	0.10		8-10	0.10	200	20
照 相		4										100-200	4			4-6	0.02	400-500	8-10
洗 染		2-3											2-3	0.10		3	0.05	160	8
服装加工		3			5				4.50			6-8				5-10		100	10
综合修理		8-10			35-50				9			35-40				10-20	0.02	1040-1080	32-35
委托寄售												15-24							
废品回收							1		6										

已建成居住区公建指标　　　　表3

居住区名称	上海石化总厂生活区		南京梅山铁厂生活区		辽阳石油化纤公司居住区		北京团结湖居住区		南京南湖居住区		北京翠微路居住区	
编制单位	上海市城市规划办公室		华东建筑设计院		中国建筑东北设计院		北京市建筑设计院				机械电子工业部设计研究院	
建成时间	1977		1971		1978		1978		1985		1990	
项目＼指标	总人口(万人)	m²/千人	总人口(万人)	m²/千人	总人口(万人)	m²/千人	总人口(万人)	m²/千人	总人口(万人)	m²/千人	总人口(万人)	m²/千人
浴 室	6	16.80	2	5.50	5.50	15.69	2.13	47			0.88	25
理 发	6	4.10	2	5.00	5.50	1.18	2.13	19	3.60	41.20	0.88	22
照 相	6	2.80	2	6.00	5.50	0.76			3.60	4.40	0.88	8
洗 染	6	2.20	2	4.50	5.50	0.69	2.13	6			0.88	6
服装加工	6	6.70	2	3.50	5.50	1.22	2.13	8	3.60	16.60	0.88	10
综合修理	6	5.20	2	6.00	5.50	0.81	2.13	51	3.60	28.50	0.88	40
委托寄售												
废品回收					5.50	0.38	2.13	3			0.88	5

公共浴室 [2] 服务·修理行业

组成

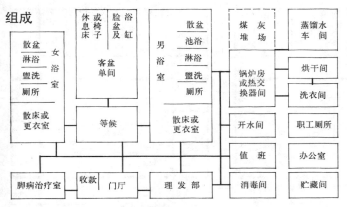

注：①浴室用房的组成应根据实际需要而选定。
②锅炉房、洗衣间、消毒间及理发部等设计，可参考本书有关部分。

设计要点

一、公共浴室一般为独立建筑。
二、池浴和淋浴应分为男、女部，池浴可附设蒸汽浴（桑拿）。
三、浴室内理发部一般与散床、更衣室直接连通。
四、池浴、淋浴与散床（或更衣室）应紧密联系，但又要有适当的分隔。
五、浴室与散床应有良好的通风。
六、浴室内地面要求防水、防滑、耐碱，便于清洗和排除污水；屋顶及墙身应有良好的防水和隔热性能，防止结露；屋顶应有足够的坡度，以防滴水。
七、浴室内照明设备应有防水措施。
八、浴室内管线安装应便于检修。
九、辅助业务部分应设单独出入口。

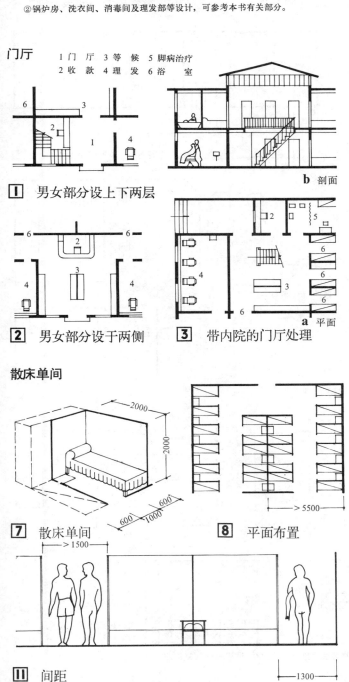

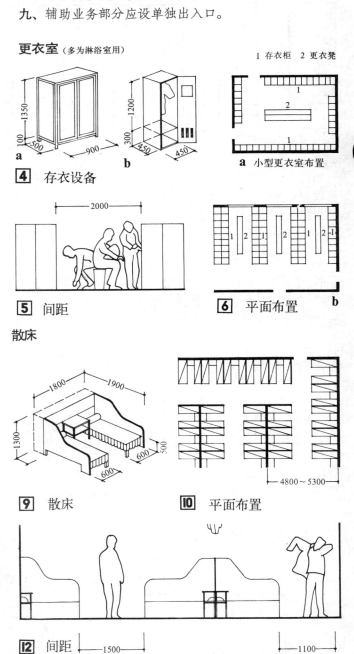

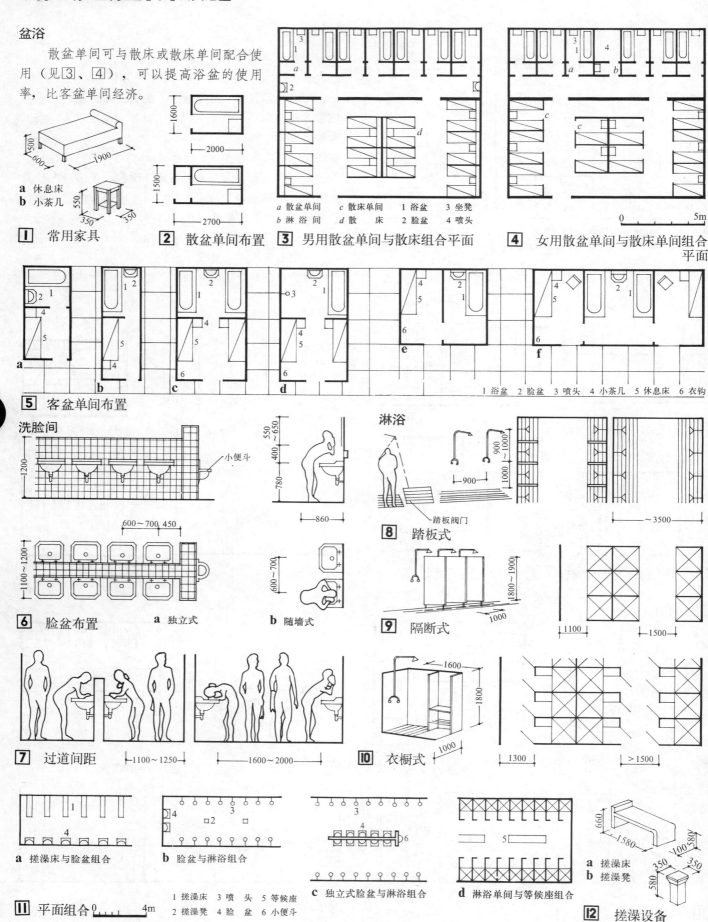

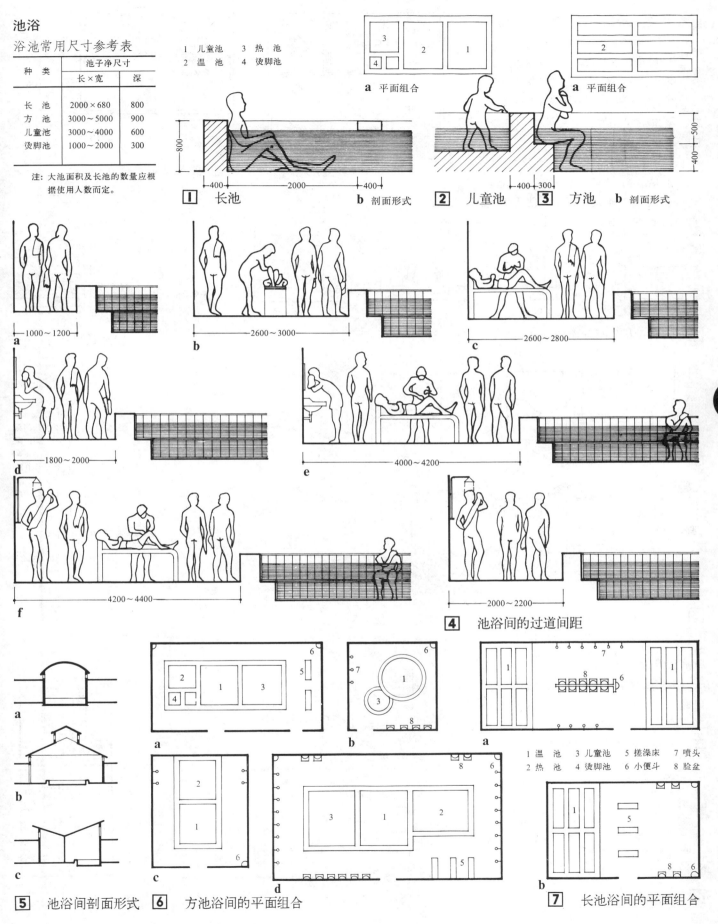

服务·修理行业 [5] 公共浴室

桑拿浴（SUNNA）即芬兰式蒸汽浴

一、桑拿浴的分类
　　1. 按桑拿浴间木墙体装配装修方式的不同分为豪华型、标准型与选择型。
　　2. 按不同设置分为搁置式与埋入式。
二、桑拿浴间的构造组成见图7。
三、设计要点
　　1. 一般附设于宾馆、旅馆和公共浴室。
　　2. 桑拿浴的木墙体应采取防变形措施。
　　3. 应设于通风良好处，便于换气。
　　4. 电气设计应注意安全。

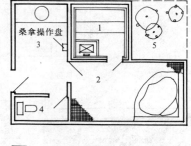
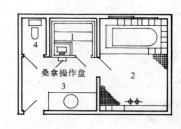

1 桑拿间
2 浴室
3 脱衣盥洗
4 厕所
5 庭院

1 搁置式（标准型）　　2 埋入式

  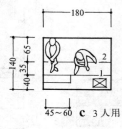 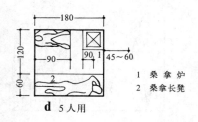

a 1人用　　b 2人用　　c 3人用　　d 5人用

1 桑拿炉
2 桑拿长凳

3 各种规模的平面设计

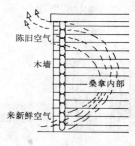

6 通风示意

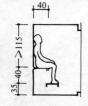 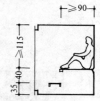 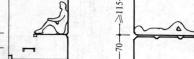

4 剖面设计

 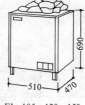 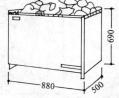

WS-45·60·80　　FL-105·120·150　　FL-180·210·240·270

5 桑拿炉

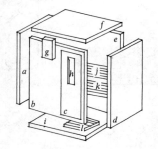

a 左侧板　　g 桑拿操作盘
b 前板　　　h 观察窗
c 门　　　　i 地板
d 右侧板　　j 上层长条凳
e 后板　　　k 下层长条凳
f 天棚板　　l 竹编板

7 构造组成

注：以上各图所注尺寸单位均为cm

脚病治疗室

一、脚病治疗室一般由挂号、候诊及手术间组成；小型治疗室可设一间，以布帘分隔。
二、候诊间应设洗脚设备。
三、手术间内应设电力插座。

a 消毒盒

b 工作凳

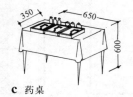
c 药桌

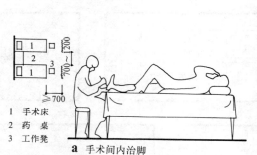

1 手术床
2 药桌
3 工作凳

a 手术间内治脚

1 躺床
2 衣柜
3 工作凳

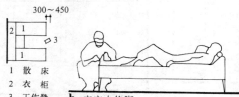

b 床室内修脚

8 常用设备　　9 人体活动

10 治疗室平面示例

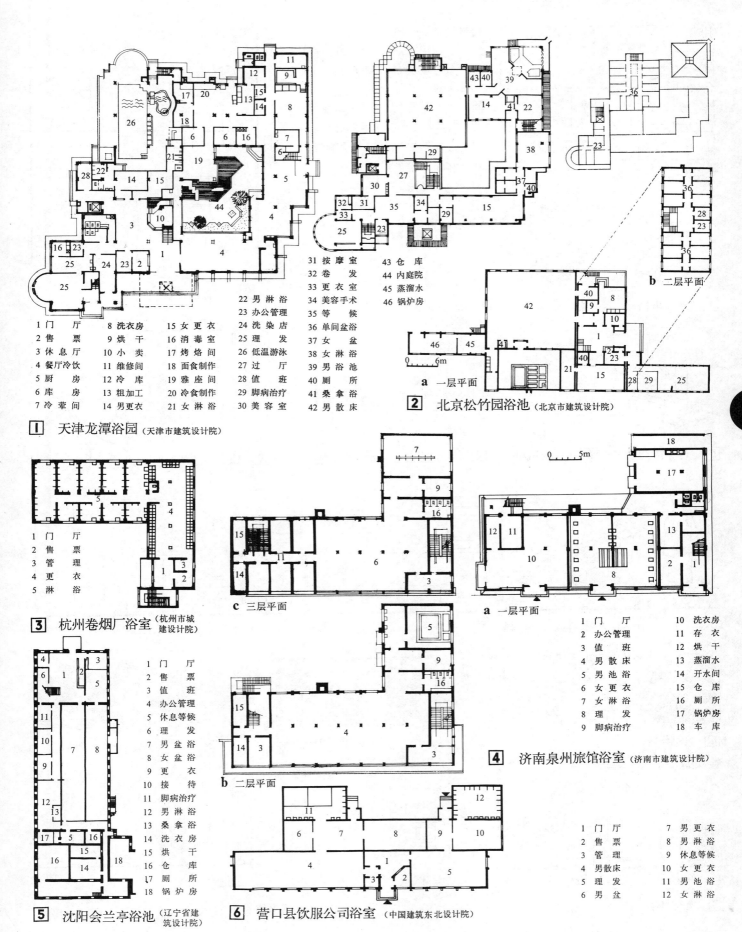

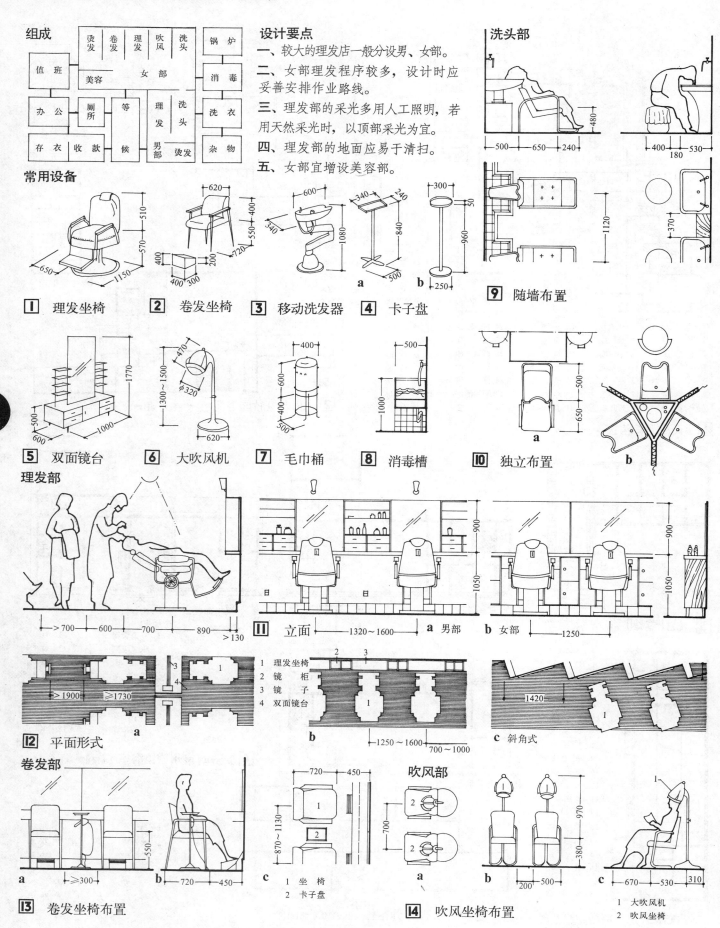

美发厅・理发店[8]服务・修理行业

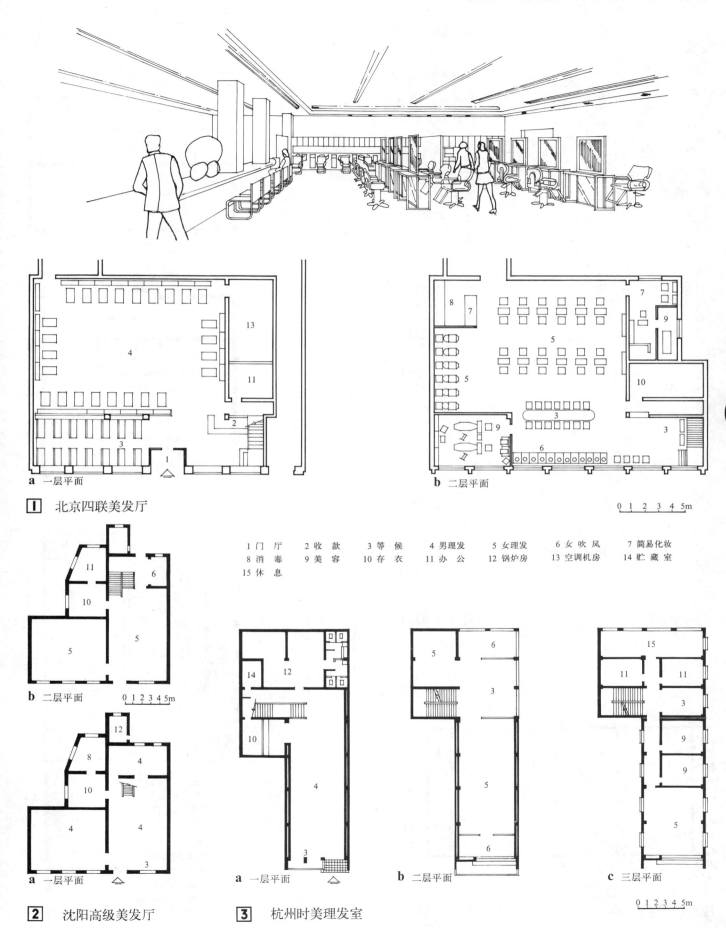

a 一层平面
b 二层平面
0 1 2 3 4 5m

1 北京四联美发厅

b 二层平面 0 1 2 3 4 5m

1 门厅　2 收款　3 等候　4 男理发　5 女理发　6 女吹风　7 简易化妆
8 消毒　9 美容　10 存衣　11 办公　12 锅炉房　13 空调机房　14 贮藏室
15 休息

a 一层平面

2 沈阳高级美发厅

a 一层平面　b 二层平面　c 三层平面

3 杭州时美理发室

0 1 2 3 4 5m

93

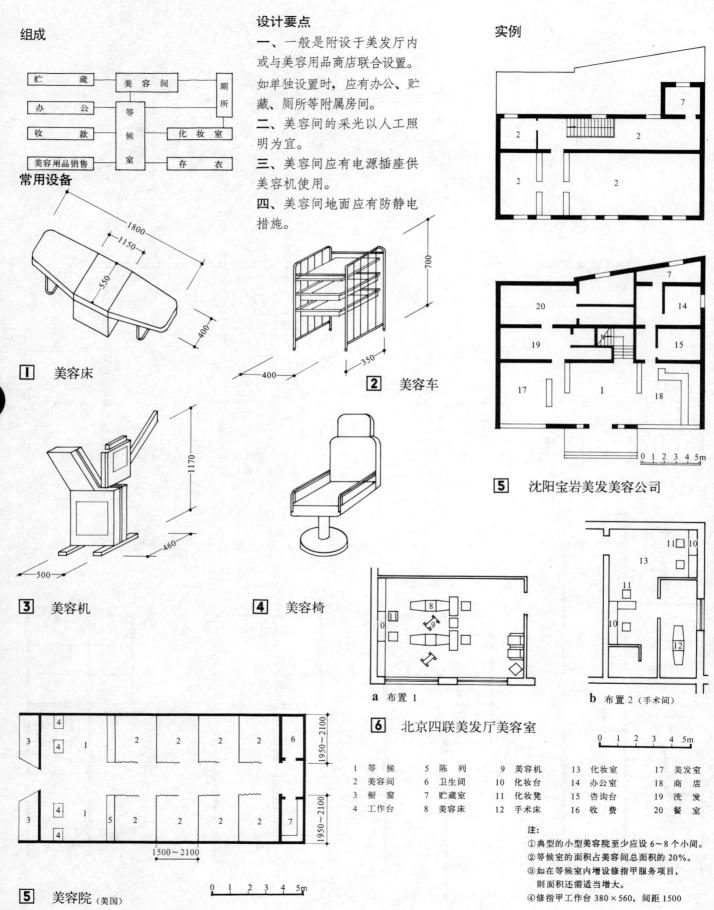

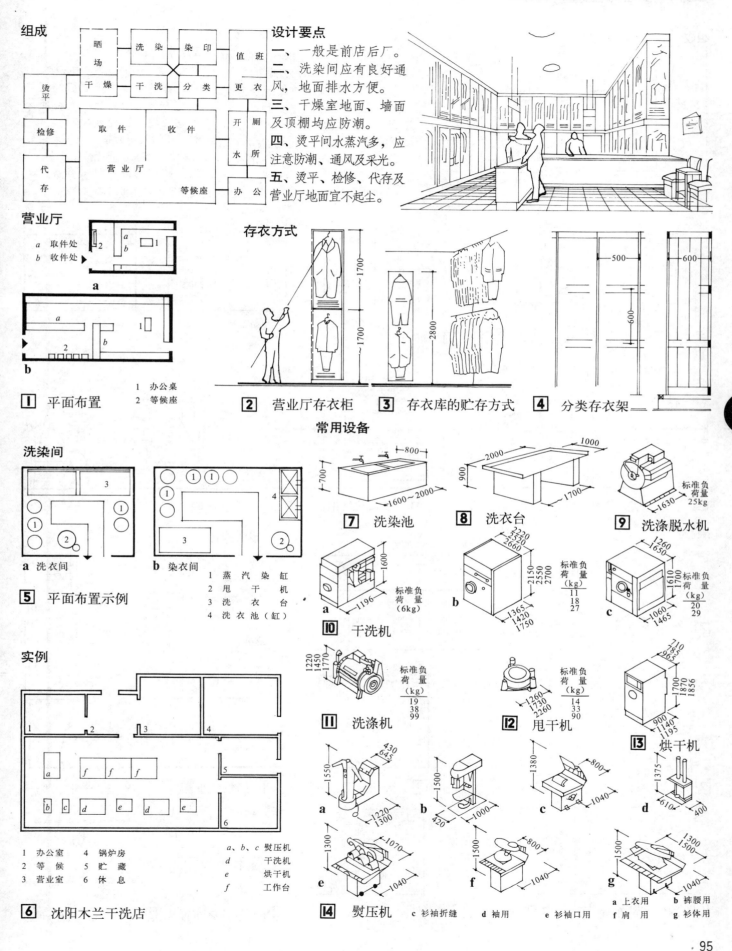

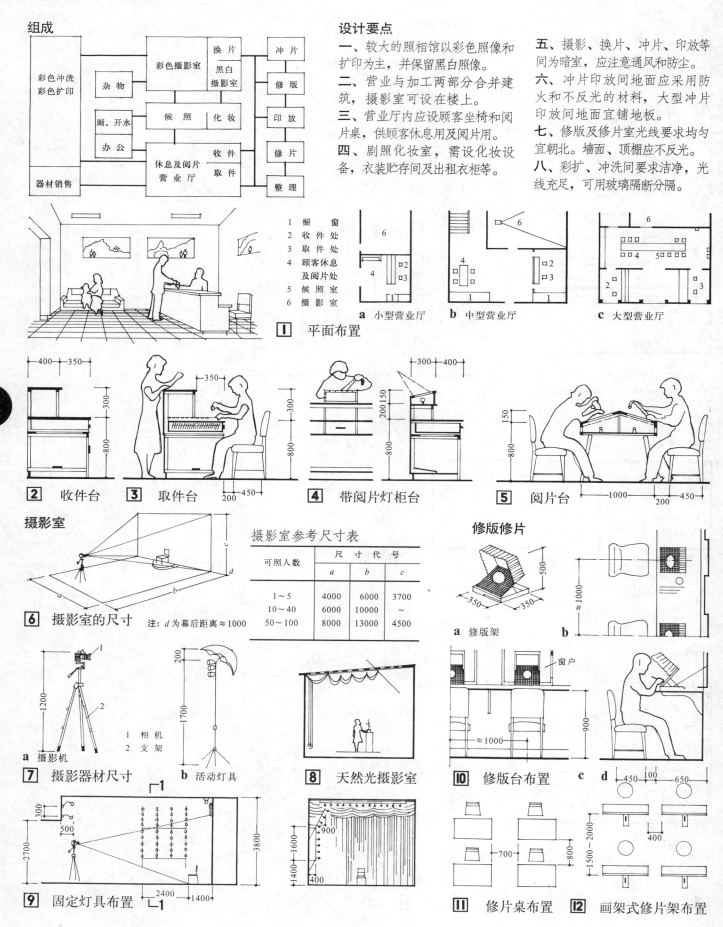

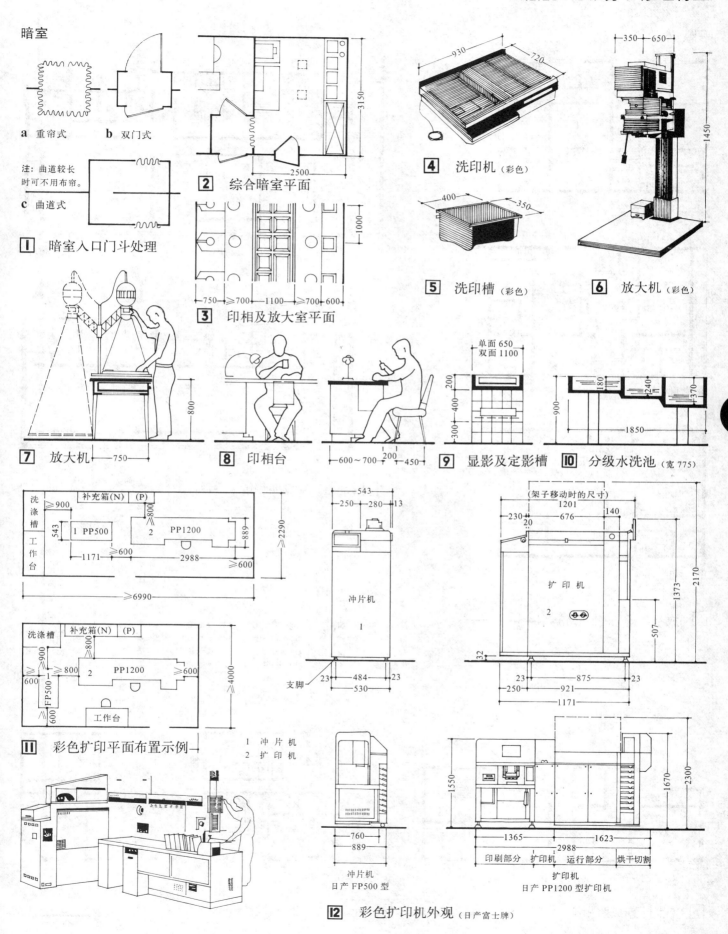

服务·修理行业 [13] 照相馆

实例

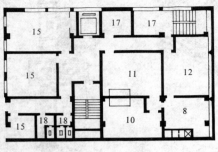
c 三层平面

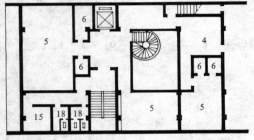
b 二层平面

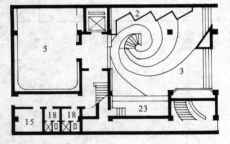
a 一层平面

[2] 成都 新上海照相馆

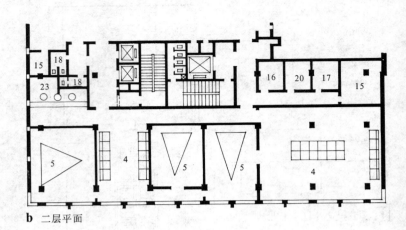
b 二层平面

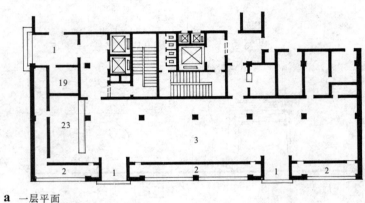
a 一层平面

[1] 北京 中国照相馆（新楼）

1 门厅	5 照相室	9 修版室	13 上色室	17 库房	21 休息
2 橱窗	6 化妆室	10 印片室	14 扩印室	18 厕所	22 配电
3 营业厅	7 换片室	11 放大室	15 办公室	19 接待	23 开票（取相）
4 候照室	8 冲片室	12 修片室	16 水房	20 机房	24 值班
					25 器材部

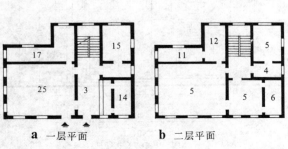
a 一层平面   b 二层平面

[3] 沈阳 新风照相馆

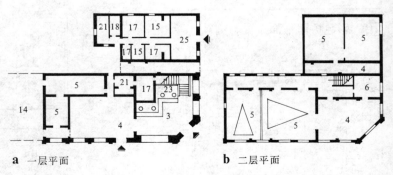
a 一层平面   b 二层平面

[4] 沈阳 生生照相馆

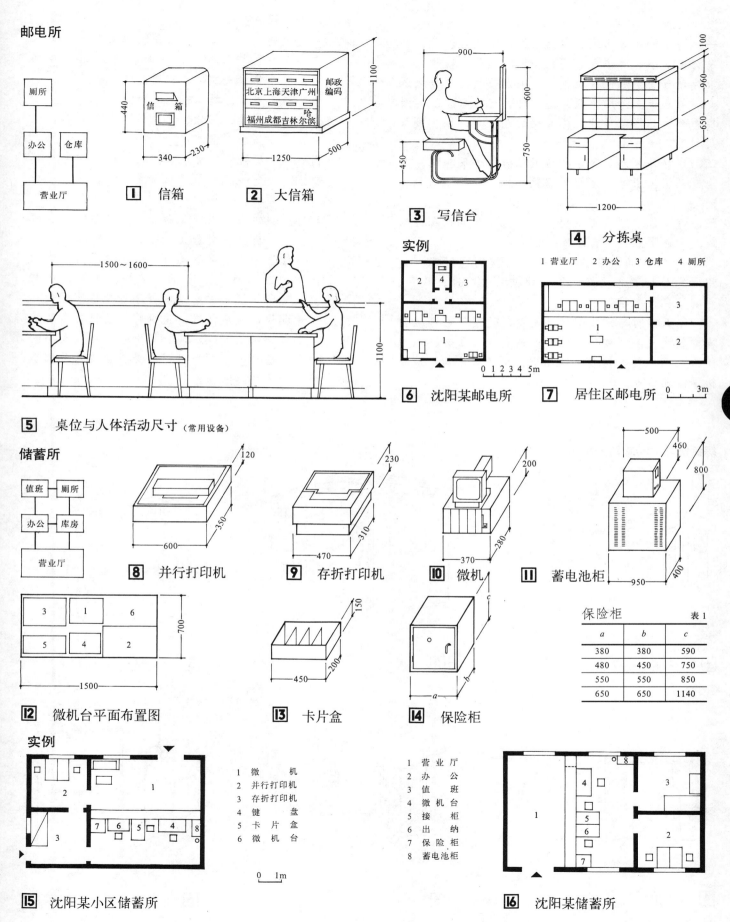

服务·修理行业 [15] 综合修理一般说明

设计要点

一、修理行业与居民日常生活无论衣、食、住、行及文化娱乐活动等方面关系密切,因此,应根据城市规划布局、居住区位置、规模及公共建筑分级分类均匀分布,特别是服装、皮鞋、自行车、炊具及日用杂货等修理行业应尽量接近居民点,以方便群众利用。

二、在居住区及小区中心应设综合修理服务部,其规模可根据服务范围参考居住区规划公建千人指标确定。

三、综合修理服务部主要由营业和工作间两部分组成,布置形式一般有两种:

    1. 工作间与营业间合一,直接面向顾客,适用于立等可取的快修性行业如鞋、包、锁、炊具、金笔、自行车等。

    2. 工作间与营业间分开设置,适用于修理操作需要较大的空间或较多的工时的行业如服装、毛织品、家用电器、钟表、照相机、家具、冰箱、洗衣机等修理行业。

综合修理项目一览表

——主要是与居民生活相关联的项目

衣——服装、皮鞋、胶鞋、毛织品、弹棉花、洗衣机、衣箱、电烫斗。

食——炊具、排烟机、冰箱。

住——家具、门锁、浴用设备、除尘器、电风扇、空调器。

行——摩托车、自行车、旅行包、雨具。

文娱——电视机、录像机、录音机、文具、乐器、玩具。

其他——钟表、眼镜、照相机、打字机、复印机、日用杂货、其他家用电器。

上列修理项目,多数均可附设于该项目的专业商店内,如钟表、眼镜、文具、乐器、照相机、复印机及各种家用电器等可单设修理部或在营业厅内设快修部,也可将一些日常需要的项目联合组成"综合修理部"设于居住区及小区中心。还有一些项目可以分散设置在居住街坊内,如缝补、修鞋等。

综合修理活动式商亭示例

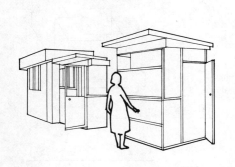

[1] 1人用

[2] 3人用

[3] 2人用

[4] 5人用

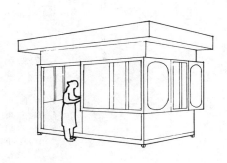

[5] 2人用

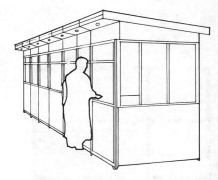

[6] 6人并连

服装・针毛织品缝补 [16] 服务・修理行业

服装缝补

一、服装缝补包括：棉布、呢绒、皮毛、化纤等各装的加工及修补；加工车间常设在营业厅后面。
二、车间天然采光面积，不少于地面面积的 1/6。
三、车间内要有良好的自然通风。
四、营业厅内的设备和布置与服装店相同。

1 平面布置示例

1 缝纫机
2 联动缝纫机
3 工作台
4 存衣柜
5 存衣架
6 剪裁柜台
7 试衣室
8 休息椅
9 熨斗架

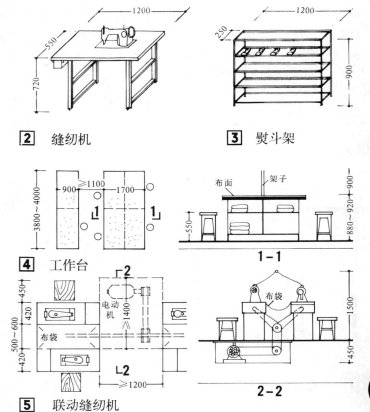

2 缝纫机　　3 熨斗架
4 工作台　　5 联动缝纫机

针、毛织品织补

一、室内基本要求和服装缝纫业相同。
二、纺线车与弹花行业所用相同。

1 织毛衣机　　6 存放柜
2 织袜机　　　7 柜台
3 绒衣包缝机　4 工作台　5 纺线车　8 办公桌

6 平面布置示例

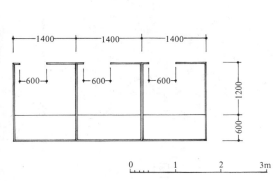

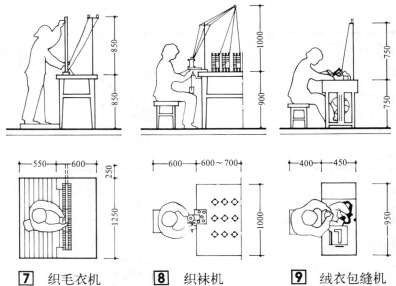

7 织毛衣机　　8 织袜机　　9 绒衣包缝机

10 服装加工收活服务亭

服务·修理行业 [17] 皮便鞋·旅行包修理

皮便鞋修理

一、皮便鞋修理为快修性行业，车间与营业厅合一，一般规模为：小型2～3人，中型5～7人，大型10人以上。

二、室内要有良好的采光，窗台尽可能低些，一般不宜高于1m。

三、绱鞋店内部设备与修理相同，并带有鞋型架，多为单独设置，但也常兼营修理业务。

四、可兼营皮质旅行包修理及配钥匙、修拉链以及擦皮鞋、皮夹克修理与上油等服务项目。

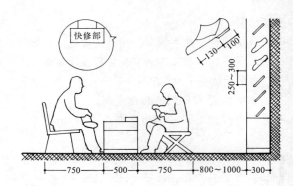

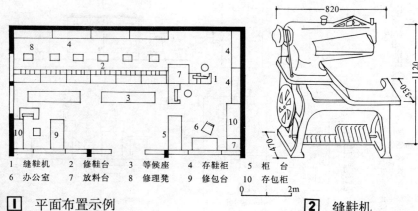

| 1 缝鞋机 | 2 修鞋台 | 3 等候座 | 4 存鞋柜 | 5 柜台 |
| 6 办公室 | 7 放料台 | 8 修理凳 | 9 修包台 | 10 存包柜 |

① 平面布置示例　　② 缝鞋机　　④ 间距　修鞋台、修鞋凳、鞋型架（绱鞋用）

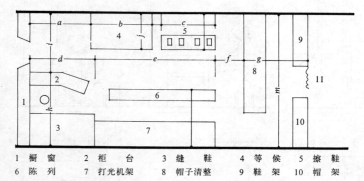

1 橱窗	2 柜台	3 缝鞋	4 等候	5 擦鞋
6 陈列	7 打光机架	8 帽子清整	9 鞋架	10 帽架
11 更衣、贮藏、卫生间等				

⑤ 美国某修鞋店平面布置

注：
①设计特点：尺寸满足单人店的要求，也可带助手。通常把门开在橱窗的一边，有时不设小橱窗，设大橱窗时需包括250～300宽的长条板。小间用作等候，设500宽、间距为50的沙发椅，深度随意。擦鞋间的小凳不能对着等候小间。

②室内尺寸：（单位：mm）
a 1650　d 1800　f 750　h 2100　k 1650
b 1700　e 3300　g 1800　i 1800　l 1050
c 设两把椅时为1500，1800也可　j 1050　m 3900

旅行包修理

一、一般附设在综合修理店内，亦可单独设亭。

二、皮质包修理亦可附于修鞋店内。

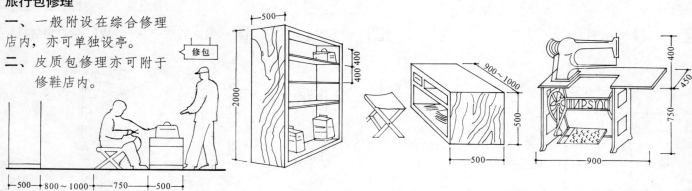

⑥ 间距　　⑦ 存包柜、修理凳、修包台　　⑧ 缝包机

自行车·摩托车修理 [18] 服务·修理行业

设计要点

一、修理内容：各种规模摩托车、三轮摩托车及自行车、手推车等。

二、修理部的位置：以沿城市交通要道为主。

三、规模：3～4人，可同时修理2台摩托车。

四、管理及休息部分尽可能与修理车间分开。

五、室内要有良好的采光和通风。

六、顶棚设悬挂修车吊链，墙上设存放轮胎等零件架。

七、所有电气灯具必须防爆。

八、充电间应与修理间隔开，并在外墙设排风扇。

九、室外应考虑停放3～5辆摩托车及若干自行车的面积。

房间组成： 1 修理间　2 充电间　3 备品库　4 办公室
　　　　　 5 休息　6 厕所　7 停车棚

设备及家具： a 修理台　b 工具台　c 配电箱
　　　　　　 d 工具架　e 供气泵　f 充电机
　　　　　　 g 零件柜　h 电焊机　i 砂轮
　　　　　　 j 台钻　k 台钳　l 电葫芦
　　　　　　 m 更衣柜　n 墙架　o 修车吊链
　　　　　　 p 修理架

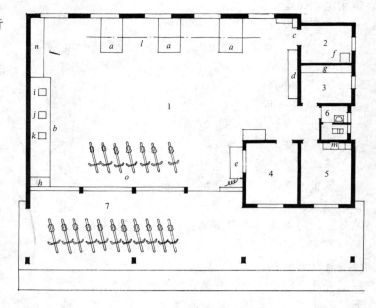

[1] 平面布置示例

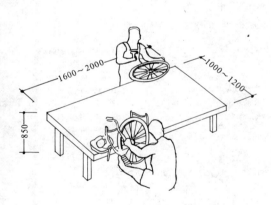

[2] 修理台

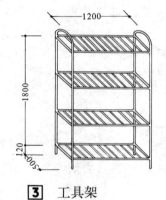

[3] 工具架

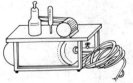

[5] 供气泵

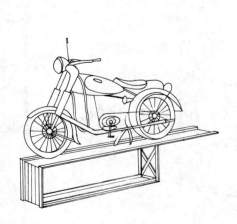

[7] 修理架

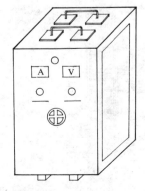

[8] 充电机

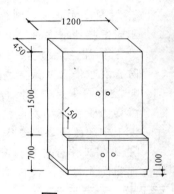

[4] 零件柜

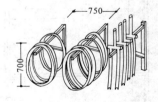

[6] 墙上存放架

[9] 修车吊链

服务·修理行业 [19] 家用电器修理

家用电器修理

一、修理内容

1. 电子产品类：以电子元件为主的产品如电视机、录像机、音响设备、收录机、电子琴、电子玩具、计算器等。
2. 机电产品类：以电动机及制冷装置为主的产品如洗衣机、电冰箱、空调机、电风扇、吸尘器、吹风机等。

二、修理部的位置：以在城市中心或居住小区中心沿马路设置为宜，亦可附设在专业商店内。

三、规模：维修工作人员一般为2～4人，没有明显的分工，可共用一个维修间，但要有相应的分区，使用面积每人15～20 m²，4人以上应有明确分工，维修间可分开设置。

四、管理及维修人员休息部分尽可能与维修间隔开。

五、电子产品的维修对环境的要求：

1. 维修间内应有良好的采光和通风。
2. 避免阳光直接射到维修工作台特别要注意避免阳光直接照射电视荧光屏。
3. 室内应注意防尘特别对摄像机和录像机要严格防止灰尘侵入并保持适宜的温、湿度。
4. 室内要保持安静，特别要注意避免周围各种电磁场的干扰（如发电机、电动机等带来的干扰）设于市区的维修间要尽可能远离电车道。
5. 维修工作台应与门窗保持适当距离，工作人员宜背向自然光，维修工作光源以台灯为主（白炽灯）工作台上应设置不少于4个电源插座（以二柜座为主），并应有天、地线装置。
6. 维修间内宜设吊顶及防静电设施如防静电地板、地毯等。

六、电机产品的维修对环境的要求：

1. 室内应有良好的采光和通风。
2. 工作台尽可能靠近门口，便于搬运待修产品。
3. 电源插座可设于墙壁上，亦可设于工作台上，以三相座为主。

七、两类产品共设一个维修间时要注意勿使电机产品的尘土及维修时常用的甘油、汽油和其他挥发溶剂影响电子产品，一般在共用维修间内不宜维修录像机及摄像机等精密产品。

八、电源：工作用的电源应与照明用的电源分开各设独立的电源保险开关，进户线应设保护接地线。

总耗电源容量的计算：

总电源容量＞维修人数×维修产品耗电量之和／2×1.5（不包括照明用电）

九、房间组成及主要设施及家具见 1

1. 电子产品维修间　2. 营业室　3. 机电产品维修间
- a 配电箱
- b 真空泵
- c 设有台钳的修理台
- d 设有台灯及插座的电子产品维修工作台
- e 工具柜
- f 材料柜
- g 存放架
- h 办公桌椅
- i 文件柜
- j 休息椅
- k 洗涤盆
- l 电子产品检修仪器架：存放示波器、扫频仪、万用表、信号发生器隔离变压器等

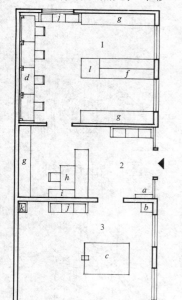

1 平面布置示例

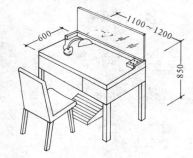

2 电子产品维修工作台

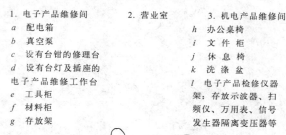

3 机电产品维修工作台

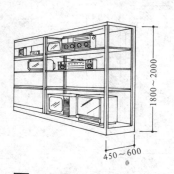

4 存放架

5 仪器柜

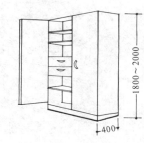

6 材料柜

钟表修理

一、修理部分由营业厅、修理车间、营业厅（设快修台）组成。

二、室内要求清洁，地面、墙面等应采用不易起灰尘又易清洗的材料。

三、车间内要安静，温湿适度，并防止直射阳光。

四、修理部除单独设置外，也可附设在钟表店内，其修理设备均相同。

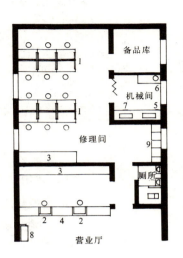

1 修理台	4 玻璃柜台	7 打光机
2 快修台	5 车　床	8 等候座
3 存放柜	6 洗表机	9 更衣柜

1 平面布置示例　0　2m

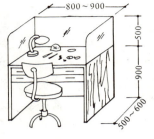

2 快修台

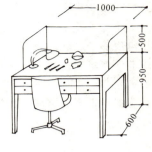

4 修理台

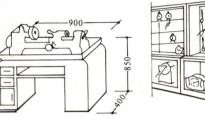

3 车床

5 存放柜

眼镜修配

一、眼镜修配由营业厅、修配间、验光室组成。

二、验光室要有良好的温湿度，保证仪器设备的精确度。

三、眼镜修配可单独设置，也可设在眼镜商店。

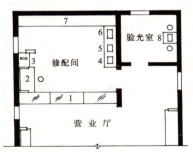

1 玻璃柜台	4 藏光机	7 存放柜
2 修理台	5 磨边机	8 验光仪
3 查片仪	6 磨片机	

6 平面布置示例　0　2m

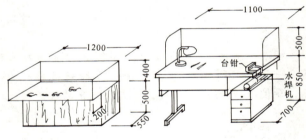

7 玻璃柜台　　　**8** 修理台

金笔修理

金笔修配一般兼修打火机，车间与营业厅合一，规模小（2~3人），面积约 15~20m²，除可单独设置外，也可附设在金笔店内。

1 修 理 台　　3 材料柜
2 玻璃柜台　　4 办公桌

9 平面布置示例　0　2m

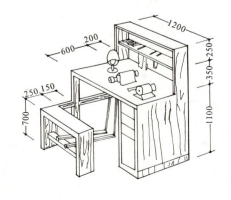

10 修理台

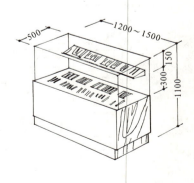

11 玻璃柜台

开发式工业小区[1]规划布置

开发式工业小区

开发式工业小区是经济特区、技术经济开发区的重要组成部分。在区内设置的工厂大部是无污染或少污染的劳动密集型、技术密集型或高科技的产业。由于开发式工业小区都是统一规划、建设和管理的，因而大部分企业都能做到高速度、高效益、低消耗、低成本，适应特区和开发区建设的需要。

开发式工业小区的组成

一般设有管理区；标准厂房区（大批量的建造通用厂房供投资者购买或租用）；专业工厂区（划分一定的地块按工厂要求建造）；仓库区（一般供周转性的存放）；公共和公用设施；生活区以及道路和绿化等组成。

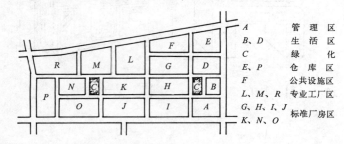

A —— 管理区
B、D —— 生活区
C —— 绿化
E、P —— 仓库区
F —— 公共设施区
L、M、R —— 专业工厂区
G、H、I、J
K、N、O —— 标准厂房区

1 开发式工业小区规划示意图

管理区一般设有管理办公楼、科技中心、信息中心、展览中心、培训中心等。

标准厂房区的划分，根据国内外的资料分析和研究，一般以 200m×400m 组成的地块来布置较为经济，既便于厂房的布置，也可以减少内部的道路面积。

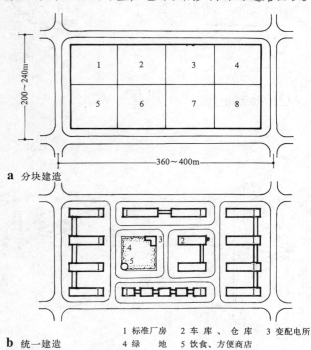

1 标准厂房 2 车库 3 变配电所
4 绿地 5 饮食、方便商店

2 标准厂房区用地划分示例

专业工厂区的用地，应根据工厂的实际需要来划分，一般划成 1~5hm² 的地块。

1 饮料灌装厂
2 塑料制品厂
3 餐具厂
4 家具厂
5 包装材料厂
6 电子器件厂
7 精密仪器厂
8 家用电器厂
9 变、配电所

3 专业工厂区用地划分示例

公共和公用设施区，应根据具体情况确定，一般设有医疗门诊部、消防站、车库、环境卫生和绿化服务机构、饮食和方便商店以及变电站、供水设施、污水处理等。

生活区是指为单身职工和外地不带家属的职工而建造的单身宿舍、食堂、浴室等建筑。生活建筑也可建造在附近的居住区内。

开发式工业小区用地组成（参考值）

用地名称	工业、仓库	管理、公共公用设施	生活	道路	绿化
用地比例（%）	50~70	5~10	5~15	8~12	10~20

注：①工业用地中标准厂房和专业工厂之间的用地比例，应根据具体情况确定。
②工业小区的平均容积率（总建筑面积／用地面积）宜控制在1.5~2.0之间。

开发式工业小区的一般要求

一、要有合理的规模和工业组成；
二、要有现代化的交通和通讯条件、充足的能源和供水；
三、统一规划，合理利用土地，降低开发费用，减少工厂投资和缩短准备工作时间，尽快发挥投资效益；
四、在能源、运输、基础设施、公共设施、科技信息等方面进行协作和社会化，统一建设和管理这些设施，以降低经营管理费用和取得最佳的经济效益；
五、防止环境污染，提高环境保护的投资效益，有效地保护环境，并为工作人员提供良好的生产和生活条件；
六、使工业小区与居住区有合理的布局，有方便的交通条件，完善的生活设施，以适应工作和生活的需要；
七、有利于改善城市景观和加快城市建设的进程；
八、要合理预留工业发展区，为后期工业小区的开发创造有利条件。

开发式工业小区的规模

从国内已建的开发式工业小区统计，最小的不足 1km²，最大的为 5km² 左右。但根据国内外建设经验来看，面积不宜过大，特别是起步阶段的面积以 1km² 左右为宜，否则会投资过大而难以实施。

实例 [2] 开发式工业小区

深圳市八卦岭工业区规划

G、H、K、L、M　标准厂房区
A、B、J、R　　专业工厂区
C、E、D、O　　生活区
F　　　　　　管理区
I、N　　　　　商业、办公
　　　　　　　公共设施区

[1] 八卦岭工业区规划分区图

[2] 八卦岭工业区位置图

标准厂房及库房
1　A 型厂房　　6　E 型厂房
2　A_1 型厂房　7　轻工厂房
3　B 型厂房　　8　综合仓库
4　C 型厂房　　9　多层车库
5　D_1 型厂房　10　车库仓库

专业工厂厂房
11　泡沫塑料厂
12　电子机械公司
13　激光电视公司
14　机械有限公司
15　培训中心大厦
16　医药生产供应公司
17　精密模具制造公司
18　厨具公司
19　航空标准件厂
20　氨基塑料厂
21　编织袋厂
22　光导纤维厂
23　陶瓷厂

生活建筑
24　A 型宿舍　　28　E 型宿舍
25　B 型宿舍　　29　F 型宿舍
26　C 型宿舍　　30　G 型宿舍
27　D 型宿舍　　31　高层宿舍

公共建筑
32　工业开发公司办公楼
33　商场、银行、邮电、办公等
34　旅馆、仓库等
35　变、配电站

[3] 八卦岭工业区详细规划

用地平衡表　　　　　　　　　表1

序号	名称	单位	数量	%
1	总用地	hm²	108.87	100
2	其中：工业用地	hm²	56.13	51.6
3	生活用地	hm²	14.32	13.2
4	公共设施用地	hm²	10.31	9.5
5	道路广场用地	hm²	12.05	11.0
6	集中绿化用地	hm²	16.06	14.7

主要技术指标　　　　　　　　表2

序号	名称	单位	数量
1	总建筑面积	m²	1,875,410
2	总建筑占地面积	m²	289,335
3	集中绿地面积	m²	160,600
4	建筑系数	%	26.58
5	利用系数	%	51.56
6	绿化系数	%	14.70
7	建筑容积率	m²/m²	1.77

开发式工业小区[3] 实例

工业项目名称

1	浮法玻璃厂	10	精密仪器厂
2	轮胎厂	11	日用制鞋厂
3	卫生洁具厂	12	制药公司
4	标准件厂	13	轴承厂
5	钢缆厂	14	电机厂
6	阀门厂	15	链条厂
7	层压板厂	16	餐具厂
8	工业管件厂	17	服装厂
9	毛纺厂	18	录相磁带厂

主要技术指标

序号	名称	单位	数量
1	工业小区用地	hm²	104.23
2	建筑占地面积	m²	289,277
3	建筑总面积	m²	765,880
4	道路用地率	%	12.47
5	建筑系数	%	27.75
6	建筑容积率	m²/m²	0.84

注：本表仅指由辽宁路、哈尔滨路、赤峰路、大庆路所围成的电子仪表小区及综合工业小区的指标，其数值为规划设计时之数值。

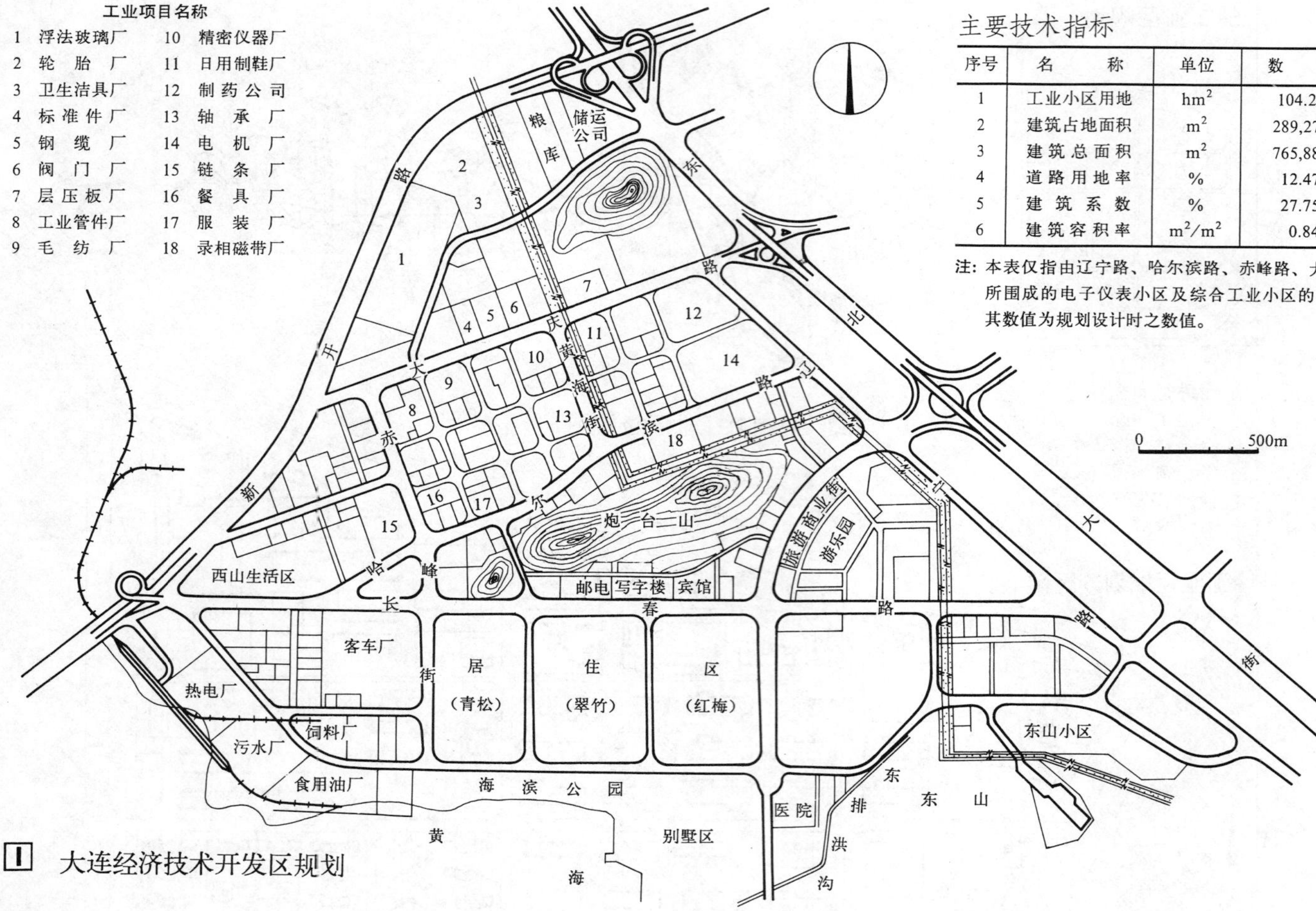

1 大连经济技术开发区规划

工业项目名称

1	标准厂房区	4	地砖厂
2	标准厂房区	5	石材厂
3	台湾工业园	6	铝箔厂

工业区为分期建设第一期工业用地为100hm²，三期完成后工业用地为250hm²。

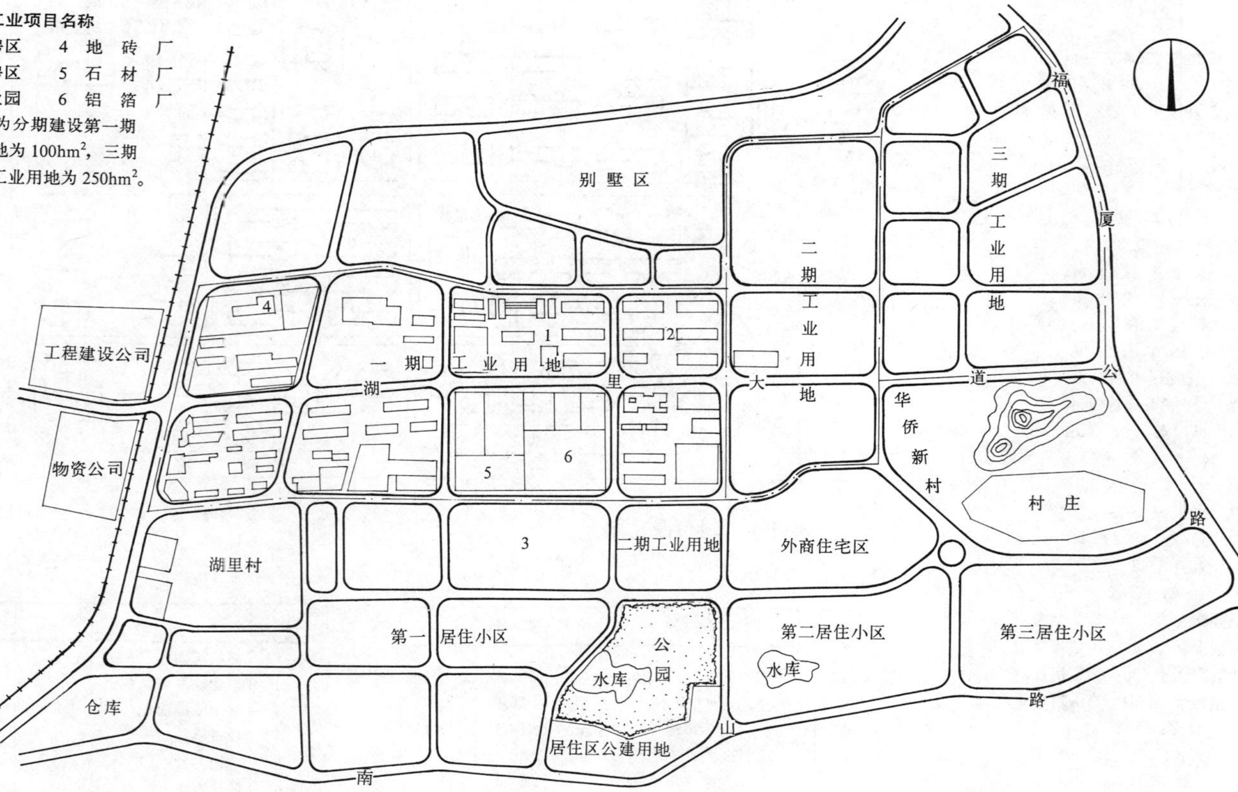

2 厦门湖里工业区规划

实例[4] 开发式工业小区

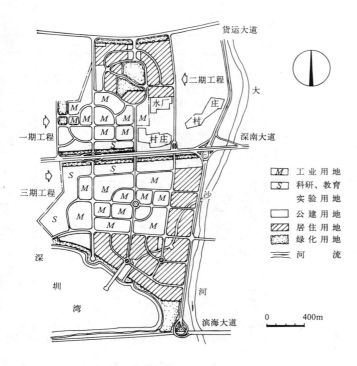

a 深圳科技工业园总体规划

科技工业园二期工程用地平衡表

表1

序号	名称	单位	数量	百分比
1	规划用地	hm²	87.90	100
2	其中：工业用地	hm²	28.27	32.2
3	科研、实验用地	hm²	2.52	2.9
4	居住用地	hm²	20.22	23
5	公建用地	hm²	4.71	5.3
6	绿化用地	hm²	13.42	15.3
7	道路、广场用地	hm²	18.76	21.3

b 深圳科技工业园二期工程详细规划

科技工业园二期工程技术指标

表2

序号	项目	单位	数量	说明
1	建筑面积毛密度	m²/m²	0.83	总建筑面积/规划用地
2	工业建筑面积净密度	m²/hm²	10700	工业建筑面积/工业用地
3	居住建筑面积净密度	m²/hm²	16300	居住建筑面积/居住用地

1 深圳科技工业园规划

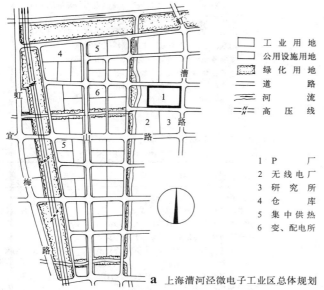

a 上海漕河泾微电子工业区总体规划

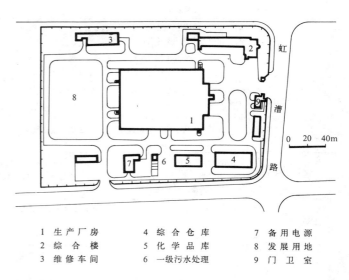

b P厂总平面布置图（专业工厂）

1 生产厂房　4 综合仓库　7 备用电源
2 综合楼　　5 化学品库　8 发展用地
3 维修车间　6 一级污水处理　9 门卫室

2 上海漕河泾微电子工业区规划

厂址选择[1] 基本原则与要求

厂址选择的基本原则与要求

厂址选择是一项包括政治、经济、技术的综合性工作，必须贯彻国家建设的各项方针政策，多方案比较论证，选出投资省、建设快、运营费低、具有最佳经济效益、环境效益和社会效益的厂址。

基本原则

一、符合所在地区、城市、乡镇总体规划布局。

二、节约用地，不占用良田及经济效益高的土地，并符合国家现行土地管理、环境保护、水土保持等法规有关规定。

三、有利于保护环境与景观，尽量远离风景游览区和自然保护区，不污染水源，有利于三废处理，并符合现行环境保护法规规定。

厂址选择的要求

项 目	要 求
原料、燃料及产品销售	1.接近原料产地及产品销售地区，运输方便 2.燃料质量符合要求，保证供应
面 积	1.厂区用地面积应满足生产工艺和运输要求，并预留扩建用地 2.有废料、废渣的工厂，其堆放废料、废渣所需面积应满足工厂服务年限的要求 3.居住用地应根据工厂规模及定员，按国家、省、市所规定的定额，计算所需面积 4.施工用地应根据工厂建设规模、施工人数、临建安排等因素考虑
外形与地形	1.外形应尽可能简单，如为矩形场地长宽比一般控制在1:1.5之内，较经济合理 2.地形应有利于车间布置、运输联系及场地排水；一般情况下，自然地形坡度不大于5‰，丘陵坡地不大于40‰，山区建厂不超过60‰为宜
气 象	1.考虑高温、高湿、云雾、风砂和雷击地区对生产的不良影响 2.考虑冰冻线对建筑物基础和地下管线敷设的影响
水文地质	1.地下水位最好低于地下室和地下构筑物的深度；地下水对建筑基础最好无侵蚀性 2.了解蓄水层水量
工程地质	1.应避开发震断层和基本烈度高于九度地震区，泥石流、滑坡、流砂、溶洞等地段，以及较厚的三级自重湿陷性黄土、新堆积黄土、一级膨胀土等地质恶劣区 2.应避开具有开采价值的矿藏区、采空区，以及古井、古墓、坑穴密集的地区 3.场地地基承载力一般应不低于0.1MPa
交通运输	1.根据工厂货运量、物料性质、外部运输条件、运输距离等因素合理确定采用的运输方式（铁路、公路、水运、空运） 2.运输路线应最短，方便，工程量小，经济合理
给水排水	1.靠近水源，保证供水的可靠性，并符合生产对水质、水量、水温的要求 2.污水便于排入附近江河或城市下水系统
协 作	应有利于同相邻企业和依托城市（镇）在科技、信息、生产、修理、公用设施、交通运输、综合利用和生活福利等方面的协作
能源供应	1.靠近热电供应地点，所需电力、蒸汽等应有可靠来源 2.自备锅炉房和煤气站时，宜靠近燃料供应地；煤气应符合要求，并备有贮灰场地
居 住 区	1.要有足够的用地面积和良好的卫生条件，有危害性的工厂应位于居住区夏季最小风向频率的下风侧并要有一定的防护地带 2.配合城市建设，宜靠近现有城市，以便利用城市已有的公共设施 3.靠近工厂，职工上下班步行不宜超过30min，高原与高寒地区步行不宜超过15~20min
施工条件	1.了解当地及外来建筑材料的供应情况、产量、价格，尽可能利用当地的建筑材料 2.了解施工期间的水、电、劳动力的供应条件，以及当地施工技术力量、技术水平、建筑机械数量、最大起重能力等
安全防护	1.工厂与工厂之间，工厂与居住区之间，必须满足现行安全、卫生、环保各项有关规定 2.必须满足人防对水、电源的一定要求
其 它	1.厂址地下如有古墓遗址或地上有古代建筑物、文物时应征得有关部门的处理意见和同意建厂文件 2.避免将厂址选择在建筑物密集、高压输电线路与工程管道通过地区，以减少拆迁 3.在基本烈度高于七度地区建厂时，应选择对抗震有利的土壤分布区建厂 4.厂址不应选择在不能确保安全的水库下游与防洪堤附近

选厂用资料内容

序号	资 料 内 容
	选 厂 指 标
1	厂址占地面积分别列出生产区、仓库区、废料场及生活区占地
2	全厂总建筑面积
3	全厂总建筑体积
4	全厂职工总人数，最大工作班的职工人数
5	货物年运输量，运入和运出的数量
6	各种主要原料、燃料与材料的消耗量
7	废料年排出总量
8	需用电力及第二(备用)电源用电量及电压等
9	最大及平均生产用蒸气量、压力、温度等
10	采暖用蒸气量
11	生产、消防及生活用水量
12	生产污水排水量
13	煤气、氧气、乙炔等需用量
14	生活区人口总数，单身与家属的人口数
15	生活区总建筑面积，单身、家属宿舍及公共福利设施建筑面积
16	生活区水、电、蒸汽等需用量
	其 它 资 料
1	生产性质对厂址的特殊要求
2	生产协作项目及条件
3	全厂总平面布置草图包括各车间组成、外形、面积及厂内外运输方式
4	大型或重型产品、设备的最大重量和外形尺寸
5	建筑物、构筑物、水、电、蒸气等的特殊要求
6	施工期间对主要建筑材料、水、电等需用量
7	工厂如准备发展时应列出远期发展数据

选厂报告

基本内容

1. 厂址选择的依据和建设地区概况以及选厂过程
2. 选厂标准
3. 厂址方案比较：
   ①主要技术条件比较：厂址位置，厂区面积，外形、地势和坡度，总图布置条件（风向、日照等），地质条件（土壤、地下水、地基承载力等），土石方工程量，厂址现使用情况，现有建构筑物情况，所有权、拆迁及赔偿数量，交通运输条件，与城市规划的关系和影响，对大气、河流、居民点等的影响，以及外部环境对本厂的影响，与邻近企业协作可能性，施工条件等
   ②基建费比较：区域开拓费（土石方工程与场地平整、拆除原有建构筑物，迁移费、购置土地、青苗赔偿等），厂外铁路道路工程，给水、排水、动力工程，居住及文化福利设施，施工用水、电、临时住房、临时线路等
   ③经营费比较：原燃料及成品运输和装卸费，供排水设施，供电设施，排污排渣设施等费用
4. 对各个厂址方案的综合分析和结论
5. 当地领导部门对厂址的意见
6. 附件：
   ①各项协议文件
   ②厂址区域位置图，比例尺1:5000~1:10000
   ③厂区总平面布置草图，比例尺1:500~1:2000

环境影响报告

基本内容

1. 建设项目的一般情况：产品、主要工艺、三废种类、排放量和排放方式、三废回收、综合利用、污染物处理设施与主要工艺
2. 建设项目所在地周围环境：厂址区域位置图
3. 建设项目对周围地区环境影响：对地质、气象、水文、自然资源、自然保护区、工矿企业、居民区等的影响
4. 建设项目环境保护可行性技术经济论证的结论意见：所选厂址对环境的影响，能否建厂或允许建厂的规模，项目建成后环境影响存在主要问题与解决措施，当地环保部门对建厂意见与书面协议

基础资料收集提纲

项目	要　　　求
地形	1. 地理位置地形图：比例尺 1：25000 或 1：50000 2. 区域位置地形图：比例尺 1：5000 或 1：10000 等高线间距为 1～5m 3. 厂址地形图：比例尺 1：500，1：1000 或 1：2000 等高线间距 0.25～1m 4. 厂外工程地形图：厂外铁路；道路；供水；排水管线；热力管线；输电线路；原料，成品输送廊道等带状地形图，比例尺 1：500～1：2000
气象	**气温和温度** 1. 各年逐月平均最高、最低及平均气温 2. 各年逐月极端最高、最低气温 3. 最热月的最高干球与湿球温度 4. 各年逐月平均最大最小相对湿度和绝对湿度 5. 严寒期日数（温度在-10℃以下时期） 6. 采暖期日数（温度在+5℃以下时期） 7. 不采暖地区连续最冷 5 天的平均温度 8. 冬季第一天结冻和春季最后一天解冻的日期 9. 历年一般及最大冻土深度 10. 土壤深度在 0.7～1m 处的最热月平均温度 11. 最热月份 13 时平均温度及相对湿度 **降水量** 1. 当地采用的雨量计算公式 2. 历年和逐月的平均、最大、最小降雨量 3. 一昼夜、一小时、十分钟最大强度降雨量 4. 一次暴雨持续时间及其最大雨量以及连续最长降雨天数 5. 初、终雪日期，积雪日期，积雪深度，积雪密度 **风** 1. 历年各风向频率（全年、夏季、冬季），静风频率，风玫瑰图 2. 历年的年、季、月平均及最大风速、风力 3. 风的特殊情况，风暴、大风情况及其原因，山区小气候风向变化情况 **云雾及日照** 1. 历年来的全年晴天及阴天日数 2. 逐月阴天的平均、最多、最少日数及雾天日数 **气压** 1. 历年逐月最高、最低平均气压 2. 历年最热三个月平均气压的平均值
地面水	**河流** 1. 各年逐月一遇最大、最小、平均流量及相应水位 2. 各年逐月最大、最小平均含砂量及输砂率、泥砂颗粒级配 3. 各年逐月最高、最低平均水温 4. 实测或调查的最高洪水位，百年、五十年一遇洪水位，洪水淹没范围，河道冲淤变化及最大漂浮物 5. 河床稳定性，河床、河岸变迁情况（冲刷、崩塌、冲积）以及河床特征（泥底、砂底或石底），河床深度及其断面，流速与水流方向 6. 河流上下游 10～15km 环境卫生情况（人口密度、工厂类别、污水量、污水性质、河水污染情况、取水构筑物的分布等） 7. 有关部门对计划取水、排水地点的协议与批准文件 **水库** 1. 水库主要技术经济指标，水位（正常蓄水位、死水位、设计洪水位、校核洪水位等），库容（总库容、死库容、有效库容），灌溉面积 2. 水库调节功能，其它工业用水要求 **滨海** 1. 历史最高、最低潮水位，最大波浪高，近岸海流资料（实测取得） 2. 涨落潮时水域内泥砂运动数量，方向漂带，波浪破碎带的范围 3. 泥砂颗粒级配及天然容重，海岸变迁情况，水温情况等

项目	要　　　求
地下水	**深井水** 1. 水井或钻孔位置、标高，水文地质剖面图及涌水量，静止水位标高，钻孔不同下降时的单位流量 2. 蓄水层特征和水量，水流方向 3. 水的物理、化学和细菌分析，全年水温情况 4. 水井或钻孔的影响半径和渗透系数 5. 专门机关的结论 **泉水** 1. 泉水性质、成因，最大、最小流量，泉水出露标高，全年水位变化 2. 泉水位置分布，水的物理、化学和细菌分析，全年水温情况 3. 专门机关结论
给排水	**给水** 1. 地面水、地下水见地面水、地下水要求部分 2. 城市上水道供水时： ① 城市管网布置与供水可靠性 ② 连接点的管径、座标、标高和保证压力 ③ 水的物理、化学和细菌分析，全年水温状况 ④ 供水方式，水价，有关部门协议 **排水** 1. 排入污水的容水体除见地面水要求部分外尚需下列资料： ① 容水体稀释能力，污水排入适合性 ② 环保部门对排入污水地点及处理程度的意见 ③ 利用污水灌溉及其它用途情况 2. 排入城市下水道时： ① 了解城市下水系统，可能连接地点具体座标、标高 ② 连接点管道埋深、管径、坡度，允许排入下水道的水量 ③ 粪便污水的处理方式，排入下水道内要求污水净化程度
交通运输	**铁路** 1. 邻近的铁路线，车站位置，至厂区的距离，车站机务设施，运输组织，通讯信号和养护分工 2. 可能接轨地点的座标、标高（所属系统和换算） 3. 铁路部门对设计线路的技术条件（最小曲线半径、限制坡度和道岔型号等）的规定及协议文件 4. 运输重型、大型设备及产品应了解所经过的桥梁等级和隧道大小 5. 企业接轨后是否引起车站改建或扩建 **公路** 1. 邻近公路等级、路面、路基宽度、路面结构、最大坡度、最小半径，桥梁等级，防洪标准，隧道尺寸，行车密度，冬雨季通车情况，发展与改建计划等 2. 进厂道路连接位置、里程、标高，专用线走向，沿线地形、地质、占地，筑路材料来源 3. 当地公路路面结构，桥涵习惯作法及造价 **水运** 1. 通航河流系统，通航里程，航道宽度、深度，通航最大船只吨位与吃水深度，航运价格，通航时间，枯水期通航情况，航运发展规划 2. 现有码头地点，装卸设施能力，码头利用可能性 3. 可建码头地点及地形，地物等有关资料 **空运** 客货运量、运价，机场位置与工厂距离
矿藏	1. 建厂附近矿藏分布及蕴藏量 2. 矿物特征及其化学分析 3. 矿层深度，剥离层厚度，掘进深度 4. 开采地点，开采情况及其与工厂间距离和运输条件 5. 供给工厂使用的可能性

厂址选择 [3] 基础资料搜集提纲

基础资料收集提纲

项目	要　　　求
地　质	**区 域 地 质** 1.建厂地区地质图、剖面图、柱状图，地质构造及新构造运动的活动迹象，对建厂的稳定性及适宜性作出评价 2.地貌类型，地质构造，地层的成因及年代等 **工 程 地 质** 1.厂区土壤类别、性质，地基土壤容许承载力，土层冻结深度等 2.物理地质现象，如滑坡、岩溶、沉陷、崩塌等调查观测资料，人为的地表破坏现象，地下古墓，人工边坡变形等；进行必要的野外勘探工作 **地 震 地 质** 1.建厂区地震基本烈度 2.历史地震资料，震速，震源 3.厂址附近断裂构造等 **水 文 地 质** 1.建厂区水文地质构造，地下水主要类型、特征，蓄水层厚度、流向流量，地下水补给条件及变化规律，水井涌水量，抽水试验资料，开采储量评价 2.水质分析资料，地下水对建筑物基础的侵触性
供　电	1.供电电源位置及其与厂区的距离 2.可能供电量，供电电压，电源回路数（专用或带有其它负荷） 3.线路敷设方式（架空或电缆）及其长度 4.最低功率因数要求 5.电源馈电线的短路容量及系统阻抗 6.单相短路电容电流值 7.对工厂继电保护及整定时间的要求 8.厂外输电线路设计、施工分工 9.计费方式与电价 10.供电部门协议条件
电　信	1.厂区附近已有电话、电报、转播站、各种讯号设备情况，利用已有设备的可能性 2.线路敷设方式（架空或电缆） 3.电话系统的型式 4.电信部门的协议文件
能源供应	**热　力** 1.可能供给的热源及其热煤参数，热量 2.接管点的座标、标高、管径及其至厂区的距离 3.热力供应价格 **煤　气** 1.可能供应的煤气量、压力、发热量及其化学分析 2.供应地点至厂区的距离，接管点标高、座标 3.煤气供应价格 **压缩空气、氧气、乙炔及其它气体** 1.供应来源及其至厂区的距离 2.气体的特性、供应方式及供应能力 3.气体供应价格
原料燃料供应	1.主要原料、燃料及其来源 2.原料、燃料供应距离，输送方式，价格，供应量
施工条件	1.施工场地的可能位置，面积大小，地形、地物等情况 2.地方建筑材料、砖、瓦、灰、砂、石产量，混凝土制品产量、规格 3.现有铁路、公路、水运及通讯设施的情况及利用的可能性 4.当地现有的施工技术力量及技术水平，建筑机械数量，最大起重能力预制构件和预应力构件等制做能力 5.劳动力来源、人数及生活安排 6.施工用水、用电、用地可提供的地点、距离、数量可靠性

项目	要　　　求
邻　近　地　区　概　况	**工业布局与城镇规划** 1.邻近企业现有状况、名称、所属单位、规模、产品、职工人数等 2.邻近企业改建、扩建及发展规划情况 3.各企业相对位置包括本厂厂址 4.现有企业与本厂在生产等方面协作的可能性 5.三废有害情况及治理措施，特别是厂址附近有无毒害气体 **居民点与居住建筑** 1.居民点的位置，现有居住面积定额，人口和主要职业 2.建筑特点 **文化福利设施** 1.现有文化福利设施的数量、位置、面积 2.发展规划及利用的可能性 **市政工程设施** 1.现有市政设施状况和发展计划 2.消防设施的情况 **农　业** 1.粮食与经济作物种类，种植面积，土地数量 2.农业人口，人均亩数，产量，平均亩产量 3.农田水利情况，灌溉设施，用水量，农业收入，农产品加工情况，副业产品产量乡镇企业状况 4.农业用电情况，农业发展规划 5.利用污水作为灌溉、养鱼或其它用途的可能性 **土 地 利 用 情 况** 1.城乡行政区划，居住用地，公共绿地，交通运输用地，仓库用地，文教卫生用地 2.水面及不宜修建地区（沼泽地等）农田、菜地等面积及范围 **搬 迁 工 程** 1.厂址范围内土地分属镇乡村名称及数量，建构筑物类型及数量，高低压输电线路、通讯线路、坟墓、渠道、果木、树林等数量 2.拆除与搬迁条件，赔偿费用估算等
环保	**环 境 保 护** 1.当地环保部门对建厂有何要求及对厂址的意见 2.地区本底浓度情况（必要时应进行测量，包括陆域和水域） 3.邻近地区有何特殊要求，如经济作物、水产物，对生态的影响等 4.邻近企业生产有何污染及三废治理情况 5.当地大气中有无逆温层，以及其高度、厚度（必要时实测） **文 物 古 迹** 1.本地区文物情况及保护范围 2.当地文物部门对在附近建厂有何要求，并应取得同意建厂的书面意见 **自 然 保 护** 1.本地区动、植物自然保护区情况及保护区范围 2.对在保护区附近建厂的意见与要求
人防	**人　防** 1.当地人防部门对建厂的意见和要求
其它	**其　它** 1.建厂地区有何特殊建（构）筑物，如机场、电台、电视转播、雷达导航、天文观察以及重要军事设施等 2.上述特殊建（构）筑物与厂址相对关系，相互有无影响 3.建厂地区地方病情况 4.在少数民族地区建厂时，少数民族的风俗习惯 5.对建厂有何意见与要求

改扩建厂基础资料搜集提纲

现有工厂进行改建、扩建时应进行下列工作：

一、了解该厂的简况，如建厂时间、产品、产量、工厂组成、各车间生产性质、面积、工作制度、劳动组织、设备和人员配备，与其它企业协作情况等。

二、了解工厂改建或扩建内容以及当地规划、环保、消防等部门对工厂改建或扩建的意见。

三、当地土地管理部门对工厂改建、扩建所需用地范围的批准文件。

四、对工厂现状进行调查，了解厂内建筑物、构筑物、设备等的生产现状、使用情况和改建、扩建的可能性。

五、搜集与改建或扩建有关的全部原始资料与原有设计图纸与文件，如图纸、资料缺乏或与现状不符时，则需重新进行测量与搜集。

基础资料搜集提纲

项目	要　　求
总图运输	1.区域位置图：工厂位置，厂区四至，厂区与居住区间距离，厂内各种管线和交通道路与厂外的连接情况，废料场的位置，污水处理场的位置等 2.总平面布置图：生产工艺流程，建筑物布置，交通运输线路布置的情况，建筑系数，铁路和道路横断面等 3.竖向布置图：厂内所有建筑物、构筑物、道路、铁路、各种场地标高，以及全厂地现有排水情况 4.管道综合图：厂内所有管道的座标、标高、管径、管材；与城市管线系统连接点的位置 5.扩建场地地形图：比例尺要求与原有总平面布置图比例尺要求相同 6.本厂所用座标、标高系统及其与城市座标、标高系统的关系 7.汽车、电瓶车、消防车、机车等车库的设备布置图及其工艺设备的情况，人员编制，工作制度 8.仓库建筑面积、结构、起重运输设备的情况，库内储存材料的品种数量，储存面积和高度，储存方法和储存时间
土建	1.车间的建筑布置图：说明车间面积的利用情况，吊车数量及载重，现有建筑物改建和扩建的可能性 2.车间的结构情况，各结构部分有无腐损现象，车间主要结构部分的计算书 3.车间内地下构筑物的调查 4.车间内生活用房和厂内辅助建筑物的现状和使用情况 5.各车间生产类别以及耐火等级等 6.扩建场地的土壤地基承载力，地下水深度，水的物理、化学和细菌分析，对建筑物基础有无腐蚀性等
供电电讯	**供　电** 1.原有的主要电力系统图，与厂外电源连接的说明，短路电流及接地电流的资料，计费方式与电价 2.原有用电设备的安装容量和负荷情况 3.各车间电气设备的性质及情况，设备安装容易 4.厂房照明系统的情况 5.厂区供电系统（架空或电缆）及变电所位置总平面图：注明高低压线路，电缆截面面积和电缆沟截面尺寸，敷设方法等 6.变电所平、剖面图及设备规格 7.改建或扩建用电量取得供电部门的同意文件 **电　讯** 1.原有电讯设备的情况 2.原有电讯线路的特性，敷设方法，材料和现状 3.电话总机房及其它电讯设备的房屋的平、剖面图 4.电讯线路总平面图：注明电讯网的位置
给水排水	1.厂区给水、排水管网平面布置图：注明给水、排水的管道，建（构）筑物，管径，管材，消火栓、阀门井、下水井等位置 2.厂区给水、排水管网纵断面图：注明坡度、埋深、标高等 3.车间内给水、排水管道布置图：注明车间内给水、排水、热水管路的位置，安装高度或埋深、坡度、管径、管材及配件 4.给水水源（地面水、地下水或城市上水）的情况 5.生产、生活、消防、绿化用水量 6.厂内给水系统和现有给水建（构）筑物的情况及设备规格 7.各车间生产废水的特性，排水量，是否需要处理以及排放方法 8.污水、雨水排放地点的情况 9.厂内排水系统和现有排水构筑物的情况及设备规格
暖通	1.现有的采暖通风设备数量、型号、规格、特性的情况 2.现有采暖通风管道系统，敷设型式，管径，空气量，冷热负荷等 3.车间内采暖通风设备及管道布置图：注明热力管道的入口以及设备的布置位置等
动力供应	**热　力** 1.热源、热煤介质（水、蒸汽）和热煤参数（温度、压力） 2.现有的主要供应系统及热负荷量，采暖通风和生产用蒸气每小时平均和最大耗热量和所用气压 3.锅炉房的建筑、结构和设备布置图以及扩建可能性 4.燃料供应情况 5.热力管沟总平面图：注明管沟的位置、坡度、标高、管径、伸缩节的型式、地沟的构造等，并附有管路纵断面图 6.车间内热力管道布置图：注明管道位置、标高、管径 **压缩空气** 1.现有的供应系统及其负荷情况 2.压缩空气站的建筑、结构和设备布置图以及扩建可能性 3.现有冷却水供应情况 4.压缩空气管道总平面图：注明管道位置、管径、敷设方法、使用情况和现状 5.车间内压缩空气管道布置图：注明管道位置、管径 **煤　气** 1.现有供应系统，负荷情况及煤气特性 2.煤气站的建筑、结构和设备布置图 3.燃料供应，发生炉冷却水供应和现有构筑物等情况 4.煤气管道总平面图：注明管道的位置、管径、敷设方法、使用情况和现状 5.车间内煤气管道布置图：注明管道位置、标高、管径
其它	**废渣（料）堆场** 1.现有废渣（料）场的位置（距工厂、居住区的距离、方位等） 2.现有废渣（料）场的容量，可使用年限 3.废渣（料）的运输与堆排方式 4.可能的新废渣（料）堆场的位置、容量，可使用年限 **污水处理场** 1.现有污水处理场的位置（距工厂、居住区的距离、方位等） 2.现有污水处理场的处理量、处理水平，是否达到排放标准 3.扩建可能性 **居住区** 1.现有居住区的位置，距工厂的距离、方位等 2.现有居住区住宅建筑现状，建筑型式，居民人数及每人的居住面积 3.文化福利公共建筑的现状，建筑型式，容纳量及使用情况 4.扩建可能性 **绿　化** 1.当地规划、环保、卫生部门对绿化定额与卫生防护林带的要求 2.当地绿化用树种、花卉

总平面及运输[1] 基本要求·节约用地

总平面布置的基本要求

总平面布置，应在城市规划、工业区规划和总体布置的基础上，根据生产流程、防火、安全、卫生、施工等要求，结合内外部运输条件、场地地形、地质、气象条件、建设程序以及远期发展等因素，经技术经济综合比较确定。

	项 目		对总平面布置的要求
外部条件	城市规划及基础设施	城市、工业区规划、总体布置 城市面貌、场地四周环境 地区工业基础、市政基础设施	必须符合规划或总体布置要求，确有困难时可协商解决 要使建筑群体布置及空间组合与环境相适应，有利于改善城市景观 尽量协作，减少投资，提高社会和经济效益、促进地区发展
	场地自然条件	地形、地势 气象条件 工程地质 水文条件 各种自然灾害（地震、泥石流等）	因地制宜，充分利用地形，尽可能减少土石方工程量和工程构筑物 使建、构筑物有良好的采光和自然通风条件 对不良工程地质应采取防范措施或回避的办法。对山区建设更应注意，不使人为地造成恶化工程地质的后果 根据江、河、湖、海的洪水位或潮位，以及建、构筑物对地下水位的要求来确定场地标高。当筑堤防洪时，应注意内涝水的影响 应采取切实有效的各种防灾措施
生产使用功能	生产联系和动力供应	生产工艺流程 建、构筑物的布置 运输方式的选择和运输线路布置 动力供应及各种工程管线	必须满足生产工艺流程要求，使物流线路短捷，运输总量最少 在符合各种防护间距的要求下，合理地紧凑布置 方式选择合理，线路布置要顺畅且内外适应，尽量避免人货交叉[1] 靠近最大用户或负荷中心，管线布置要短捷，尽量避免相互交叉
	环境保护及防护要求	环境保护、绿化布置 有害物的影响（气体、烟尘、废渣） 防护要求（火灾、爆炸、振动、噪音、辐射、电磁波等）	尽可能减少或消除有害物对环境的影响，对场地应进行充分的绿化 采取措施和利用风向避免有害物对其它建、构筑物及环境的影响 严格按照各种规范规定的要求，设置防护间距。必要时应对场地进行实测，并采取相应的有效措施
	工厂发展	发展用地预留方式 远期生产发展	发展用地尽可能留在厂外，但对各种动力设施应留有发展的余地 要合理保留一定的余地，避免生产发展时造成困难
	建设条件	施工条件 建设程序	结合当地施工条件，为施工创造有利条件 近期应相对集中，并按主次，按期次配套建设

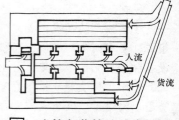

1 人流与货流线路布置图

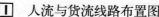

a 预留地在厂外

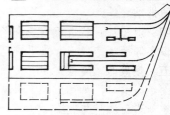

b 预留地在厂内

2 预留地的方式

节约用地的措施

一、合理预留发展用地，远期扩建用地尽可能预留在厂外，当有充分依据时方可在场地内预留扩建用地。[2]

二、正确确定通道宽度和管线之间的间距。

三、合理组合建筑物，发展联合厂房。[3]

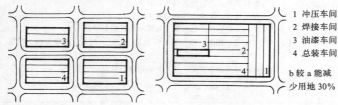

1 冲压车间
2 焊接车间
3 油漆车间
4 总装车间
b较a能减少用地30%

a 建筑物分散布置　　**b** 建筑物联合布置

3 建筑物布置

四、开拓空间、建多层厂房和仓库。

五、生产和辅助生产设施、公用和公共设施进行协作和社会化。

六、避免不规则的建筑外形。[4]

七、建综合管沟或综合管架。

八、进行综合利用，减少废料堆场。

九、合理选择运输方式，尽量减少铁路运输以及被铁路线切割而难以利用的不规则地段。

十、对坡度较大的场地，应尽量减少台阶或土坡的占地。

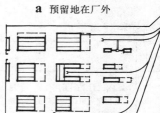

损失面积

4 不规则的建筑外形

技术经济指标

一、厂区占地面积（hm²）　　二、建筑物、构筑物占地面积（m²）
三、建筑系数（%）　　四、铁路长度（km）
五、道路、广场、人行道占地面积（m²）　　六、工程管线占地面积（m²）
七、场地利用系数（%）　　八、绿化用地面积（m²）
九、绿化用地率（%）　　十、土石方工程量（m³）

$$建筑系数 = \frac{J+S+C}{Z} \times 100\%$$

$$场地利用系数 = \frac{J+S+C+T+D+G}{Z} \times 100\%$$

式中：
Z——厂区占地面积
J——建筑物、构筑物占地面积
S——露天设备占地面积（按设备基础外缘加1.2m）
C——固定的堆场及操作场占地面积（按堆场或操作场边缘计算）
T——铁路占地面积（按线路长度×5m）
D——道路、广场、人行道占地面积（按实际面积计算）
G——工程管线占地面积（地下管道按管径加1m；管沟按外壁宽度加0.5m；电缆按敷设宽度；电杆及单柱管架按0.5m；管墩按宽度加1m）

通道宽度（单位：m）

厂区占地面积 (hm²)	通道宽度	
	主 要 通 道	一 般 通 道
≤10	18～27	12～24
11～30	24～33	15～30
31～60	30～42	18～36
61～100	36～54	24～42
101～300	48～60	30～48
>300	60～75	42～51

注：①通道是指设有交通线路及工程管线的建、构筑物界线间的距离。
②通道宽度不应小于通道两侧最高建筑物高度，但当通道长度<20m的地段，可不受此限。
③当通道内布置管线、铁路多，设有台阶或绿化设施等及其它特殊要求时，通道宽度可适当加大。
④当通道内铁路、道路、管线较少，或扩建、改建工程场地受限制时，可取低值；反之宜取高值。

防护间距 [2] 总平面及运输

石油库与居住区、工矿企业等的安全距离（单位：m） 表1

序号	名 称	石油库等级		
		一级 50000m³ 及以上	二级 10000~ 50000m³	三、四级 500~ 10000m³
1	居住区及公共建筑	100	90	80
2	工矿企业	80	70	60
3	国家铁路线	80	70	60
4	工业企业铁路线	35	30	25
5	公路	25	20	15
6	国家一、二级架空通信线路	40	40	40
7	架空电力线路和不属于国家一、二级的架空通信线路	1.5倍杆高	1.5倍杆高	1.5倍杆高
8	爆破作业地（如采石场）	300	300	300

注：①序号1~7的距离，应从石油库的油罐区或装卸区算起，有防火堤的油罐区应从防火堤中心线算起，无防火堤的地下油罐区应从油罐壁算起。装卸区应从建筑物或构筑物算起。序号8的距离应从石油库围墙算起。
②对于三、四级石油库，当单罐容量不大于1000m³时，序号1、2的距离可减少25%；当石油库仅贮存丙类油品时，序号1、2、5的距离可减少25%。
③居住区包括石油库的生活区。四级石油库的生活区可建在石油库行政管理区内，并不受本表距离的限制。
④对于电压35kV以上的电力线路，序号7的距离除应满足本表要求外，且不应<30m。

生产厂与居住区之间的卫生防护距离（单位：m） 表2

厂 名	产 量	风速（m/s）		
		<2	2-4	>4
炼 铁 厂		1400	1200	1000
焦 化 厂		1400	1000	800
铜冶炼厂（密闭鼓风炉型）		1000	800	600
硫酸盐造纸厂、钙镁磷肥厂		1000	800	600
硫 酸		600	600	600
氯 丁 橡 胶 厂		2000	1600	1200
聚氯乙烯树脂厂	<10000t/d	1000	800	600
	≥10000t/d	1200	1000	800
小 型 氮 肥 厂	25000t/d	1200	1000	600
	≥25000t/d	1600	1000	800
铅 蓄 电 池 厂	<100000kVA	600	400	300
	≥100000kVA	800	500	400

注：①卫生距离系指产生有害因素部门（车间或工段）的边界至居住区边界的最小距离。
②与居住区的位置，应考虑风向频率及地形等因素尽量减少其对大气环境的污染。
③风速为按其所在地区近五年的平均风速。

金属矿山采空塌陷（错动）区地表界限与建、构筑物的安全防护距离（单位：m） 表3

防护等级	名 称	安全防护距离
Ⅰ	高压输电铁塔，矿区总变电所，立交桥，大型洗选厂，钢筋混凝土框架结构，设有桥式吊车的工业厂房，铁路矿仓，机修厂等较重要的大型工业建、构筑物，办公楼，医院，学校，三层以上住宅楼，输水干管，架空索道，工业场地，国家Ⅰ、Ⅱ、Ⅲ级铁路	20
Ⅱ	无吊车设备的砖木结构工业厂房，砖瓦平房或长度小于20m的两层楼房，村庄民房，农村木排架结构房屋，简易仓库，临时性建、构筑物，工矿企业专用铁路	10

注：安全防护距离：建、构筑物由最近边缘算起；铁路路堑（堤）由最外侧工程设施边缘算起；工业场地由厂（场）区边缘或围墙中心线算起。

围墙至建、构筑物等的最小距离（单位：m） 表4

围 墙 至	最 小 距 离
一般建、构筑物外墙	3.0
厂房、库房	5.0
道路路面或路肩边缘	1.0
准轨铁路中心线	5.0
窄轨铁路中心线	3.5
排水沟边缘	1.5

注：①传达、警卫室与围墙距离不限。
②有通行消防车要求时，应沿围墙设宽度≥6m的平坦空地。
③在困难条件下，厂房距围墙≥3m。

氧气站空分设备吸风口与乙炔站及电石渣堆之间的最小水平间距（单位：m） 表5

乙炔站安装容量（标准m³/h）		制氧工艺种类	
		硅胶、铝胶吸附干燥	分子筛吸附净化
水入电石式	≤10	100	50
	>10 <30	200	
	≥30	300	
电石入水式	≤30	100	50
	>30 <90	200	
	≥90	300	

注：①水平间距应按吸风口与乙炔站或电石渣相邻面外壁或边缘的最近距离计算。
②单机制氧量大于300标准m³/h的，可参照采用。

压缩空气站与有害物散发源的间距（单位：m） 表6

有害物散发源名称	与风向关系	水平间距
散发乙炔、煤气场所	任意风向	不得小于20
排放粉尘的烟囱和排放管	在最小风频下风侧	不宜小于50
散发粉尘场所	不利风向	不宜小于50

注：①如受条件限制，压缩空气站与烟囱和排放管的间距不能满足表列要求时，应加强空气压缩机的吸气过滤措施。
②当压缩空气站在散发粉尘场所最小风频的下风侧或加强空气压缩机的吸气过滤措施后，则表列间距可适当缩小。

冷却设施与建、构筑物的防护间距（单位：m） 表7

名 称	机械通风冷却塔	自然通风冷却塔
生产及辅助生产建筑物	25	20
中央试验室、生产控制室	40	30
露天生产装置	30	25
室外变电及配电装置	40/60	30/50
危险品仓库	25	20
露天原、燃料堆场	40	25
厂外铁路中心线	45	25
厂内铁路中心线	25	15
厂外道路边缘	45	25
厂内道路边缘	25	15
厂区围墙	10	10

注：①冬季室外计算采暖温度在0℃以上的地区，冷却设施与室外变电及配电装置的间距，按表列数值减少25%；冬季室外计算采暖温度在-20℃以下的地区，冷却设施与建、构筑物（不包括室外变电及配电装置、露天原、燃料堆场）的间距，按表列数值增加25%。当设计中规定在寒冷季节冷却设施不使用风机时，上述间距不需增加。
②冷却设施与露天变电及配电装置的间距，当室外变电及配电装置在冷却设施冬季盛行风向的下风侧时用大值；在上风侧时用小值。
③单个小型机械通风冷却塔与建、构筑物的间距可适当减少。
④在扩建、改建工程中，冷却设施与建、构筑物的间距可适当减少，但不得超过25%。

总平面及运输[3] 防护间距

相邻建筑物、构筑物之间的防火间距（单位：m）

序号				A	B	C			D	E				F			G				H			
	类别			甲类厂房	乙类厂房库房	丙、丁、戊类厂房库房			高层厂房库房	甲类库房 3、4项		甲类库房 1、2、5、6项		民用建筑			甲、乙类液体贮罐、堆场				丙类液体⑫贮罐、堆场			
	耐火等级或总容积			一、二	一、二	一、二	三	四	一、二					一、二	三	四	甲：闪点<28℃的液体；乙：闪点≥28℃至60℃				丙：闪点≥60℃的液体			
序号	项目			乙炔站、氢气站等	氧气站、空分厂房等	丙：配电室、木工厂房等；丁：锻造、铆焊、铸造、热处理厂房等；戊：金属加工②				硝化棉、金属钾等		汽油、乙炔、氢等		九层及以下的住宅，高度不超过24m的民用建筑，超过24m的单层公共建筑			总贮量（m³）				总贮量（m³）			
										贮量(t)							1~50	51~200	201~1000	1001~5000	5~250	251~1000	1001~5000	5001~25000
										≤5	>5	≤10	>10											
1	甲类厂房		一、二	12	12⑤	12	14	16	13	15	20	12	15	25			25	25	25	32	15/25	19/25	25	32
2	乙类厂房、库房		一、二	12⑤	10	10	12	14	13	15	20	10	12	25			12	15	20	25	12	15	20	25
3	丙、丁、戊类厂房③ 丙、丁、戊类库房	耐火等级	一、二	12	10	10	12	14	13	15	20	10	12	10	12	14	12	15	20	25	12	15	20	25
			三	14	12	12	14	16	15	20	25	12	15	12	14	16	15	20	25	30	15	20	25	30
			四	16	14	14	16	18	17	25	30	14	20	14	16	18	20	25	30	40	20	25	30	40
4	高层厂房、库房		一、二	13	13	13	15	17	13	15	20	13	15	13	15	18	15	20	25	30	15	20	25	30
5	甲类库房	贮量(t) 3、4项	≤5	15		15			15					30			25	25	25	32	15/25	19/25	25	32
			>5	20	20	20	25	30	20					40										
		1、2、5、6项	≤10	12	12	12	12	13	12	20(12)④				25										
			>10	15		15			15					30										
6	民用建筑⑦	耐火等级	一、二	25	25	10	12	14	13	30	40	25	30	6	7	9	25	25	25	32	15/25	19/25	25	32
			三			12	14	15						7	8	10	25	25	32	38	19/25	25	32	38
			四			14	16	18	17					9	10	12	25	32	38	50	25	32	38	50
7	高层民用建筑⑦（一类：十九层及以上住宅、公共建筑。二类：十至十八层住宅、高度不超过50m的公建。）	一类	主体	20	20	15		20	距化学易燃品库：<1t 主体30，附属25；1~5t 主体35，附属30					13	15	18	距甲、乙类液体贮罐：<20m³ 主体35、附属30；20~40m³ 主体40、附属35。				距丙类液体贮罐：<100m³ 主体35、附属30；100~500m³ 主体40、附属35			
			附属	15	15	15		15						6	7	9								
		二类	主体	15	15	15		15						13	15	18								
			附属			13	15	15	13					6	7	9								
8	重要公共建筑			50	50⑥(30)	(同 F-3)				50														
9	室外变、配电站（电压35~500kV且每台变压器容量在10000kVA以上的室外变、配电站）	变压器总油量(t)	5~10			12	15	20						15	20	25		25	30	40	25		30	40	50
			>10~50	25	25	15	20	25		30	40	25	30				25	30	40	50				
			>50			20	25	30						25	30	35								
10	甲、乙类液体贮罐、堆场																⑩				⑩			
11	丙类液体贮罐、堆场																⑩				⑩			
12	可燃气体贮罐																							
13	易燃材料堆场																⑪				⑪			
14	可燃材料堆场																							
15	明火或散发火花的地点			30		30	40	25	30					25	32	38	50	25	32	38	50			
16	铁路	厂外铁路线中心		30⑨	按铁路规范规定					40				按铁路规范规定			35				30				
		厂内铁路线中心		20						30							25				20				
17	道路	厂外道路边缘		15	按道路规范规定					20				按道路规范规定			20				15				
		厂内主要道路边缘		10						10							15				10				
		厂内次要道路边缘		5						5							10				5				

注：①本表根据《建筑设计防火规范》(GBJ16-87)和《高层民用建筑设计防火规范》(GBJ45-82)的有关规定汇总而成。其中有关生产和贮存物品的火灾危险分类，厂房和库房的耐火等级、层数和防火分区最大允许占地面积以及设置防火墙后可减少的防火间距等规定均见上述规范。

②高层厂房、高层库房系指高度超过24m的两层及两层以上的厂房、库房。

③戊类厂房之间的防火间距可按本表序号3-C减少2m。

④甲类物品库房的第3、4项物品贮量不超过2t，第1、2、5、6项物品贮量不超过5t时，其间距可为12m。

⑤乙炔站与氧气站、空分站之间的距离，按"总平面及运输"[2]表5的规定。

⑥乙类物品库房（乙类6项物品除外）与重要公共建筑的防火间距≥30m。

⑦高层民用建筑和民用建筑中的公共建筑，如其用途属于重要公共建筑的性质，其防火间距应按与重要公共建筑的间距规定采用。

⑧汽车加油机、地下油罐与民用建筑之间如设有高度不低于2.2m的非燃烧体围墙隔开，其防火间距可适当减少。

⑨散发比空气轻的可燃气体、可燃蒸气的甲类厂房与电力牵引机车的厂外铁路线的防火间距可减为20m。

⑩一个单位如有几个贮罐区时，贮罐区之间不应小于本表相应贮量贮罐与四级耐火等级建筑物之间的防火间距。

⑪易燃、可燃材料堆场与甲、丙类液体贮罐的防火间距，不应小于本表中相应贮量堆场与四级建筑间距的较大值。

防护间距[4]总平面及运输

I	J				K				L			M						N			O			P		序
汽车加油地下油罐	湿式可燃气体贮藏				干式可燃气体贮藏				湿式氧气贮罐			液化石油气贮罐						易燃材料堆场			可燃材料堆场			煤和焦炭		号
												总容积(m³)						稻草、麦秸芦苇等			木材等					
												≤10	11~30	31~200	201~1000	1001~2500	2501~5000									
总贮量60m³ 单罐20m³（甲类液体）	总容积(m³)				总容积(m³)				总容积(m³)			单罐容积(m³)						总贮量(m³)			总贮量(m³)			总贮量(t)		
	≤1000	1001~10000	10001~50000	>50000	≤1000	1001~10000	10001~50000	>50000	≤1000	1001~50000	>50000	—	≤10	≤50	≤100	≤400	≤1000	10~5000	5001~10000	10001~20000	50~1000	1001~10000	10001~25000	100~5000	>5000	
12																		25	25	32						1
10	12	15	20	25	15	19	25	32	10	12	14	12	18	20	25	30	40	15	20	25	10	15	20	6	8	2
10	12	15	20	25	15	19	25	32	10	12	14	12	18	20	25	30	40	15	20	25	10	15	20	6	8	
12	15	20	25	30	19	25	32	38	12	14	16	15	20	25	30	40	50	20	25	30	15	20	25	8	10	3
14	20	25	30	35	25	32	38	44	14	16	18	20	25	30	40	45	50	25	32	40	25	30	40	10	12	
13									13	14	14	19	25	32												4
	25	30	35	40	32	38	44	50	25	30	35	30	35	45	55	65	75									5
																		25	25	32						
25⑧	25	30	35	40	32	38	44	50	25	30	35	30	35	45	55	65	75	25	32	38						6
																		32	38	50						
	距可燃气体贮罐：<100m³ 主体30 附属25，100~500m³ 主体35 附属30								液化气气化站<20m³	45 40 40 35	液化气气化站20~40m³	50 45 45 40	城市液化气瓶库<10m³	25 20 20 15												7
									距≤10m³的气瓶库不小于25m																	8
	25	30	35	40	32	38	44	50	25	30	35	35	40	50	60	70	80	50								9
	25	30	35	40	32	38	44	50	25	30	35	35	40	50	55	65	75	⑪			⑪					10
	25	30	35	40	32	38	44	50	25	30	35	30	35	45	55	65	65									11
	见有关规定				见有关规定				见有关规定			25	30	35	45	55	65									12
	25	30	35	40	32	38	44	50	25	30	35	35	40	50	55	65	75	25	30	40	25	30	40			13
												20	30	35	45	55	60	25	30	40				⑬		14
25	25	30	35	40	32	38	44	50				35	40	50	60	70	80	32	38	50						15
30	25				25				25			45						30			按铁路规范规定					16
20	20				20				20			35						20									
	15				15				15			25						15			按道路规范规定					17
5	10				10				10			15						10									
	5				5				5			10						5									

⑫ 序号 H 中丙类液体贮罐与建筑物的防火间距采用分子数值；丙类液体堆场与建筑物的防火间距采用分母值。

⑬ 其防火间距不应小于本表相应贮量堆场与四级建筑间距的较大值。

⑭ 室外变、配电构架堆场、贮罐和甲、乙类厂房或库房不宜<25m；距其它建筑物不宜<10m。

⑮ 所属厂房使用的可燃气体贮罐等的防火间距可按如下的规定：
  ⓐ 容积不超过20m³的可燃气体贮罐与所属使用厂房的防火间距不限；
  ⓑ 容积不超过50m³的氧气贮罐与所属使用厂房的防火间距不限；
  ⓒ 设在一、二级耐火等级库房内，且容积不超过3m³的液氧贮罐，与所属使用建筑物的防火间距不应<10m。

⑯ 总容积不超过10m³的工业企业内的液化石油气气化站、混气站贮罐，如设置在专用的独立建筑物内时，其外墙与相邻厂房及其附属设备之间的防火间距，按甲类厂房的防火间距执行。

⑰ 城市液化石油气气瓶库的总贮量不超过10m³时，与建筑物（不包括高层民用建筑）的防火间距（管理室除外），不应<10m；超过10m³时，不应<15m。液化石油气气瓶库与主要道路间距不应<10m，与次要道路不应<5m，距重要公共建筑不应<25m。

⑱ 厂房附设有化学易燃物品的室外设备时，其室外设备外壁与相邻厂房室外附设设备外壁之间的距离，不应<10m。与相邻厂房外墙之间的防火间距，按本表序号 3-C 的规定（非燃烧体的室外设备按一、二级耐火等级建筑确定）。

总平面及运输[5] 防护间距

以振动速度为控制值的防振间距（单位：m）   表1

振源		量级		允许振动速度 mm/s								
		单位	量值	0.05	0.10	0.20	0.50	1.00	1.50	2.00	2.50	3.00
锻锤		t	≤1	145	120	100	75	55	45	35	30	30
			2	215	195	175	150	135	125	115	110	105
			3	230	205	185	160	140	130	120	115	110
落锤		tm	60	140	120	105	85	70	60	55	50	45
			120	145	130	115	90	80	70	60	60	55
			180	150	135	115	95	80	70	65	60	55
活塞式空气压缩机		m³/min	≤10	40	30	25	20	15	10	10	5	5
			20～40	60	40	35	30	20	15	10	5	5
			60～100	100	80	60	50	40	30	20	10	5
透平式空气压缩机	1000m³/min 制氧机	m³/h	55000	90	75	60	50	40	30	25	15	15
	26000m³/min 制氧机		155000	145	125	100	80	60	50	45	35	35
水爆清砂		t/件	2～5	130	110	85	60	45	35	30	25	20
			20	210	185	160	130	105	95	85	80	75
火车	路网铁路	km/h	50左右	140	120	95	70	50	35	30	25	20
	厂内铁路		≤10	90	75	60	40	30	20	15	15	10
			20～30	95	80	65	45	35	20	15	15	10
汽车（沥青路面）	15t 载重汽车		≤10	55	40	30	15	10	5	5	5	5
			20～30	80	60	45	25	15	10	5	5	5
	25t 载重汽车	km/h	35	155	135	115	95	75	65	60	55	50
	35t 载重汽车		30	135	115	100	75	50	50	40	35	35
	80t 牵引汽车		12	145	125	105	80	55	45	40	35	35
汽车（水泥混凝土路面）	15t 载重汽车		≤10	65	50	35	20	10	5	5	5	5
			20～30	90	70	55	40	25	15	15	10

注：① 当采取防振措施时，其防振间距，可不受本表限制。
② 地质条件复杂或有本列振源以外的其它大型振动设备时，其间距应按现行的《动力机器基础设计规范》的公式计算或实测资料确定。
③ 表列数值，系波能量吸收系数为0.04/m的Ⅱ类土壤的防振间距，其它类土壤应按其波能量吸收系数，将表列相应防振间距值乘以土壤换算系数（表2）求得。

土壤波能量吸收系数及换算系数   表2

土壤类别	土壤种类	土壤波能量吸收系数（1/m）	土壤换算系数
Ⅰ	水饱和的细砂、粉砂、砂质亚粘土和砂质粘土	0.03～0.04	1.3～1.0
Ⅱ	潮湿的中砂、粗砂、砂质亚粘土、砂质粘土和粘土	0.04～0.06	1.0～0.8
Ⅲ	微湿和干燥的砂质亚粘土、砂质粘土和粘土	0.06～0.10	0.8～0.6

精密仪器、设备的允许振动速度与频率及允许振幅之间的关系（单位：μ）   表3

精密仪器、设备允许振动速度(mm/s)	频率(Hz)							
	5	10	15	20	25	30	35	40
0.05	1.60	0.80	0.53	0.40	0.32	0.27	0.23	0.20
0.10	3.18	1.59	1.06	0.80	0.64	0.54	0.46	0.40
0.20	6.37	3.18	2.16	1.60	1.28	1.08	0.92	0.80
0.50	16.00	8.00	5.30	4.00	3.20	2.70	2.30	2.00
1.00	32.00	16.00	10.60	8.00	6.40	5.40	4.60	3.98
1.50	47.75	23.87	15.90	11.90	9.60	7.96	6.82	5.97
2.00	63.66	31.85	21.20	16.00	12.70	10.60	9.10	7.96
2.50	79.58	39.79	26.53	19.90	15.90	13.80	11.40	9.95
3.00	95.50	47.75	31.83	23.90	19.10	15.90	13.60	11.94

开放型放射工作单位的卫生防护要求 放射防护监测范围   表4

分类	第一类	第二类	第三类
等效年用量（Bq）	$>1.85×10^{12}$	$1.85×10^{11}～1.85×10^{12}$	$<1.85×10^{11}$
防护监测区的范围(m)	>150	30～150	<30
设置地点	不得设于市区	不得设于市区医疗单位除外	可设于市区内
建筑物位置	设在单独建筑物内		可设在建筑物的一端，设单独出入口

注：本表根据GB4792-84《放射防护规定》编制。

厂界噪声标准值 等效声级 L_{eq}〔dB(A)〕   表5

类别	昼间	夜间
居住、文教区	55	45
居住、商业、工业混杂区及商业中心区	60	50
工业区	65	55
交通干线道路两侧	70	55

注：① 当工业企业受该厂辐射噪声危害的区域同厂界间存在缓冲地域时（如街道、水面、林带），本表所列厂界噪声限制值可作为缓冲地域外缘的噪声限制值处理。
② 夜间频繁突发的噪声，其峰值不准超过标准值10dB(A)；夜间偶然突发的噪声，其峰值不准超过标准值15dB(A)。
③ 本表根据《工业企业厂界噪声标准》（GB12348-90）规定。

工业企业厂内各类地点噪声标准   表6

地点类别		噪声限制值(dB)
生产车间及作业场所（工人每天连续接触噪声8h）		90
高噪声车间的值班室、观察室、休息室（室内背景噪声级）	无电话通讯要求时	75
	有电话通讯要求时	70
精密装配线、精密加工车间的工作地点、计算机房（正常工作状态）		70
车间所属办公室、实验室、设计室（室内背景噪声级）		70
主控室、集中控制室、通讯室、电话总机室、消防值班室（室内背景噪声级）		60
厂部所属办公室、会议室、设计室、中心实验室（包括试验、化验、计量室）（室内背景噪声级）		60
医务室、教室、哺乳室、托儿所、工人值班宿舍（室内背景噪声级）		55

注：① 本表所列的噪声级，均应按现行的国家标准测量确定。
② 对工人每天接触噪声不足8h的场合，可根据实际接触噪声的时间，按接触时间减半噪声限制值增加3dB的原则，确定其噪声限制值。
③ 本表所列的室内背景噪声级，系在室内无声源发声的条件下，从室外经由墙、门、窗（门窗启闭状况为常规状况）传入室内的室内平均噪声级。

防噪声间距（单位：m）   表7

噪声源源强 dB(A)		80	85	90	95	100	105
环境标准噪声级 dB(A)	45	80	160	310	600	1170	2275
	50	40	80	160	310	600	1170
	55	20	40	80	160	310	600
	60	10	20	40	80	160	310
	65	10	10	20	40	80	160
	70		10	10	20	40	80

注：当噪声源与有防噪声要求的建筑物之间有隔声屏障（如建筑物、林带、山丘等）时，可根据隔声屏障的衰减效能缩小其间距。

竖向布置的基本原则

一、建设场地应有完整、有效的雨水排水系统，且与外部现有的或规划的道路、铁路、排水设施等标高相适应。
二、满足生产、运输、装卸及工程管线敷设的要求。
三、不受洪水、潮水及内涝水的影响，场地雨水能顺利排除，且场地地面不受雨水冲刷。
四、尽量利用自然地形，减少土石方工程量和各种工程构筑物的工程量，并力求填、挖就近平衡，运距最短。
五、场地平整时，对切坡地段应防止造成产生滑坡、塌方和地下水位上升等恶化工程地质的后果。
六、取弃土应不占农田好地，不损坏农田水利建设和不影响环境，多余的土方应尽可能用作复土造田。

防洪标准

洪水设计频率   表1

工业企业规模	设计频率
大型厂	1/100
中型厂	1/50~1/100
小型厂	1/25~1/50
企业居住区	1/25~1/50

注：①工业企业大、中、小型划分标准，按国家现行规定执行。
②对国民经济和国防有重要意义或对防洪有特殊要求的工业可提高设计频率。
③有充分技术经济依据的大型工业企业，经批准可采用1/50的设计频率。

道路、广场、场地地面坡度   表2

名　称		坡度或纵坡 (‰)
道路、广场	电瓶车道	不大于40；困难60，车长不大于60m
	内燃叉车道	不大于80；困难95，车长不大于20m
	自行车道	30时坡长不大于200m；35时不大于150m
	车间引道	不大于90；困难时110
	手推车	不大于20；受地形限制时不大于30
	人行道	不大于80；超过时设粗糙面层或踏步
	广场	不小于4，不大于30
地面坡度	粘土	大于3，小于50
	砂土	不大于30
	轻度冲刷细纱	不大于10
	湿陷性黄土	建筑物周围6m范围内不小于20；6m以外不小于5
	膨胀土	建筑物周围2.5m范围内，不宜小于2%

注：行驶汽车的道路坡度见《道路》部分；标准轨距铁路和窄轨铁路的坡度分别见《标准轨距铁路》和《窄轨铁路》部分。

填方边坡坡度容许值   表3

填料种类	边坡最大高度(m)			边坡坡度(1:m)		
	全部高度	上部高度	下部高度	全部坡度	上部坡度	下部坡度
一般粘性土	20	8	12		1:1.5	1:1.75
砾石土、粗砂、中砂	12	—	—	1:1.5		
碎石土、卵石土	20	12	8		1:1.5	1:1.75
不易风化的石块	8			1:1.3		
	20			1:1.5		

注：①用>25cm的石块砌筑的填方边坡坡度，根据具体情况确定。
②如需在坡顶上大量弃土或作堆料时，应进行坡体稳定验算。
③作为建、构筑物地基的填方边坡坡度，应符合现行的《工业与民用建筑地基基础设计规范》的规定。

竖向布置方式的选择   表4

布置方式		适应范围	说　明
连续式	平坡式	场地地形平缓≤2%或坡度为3~4%，但厂区宽度较小	整个场地进行连续平整工作。用于场地内建筑密度大，地下管线多，铁路、道路较多的地段
	台阶式	场地地形≥4%或车间高差1.5m以上的地段	
重点式		自然地形能保证场地内雨水顺利排除	仅在建、构筑物以及必要的地段进行平整工作。用于场地内建筑密度小，管线及运输线路少的地段

注：1 设计地面线　2 自然地面线　3 道路中心线　4 铁路中心线

台阶高度应按场地坡度和地质条件，结合台阶间运输联系等综合确定。台阶高度宜为1~4m，不宜>6m。

开挖土质边坡坡度容许值   表5

土的类别	密实度或状态	坡度容许值（高宽比）	
		坡高在5m以内	坡高5~10m
碎石土	密实	1:0.35~1:0.50	1:0.50~1:0.75
	中密	1:0.50~1:0.75	1:0.75~1:1.00
	稍密	1:0.75~1:1.00	1:1.00~1:1.25
粉土	$S_r≤0.5$	1:1.00~1:1.25	1:1.25~1:1.50
粘性土	坚硬	1:0.75~1:1.00	1:1.00~1:1.25
	硬塑	1:1.00~1:1.25	1:1.25~1:1.50
黄土(坡高在20m以内)	老黄土	1:0.30~1:0.75	
	新黄土	1:0.75~1:1.25	

注：①表中碎石土的充填物为坚硬或硬塑状态的粘性土；
②对于砂土或充填物为砂土的碎石土，边坡坡度允许值按自然休止角确定；
③S_r为饱和度；
④开挖黄土边坡，如垂直高度≤12m，可采用一坡到顶，如垂直高度>12m，应在边坡中部设平台。

开挖岩石边坡坡度容许值   表6

岩石类别	风化程度	坡度容许值（高宽比）	
		坡高在8m以内	坡高8~15m
硬质岩石	微风化	1:0.10~1:0.20	1:0.20~1:0.35
	中等风化	1:0.20~1:0.35	1:0.35~1:0.50
	强风化	1:0.35~1:0.50	1:0.50~1:0.75
软质岩石	微风化	1:0.35~1:0.50	1:0.50~1:0.75
	中等风化	1:0.50~1:0.75	1:0.75~1:1.00
	强风化	1:0.70~1:1.00	1:1.00~1:1.25

注：遇有下列情况之一时，边坡坡度应另行设计：
① 边坡高度大于本表规定的数值时；
② 地下水比较发育或具有软弱结构面的倾斜地层时；
③ 岩层层面或主要节理面的倾向与边坡开挖面的倾向一致，且走向的交角<45°时。

总平面及运输[7] 竖向布置

台阶与建、构筑物距离

一、坡顶与建、构筑物距离
1. 满足建、构筑物及附属设施、运输线路、管线和绿化等所需用地。
2. 施工和安装的需要。
3. 防止基础侧压力对边坡的影响。

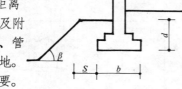

① 基础底外缘至坡顶水平距离

条形基础　　　矩形基础

$$S \geq 3.5b - \frac{d}{tg\beta} \qquad S \geq 2.5b - \frac{d}{tg\beta}$$

式中：S—水平距离(m)。
b—基础底面宽度(m)。
d—基础埋置深度(m)。
β—边坡坡角(°)。

注：当边坡坡角>45°、坡高>8m时，应进行坡体稳定验算。

二、坡脚与建、构筑物距。除满足上述1、2、3要求外，尚应满足采光、通风、排水及开挖基槽对边坡或挡土墙的稳定性要求。在一般情况下应>3m；在困难条件下，≥2.5m。

建筑物间地面高差较大时的竖向处理

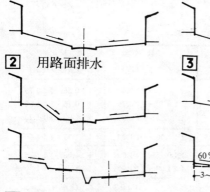

② 用路面排水　③ 用明沟排水

④ 做成陡坡或台阶式　⑤ 道路高于房屋地面

城市型道路交叉口的处理

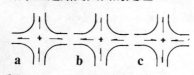

⑥ 行车较平稳，不易积水

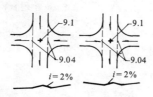

⑦ a处易积水，应设雨水井

⑧ 当次要道路与主要道路相交时，交叉处仍应保持主要道路正常横坡，可使行车平稳又不易积水

土、石方工程量的平衡

除场地平整的土、石方工程量外，还应包括建、构筑物、设备基础、室内回填土、地下构筑物、管线基槽、排水沟、道路、铁路等的工程量。同时考虑挖方的松土量、湿陷性黄土的压缩量、表土清除与回填利用量等。

场地填方及基底处理　表1

序号	一般要求
1	碎块草皮和有机质含量大于8%的土，仅用于无压实要求的填方
2	土质较好的耕土或表土，一般可作为填料，但当耕土或表土含水量过大，采用一般施工方法不易疏干，影响碾压密实时，不宜作为填料
3	碎石类土、砂土（一般不用细砂、粉砂）和爆破石碴，可用作表层以下填料
4	填方基底位于耕地或松土上时，应碾压密实或夯实后再行填土；填方基底位于水田或池塘时，应根据具体情况，采用适当的基底处理措施（排水疏干、挖除淤泥、抛填片石或砂砾、矿渣等）
5	基底上的树墩及主根应拔除，坑穴应清除积水、淤泥和杂物，并分层夯实。
6	在建、构筑物地面下的填方，或厚度<0.5m的填方，应清除基底上的草皮和垃圾
7	在土质较好的平坦地上（地面坡度不陡于1:10）填方时，可不清除基底上的草皮，但应割除长草
8	在稳定山坡上填土，当山坡坡度为1:10～1:5时，应清除基底上草皮；当山坡坡度陡于1:5时，应将基底挖成台阶，其宽度≥1m
9	当铁路、道路路堤高度分别低于1m、1.5m时，路堤下的树墩均应拔除。拔除树根留下的洞穴，应用与地基相同的土回填，并须分层夯实。当路堤高度较大时，在铁路、道路路堤下的树墩，可分别高出地面不大于0.2m、0.1m

注：本表不包括用作建、构筑物基础地基的填土要求。

场地粘性土的填方最小压实度　表2

名称	填土地点		最小压实度	说明
场地及建筑物	建筑物地面下		0.90	大面积平整时，建筑物、构筑物、道路、铁路、管线地段，压实度统一采用0.90
	预留发展的场地		0.85	
	一般场地（不拟建建筑物）		0.80～0.90	
	管线基础下		0.90	
铁路	Ⅱ、Ⅲ级线路路基顶面下深度(cm)	0～30	0.95	填方深度>120cm的路基压实度，在降水量低于400mm地区，可减少0.05
		>30～120	0.90	
		>120（浸水部分）	0.90	
		>120（不浸水部分）	0.85	
道路	路基填方深度(cm)		高级路面　中级路面	干旱地区或潮湿地区的路基最小压实度，可减少0.02～0.03
		0～80	0.98　　0.90	
		>80	0.95　　0.85	
	零填方及挖方	0～30	0.98　　0.90	

注：利用填土作建、构筑物地基时，其填土质量应符合现行的《工业与民用建筑地基基础设计规范》的规定。

土石松散和压缩系数　表3

等级	类别	土石名称	松散系数	
			最初	最后
Ⅰ	松土	砂、亚砂土、泥炭	1.08～1.17	1.01～1.03
		植物性土壤	1.20～1.30	1.03～1.04
		轻型的及黄土质砂粘土，潮湿的及松散的黄土，软的重、轻盐土，15mm以下中、小圆砾，密实的含草根种植土，夹有砂卵石及碎石片的砂及种植土，混有碎石及工程废料的杂填土等	1.14～1.28	1.02～1.05
Ⅱ	普通土	轻膜的粘土、重砂粘土，粒径15～40mm的大圆砾，干燥黄土、含园砾或卵石的天然含水量的黄土、含直径>30mm的树根的泥炭及种植土	1.24～1.30	1.04～1.07
Ⅲ	硬土	除泥灰石、软石灰石以外的各种硬土	1.26～1.32	1.06～1.09
		泥灰石、软石灰石	1.33～1.37	1.11～1.15
Ⅳ	软石	泥岩、泥质砾岩、泥质页岩、泥质砂岩、云母片岩、煤、千枚岩等	1.30～1.45	1.10～1.20
Ⅴ	次坚石	砂岩、白云岩、石灰岩、片岩、片麻岩、花岗岩、软玄武岩	1.45～1.50	1.20～1.30
Ⅵ	坚石	硬玄武岩、大理岩、石英岩、闪长岩、细粒花岗岩、正长岩	1.45～1.50	1.20～1.30

注：①Ⅰ～Ⅵ级土石，挖方转化为虚方时，乘以最初系数；转为填方时，乘最后系数。
②湿陷性黄土挖方转为填方，用机械夯实时，乘以压缩系数0.83～0.91。

场地排水 [8] 总平面及运输

场地排水系统的选择

场地排水，宜采用地下雨水管道为主的排水系统。具有下列情况之一时，可采用明沟排水系统：

一、当设置管道排水系统在经济上不合理时；

二、由于管道排水出口处标高所限，采用管道排水系统有困难时；

三、场地位于地形坡度较大地区，雨量集中，水流中夹带泥沙、石子较多或在多尘易堵塞管道的生产区。

排水明沟宜予以铺砌；对厂容、安全和卫生要求较高的地段应加盖板；在场地边缘地段可采用土明沟。

雨水口间距 表1

道路纵坡(‰)	≤3	3~4	4~5	5~6	6~20
雨水口间距(m)	20~30	30~40	40~50	50~60	60~70

雨水明沟的水力计算

流　量 $Q = \omega V (m^3/s)$

流　速 $V = C\sqrt{Ri}(m/s)$

水力半径 $R = \omega / x (m)$

流速系数 $C = 1/n R^y$

式中：ω——水流有效断面(m^2)；

i——沟的纵坡（‰）；

x——湿周　(m)；

n——粗糙系数；

$y = 2.5\sqrt{n} - 0.13 - 0.75\sqrt{R}(\sqrt{n} - 0.10)$

n值 表2

管沟表面材料	n值
有抹面混凝土	0.012
无抹面混凝土	0.015
砂浆砌砖	0.015
条　石	0.015
砂浆砌石	0.022
干砌石	0.032
土　沟	0.025
土沟(有杂草)	0.030
砂砾面沟	0.027

雨水明沟深度、宽度、纵坡和边坡值 表3

明沟类型	沟深(h)最小值(m)	沟宽(b)最小值(m)	最小纵坡(‰)	沟壁边坡 有铺砌	沟壁边坡 无铺砌
梯形	0.3	0.3	3	1:0.75~1:1	见表7
矩形	0.3	0.4	3	—	—
三角形	0.2	—	5	1:2~1:3	岩石地区 1:1

注：①梯形、矩形明沟在困难条件下，其沟深最小值可减到0.2m。
②铺砌明沟转弯处，其中心线的平面转弯半径≥设计水面宽度的2.5倍；无铺砌明沟≥设计水面宽度的5倍。

土质雨水明沟边至建、构筑物距离 表5

项　目	最小距离(m)	项　目		最小距离(m)
建筑物基础边缘	3.0	散装物料堆场边缘	一般情况	5.0
围　墙	1.5		困难条件下	3.0
地下管线外壁	1.0	挖方坡顶	一般情况 土质良好，边坡不高（或铺砌明沟）	5.0 2.0
乔木中心线（树冠直径不大于5m）	1.0	挖方坡脚	边坡高度≥2m 边坡高度<2m（或铺砌明沟）	2.0 —
灌木中心线	0.5			
人行道边缘	1.0		一般情况	2.0
架空管线基础边缘	1.0~1.5	填方坡脚	地质和排水条件良好或采取措施保证填土稳定	1.0

各类雨水明沟允许流速 表6

明沟构造	允许流速(m/s) 不同水流深度时(m)		
	0.4	1.0	2.0
亚粘土	0.80	1.00	1.20
粘土	1.00	1.20	1.40
粗砂	0.65	0.75	0.80
细砂砾	0.80	0.85	1.00
平铺草皮	0.60	0.80	0.90
迭铺草皮	1.50	1.80	2.00
单层铺石	2.50	3.00	3.50
双层铺石	3.10	3.70	4.30
砂浆砌砖	1.60	2.00	2.30
砂浆砌石	5.30	7.00	8.10
混凝土(C20)	7.00	8.00	9.00

雨水明沟边坡 (m值) 表7

土壤类别	边坡 1:m
粉　砂	1:3~1:3.5
细砂、中砂、粗砂	
1. 松散的	1:2~1:2.5
2. 密实的	1:1.5~1:2.0
亚砂土	1:1.5~1:2.0
亚粘土、粘土	1:1.25~1:1.5
砾石土、卵石土	1:1.25~1:1.5
半岩性土	1:0.5~1:1.0
风化岩石	1:0.25~1:0.5
未风化岩石	1:0.1~1:0.5

明沟沟壁厚度（单位：cm） 表4

沟深(h)	场地排水沟				铁路边沟（中-22级）				道路边沟（汽10、15、20级）			
	片石 d	片石 d	混凝土 d	混凝土 d_1	片石 d	片石 d	混凝土 d	混凝土 d_1	片石 d	片石 d	混凝土 d	混凝土 d_1
40	30	30	15	15	40	40	20	20	40	40	20	20
50	30	30	15	15	40	40	20	20	40	40	20	20
60	30	30	15	15	40	40	20	20	40	40	20	20
70	30	30	15	15	40	40	20	20	40	40	20	25
80	30	30	18	18	40	40	25	25	40	40	25	30
90	30	30	21	21	40	40	30	30	40	40	30	35
100	30	35	24	24	40	40	35	35	40	45	30	40
110	30	35	27	27	40	45	40	40	40	50	40	45
120	30	35	30	30	45	50	45	45	45	55	45	50

注：混凝土采用C20；片石强度不低于30MPa。沟底的厚度，括号内数字用于铁路、道路的边沟。

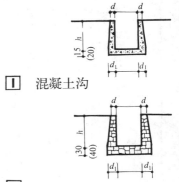

1 混凝土沟

2 片石沟

总平面及运输 [9] 土方计算

土方工程量的计算

一、方格网计算

序号	填挖情况	图式	计算公式	说明
1	零点线计算		$F_1 = H \times \dfrac{h_1}{h_1+h_2}$ $F_2 = H \times \dfrac{h_2}{h_1+h_2}$	1. H——方格边宽度(m)。 2. $h_1 \sim h_4$——施工高程(m)。 3. $F_1、F_4$——方格网之一角至零点的距离(m)。 4. $+V(-V)$——填方(或挖方)的体积(m³)。
2	四点全为填方或挖方时		$+V = \dfrac{H^2}{4} \times (h_1+h_2+h_3+h_4)$	
3	二点填方,二点挖方时		$+V = \dfrac{H^2 \times (h_1+h_2)^2}{4 \times (h_1+h_2+h_3+h_4)}$ $-V = \dfrac{H^2 \times (h_3+h_4)^2}{4 \times (h_1+h_2+h_3+h_4)}$	
4	三点填方(或挖方),一点挖方(或填方)时		$-V = \dfrac{H^2 \times h_1^2}{6 \times (h_1+h_2)(h_1+h_3)}$ $+V = \dfrac{H^2}{6} \times (2h_2+2h_3+h_4-h_1) +$ 挖方体积	
5	相对两点为填方,余两点为挖方时		$+V_1 = \dfrac{H^2 \times h_1^2}{6 \times (h_1+h_2)(h_1+h_3)}$ $+V_2 = \dfrac{H^2 \times h_4^2}{6 \times (h_4+h_2)(h_4+h_3)}$ $-V = \dfrac{H^2}{6} \times (2h_2+2h_3-h_4-h_1) +$ 全部填方体积	

二、方格网综合近似计算

$V_{填} = H^2/4 \,[\,4(h_7+\cdots)+3.5(h_8+h_{12}+\cdots)+3(h_9+\cdots)$
$+2.5(h_n+\cdots)+2(h_2+h_3+h_4+h_6+h_{11}+h_{13}+\cdots)+1.5(h_{10}$
$+h_{17}+\cdots)+1(h_1+h_5+h_{16}+\cdots)+0.5(h_{20}+\cdots)\,]$

$V_{挖} = H^2/4 \,[\,4(h_n+\cdots)+3.5(h_n+\cdots)+3(h_n+\cdots)$
$+2.5(h_{14}+\cdots)+2(h_n+\cdots)+1.5(h_{18}+h_{19}+\cdots)$
$+1(h_{15}+\cdots)+0.5(h_n+\cdots)\,]$

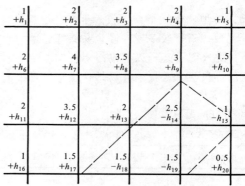

注:① $h_1、h_2、h_3、h_4\cdots h_n$ 为每个角点的施工高程(m)。
② 1、2、2.5、3、3.5、4 为施工高程的重复使用次数。
③ 每个角点施工高程的重复使用次数,完整方格网按1次计算,不完整方格网按0.5次计算。

三、图表计算

1. 两点填方、两点挖方时土方量计算图表 ($H=20$)
2. 三角锥体部分土方量计算图表 ($H=20$)

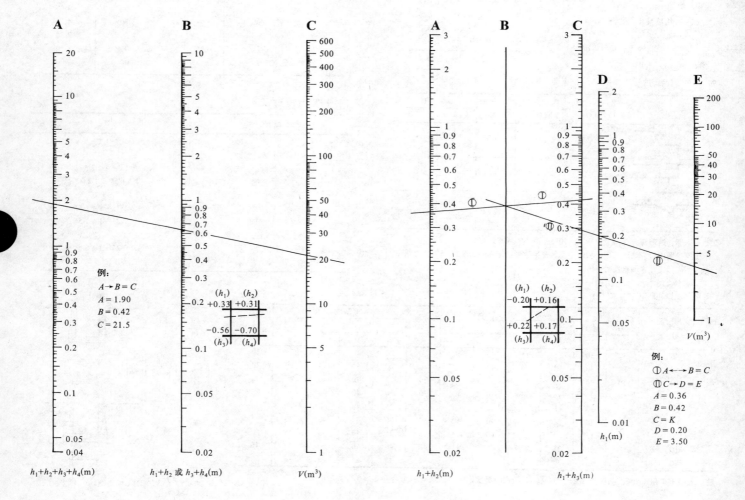

管线综合的一般要求

一、管线综合应与总平面布置、竖向布置、绿化美化设计统一考虑，并应使管线之间相互协调，紧凑合理。

二、管线敷设方式（地下、地面、架空管架、综合管沟等）的确定，应根据管线内介质的性质、场地地形、生产安全要求、交通运输、施工维修、绿化布置等具体情况，经技术经济综合比较后确定。

三、管线的平面综合布置，应使管线线路最短，并尽量减少管线与铁路、道路及其它管线的交叉。干管应布置在主要使用用户一侧或靠近用户多的一侧。

四、地面和架空管线的敷设，应不影响运输和人行，不遮蔽建筑物的自然采光，不影响厂容整洁，保证铁路建筑限界及跨越道路和人行道时的必要高度。

五、山区建厂时，管线敷设应充分利用地形，并应避开山洪、泥石流、滑坡以及其它不良的工程地质危害地段。

六、当分期建设时，管线不得任意穿越预留发展用地，以免影响后期工程的建设。对通道宽而管线少的地段，管线也应紧凑布置，以留有增建管线的余地。

管线布置的几种形式

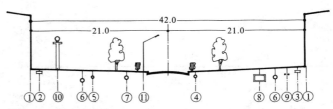

1 主要通道管线布置图

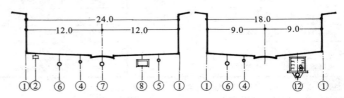

2 次要通道管线布置图　　**3** 带综合管沟的布置图

1 基础外缘　　7 雨水管　　12 可通行的综合
2 电力电缆　　8 热力管沟　　地沟（设有生
3 通信电缆　　　压缩空气管　　产给水管、热
4 生活饮用水和　9 乙炔管　　力管、压缩空
　消防给水管　　　氧气管　　气管、雨水管、
5 生产给水管　10 煤气管　　电力电缆、通
6 排水管　　　11 照明电杆　　信电缆等）

地下管线之间的水平净距（单位：m）

管线名称		给水管	排水管	热力管（沟）	煤气管 压力 $P(10^5Pa)$				甲、乙、丙类液体管	氧气管及乙炔管	压缩空气管	直埋电力电缆（电压在35kV及其以下）	通信电缆	
					$P\leq0.05$	$0.05<P\leq1.5$	$1.5<P\leq3.0$	$3.0<P\leq8.0$					直埋电缆	电缆管道
给水管		0.5～0.7②	1.0～1.5③	1.5	1.0	1.0	1.5	2.0	1.5	1.5	1.0	0.5～1.0⑥	0.5～1.5⑦	0.5～1.5⑦
排水管		1.0～1.5③	1.0～1.5④	1.5	1.0	1.0	1.5	2.0	1.5	1.5	1.5	0.5～1.0⑥	1.0	1.0
热力管（沟）		1.5	1.5	—	1.0	1.0	1.5	2.0	2.0	1.5	1.5	2.0	1.0	1.0
煤气管 压力 $P(10^5Pa)$	$P\leq0.05$	1.0	1.0	1.0					1.0	1.0	1.0	1.0	1.0	1.0
	$0.05<P\leq1.5$	1.0	1.0	1.0	$D_g\leq300mm$时, 0.4				1.0	1.0	1.0	1.0	1.0	1.0
	$1.5<P\leq3.0$	1.5	1.5	1.5	$D_g>300mm$时, 0.5				1.5	1.5	1.5	1.0	1.5	1.5
	$3.0<P\leq8.0$	2.0	2.0	2.0					2.0	2.0	2.0	1.0	2.0	2.0
甲、乙、丙类液体管		1.5	1.5	2.0	1.0	1.0	1.5	2.0	—	1.5	1.5	1.0	1.5	1.5
氧气管及乙炔管		1.5	1.5	1.5	1.0	1.0	1.5	2.0	1.5	1.5⑤	1.5	1.0	1.0	1.0
压缩空气管		1.0	1.5	1.5	1.0	1.0	1.5	2.0	1.5	1.5	—	1.0	1.0	1.0
直埋电力电缆（电压在35kV及其以下）		0.5～1.0⑥	0.5～1.0⑥	2.0	1.0	1.0	1.0	1.0	1.0	1.0	1.0	0.5	0.5	0.5
通信电缆	直埋电缆	0.5～1.5⑦	1.0	1.0	1.0	1.0	1.5	2.0	1.5	1.0	1.0	0.5	—	0.5
	电缆管道	0.5～1.5⑦	1.0	1.0	1.0	1.0	1.5	2.0	1.5	1.0	1.0	0.5	0.5	—

注：①表列数值系指管线（或管沟）外壁的水平净距。当相邻管线之间埋设深度高差>0.5m，应按土壤性质验算其水平净距。或当管线的附属构筑物（检查井等）占地较大时，则水平净距应按附属构筑物的要求来确定。
②当埋深相同，相互无影响，并采用同槽施工的管道，管径≤300mm时水平净距可采用0.5m；管径>300mm时可采用0.7。
③系指生产给水管与排水管平行敷设时的净距。排水管管径≤1000mm时，采用1m；排水管管径>1000～1500时，采用1.5m。当生活饮用水管与污水管平行敷设，其垂直净距在0.5m以内，生活饮用水管径≤200mm时，水平净距应>1.5m；管径>200mm时水平净距应>3m。
④排水管管径≤1000mm时水平净距采用1m；管径>1000mm时采用1.5m。
⑤系指氧气管与乙炔管之间的水平净距。
⑥电压在10kV及其以下电缆采用0.5，其它电压采用1m。
⑦当给水管管径为75～150mm时，采用0.5m；管径为200～400mm时，采用1m；管径>400mm时，采用1.5m。

总平面及运输[11] 管线综合

地下管线与建、构筑物之间的水平净距（单位：m）　　　表1

名称	给水管	排水管	热力管(沟)	煤气管 压力 $P(10^5Pa)$				甲、乙、丙类液体管	氧气管及乙炔管	压缩空气管	电力电缆	通信电缆
				$P \leq 0.05$	$0.05 < P \leq 1.5$	$1.5 < P \leq 3.0$	$3.0 < P \leq 8.0$					
建、构筑物基础外缘	3.0～5.0③	2.5～5.0④	1.5	2.0	3.0	4.0	6.0	3.0	1.5～5.0⑥	1.5	0.5～1.0⑦	0.5～1.5⑦
标准轨距铁路中心线	3.8	3.8	3.8	5.8	5.8	5.8	5.8	3.8	3.8	3.8	3.8	3.8
道路路缘石或路肩边缘	1.0	1.0	1.0	1.0	1.0	1.0	1.0	1.0	1.0	1.0	1.0	1.0
管道支架基础外缘	2.0	2.0	1.5	1.5	1.5	1.5	1.5	2.0	1.5	1.5	0.5	0.5
照明及通讯电杆中心	1.0	1.5	1.0	1.0	1.0	1.0	1.0	1.0	1.0	1.0		
高压电线塔(柱)基础外缘	3.0	3.0	3.0	1.0～5.0⑤				3.0	2.0		0.6	
围墙基础外缘	1.5	1.5	1.5	1.5	1.5	1.5	1.5	1.5	1.5	1.5	0.5	0.5
排水沟及铁路、道路边沟边缘	1.0	1.0	1.0	1.0	1.0	1.0	1.0	1.0	1.0	1.0	1.0	1.0

注：① 表列数值除注明者外，管线（沟）均自外壁算起。
② 表列数值均指管线埋设深度等于或浅于建、构筑物的基础底面。当管线埋设深度深于建、构筑物的基础底面时，则应按土壤性质对表列数值进行验算，但不得小于表列数值。
③ 管径≤200mm时，一般采用3m，当采用套管等措施时，可适当减少净距。管径＞200mm时，采用5m。
④ 管道埋深度浅于建筑物基础底面时，一般≥2.5m（压力管≥5m）；管道埋设深度深于建筑物基础底面时，按计算确定，但≥3m。
⑤ 电压≤35kV时采用1m；＞35kV时，采用5m。
⑥ 距无地下室的建筑物基础边缘：氧气管内压力≤1.6MPa，采用1.5m；＞1.6MPa时，采用2.5m；乙炔管采用2m。距有地下室的建筑物基础边缘：氧气管内压力≤1.6MPa，采用3m；＞1.6MPa时，采用5m，乙炔管采用3m。
⑦ 直埋电缆距建筑物散水边缘为0.5m，无散水时为1m，电缆管道为1.5m。

地下管线之间垂直净距（单位：m）　　　表2

名称	给水管	排水管②	热力管(沟)	煤气管	压缩空气管	乙炔管	氧气管	电力电缆＜35kV	电缆沟	通信电缆 直埋电缆	通信电缆 电缆管道
给水管	—	0.10	0.10	0.15	0.10	0.25	0.25	0.50	0.15	0.50	0.15
排水管②	0.10	—	0.10	0.15	0.10	0.25	0.25	0.50	0.15	0.50	0.15
热力管(沟)	0.10	0.10	—	0.15	0.15	0.25	0.25	0.50	0.15	0.50	0.15
煤气管	0.15	0.15	0.15	—	0.15	0.25	0.25	0.50	0.15	0.50	0.15
压缩空气管	0.10	0.10	0.15	0.15	—	0.25	0.25	0.50	0.15	0.50	0.15
乙炔管	0.25	0.25	0.25	0.25	0.25	—	0.25	0.50	0.15	0.50	0.15
氧气管	0.25	0.25	0.25	0.25	0.25	0.25	—	0.50	0.15	0.50	0.15
电力电缆＜35kV	0.50	0.50	0.50	0.50	0.50	0.50	0.50	—	0.15	0.50	0.50
电缆沟	0.15	0.15	0.15	0.15	0.15	0.15	0.15	0.15	—	0.50	0.50
通信电缆 直埋电缆	0.50	0.50	0.50	0.50	0.50	0.50	0.50	0.50	0.50	—	
通信电缆 电缆管道	0.15	0.15	0.15	0.15	0.15	0.15	0.15	0.50	0.50		—

注：① 表列数值均指管线（沟）外壁或管线（沟）基础之间的净距。
② 含有酸、碱性和其他腐蚀性的污水排水管与其他管道（耐腐蚀管道除外）交叉，其净距不应小于0.5m；当设套管，可按本表的规定。当生活给水管在污水管的上面时，垂直净距不应小于0.4m；当在下面时，必须采取保护措施，将污水管加固，加固长度不应小于生活给水管外径外4m。
③ 通信电缆管道与煤气管、乙炔管、氧气管的交叉处，上述管道如有接口时，电缆管道应加包封。

架空管线至铁路、道路等的垂直净距　　　表3

名称	垂直净距（m）			
	管线 电力线路(kV)			通信电缆
	＜3	3～10	35～110	
非电气化标准轨距铁路钢轨面	5.5	7.5	7.5	7.0
道　路　面	5.0	6.0	7.0	5.5
人　行　道　面	2.2	6.0	6.5	4.5

注：① 垂直净距系指管外壁、电线最大计算垂垂，与其垂直相处处的净空高度。
② 在最大计算垂弧下，电力线路的导线至超限货物的垂直净距，不应小于下列数值：35kV架空电力线路2.5m；3～10kV架空电力线路4.5m；＜3kV架空电力线路1m。

架空管线与建、构筑物的水平净距（单位：m）　　　表4

管线名称	架空管道					电力线路(kV)		
建、构筑物名称	热力	压缩空气	氧气	乙炔	煤气	＜3	3～10	35
一、二级耐火等级的丁戊类厂房	允许沿外墙敷设							
一、二级耐火等级的无爆炸危险的厂房	允许沿外墙敷设		2.0	2.0		1.0	1.5	3.0
三、四级耐火等级的厂房	—	允许沿外墙敷设	3.0	3.0				
散发可燃气体的甲类生产厂房	—		4.0	5.0		杆(塔)高的1.5倍		
标准轨距铁路钢轨外侧边缘			3.0			3.0	3.0	5.0
道路路面边缘			1.0		1.5	0.5	1.0	
架空电力线路(kV) ＜3			1.5			2.5		5.0
架空电力线路(kV) 3～10			2.0			2.5		
架空电力线路(kV) 35			4.0			5.0		
熔化金属地点、明火地点	—		10.0			—		

注：① 架空管线与地面上建筑物、构筑物、铁路、道路等之间的水平净距，应自管架、管忱及管线最突出部分算起。
② 与架空电力线路的水平净距，应为最大计算风偏情况时的边导线算起。

地下管线与铁路、道路交叉的垂直净距（单位：m）　　　表5

名称	铁路轨面	道路路面
热力管(沟)、压缩空气管、氧气管、乙炔管、油管、通信电缆和电缆管道	1.2	0.70
给水管、排水管、煤气管	1.35	0.80
电力电缆	1.15	1.0

注：① 最小垂直净距，应从管线或管沟（包括防护措施）外缘算起。
② 通信电缆采用塑料、石棉及混凝土套管时，与铁路轨面的最小垂直净距为1.7m；采用钢管套管时，与道路路面的最小垂直净距可减少0.4m。

绿化布置[12] 总平面及运输

绿化布置的一般要求

一、绿化布置是环境保护的重要措施，因而必须根据具体要求，与总平面布置综合考虑，并与场地环境相协调。
二、要有利于消除或减轻生产过程中所产生的粉尘、气体和噪声对环境的污染，以创造良好的生产和生活环境。
三、要因地制宜地选用植物材料，尽快发挥绿化效益。
四、不得影响交通和地上、地下管线的运行和维修。

用于改善环境的植物性态与功能 表1

功能	性态	品种举例
防风	树根坚硬，根部发达，性喜丛生，叶不易吹落	榆、槐、垂柳、白蜡、银杏、五角枫、侧柏
防火	枝叶含树脂少，水分多，着火时不会产生火焰	洋槐、白杨、悬铃木、柳、泡桐、苦木
防尘	枝冠茂密，叶子表面不平，易附着烟尘	臭椿、槐、苦楝、榆、麻栎、女贞、广玉兰
耐有害气体	叶片表面积大，能耐酸碱等有害气体	臭椿、槐、栾树、榆、棕榈、梧桐、草坪
减弱噪声	分枝低，树冠大而密，叶子硬	白杨、菩提树、枫树、绿篱

注：一般植物选用见绿化部分。

树木与铁路平交道间距   树木与道路交叉口间距

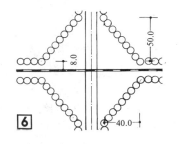
⑥

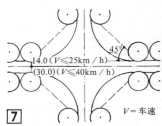
⑦ V = 车速

绿化带最小宽度

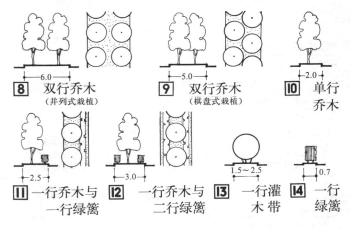

⑧ 双行乔木（并列式栽植） 6.0
⑨ 双行乔木（棋盘式栽植） 5.0
⑩ 单行乔木 2.0
⑪ 一行乔木与一行绿篱 2.5
⑫ 一行乔木与二行绿篱 3.0
⑬ 一行灌木带 1.5~2.5
⑭ 一行绿篱 0.7

树木栽植参考间距

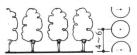
① 行道树 (4.0~6.0)
② 乔木群栽 (2.0)
③ 乔木与灌木 (0.5)

④ 双行行道树（棋盘式栽植）
⑤ 灌木群栽 大灌木 1.0~3.0 中灌木 0.75~1.5 小灌木 0.3~0.8

树木与建筑物、构筑物和地下管线的间距（单位：m） 表2

名称	最小间距 至乔木中心	至灌木中心
建筑物外墙：有窗	3~5	2.0
：无窗	2.5	1.5
挡土墙顶内和墙脚外	1.0	0.5
高2m及以上的围墙	2.0	1.0
标准轨距铁路中心线	5.0	3.5
道路路面边缘	1.0	0.5
人行道边缘	0.75	0.5
排水沟边缘	1.0	0.5
冷却塔边缘	1.5倍塔高	不限
冷却池边缘	40.0	不限
给水管、排水管	1.5	不限
热力管（沟）	2.0	1.5
煤气管	2.0	1.0(2.0)①
乙炔、氧气、压缩空气管	1.5	1.0
甲、乙、丙类液体管	2.0	2.0
电缆、电缆沟	1.5	0.5

注：①煤气管压力<0.05MPa为1m，>0.05MPa为2m。

树木与架空电力线路的间距（单位：m） 表3

电线电压 (kV)	由树木至架空电线净距	
	最大风偏(A)	最大弧垂(B)
<3	1.0	1.0
3~10	2.0	1.5
35~110	3.5	3.0
150~220	4.0	3.5

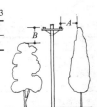

绿化用地及覆盖面积计算（单位：m²） 表4

绿化种类	用地面积	覆盖面积
单株大乔木	2.25	16.0
单株中乔木	2.25	10.0
单株小乔木	2.25	6.0
单株乔木或行道树	1.5×长度	4.0×长度(株距4.0~6.0)
多行乔木	(1.5+行距总宽度)×长度	(4+行距总宽度)×长度
单株大灌木	1.0	4.0
单株小灌木	0.25	1.0
单行大灌木	1.0×长度	2.0×长度(株距1.0~3.0)
单行小灌木	0.5×长度	1.0×长度(株距0.3~0.8)
单行绿篱	0.5×长度	0.8×长度
多行绿篱	(0.5+行距总宽度)×长度	(0.8+行距总宽度)×长度
垂直绿化	不计	按实际面积
草坪、苗圃、小游园、水面、花坛	按实际面积	按实际面积

注：①绿化用地面积：小游园、水面、花坛、苗圃、成带或成块以及单株种植等用地面积总和（不包括厂区外的苗圃、防护林带等的用地面积）。
②绿化覆盖面积：小游园、水面、花坛用地面积及地面绿化植物垂直投影面积以及建、构筑物顶面和侧面绿化植物投影面积的总和。
③用地率、覆盖率、苗圃地比率按下式计算。

绿化用地率 $= \dfrac{L}{Z} \times 100\%$；绿化覆盖率 $= \dfrac{F}{Z} \times 100\%$；苗圃地比率 $= \dfrac{M}{L} \times 100\%$

L—绿化用地面积；F—绿化覆盖面积；M—苗圃用地面积；Z—厂区用地面积

总平面及运输[13]道路

厂矿道路分类

厂矿道路分厂外道路、厂内道路和露天矿山道路。

一、厂外道路为厂矿企业与公路、城市道路、车站、港口、原料基地、其它厂矿企业等相连接的对外道路；或本厂矿企业分散的厂区、居住区等之间的联络道路；或通往本厂矿企业外部各种辅助设施的辅助道路。

二、厂内道路为厂区、库区、站区、港区的内部道路。

三、露天矿山道路为矿区范围内采矿场与卸车点之间、厂区之间行驶自卸汽车的道路；或通往附属厂（车间）和各种辅助设施行驶各类汽车的道路。

厂外道路等级划分　　　　　　　　表1

道路等级	适 用 条 件
一	具有重要意义的国家重点厂矿企业区的对外道路，年平均日双向汽车交通在5000辆以上时，宜采用一级道路
二	大型联合企业，钢铁厂、油田、煤厂、港口等的主要对外道路，年平均日双向交通量在5000～2000辆时，宜采用二级道路
三	大、中型厂矿企业的对外道路，小型厂矿企业运输繁忙的对外道路、联络道路，年平均日双向交通量在2000辆～200辆时，宜采用三级道路
四	小型厂矿企业的对外道路，运输不繁忙的联络道路，年平均日双向交通量在200辆以下时，宜采用四级道路
辅助道路	通往本厂矿企业外部各种辅助设施（如水源地、总变电所、炸药库等）的道路，年平均日双向交通量在20辆以下时，宜采用辅助道路的技术指标

注：交通量是按各种车辆折合成载重汽车的。

厂外道路纵坡限制坡长　　　　　　表3

纵 坡（%）	限制坡长(m)	纵 坡（%）	限制坡长(m)
>5～6	800	>8～9	200
>6～7	500	>9～10	150
>7～8	300	>10～11	100

注：纵坡连续大于5%时，应在不大于表3所规定的长度处设置缓和坡段。缓和坡段的坡度不应大于3%，长度不应小于100m。当受地形条件限制时，三、四级厂外道路和辅助道路的缓和坡段长度分别不应小于80m和50m。

厂内道路类别

一、主干道　连接厂区主要出入口的道路，或运输繁忙的全厂性主要道路。

二、次干道　连接厂区次要出入口的道路，或厂内车间、仓库、码头等之间运输繁忙的道路。

三、支道　厂区内车辆和行人都较少的道路以及消防道路等。

四、车间引道　车间、仓库等出入口与主、次干道或支道相连接的道路。

五、人行道　行人通行的道路。

厂外道路主要技术指标　　　　　　　　　　　　　　　表2

厂外道路等级	一		二		三		四		辅助道路
地 形	平原微丘	山岭重丘	平原微丘	山岭重丘	平原微丘	山岭重丘	平原微丘	山岭重丘	
计算车速(km/h)	100	60	80	40	60	30	40	20	15
路面宽度(m)	2×7.5	2×7	9	7	7	6	3.5	3.5	3.5
路基宽度(m)	23	19	12	8.5	8.5	7.5	6.5	4.5	4.5
极限最小圆曲线半径(m)	400	125	250	60	125	30	60	15	15
一般最小圆曲线半径(m)	700	200	400	100	200	65	100	30	
不设超高最小圆曲线半径(m)	4000	1500	2500	600	1500	350	600	150	
停车视距(m)	160	75	110	40	75	30	40	20	15
会车视距(m)			220	80	150	60	80	40	
最大纵坡(%)	4	6	5	7	6	8	6	9	9
凸竖曲线半径(m) 极限最小值	6500	1400	3000	450	1400	250	450	100	100
凸竖曲线半径(m) 一般最小值	10000	2000	4500	700	2000	400	700	200	
凹竖曲线半径(m) 极限最小值	3000	1000	2000	450	1000	250	450	100	100
凹竖曲线半径(m) 一般最小值	4500	1500	3000	700	1500	400	700	200	
竖曲线最小长度(m)	85	50	70	35	50	25	35	20	15

注：①辅助道路的圆曲线半径，在工程艰巨的路段，可采用12m。
②年平均日双向交通量稍超过200辆，远期交通发展不大，可采用四级厂外道路的技术指标，但路面宽宜采用6m，路基宽宜采用7m。交通量接近下限的平原、微丘区的二级厂外道路路面可采用7m，路基宽可采用10m。
③交通量极少、工程艰巨的辅助道路，其路面宽度可采用3m。
④四级厂外道路，在工程艰巨或交通量较小的路段，路基宽度可采用4.5m，但应在适当的间隔距离内设置错车道。辅助道路应根据需要设置错车道。错车道宜设在纵坡不大于4%的路段。相邻两错车道的间距不宜大于300m。

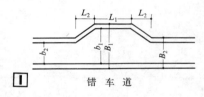

错车道

注：L_1——等宽长度，不得小于行驶车辆的最大车长的2倍（但四级厂外道路，不得小于20m）；
L_2——渐宽长度，不得小于行驶车辆中的最大车长的1.5倍；
B_1——双车道路基宽度；　　B_2——单车道路基宽度；
b_1——双车道路面宽度；　　b_2——单车道路面宽度。

厂内道路路面宽度　　　　表4

道路类别	企业规模	路 面 宽 度（m）		
		Ⅰ类企业	Ⅱ类企业	Ⅲ类企业
主干道	大型	12.0～9.0	9.0～7.0	7.0～6.0
	中型	9.0～7.0	7.0～6.0	7.0～6.0
	小型	7.0～6.0	7.0～6.0	6.0～4.5
次干道	大型	9.0～7.0	7.0～6.0	7.0～6.0
	中型	7.0～6.0	7.0～4.5	6.0～4.5
	小型	7.0～4.5	6.0～4.5	6.0～3.5
支 道	大、中、小型	4.5～3.0		

注：①各类企业划分如下：
Ⅰ类企业——大型联合企业、钢铁厂、港口等。
Ⅱ类企业——重型机械（包括冶金矿山机械、发电设备、重型机床等）、有色冶炼、炼油、化工、橡胶、造船、机车车辆、汽车及拖拉机制造厂等。
Ⅲ类企业——轻工、纺织、仪表、电子、火力发电、建材、食品、一般机械、邮电器材、制药、耐火材料、林产（工业）、选矿、商业仓库、露天矿山机修场地及矿井井口场地等。
②车间引道宽度应与车间大门宽度相适应。
③路肩宽度宜采用1m或1.5m。当受场地条件限制时，路肩宽度可采用0.5m或0.75m。

厂内道路圆曲线半径

行驶单辆汽车时，不宜小于15m，行驶拖挂车时，不宜小于20m。交叉口路面内边缘最小转弯半径见表5。

内边缘最小转弯半径(m)　表5

行驶车辆类别	最小转弯半径
小客车、三轮汽车	6
载重4～8t单辆汽车	9
载重10～15t单辆汽车	12
载重4～8t汽车带一辆载重2～3t挂车	12
载重15～25t平板挂车	15
载重40～60t平板挂车	18

注：车间引道及场地条件困难的主、次干道和支道，除陡坡处外，表列数值可减小3m。

厂内道路视距　　　　　表6

视距类别	视距(m)	视距类别	视距(m)
停车视距	不小于15	会车视距	不小于30
交叉口停车视距	不小于20		

注：当受场地条件限制时：①会车视距可采用停车视距，但必须设安全设施。②交叉口停车视距可采用15m。

道路[14]总平面及运输

厂内道路最大纵坡　表1

道路类别	主干道		次干道		支道、车间引道	
场地条件	一般	困难	一般	困难	一般	困难
最大纵坡%	6	8	8	9	9	11

注：① 在海拔2000m以上地区，均按一般条件考虑；在寒冷冰冻、积雪地区，不应大于8%。运输繁忙的车间引道不宜增加。
② 运输易燃、易爆危险品专用道路的最大纵坡，不得大于6%。
③ 经常通行大量自行车时，其纵坡宜小于2.5%；最大纵坡不应大于3.5%。纵坡限制坡长应符合下表的规定。

纵坡(%)	2.5	3.0	3.5
限制坡长(m)	300	200	150

④ 纵坡变更处的相邻两个坡度代数差大于2%时，应设置竖曲线。竖曲线半径不应小于100m，竖曲线长度不应小于15m。

厂内道路边缘至相邻建筑的间距　表2

相邻建（构）筑物名称		最小净距(m)
建筑物外墙	当建筑物面向道路一侧无出入口时	1.5
	当建筑物面向道路一侧有出入口但不通行汽车时	3.0
管线支架		1.0
围墙		1.0
标准轨距铁路中心线		3.75
窄轨铁路中心线		3.0

注：① 表中最小净距：城市型厂内道路自路面边缘算起，公路型厂内道路自路肩边缘算起。
② 当厂内道路与建（构）筑物之间设置边沟、管线等或进行绿化时，其最小净距应符合现行有关规定的要求。

内燃叉车道主要技术指标　表5

技术指标名称	单位	指标	
		≤3t叉车	5t叉车
计算行车速度	km/h	15	15
单车道路面宽度	m	2.5	3.5
双车道路面宽度	m	4	6
内边缘最小转弯半径	m	6	8
停车视距	m	15	15
会车视距	m	30	30
最大纵坡	%	8	8
竖曲线最小半径	m	100	100

注：① 当场地条件困难时，表列路面内边缘最小转弯半径可减少2m。
② 行驶5t以上叉车或侧向叉车时，道路主要技术指标，应按其主要技术性能确定。
③ 除车间引道外，在道路纵坡变更处的相邻两个坡度代数差大于2%时，应设置竖曲线。
④ 路面结构宜采用水泥混凝土路面或沥青路面。

电瓶车道主要技术指标　表6

技术指标名称	单位	指标
计算行车速度	km/h	8
单车道路面宽度	m	2
双车道路面宽度	m	3.5
路面内边缘最小转弯半径	m	4
停车视距	m	5
会车视距	m	10
最大纵坡	%	4
竖曲线最小半径	m	100

注：① 当场地条件困难时，路面内边缘最小转弯半径可减少1m。
② 除车间引道外，在道路纵坡变更处的相邻两个坡度代数差大于2%时，应设置竖曲线。
③ 路面结构宜采用水泥混凝土路面或沥青路面。

露天矿山道路等级划分　表3

道路等级	适用条件
一	汽车的小时单向交通量在85辆以上的生产干线，可采用一级露天矿山道路
二	汽车的小时单向交通量在85～25(15)辆的生产干线、支线，可采用二级露天矿山道路
三	汽车的小时单向交通量在25(15)辆以下的生产干线、支线和联络线、辅助线，可采用三级露天矿山道路

注：① 当二级道路条件较好且交通量接近上限时，可采用一级露天矿山道路；反之，可采用三级。
② 表中括号内的数值，适用于运量较小部门的矿山。

露天矿山道路主要技术指标　表4

露天矿山道路等级	一级				二级				三级			
计算车宽(m)	2.3	2.5	3.0	3.5	2.3	2.5	3.0	3.5	2.3	2.5	3.0	3.5
双车道路面宽度(m)	7.0	7.5	9.5	11.0	6.5	7.0	9.0	10.5	6.0	6.5	8.0	9.5
单车道路面宽度(m)	4.0	4.5	5.0	6.0	4.0	4.5	5.0	6.0	3.5	4.0	4.5	5.5
路肩宽度(m) 挖方	0.50	0.50	0.50	0.75	0.50	0.50	0.50	0.75	0.50	0.50	0.50	0.75
填方	1.00	1.00	1.25	1.50	1.00	1.00	1.25	1.50	1.00	1.00	1.25	1.50
计算行车速度(km/h)	40				30				20			
最小圆曲线半径(m)	45				25				15			
不设超高最小圆曲线半径(m)	250				150				100			
停车视距(m)	40				30				20			
会车视距(m)	80				60				40			
最大纵坡(%)	7				8				9			
纵坡限制坡长 >5～6%	500				600							
>6～7%	300				400				500			
>7～8%					250				350			

注：当挖方路基外侧无堑壁、填方路基的填土高度大于1m时，路肩宽度应按车型大小增加0.25m～1m。

人行道主要技术指标　表7

名称	内容	指标
路面宽度(m)	沿主干道设置时	1.5
	其它地方设置时	不小于0.75
最大纵坡(%)	沿干道设置时	同干道纵坡
	位于其它位置时	不大于8
路面横坡(%)		1～2
路面边缘至建筑物外墙最小净距(m)	屋面无组织排水时	1.5
	屋面有组织排水时	视具体情况定

交叉路口弯道面积计算

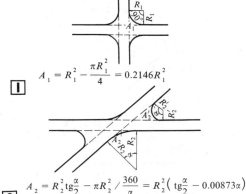

$$A_1 = R_1^2 - \frac{\pi R_1^2}{4} = 0.2146 R_1^2$$

$$A_2 = R_2^2 \operatorname{tg}\frac{\alpha}{2} - \pi R_2^2 / \frac{360}{\alpha} = R_2^2\left(\operatorname{tg}\frac{\alpha}{2} - 0.00873\alpha\right)$$

直交路口弯道面积　表8

转弯半径 R_1(m)	4	5	6	7	8	9
面积 A_1(m²)	3.43	5.37	7.73	10.52	13.73	17.38
转弯半径 R_1(m)	10	11	12	13	14	15
面积 A_1(m²)	21.46	25.97	30.90	36.27	42.06	48.29
转弯半径 R_1(m)	16	17	18	19	20	21
面积 A_1(m²)	54.94	62.02	69.53	77.47	85.84	94.64

路面等级及面层类型　表9

路面等级	面层类型
高级路面	水泥混凝土
	沥青混凝土
	热拌沥青碎石
	整齐块石
次高级路面	冷拌沥青碎（砾）石
	沥青贯入碎（砾）石
	沥青碎（砾）石表面处治
	半整齐块石
中级路面	沥青灰土表面处治
	泥结碎（砾）石、级配砾（碎）石
	工业废渣及其它粒料
	不整齐块石
低级路面	当地材料改善土

路面结构层的最小厚度　表10

结构层类型		最小厚度(cm)
沥青混凝土热拌沥青碎石	粗粒式	5.0
	中粒式	4.0
	细粒式	2.5
冷拌沥青碎石		4.0
沥青石屑		1.5
沥青砂		1.0
沥青贯入式		4.0
沥青上拌下贯式		5.0
沥青表面处治		1.5
水泥稳定类		15.0 *
石灰稳定类		15.0 *
石灰工业废渣类		15.0 *
级配砾（碎）石		8.0
泥结碎石		8.0
填隙碎石		8.0

注：带 * 号者，在旧路补强时，其厚度可为8cm。

总平面及运输[15] 道路

柔性路面典型结构组合图式

表1

路面等级	典型结构组合图式	结构层次	路面材料类型	厚度(cm)	适用条件
高级路面		面层	沥青混凝土或热拌沥青碎石	4～8	$p \leq 40$
		联结层	冷拌沥青碎(砾)石或沥青贯入碎(砾)石	6～10	$i \leq 5$
		基层	水泥稳定砂砾或泥灰结碎(砾)石或工业废渣	15～30	应加强维修
		底基层	石灰土或工业废渣或干压碎石	计算确定	
次高级路面		面层	冷拌沥青碎(砾)石或沥青贯入碎(砾)石	4～10	$p \leq 40$
		基层	水泥稳定砂砾或泥灰结碎(砾)石或工业废渣	15～30	$i \leq 5$
		底基层	石灰土或工业废渣或干压碎石	计算确定	应加强维修
		面层	沥青碎(砾)石表面处治	3	$p \leq 15$
		基层	泥灰结碎(砾)石或泥结碎(砾)石(仅干燥段)	15～30	$i \leq 5$
		底基层	石灰土或工业废渣或干压碎石	计算确定	应加强维修
中级路面		面层	泥结碎(砾)石或级配砾(碎)石	15～30	必须加强
		基层和底基层	工业废渣或混结块碎石	计算确定	养护

注：① 当车型、交通量较大时，厚度宜采用上限；反之，厚度可采用下限。
② 适用条件栏内的P系指标准车后轴重（t），i系指道路纵坡（%）。
③ 当有足够依据时，可不受本表道路纵坡规定的限制。

刚性路面结构

表2

结构层次	厚度(cm)	基层类别	材料要求及配比
面层	18～22	混合矿渣基层 (高炉重矿渣)	1. 最大直径不大于每层压实厚度的0.7倍，一般不大于10cm； 2. 松散容重 $\geq 1100 kg/m^3$；
平整层	3		
基层	25～30		
面层	18～22	混合钢渣基层	1. 在露天堆存一年以上的不再分解的钢渣； 2. 最大直径不大于每层压实厚度的0.7倍，一般不大于7cm； 3. 松散容重 $\geq 1100 kg/m^3$；
平整层	3		
基层	25～30		
面层	18～22	块石或片石基层	1. 石料强度不低于3级，高厚一般为14～20cm； 2. 手摆块石、片石基层的表面，应用碎石或砾石嵌缝，第一次嵌缝料粒径为2～4cm，第二次嵌缝料粒径为0.5～2cm。
平整层	3		
基层	22～25		
面层	18～22	二渣基层 煤渣或水淬渣、石灰或石灰渣、电石渣	1. 煤渣大于5cm应打碎，杂质应剔除； 2. 水淬渣的粒径不宜超过1cm，不能打碎的大块矿渣应剔除； 3. 石灰中的氧化钙含量，一般不低于30%； 4. 石灰：煤渣＝8～10：92～90%（重量比）。
平整层	—		
基层	20～25		
面层	18～22	三渣基层 (石灰、煤渣、石渣)	1. 1～3同上； 2. 石渣最大粒径不大于8cm； 3. 石灰：煤渣：石渣＝1：2：2～3（体积比）。
平整层	—		
基层	20～25		

注：① 路面需设垫层时，垫层材料及厚度另行设计。
② 混凝土面层厚度需经计算确定。

厂矿道路建筑限界

一至四级厂外道路（包括桥梁、隧道）建筑限界，应按现行的有关公路的设计规范执行。

厂外道路中的辅助道路、厂内道路和露天矿山道路建筑限界，应符合下图的规定。

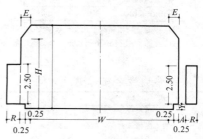

注：W—路面宽度（应包括弯道路面加宽）。不计入弯道路面加宽时，单车道桥头引道、隧道引线的路面宽度不得小于3.5m，即桥面净宽、隧道净宽不得小于4.0m；

R—人行道可根据需要两侧同时设置，或仅一侧设置，或两侧均不设置；

H—净空高度，应按行驶车辆的最大高度或车辆装载物料后的最大高度另加0.5～1m的安全间距采用（安全间距，可根据行驶车辆的悬挂装置确定），并不宜小于5m（如有足够依据确保安全通行时，净空高度可小于5m，但不得小于4.5m）；

h—净空侧高，可按净空高度减少1m采用；

E—净空顶角宽度。当路面宽＜4.5m时，净空顶角宽度为0.5m；路面宽4.5～9.0m时，净空顶角宽度为0.75m；当路面宽度＞9.0m时，净空顶角宽度为1.50m；

Y—净空路缘高度，可采用0.25m；

A—设置分隔设施（包括下承式桥梁结构、绿化带）所需宽度，可根据需要确定。

回车场

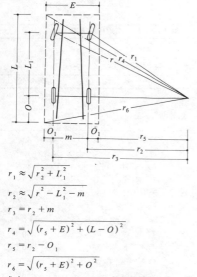

$r_1 \approx \sqrt{r_2^2 + L_1^2}$
$r_2 \approx \sqrt{r^2 - L_1^2} - m$
$r_3 = r_2 + m$
$r_4 = \sqrt{(r_5 + E)^2 + (L - O)^2}$
$r_5 = r_2 - O_1$
$r_6 = \sqrt{(r_5 + E)^2 + O^2}$

注：式中 r、L、L_1、O、E、m 等数据见车库部分汽车规格。

1 汽车回转轨迹的各项半径计算

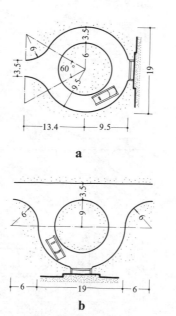

2 小客车回车广场（单位 m）

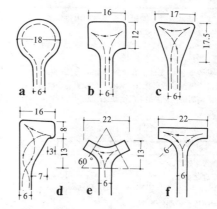

3 尽端式道路回车场（单位 m）

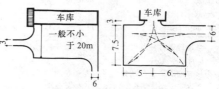

4 汽车库前停车广场（单位 m）

标准轨距铁路[16]总平面及运输

工业企业标准轨距铁路

工业企业与全国铁路网、港口码头、其他企业、原料基地及厂、矿生产单位衔接的工业企业铁路，应按工业企业远期或最大设计能力所承担重车方向的运量划分等级。

工业企业铁路等级　表1

铁路等级	重车方向年货运量（Mt）
Ⅰ	4及以上
Ⅱ	1.5及以上至4以下
Ⅲ	1.5以下

最小曲线半径（单位：m）　表2

铁路等级	一般地段	困难地段
Ⅰ	600	350
Ⅱ	350	300
Ⅲ	250	200

注：①限期使用铁路，其最小曲线半径可采用Ⅲ级铁路规定。
②个别情况下，经技术经济比选，采用小于表列数值时，Ⅰ级铁路不得小于300m，Ⅱ级铁路不得小于250m。工业企业内部运输铁路不得小于180m；厂、矿区内场地狭窄，使用小型机车车辆，固定轴距等于或小于4600mm时，最小曲线半径不得小于150m。

缓和曲线长度

直线与圆曲线间应以缓和曲线连接，其长度如表3规定。有条件时宜采用较长缓和曲线。

表3

曲线半径(m)	Ⅰ级铁路		Ⅱ级铁路		Ⅲ级铁路	
	(1)	(2)	(1)	(2)	(1)	(2)
	70	60	55	45	40	30
	(km/h)					
600	40	30	20	20	20	20
550	40	30	30	20	20	20
500	40	30	30	20	20	20
450	50	40	30	20	20	20
400	50	40	30	20	20	20
350	60	50	40	30	20	20
300	70	50	40	30	30	20
250			50	40	30	20
200					40	20
180					40	20
150					50	30

注：站场站线（到发线、调车线、牵出线及机车走行线），连接线和其他线可不设缓和曲线。

夹直线长度（单位：m）　表4

铁路等级	一般地段	困难地段
Ⅰ	50	25
Ⅱ	45	20
Ⅲ	40	20

注：两相邻曲线间应以夹直线连接，最小长度按表值选用。上表3注中的各线路不应小于10m。

场外线路布置形式

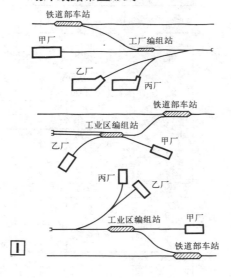

图1

线路最大坡度（‰）　表5

铁路等级	限制坡度		加力牵引坡度	
	蒸汽	内燃、电力	蒸汽	内燃、电力
Ⅰ	15	20	20	30
Ⅱ	20	25	25	30
Ⅲ	25	30	25	30

注：线路限制坡度的确定，应与邻接铁路牵引定数相协调。在采用限坡将引起巨大工程的地段，经过技术经济比选，可采用加力牵引坡度。

厂内线路布置形式

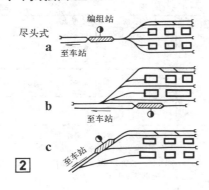

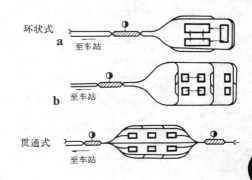

图2

站场线路（单位：m）

车站和车场应设在直线上。困难条件下可设在曲线上，但不应设在反向曲线上。各线路的最小曲线半径不得小于表8规定。

线路纵坡段长（单位：m）

线路宜设计较长的纵坡段，一般不宜小于表5所列数值。

表6

远期到发线有效长	1050	850	750	650	550	450
坡段长度	500	400	350	300	250	200

注：最小坡段长必须满足竖曲线设置要求；改建既有线和扩建第二线时，困难条件下可采用长100m。

相邻坡段最大坡度差（‰）　表7

铁路等级	远期到发线有效长度(m)				
	1500	850	750	650	550	450及以下
一般情况下						
Ⅰ	8	10	12	15	18	20
Ⅱ	10	12	15	18	20	25
Ⅲ			18	20	25	30
困难条件下						
Ⅰ	10	12	15	18	20	25
Ⅱ	12	15	18	20	25	30
Ⅲ			20	25	30	30

注：①牵引机动车功率等于或大于韶山Ⅰ型交流电力机车时，按有关规定另行选用。
②Ⅰ、Ⅱ级铁路相邻坡段的坡度差＞4‰，Ⅲ级铁路＞5‰时，应以圆曲线型竖曲线连接。竖曲线半径Ⅰ、Ⅱ级铁路应为5000m，Ⅲ级铁路应为3000m。竖曲线不应与缓和曲线重叠。
③车站相邻坡度差及圆曲线型竖曲线半径，正线同区间正线标准，到发线同相应的线路标准。

表8

铁路等级	车站和车场		企业内部运输	牵出线			装卸线			站场连接线、机车走行线	
	困难条件	特别困难条件	仅有2~3条配线	困难条件	特别困难条件	仅供列车转线及取送车作业	仅供企业内部运输设置的站场列车转线及取送车作业困难条件	困难条件	不靠站台	无摘挂作业	一般条件	困难条件
Ⅰ、Ⅱ	600	500	400	300	600	500	300	300	200	500	300*	200	200
Ⅲ	500	400											180

注：①带*符号者，系指不包括易燃、易爆、危险品的装卸线。
②站修线、洗罐线、车辆洗刷线及竖壁式高架卸煤（货）线的卸车地段、转车盘、灰坑和检查坑及其前后不小于6.5m的线段，均应设在直线上。
③仅行驶固定轴距小于4000mm的机车时，可采用不小于150m的曲线半径。在连接线和其它线上，仅行驶固定轴距小于3500mm机车时的曲线半径，不应小于120m。

总平面及运输 [17] 标准轨距铁路

站场坡度 (‰)

车站应设在平道上。设在坡道上时,坡度不超过1.5‰。困难条件下,按表1规定选用。

表1

中间站				道岔咽喉区		乘降所	
困难条件		特别困难条件		一般条件	困难条件	一般条件	困难条件
不大于2.5		不大于6*		同站坪	限坡减2**	不大于2.5	8 起动坡度

注：①带*符号者,系指特别困难条件下,有充分依据时,不办理调车、甩车或摘挂作业等的中间站。
②带**符号者,系指减坡后的坡度不得大于10‰。
③道岔区外牵出线,面向调车线的下坡道,不得大于2.5‰；面向调车线的上坡道,不得大于2‰。

站场线路间距 (单位: m)   表2

线路条件	说明	线间无高出轨面1100mm以上建筑物	线间装有高柱信号机	线间装有水鹤
相邻两线路均需通行超限货车		5.0	5.3	5.5
相邻两线路只有一条需通行超限货车		5.0	5.0	5.2
相邻两线路均不通行超限货车		5.0	5.0	5.0
其他线间*		4.6		
货物直接换装间		3.6		
梯线与其相邻线间		5.0		
供修理车辆用线间		6.0		
牵出线与相邻线间		6.5		

注：①带*符号者,系指除有特殊作业要求者外,例如装卸集装箱、长大笨重货物、散装货物等。
②货物线与相邻线路间,当有装卸作业时,不得小于15m,无装卸作业时,不得小于6.5m。

正线轨道类型   表3

选用条件	铁路等级		I A	I B	II	III
	年通过总质量密度 (Mt·km/km)		15及以上	15以下~8	8以上~4	4以下
轨	钢轨 (kg/m)	新轨	50	43	38	≥33
		旧轨	≥50	50	43	38
	轨枕数量 (根/km)	预应力混凝土枕(混凝土枕下同)	1680	1600	1520	1520~1440
		木枕	1760	1680	1600	1520
道床厚度(cm)	非渗水土路基	面层	20	20	20	15
		垫层	20	20	15	15
	岩石、渗水土路基		30	25	25	20

注：①计算年通过总质量包括净载、机车和车辆以及旅客列车质量,单线按往复总质量计,双线按每线通过总质量计,I_A为≥10Mt, I_B为<10Mt。
②III级铁路如行驶轴重大于18t机车时,应采用38kg/m钢轨,混凝土轨枕应采用1520根/km。
③非渗水土路基宜采用双层道床。在垫层材料供应困难,路基无病害情况下,可采用单层道床,其厚度比用砂石路基标准增加5cm。

站线轨道类型   表4

铁路等级		I A	I B	II	III
线别		到发线			
轨	钢轨 (kg/m)	新轨	比正线轻一级,但不轻于38kg/m			
		旧轨	与正线同级			
	轨枕数 (根/km)	混凝土枕	1520	1440	1440	1440
		木枕	1600	1520	1440	1440
道床厚度(cm)	非渗水土路基	无垫层	30	25	25	25
		面层	20	15	15	15
		垫层	15		15	
	岩石、渗水土路基		25	20	20	20
线别		调车、牵出、机车走行线			
轨	钢轨 (kg/m)	新轨	43~38	38	38~33	38~33
		旧轨	43	43	43~38	43~38
	轨枕数 (根/km)	混凝土枕	1440			
		木枕				
道床厚度(cm)	非渗水土路基		25	25	25	20
	岩石、渗水土路基		20	20	20	20

注：①表中铁路等级划分标准,同《正线轨道标准》。
②II、III级铁路的调车、牵出、机车走行线的轨枕数量,如行驶轴重16t以下机车时,II级铁路仍采用木枕1440根/km外,均可采用1360根/km。
③站线可采用单层道床。在路基土质不良地段或多雨地区的到发线,宜采用双层道床。
④道岔的道床厚度,与其连接的主要线路同。

其他轨道类型   表5

最大轴重(t)		钢轨(kg/m)		混凝土枕或木枕数量 (根/km)	道床厚度(cm)	
机车	车辆	新轨	旧轨		非渗水土路基	岩石、渗水土路基
16~21	20~25	38	43	1440	20	20
16以下	20以下	38~33	43~38	1360	20	20

注：①行驶轴重大于21t的机车或轴重大于25t的车辆线路,其轨道应另行设计。
②改建时,其他线路上可保留38kg/m以下的钢轨,但不得轻于32kg/m。

平交道口

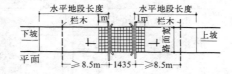

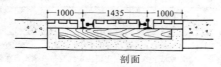

剖面

注：除标明者外,单位为mm。

铁路与道路交叉

铁路与道路交叉宜设计正交。必须斜交时,交叉角不应小于45°。厂内线路如受地形限制,交叉角可适当减小。

铁路与道路平面交叉时应设置道口。道口应设在了望条件良好的地点。通行机动车辆的道口,距道口外不小于50m范围内机动车辆司机可看到道口两侧火车的距离以及火车司机可看到道口的距离。铁路与道路平交道口视距,不得小于表6所列数值。

表6

铁路等级及分类	行车速度 (km/h)	视距 (m)	
		火车	道路机动车辆
I	70	800	270
II	55	700	230
III级及限期使用的铁路	40	400	180
调车运行的联络线路	30	300	150
	20	150	100

厂区其他线路上的道口视距,可根据列车或调车运行速度,结合具体情况计算确定。但必须符合各部门有关安全规定的要求。

当道口不符合上述要求或交通量较大时应设看守。

道口平台长与铺面宽 (单位: m)   表7

城市道路		1~4级公路		乡村道路			
				通行机动车辆		通行非机动车辆	
平台长度	铺面宽度	平台长度	铺面宽度	平台长度	铺面宽度	平台长度	铺面宽度
20	与路面同宽*	16	与路基同宽	13	4.5	10	1.5~3.0

注：①在困难地段的4级公路平台长度可采用13m。
②带*符号者,系指路面宽度包括人行道,不包括绿化带。
③道口平台长度不包括竖曲线在内。
④道口两侧的道路平台长度从钢轨外侧起算。

连接平台道路纵坡 (%)   表8

道路种类	工程难易程度		
	一般	困难	特殊困难
城市道路	2.5	3.5	可酌量加大1~2%
1~4级公路	3	5	
乡村道路	3	6	

注：位于海拔2000m以上或严寒冰冻地区的乡村道路连接平台的道路纵坡不应大于7%。

标准轨距铁路[18]总平面及运输

线路中心至建筑物间距（单位：mm）　　　　表1

序号	建筑物说明		高出轨面距离	至线路中心线距离
1	各种立交桥柱、各种支架及起重机立柱等边缘		1100以上	2440
2	雨棚边缘（不包括雨棚立柱）	至正线和超限货车进入线路	1100以上～3000	2440
		至超限货车不进入的线路	1120以上～3850	2000
3	普通货物站台（站台面高出轨面1100mm）边缘		1100及以下	1750
4	旅客站台边缘（站台面高出轨面300、500mm）边缘		1100及以下	1750
5	车库门、转车盘、洗车架等专用线上建筑物边缘		1120以上	2000
6	正对线路无出口房屋和平行于线路的外墙凸出部分边缘	位于有调车人员作业一侧	一般情况 3000以下	5000
			困难情况 3000以下	3500
		位于无调车人员作业一侧	3000以下	3000
7	正对线路有出口的房屋边缘	出口处有平行于线路防护栅栏	3000以下	5000
		出口处无平行于线路防护栅栏	3000以下	6000
8	正对线路无出口的板房、道岔清扫房的凸出部分		3000以下	3500
9	铁路进入的围墙和栅栏大门边缘	有调车人员随车进入	3000以下	3200
		超限货车进入	3000以下	440
10	铁路进入的厂房大门边缘	超限货车进入	3000以下	2440
		超限货车不进入	3850以下	2000
11	跨线式装车仓等建筑物边缘	装车线中心线的一侧	5000以下	2440
		装车线中心线的另一侧	5000以下	2000

注：①道路边缘至线路中心线距离不得小于3750mm。
②跨线铁路的立交桥涵和渡槽等的墩、台、柱类，其边缘至经常有调车人员作业一侧的线路中心线距离，不应小于3500mm。
③装卸油品栈台边缘至装卸线中心线的距离，靠栈台一侧，高出轨面3000mm以上时，为1750mm；高出轨面3000mm及以下时，为2000mm。至装卸线中心线另一侧时，高出轨面5000mm以下，为3500mm。

单开、对称道岔主要尺寸　　　　表2

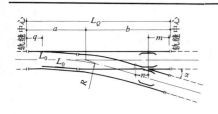
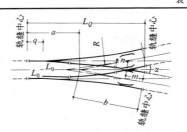

道岔号	辙岔角度 α°	导曲线半径 R(m)	道岔全长 L_Q(m)	道岔始端至道岔中心距离 a(m)	道岔中心至道叉跟端距离 b(m)	尖轨前端基本轨长 q(m)	辙岔趾距 n(m)	辙岔跟距 m(m)	尖轨长度 L_0(m)
			单	开	道	岔	主	要	尺 寸
12	4°45′49″	330	36.815	16.853	19.962	2.650	1.849	2.708	7.700
9	6°20′25″	180	28.848	13.839	15.009	2.650	1.538	2.050	6.250
7	8°07′48″	150	22.967	10.897	12.070	2.242	1.065	1.970	5.000
			对	开	对	称	道 岔	主 要	尺 寸
6	9°27′44″	180	17.457	7.437	9.994	1.300	1.220	1.321	4.500
9	6°20′25″	355	28.864	13.839	15.009	2.650	1.538	2.050	6.250

钢轨主要尺寸　　　　表3

轨型	断面尺寸				截面面积	重心距		理论重量	长度
	轨高 h	底宽 b	头宽 C	腰厚 D		至轨底 Z_1	至轨顶 Z_2		
	mm				cm²	cm		kg/m	m
	重	型	钢			轨	尺	寸	
38	134	114	68	13.0	49.5	6.67	6.73	38.733	12.5(25.0)
43	140	114	70	14.5	57.0	6.90	7.10	44.653	12.5(25.0)
50	152	132	70	15.5	65.8	7.10	8.10	51.514	12.5(25.0)
60	176	150	73	16.5				60.64	25.0
	起	重	机			钢	轨	尺 寸	
QU80	130	130	80	33	81.3	6.43	6.57	63.69	10(10.5)
QU100	150	150	100	38	113.2	7.60	7.40	88.96	11(11.5)
QU120	170	170	120	44	150.4	8.43	8.57	118.10	12(12.5)

道岔选用　　　　表4

站内正线、调车运行连络线、到发线				有路网机车进入线路		左列线路以外的线路	
一般条件		困难条件*		一般条件		困难条件	
道岔号	导曲线半径(m)	道岔号	导曲线半径(m)	道岔号	导曲线半径(m)	道岔号	导曲线半径(m)
9	180	7	150	9	180	7	150	6	110

注：①道岔号的选用，应符合现行《铁路道岔号数系列》的有关要求，并应按本表规定选用。
②带*符号者，系指仅行驶固定轴距为3500mm及以下机车车辆的站内正线、调车运行的联络线及到发线，其余线路可采用6号。
③表列道岔号系指单开道岔号。

站场股道有效长度

股道有效长度由该站的车列组成辆数决定。不妨碍邻线行车，按下列公式计算及图1示意

$$L = n \times l_{辆} + l_{机} + l_{守} + l_{附}$$

式中：L—股道有效长度，m；
n—车辆数，（辆）；
$l_{辆}$—车辆平均长度，m；
$l_{机}$—机车长（包括煤水车长），m；
$l_{守}$—守车长度，无守车时不计，m；
$l_{附}$—为停车不平衡系数，到发线和牵出线为30m，其它线为10～20m。

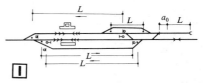

图1

a_0—无轨道电路时，为尖轨始端至岔心距离；有轨道电路时，为基本轨接头处的钢轨绝缘至岔心距离。

蒸汽机车主要技术特征　　　　表5

项目	单位	机型		
		前进(QJ)	菲德(FD)	建设(JS)
车轴排列		1-5-1	1-5-1	1-4-1
构造速度	km/h	80	85	85
模数牵引力	kgf	33290	34010	25476
轮周功率	Hp	2980	2390	2270
通过最小曲线半径	m	145	150	145
机车和煤水车	粘着重量	t	100.5	103.0	80
	动轮轴重	t	20.10	20.60	19.86
	煤水车轴数		4	6	4
	空车重量	t	148.79	123.10	123.30
	装煤量	t	14.5	22	17.0
	装水量	t	40	44	35
	运转整备重量	t	217.80	137.00	187.32
车体	长度	mm	26023	29070	23337
	宽度	mm	3375	3250	3332
	高度	mm	4790	4800	4760
	全轴距	mm	22972	25817	20481
	动轮直径	mm	1500	1500	1370
	固定轴距	mm	6400	6500	4419

总平面及运输[19] 标准轨距铁路

内燃机车主要技术特征

表1

项 目	单位	机型 东风(DF)	机型 东风4(DF4)	机型 ND5(美C36-7)	机型 东方红5
车轴排列		3_0-3_0	3_0-3_0	3_0-3_0	2_0-2_0
机车持续功率	Hp	1800	3300	3600	
构造速度	km/h	100	100(货)	117	40/80
持续速度	km/h	18	21.9(货)		8.5/7
通过最小曲线半径	m	145	145	85	100
轮周起动牵引力	kgf	30800	42100(货)	28380/15580	
轮周持续牵引力	kgf	19400	30800(货)	20200/10050	
轴重	t	21	23	25	21.5
机车重量	t	126	138	150	86
车体 长度	mm	16685	20500	19910	14900
车体 宽度	mm	3307	3308	3130	3376
车体 高度	mm	4775	4725	4712	4643
全轴距	mm	12800	15600	16025	12600
动轮直径	mm	1050	1050	1050	1050
燃料油装油量	kg	5400	9000(升)	11100	3200

注：① 3_0-3_0 表示用电力传动的前三轴、后三轴，2_0-2_0 表示用液压传动的前二轴、后二轴。
② 带分子、分母的数字分别为调车、小运转机车的参数。

电力机车主要技术特征

表2

项 目		单位	机型 韶山1(SS1)	机型 韶山3(SS3)	机型 韶山4(SS4)
车轴排列			3_0-3_0	C_0-C_0	$2(B_0-B_0)$
构造速度		km/h	93.5	100	120
通过最小曲线半径/限速		m/km/h	125/5	125/5	125/5
机车总重		t	138	138	184
平均轴重		t	23	23	23
牵引性能	功率 小时制	Hp/kW	5700/4200	6530/4800	
牵引性能	功率 持续制	Hp/kW	5140/3780	5920/4350	8700/6400
牵引性能	牵引力/速度 小时制	tf/km/h	33.7/49.9	34.4/49.9	64
牵引性能	牵引力/速度 持续制	tf/km/h	29.5/45.8	32.4/48	44/52
牵引性能	起动	tf	49.7	49.7	64
额定电压		kV	25	25	25
车体 长度		mm	20368	21680	2×16416
车体 宽度		mm	3100	3100	3100
车体 落弓时受电弓至轨面高度		mm	4740	4740	4680
全轴距		mm	15000	15800	11200
动轮直径		mm	1250	1250	1250
固定轴距		mm	4600	4300	3000

牵引重量与起动坡度

表3

机型	Q及 i_q	限制坡度(‰) 4	6	8	12
韶山1(SS1) (小时制)	Q	6150	4450	3500	2400
	i_q	2.90	5.60	7.64	11.95
韶山3(SS3) (小时制)	Q	6250	4550	3600	2500
	i_q	2.50	5.20	7.10	10.90
韶山4(SS4) (持续制)	Q	7440	5450	4250	2950
	i_q	3.70			
东风(DF)	Q	3550	2550	1950	1300
	i_q	3.36			
东风4(DF4)	Q	5750	4100	3200	2150
	i_q	1.96	4.67	6.65	10.76
ND5	Q	8200	5900	4550	3100
	i_q	0.40	2.50	4.70	7.90
前进(QJ)	Q	4450	3150	2400	1600
	i_q	0.93	3.21	5.41	8.84
建设(JS)	Q	3500	2450	1900	1250
	i_q	0.94	3.32	5.39	8.95
菲德(FD)	Q	4300	3050	2300	1550
	i_q	1.22	3.59	5.83	9.32

注：① 本表系按单机牵引计算，未注数值者为不受限制。
② Q为牵引重量(t)，i_q 为起动坡度(‰)。

货车基本技术参数

表4

车种	型号	自重(t)	载重(t)	长度(mm)	容积(m³)	长、宽、高(mm)
棚车	P8	18.0	40.0	13100	68.5	12200、2400、2000
	P15	22.6	60.0	16442	123.6	15470、2850、2840
敞车	C5	16.5	40.0	11300	47.8	10270、2770、1700
	C65	19.3	60.0	13942	75.0	13000、2900、2000
平车	N4	20.0	40.0	13408	35.9	
	N6	18.0	60.0	13908	35.0	长·宽 12420·2770
矿石车	K16	33.8	95.0	14000	45.0	长·宽 12920·2900
	K18	22.0	60.0	13942	63	
轻油罐车	G6	26.4	50.0	11900	30.5	长·宽 9578·2600
保温车	B17	40-42	40.0	17932	78.0	15450·2524·2000
守车	S10	14.0		10896		宽·高 3190·4445

建筑限界

一、建限—1

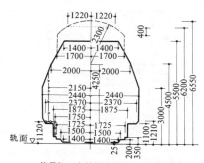

—×—×— 信号机、水鹤的建筑接近限界(正线不适用)。
—·—·— 站台建筑接近限界(正线不适用)。
——— 各种建筑物的基本接近限界。
- - - - 适用于电力机车牵引线路跨线桥、天桥及雨棚等建筑物。
.... 电力机车牵引的线路跨线桥在困难条件下的最小高度。

注：① 旅客站台上的柱类建筑物离站台边缘至少1.5m，建筑物离站台边缘至少2.0m。专为行驶旅客列车的线上可建1100mm的高站台。
② 曲线上建筑限界加宽办法
曲线内侧加宽(mm)
$$W_1 = \frac{40500}{R_i} + \frac{H}{1500}h$$
曲线外侧加宽(mm)
$$W_2 = \frac{44000}{R_i}$$
曲线内外侧加宽(mm)
$$W = W_1 + W_2 = \frac{84500}{R_i} + \frac{H}{1500}h$$
式中：R_i——曲线半径，m；
H——计算点自轨面算起的高度，mm；
h——外轨超高，mm；
$\frac{H}{1500} \cdot h$ 之值亦可用内侧轨顶

为轴将有关限界旋转 θ 角 ($\theta = tg^{-1}\frac{h}{1500}$) 求得。

二、建限—2

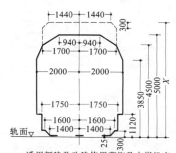

——— 适用新建及改建使用蒸汽及内燃机车、车辆的车库门、转车盘、洗车架、专用煤水线等建筑，以及机车走行线上各建筑物和旅客列车到发线及超限货车不进入的线路上雨棚。
- - - - 适用于电力机车使用的上述各种建筑物，X值按接触网高度(有或无承力索)决定。

三、机车车辆上部限界

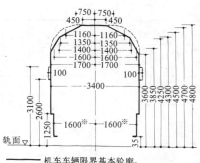

——— 机车车辆限界基本轮廓。
- - - - 电气化铁路干线上运用的电力机车。
····· 列车信号装置限界轮廓。
※ 电力机车在距轨面高350～1250mm范围内为1675mm。

窄轨铁路[20] 总平面及运输

铁路等级及划分

应根据单线重车方向的远期年运量按表1划分等级。

表1

铁路等级	单线重车方向年运量(Mt)	
	600mm 轨距	762(900)mm 轨距
I	—	1.0 以上
II	0.3 及以上	0.5～1.0
III	0.3 以下	0.5 以下

最小曲线半径 (m) 表2

铁路等级	600mm 轨距		762(900)mm 轨距	
	一般地段	困难地段	一般地段	困难地段
I			150	100
II	80	50	120	80
III	60	30	80	60

注：① 当采用蒸汽机车牵引时，最小曲线半径不得小于机车固定轴距的35倍；
② 当采用电力和内燃机车牵引的762(900)mm轨距铁路，有技术经济依据时，其最小曲线半径可适当减小，但不得小于机车固定轴距的20倍。

最大纵坡 (‰) 表3

线路等级	600mm 轨距	762(900)mm 轨距
I		12
II	12	15
III	15	18

注：① 如地形复杂，有技术经济依据时，坡度可适当加大，但600mm轨距II、III级铁路分别不应超过15‰、18‰；762(900)mm轨距铁路不应超过20‰。
② 线路纵断面坡段长度，不宜小于设计采用的最大列车长度。在困难条件下，不得小于最大列车长度的一半。
③ 纵断面相邻坡段的坡度代数差，不得超过重车方向的限制坡度值。

车站最小曲线半径 (m) 表4

类别	600mm 轨距		762(900)mm 轨距	
	困难	特别困难	困难	特别困难
有调车作业	100	60	200	100
无调车作业	80	50	150	80

注：① 车站正线、到发线、牵出线和装(卸)车线，应设在直线上。在困难条件下，除装(卸)车线在煤仓(受煤坑)范围内的地段外，可设在半径不小于表列规定的同向曲线上。
② 当采用蒸汽机车牵引时，车站最小曲线半径，尚不得小于机车固定轴距的50倍。

站坪最大坡度 (‰) 表5

类别	600mm 轨距		762(900)mm 轨距
	≥3t 矿车	<3t 矿车	
有摘挂作业	4	5	4
无摘挂作业	6	8	6

注：① 站坪宜设在平道上，在困难条件下，可设在不大于表列规定的坡道上。
② 无调车作业的车站，如地形特别复杂，在保证列车起动的条件下，其坡度可适当加大。
③ 单机走行线的坡度，不应大于30‰。三角线的曲线部分可设在不大于20‰的坡道上。

铁路中心线相邻最小间距 (m) 表6

项 目	600mm 轨距	762(900)mm 轨距
铁路中心线至建筑物外墙面或凸出部分		
1. 靠线路侧无出口时	2.0	2.5
2. 靠线路侧有出口时	5.0	5.5
3. 房屋出口与铁路间有栅栏时	4.0	4.5
企业场地围墙	3.5	3.5
公(道)路边缘	3.0	3.0

注：① 城市型道路自路面边缘算起，公路型自路肩边缘或排水沟边缘算起。
② 煤仓、煤台、站台、仓库、色灯信号机、水鹤支柱、跨线桥柱等，按建筑限界要求。

线路交叉

窄轨铁路与公(道)路相交处，应按下列要求设置道口：

一、了望条件良好的地点；

二、采用正交，无法正交时，斜交的角度不应小于45°。道口两侧的公(道)路，从钢轨外侧算起，应有不小于13m的平台。连接平台两端的公(道)路坡度，通行机动车辆的不应大于3%，困难条件下不应大于5%、不通行机动车辆的不应大于8%。

三、道口铺面宽同路面。通行机动车时大于4.5m；通行农业机械时大于6.0m；通行畜力车时大于2.5m。

两相邻站线的间距 (m) 表7

轨距 (mm)	600	762(900)	
机车或车辆最大宽度 (m)	1.2 及以下	2.4 至 2.9	2.4 以下
			计算式 / 不小于
正线、到发线、编组线与其它线间	2.2	3.9	B+1.0 / 2.2
到发线间、编组线间	2.2	3.9	B+1.0 / 2.2
正线、到发线间设水鹤时	2.5	4.2	B+1.3 / 2.5
牵出线与其它线间	2.5	4.2	B+1.3 / 2.5
办理车辆不摘钩修理的线间	2.2	3.9	B+1.0 / 2.2
修理机车或车辆专用的线间	3.0	4.7	B+1.8 / 3.0

注：① 表中B为设计所用机车或车辆最大宽度，m。
② 机车或车辆的最大宽度超过本表规定的上限值时，应再加上其超过值，并取整到0.1m。
③ 两相邻站线间，如需设置接触网电杆时，其间距不应小于机车或车辆的最大宽度加1.7m。
④ 牵出线与其它线间，在无调车人员上下一侧，采用正线、到发线、编组线与其它线间数值。

正线轨道类型 表8

轨距 (mm)	铁路等级	机车、车辆轴重(t)	钢轨类型 (kg/m)	道床厚度(cm)	
				非渗水土路基	岩石、渗水土路基
600	II	3.5～5	18(22) / 15(15)	20	15
	III	3.5～5	15(15)	15～20	15
762 (900)	I	6～10	24(30)	25	20
	II	6～10	24(30) / 18(22)	20	15
	III	3.5～5	18(22) / 15(15)	15～20	15

注：轨枕采用钢筋混凝土轨枕或防腐木枕，轨枕根数1500～1600根/km。轨枕数量是按每节钢轨长10m计算。括号内数字系指新轨型号。

单开道岔 (DK) 的型号和主要尺寸

渡线道岔的线路间距(dm)；
道岔号码；道岔钢轨类型(kg/m)；
道岔中心线的曲线半径(m)；
代表道岔轨距：6—600、7—762、9—900(mm)；
道岔类型：单开、对称、渡线。

表9

顺序	道岔型号	辙岔角 (α)	主要尺寸 (mm)			重量 (kg)
			a	b	L	
1	DK615—4—12	14°02′10″(14°15′00″)	3261(3340)	3539(3500)	6800(6840)	760
2	DK615—6—25	9°27′44″(9°31′38″)	4373(4026)	4977(5124)	9350(9150)	1014
3	DK715(7615)—4—15	14°02′10″(14°15′00″)	3503(3580)	4197(4148)	7700(7728)	—
4	DK715(7615)—6—30(40)	9°27′44″(9°31′38″)	4594(4746)	5956(5713)	10550(10459)	—
5	DK915—4—15	14°02′10″(14°15′00″)	3543	4757	8300	880
6	DK622(618)—4—12	14°02′10″(14°15′00″)	3462(3472)	3588(3328)	7050(6800)	1169
7	DK622(618)—6—25	9°27′44″(9°31′38″)	4673(4287)	5027(4713)	9700(9000)	1523
8	DK630(624)—4—12	14°02′10″(14°15′00″)	3660(3496)	3640(3404)	7300(6900)	1562
9	DK722(7618)—4—15	14°02′10″(14°15′00″)	3703(4257)	4247(3963)	7950(8220)	1250
10	DK730(7624)—4—15	14°02′10″(14°15′00″)	3902(3730)	4298(4050)	8200(7780)	1702
11	DK730(7624)—6—30(22)	9°27′44″(9°31′38″)	5193(4114)	6107(5786)	11300(9900)	2275
12	DK922(918)—4—15	14°02′10″(14°15′00″)	3743(3793)	4807(4690)	8550(8400)	1316
13	DK922(918)—6—30(20)	9°27′44″(9°31′38″)	4862(4540)	6838(6660)	11700(11200)	1798
14	DK930(924)—4—15	14°02′10″(14°15′00″)	3942(3726)	4858(4674)	8800(8400)	—
15	DK930(924)—6—30	9°27′44″(9°31′38″)	5160(4507)	6940(6693)	12200(11200)	2416
16	DK930(924)—7—40	8°07′48″(8°07′48″)	5165(6812)	8035(8188)	13200(15000)	2625

注：① 表中括号内数字系为旧道岔数字，下同； ② 道岔DK615、DK915新旧道岔同名，未另标示，下同。

总平面及运输[21]窄轨铁路

渡线道岔（DX）的型号和主要尺寸

表1

图示	顺序	道岔型号	辙岔角（α）	主要尺寸 (mm) a	b	L	T	L_0	重量 (kg)
	1	DX615—4—1216	14°02′10″(14°15′00″)	3261(3340)	3539(3500)	12923(12980)	1600	6400(6300)	1542
	2	DX622(618)—4—1216	14°02′10″(14°15′00″)	3462(3472)	3588(3328)	13323(13244)	1600	6400(6300)	2323
	3	DX630(624)—4—1216	14°02′10″(14°15′00″)	3660(3490)	3640(3404)	13720(13292)	1600	6400(6300)	3229
	4	DX715—4—1519	14°02′10″	3503	4197	14607	1900	7600	—
	5	DX722—4—1519	14°02′10″	3703	4347	15007	1900	7600	2490
	6	DX730—4—1519	14°02′10″	3902	4298	15404	1900	7600	3398
	7	DX922(918)—4—1522(1519)	14°02′10″(14°15′00″)	3743(3710)	4807(4690)	16287(14901)	2200(1900)	8800(7481)	2634
	8	DX930(924)—4—1522(1519)	14°02′10″(14°15′00″)	3942(3726)	4858(4674)	16684(14933)	2200(1900)	8800(7481)	3553

对称道岔（DC）的型号和主要尺寸

表2

图示	顺序	道岔型号	辙岔角（α）	主要尺寸 (mm) a	b	L	重量 (kg)
	1	DC615—3—15	18°26′06″(18°55′30″)	2350(2000)	2750(2880)	5064(4880)	629
	2	DC622(618)—3—15(12)	18°26′06″(18°55′30″)	2460(2077)	2800(2723)	5224(4800)	957
	3	DC630(624)—3—15(12)	18°26′06″(18°55′30″)	2500(2064)	2852(2736)	5375(4800)	—
	4	DC715(7615)—3—15	18°26′06″	2350	3249	5557	—
	5	DC722(7618)—4—20	14°02′10″	2200	4247	6415	1105
	6	DC730(7624)—4—20(16)	14°02′10″(14°15′00″)	2300(1835)	4298(4395)	6566(6230)	1455
	7	DC915—3—20	18°26′06″	2600	3675	6228	722
	8	DC922(918)—3—15(20)	18°26′06″(18°55′30″)	2460(2405)	3725(3495)	6137(5900)	1033
	9	DC930(924)—3—15(20)	18°26′06″(18°55′30″)	2560(2375)	3776(3525)	6287(5900)	1397

钢轨主要尺寸

表3

轨型		断面尺寸 轨高 (h)	底宽 (b)	头宽 (c)	腰厚 (D)	截面面积 (cm^2)	理论重量 (kg/m)
	(kg/m)	(mm)					
新轨	9	63.50	63.50	32.10	5.90	11.39	8.94
	12	69.85	69.85	38.10	7.54	15.54	12.20
	15	79.37	79.37	42.86	8.33	19.33	15.20
	22	93.66	93.66	50.80	10.72	28.39	22.30
	30	107.95	107.95	60.30	12.30	38.32	30.10
旧轨	15	91.00	76.00	37.00	7.00	18.80	14.72
	18	90.00	80.00	40.00	10.00	23.07	18.06
	24	107.00	92.00	51.00	10.90	31.24	24.46

注：①货物站台高度为900mm，站台边缘距线路中心线为1400mm。
②旅客站台高度一般为200mm，站台边缘距线路中心线为1400mm。
③站台上各类建筑物距站台边缘至少为1500mm。

建筑接近限界

1. 762mm 轨距建筑接近限界

建限—1

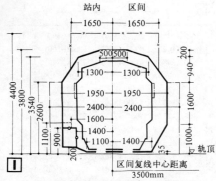

① 蒸汽、内燃机车牵引的基本建筑接近限界
— 货物站台的接近限界
— 区间及站内最外侧线路以外的房屋、篱笆和通信、信号、照明支柱的接近限界
---- 转辙器标志的接近限界
— 跨线桥（公路、铁路、人行）的接近限界

建限—2

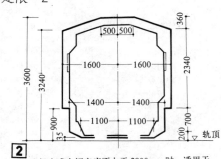

② 当机车或车辆宽度不大于2800mm时，适用于蒸汽和内燃机车使用的车库门、煤水线上的站台、水鹤、转车盘、轨道衡、滑溜式高站台和跨线式漏斗仓库等设备。亦适用于旅客站台上和货物线上的雨棚遮檐。

2. 600、900mm 轨距建筑接近限界

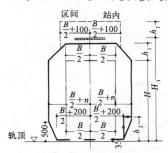

图例：
— 直线建筑接近限界
— 站台的接近限界
— 电机车接触线的悬挂点高度
---- 适用于电力机车牵引的线路
— 机车车辆轮廓线

符号：
B——机车或车辆的最大宽度，当实际宽度值小于1200mm时，采用1200mm；当大于1200mm时，采用实际值，尾数取整为10；
n——500mm，适用于基本建筑接近限界；200mm，适用于机车车辆门、转辙器标志、高站台、煤水线上的煤台、水鹤、转车盘、轨道衡、滑溜式高站台和跨线式漏斗仓等设备，也适用于站台上的雨棚遮檐；
H——机车或车辆的最大高度；
H_1——电机车接触线的悬挂点高度，当选用露天型电机车时，采用4400mm；其它电机车采用3200mm；
h_1——距容易燃烧的建筑物为700mm，距耐火建筑物为350mm；
h_2——站台高度。

注：本图为600mm、900mm轨距电力、内燃、蒸汽机车牵引时，铁路直线建筑接近限界，并适用于762mm轨距电力机车牵引。

设计要点及布局 [1] 工厂管理服务建筑

概述

随着工业小区、多层通用厂房、出租厂房和乡镇企业的出现，工业生产基地的类型和工厂内部管理机制也发生了变化。打破传统的厂前区布置形式，使管理服务建筑的内容和布局因厂因地制宜地向综合化和社会化方向转化是改革开放的需要。工厂管理建筑一般包括：

一、工厂主出入口：工厂大门、门卫、值班室、收发室等。
二、行政管理建筑：工厂办公楼、综合服务楼等。
三、生活服务建筑：食堂、卫生所、乳儿托儿所等。
四、辅助生产建筑：中央实验室、技术服务楼等。
五、交通服务设施：汽车库、停车场、自行车棚等。
六、社会服务设施：产品经营、展销、维修服务部等。

设计要点

一、工厂管理服务建筑宜面向城市干道布置，以利于向社会化转化；尽可能位于厂区的上风侧，并靠近职工住宅区。
二、管理服务建筑的平面与空间组合应相对集中、灵活、布置、合理安排。可形成一个条带，占据厂区一角，或布置在工业小区的适中部位。小厂也可与工厂生活间合并布置。
三、工厂管理服务建筑的形式、色调等应符合城市规划的要求，并与邻近建筑或工业小区的整体格调相协调。
四、应妥善处理其周围道路、停车场、广场、绿化、美化设施的设计和规划，创造开敞、整洁、美观、舒适的环境。
五、面向社会的产品展销、维修服务部等，应有直接对外的出入口和对厂区联系方便的内门。

管理服务建筑的几种布局

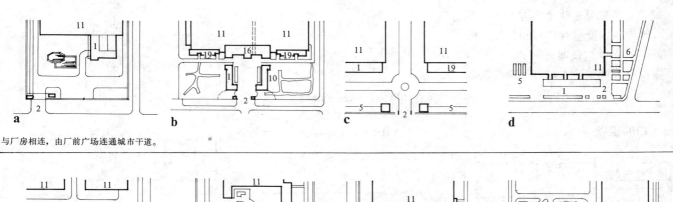

a 与厂房相连，由厂前广场连通城市干道。

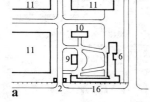 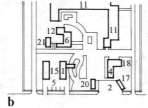  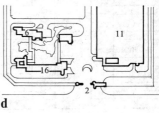

独立成为一区，占厂前一个角落。

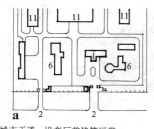 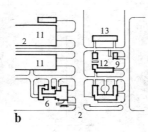 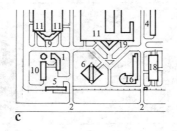 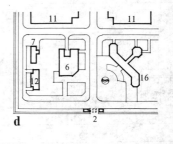

沿城市干道，设在厂前建筑区带。

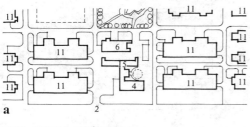 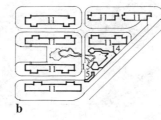

沿城市干道，设在工业小区适中地带。

1 办公楼	2 主出入口	3 消防车库
4 汽车库	5 自行车棚	6 食堂
7 医疗站	8 中央实验室	9 托儿所
10 工程技术楼	11 厂房	12 浴室
13 招待所	14 变电所	15 单身宿舍
16 综合楼	17 产品展销	18 仓库
19 生活间	20 门卫	21 锅炉房

工厂管理服务建筑 [2] 工厂主出入口

工厂出入口有主出入口、次出入口、货运出入口和铁路出入口等，具体设置由企业规模和生产性质而定。它是保卫生产安全、检查出入证件的门户。主出入口距厂部办公楼不宜过远，以方便外来人员联系工作。

设计要点

一、工厂出入口是人流与货运必经门户，对厂容厂貌和城市街景有一定影响，设计时应综合考虑其功能与城市规划等方面要求。

二、人流、货运出入口宜分开，工厂较大、住宅区分散时还需增设次出入口。其具体数量、位置、距离等由工厂规模而定，并应符合城市交通、环境保护、消防等有关要求。

三、出入口前应设置供人流集散和车辆暂停与回转的场地，并应作绿化和美化处理。

四、如工厂须有严格的保卫和安全措施时，需在出入口处设置单人行的检查通道。

a 不对称布置，人流、货运分开

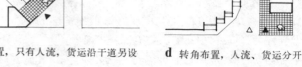
b 对称布置，人流、货运不分

c 转角布置，只有人流，货运沿干道另设

d 转角布置，人流、货运分开

e 形似对称布置，人流货运分开

f 对称布置，人流侧行，货运居中

g 不对称布置，人流、货流各居一侧，货运分上下行

h 对称布置，人流居中，货运分上下行

▲ 人流　△ 货运

1 工厂出入口布置形式

主出入口的组成

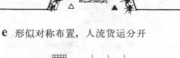

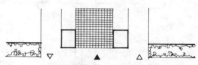

a 小型工厂　　　　b 中型工厂

1 警卫室
2 传达室
3 检查室
4 办公室
5 通道

c 大型工厂

2 通道在室内的出入口

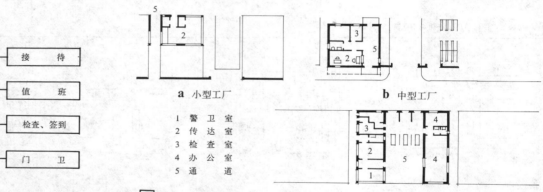

厂标牌侧立式　　　厂标牌居中式　　　门柱式

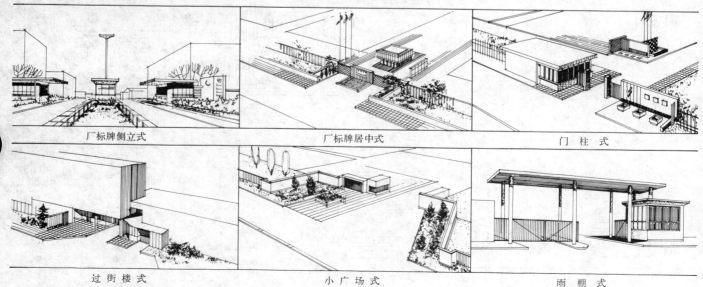

过街楼式　　　小广场式　　　雨棚式

3 几种出入口形式

工厂主出入口实例[3] 工厂管理服务建筑

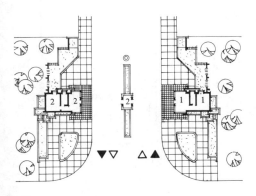

1 某钢铁厂出入口

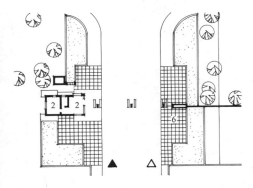

2 某钢铁厂出入口

3 某木器厂出入口

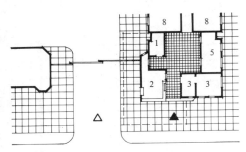

4 某国外工厂出入口

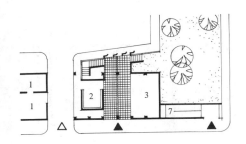

5 某国外制药厂出入口

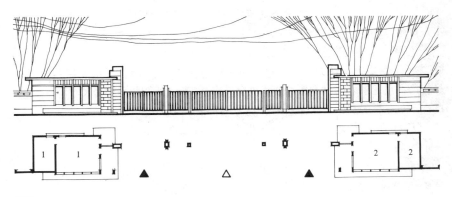

6 某拖拉机厂出入口

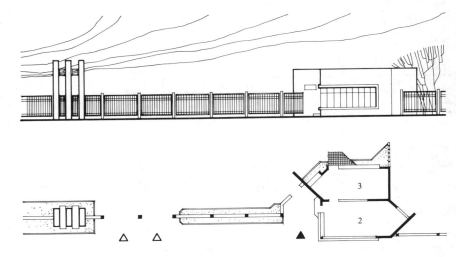

7 某制药厂出入口

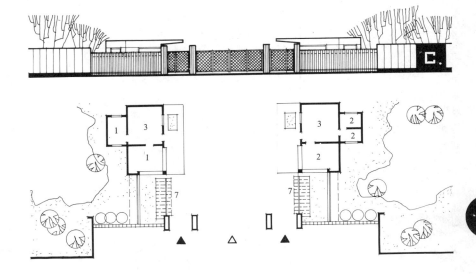

8 某照相机总厂出入口

△ 货运　　1 收发、值班　　2 门卫、值班　　3 会客、接待
▲　　　　4 产品展销　　5 出　　纳　　6 厂标牌、饰物
　　　　　7 自行车棚　　8 办　　公

工厂管理服务建筑 [4] 办公楼·综合服务楼

工厂办公楼是工厂管理服务建筑的主体，常设在厂区主出入口附近，当办公面积较少时，也可与厂房生活间合并。

厂级办公建筑宜由行政部门办公室、技术部门办公室、政工部门办公室及辅助用室（辅助用室指会议室、计算机房、产品展览室、广播室、电话总机室及办公用品库等）组成，不包括试验室、教室、总务维修及仓库用室。

厂级办公建筑的建筑面积，根据全厂职工总数按表1计算。

办公用房应合理分间，尽量采用灵活隔间，并满足特殊用房的温湿度、采光、通风及其他使用功能要求。

综合服务楼是随着工厂的经营管理向综合化和社会化转化而出现的建筑形式。依工厂的规模、性质、场地条件和具体要求不同，常把工厂的行政管理和某些服务设施组合成综合服务楼。一般常设在工厂主出入口附近。

办公楼、综合服务楼的位置

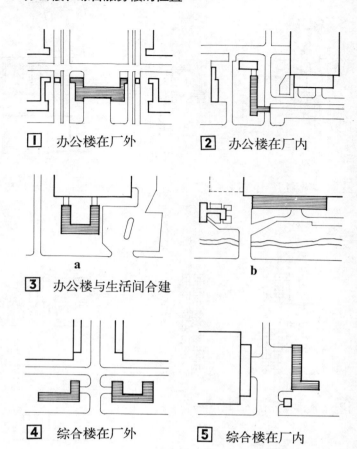

1 办公楼在厂外　　2 办公楼在厂内

3 办公楼与生活间合建（a、b）

4 综合楼在厂外　　5 综合楼在厂内

厂级办公建筑面积参考指标　表1

全厂职工总数（人）	1500以下	1500~3000	3001~5000	5000以上
建筑面积指标（m²/人）	2.4	2.4~2.2	2.2~2.0	2.0

注：① 使用厂级办公建筑的人数按占全厂职工的比率13.4%计。
② 本表摘自《机械工厂办公及生活建筑设计标准》。

办公人员办公面积定额参考指标　表2

职　别	使用面积(m²/人)	备　注
厂级干部	10~20	包括正副厂长、党委书记、总工程师
中层干部	5~9	
一般干部	≥3.0	包括技术管理行政管理人员
设计人员	≥5.0	全部绘图人员
研究人员	≥4.0	

工厂办公楼的组成

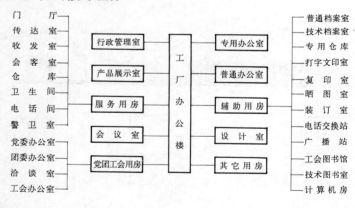

综合服务楼的组成

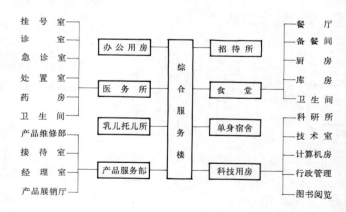

工厂办公室开间及布置

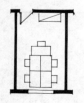 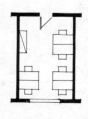 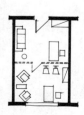 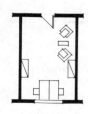 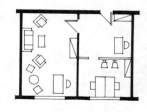 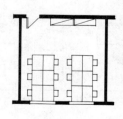

开间 3.3m×5.4m　　开间 3.6m×6.0m　　开间 3.6m×6.0m　　开间 3.6m×6.0m　　开间 3.6m×6.0m　　开间 6.0m×6.0m
每人占 3.56m²　　每人占 3.6m²　　每人占 10.8m²　　每人占 10.8m²　　（左）每人占 21.6m²　　每人占 3.0m²

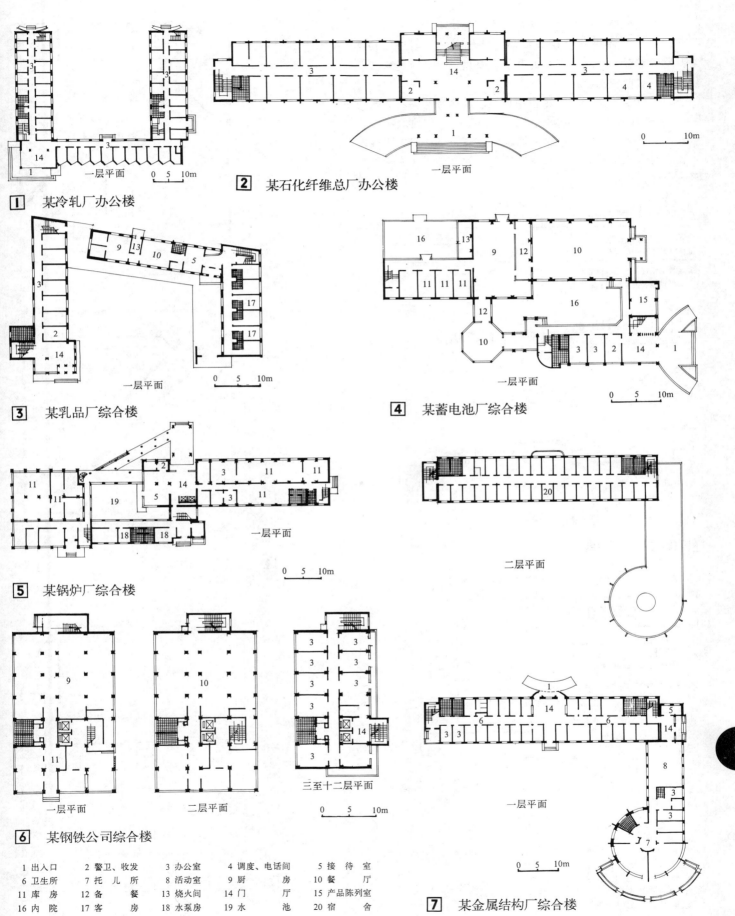

工厂管理服务建筑 [6] 工厂食堂

工厂食堂可分为厨房与餐厅齐备的职工食堂,有备餐而不含加工的进餐食堂、供职工午间进餐兼休息用的简易食堂、职工进餐兼对社会服务的营业食堂以及食堂兼礼堂或俱乐部的多功能食堂等。

工厂食堂宜集中或分区集中设置,其服务距离不宜大于500m,并应布置在污染源的上风向。每个食堂的服务人数不宜超过2000人。食堂的建筑面积,根据全厂职工人数,按表1计算,宜根据需要设置杂物院,寒冷地区应有设置菜窖的场地。

工厂食堂建筑面积参考指标

食堂组成	餐厅	配餐间	厨房及库房	生活用房	合计
建筑面积指标(m²/人)	0.6	0.05	0.4	0.05	1.10

注:①食堂根据需要可附设客人餐厅和小卖部,其规模视具体情况而定。
②根据需要可单独设立回民餐厅和厨房。

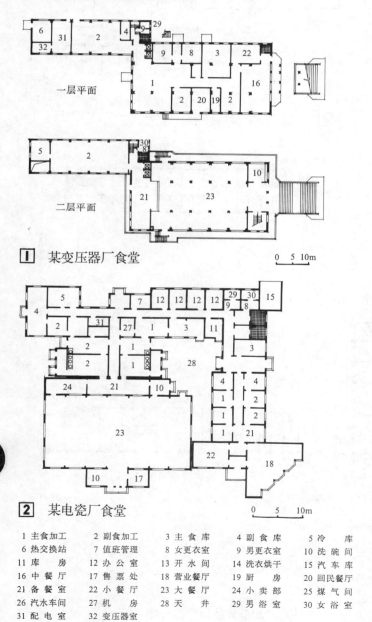

1 某变压器厂食堂

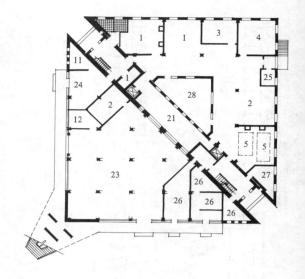

3 某金属结构厂食堂

2 某电瓷厂食堂

4 某化工厂食堂

1 主食加工	2 副食加工	3 主食库	4 副食库	5 冷库
6 热交换站	7 值班管理	8 女更衣室	9 男更衣室	10 洗碗间
11 库 房	12 办公室	13 开水间	14 洗衣烘干	15 汽车库
16 中餐厅	17 售票处	18 营业餐厅	19 厨 房	20 回民餐厅
21 备餐室	22 小餐厅	23 大餐厅	24 小卖部	25 煤气间
26 汽水车间	27 机 房	28 天 井	29 男浴室	30 女浴室
31 配电室	32 变压器室			

厂前区实例 [7] 工厂管理服务建筑

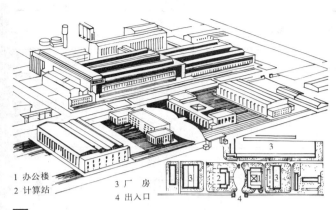

1 办公楼　　3 厂房
2 计算站　　4 出入口

1 某钢铁分厂

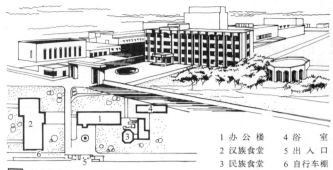

1 办公楼　　4 浴　室
2 汉族食堂　5 出入口
3 民族食堂　6 自行车棚

2 某涤纶纤维厂

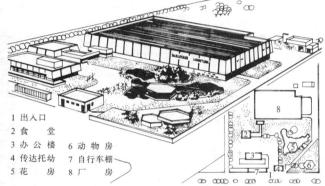

1 出入口
2 食堂
3 办公楼　　6 动物房
4 传达托幼　7 自行车棚
5 花房　　　8 厂房

3 某制药厂

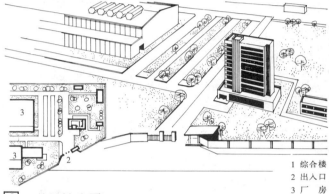

1 综合楼
2 出入口
3 厂房

4 某钢铁公司

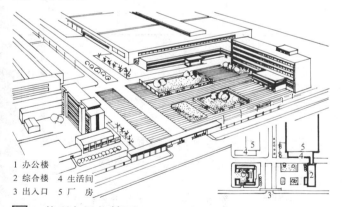

1 办公楼
2 综合楼　4 生活间
3 出入口　5 厂房

5 某彩色显像管厂

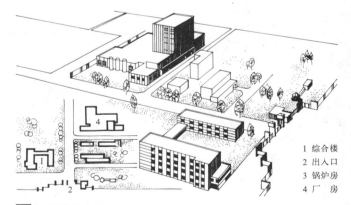

1 综合楼
2 出入口
3 锅炉房
4 厂房

6 某乳品厂

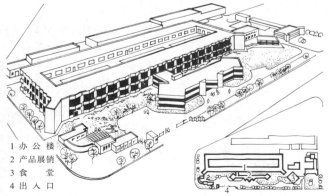

1 办公楼
2 产品展销
3 食堂
4 出入口

7 某压缩机厂

1 办公楼
2 食堂
3 生活间
4 厂房
5 出入口
6 自行车棚

8 某制药厂

工厂生活间 [1] 概述

生活间组成

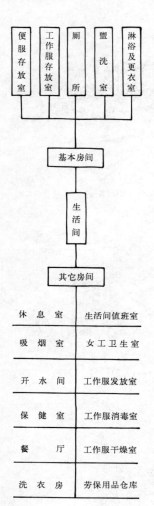

车间的卫生特征分级及其生活用房的关系

车间卫生特征级别	生产过程的卫生特征	需设置的生产卫生用室	图示
1级	极易经皮肤吸收引起中毒的剧毒物质（如有机磷、三硝基甲苯、四乙基铅等）；处理传染性材料、动物原料等	应设车间浴室，必要时设事故浴室；便服及工作服应分开设存放室；洗衣房、盥洗室及厕所	1—3—7 11—5—8—2；6—9—10—7 11
2级	易经皮肤吸收或有恶臭的物质、或高毒物质（如丙烯腈、吡啶、苯酚等）；严重污染全身或对皮肤有刺激的粉尘（如碳黑、玻璃棉等）；高温作业；井下作业	应设车间浴室，必要时设事故浴室；便服及工作服可同室分开存放的存衣室；盥洗及厕所	1—3—5—8—2；6—7 11—9—10—7 11
3级	其它有毒物及易挥发的有毒物质（如苯等）；一般粉尘（如棉尘等）；重作业	宜在车间附近或在厂区设集中浴室；便服与工作服可同室存放的存衣室；盥洗及厕所存衣室可与休息室合设	1—3—5(4)—8—2；7 11—10—7 11
4级	不接触有毒物质或粉尘，不污染或轻度污染身体（如仪表，金属冷加工，机械加工等）	可在厂区或居住区内设置集中浴室；工作服存放室（可设于车间内适当地点或与休息室合并）；盥洗及厕所	1—3—5(4)—8—7 11；10

1 前厅 2 吸烟室 3 便服存放室 4 休息室 5 工作服存放室 6 浴室及更衣 7 盥洗室
8 通道 9 洗衣及烘干室 10 女工卫生室 11 厕所

生活间设计要点

一、结合总图及车间平面合理选择生活间位置。

二、应与产生有害、有毒物质的车间隔开。

三、有良好的天然采光和通风。特别对存衣室要有相应的通风措施。

四、生活间设于地下室时，须有排水、防潮、采光、通风措施。水湿房间应尽量集中布置。

五、餐厅入口不应直接开向有污染的车间。

六、餐厅及卫生间的门窗应设防蝇装置。

七、保健站宜设于底层。

生活间布置形式

一、毗连式生活间，与车间联系方便，有利于行政管理及辅助生产用房的布置。占地面积少，外围结构长度短，一般设于厂房端部。生活间的长度不宜超过车间外墙总长40%，并需考虑车间被遮挡部分的采光与通风措施。

二、独立式生活间，适用于露天生产、不采暖车间、热加工车间以及运输频繁、震动较大等车间。该形式可获得良好的通风与采光。亦可几幢厂房合用（如设计成综合楼）。独立式生活间易与环境结合，可创造较好的厂区环境。但造价较高，与车间联系不便，占地多。

三、车间内部生活间，适用于正常条件下生产及生活用房不多的车间。生活设施接近工作地点，可充分利用车间内部空间。但有时会影响车间的通用性和灵活性。常用的形式有：嵌入车间内空余地段；悬挂在车间空间或夹层；半地下室或地下室等。

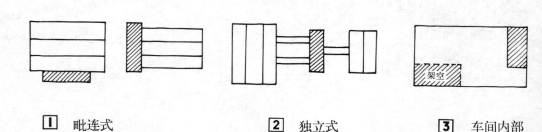

1 毗连式   2 独立式   3 车间内部

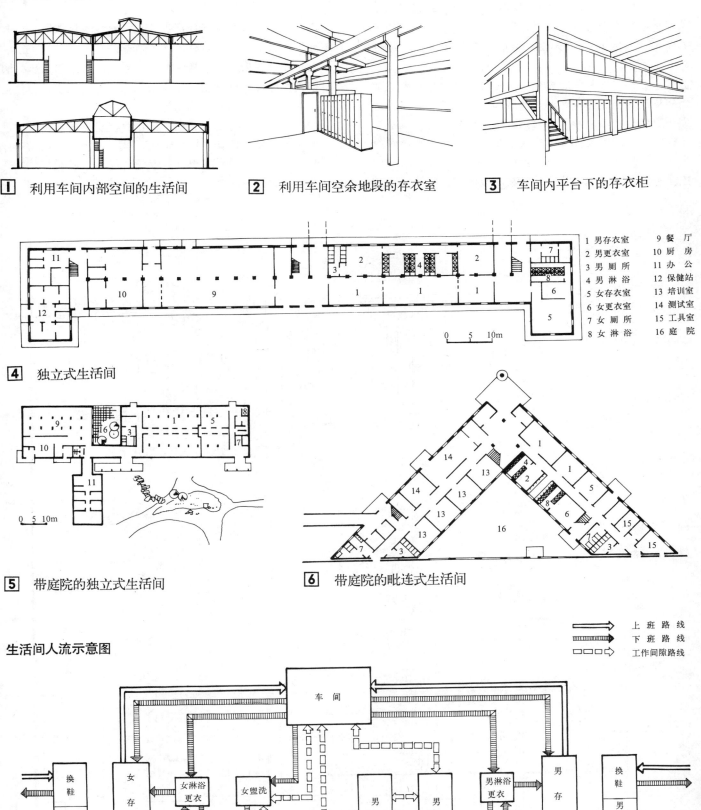

工厂生活间 [3] 存衣室

存衣室设计要点

一、存衣室和存衣设备应根据生产放散毒害的程度和使用人数设置。存衣设备可根据所存衣物及洁污程度选用不同形式的衣柜。闭锁式衣柜按在册人数每人一柜设置。

二、不放散有害气体和粉尘，只污染手臂的生产和放散辐射热及对流热的生产，工作服和便服可放在一起。污染全身的生产和放散有害气体、粉尘和处理有感染危险材料的生产，以及为保证产品质量而有特殊卫生要求的生产，工作服与便服应分开存放。

三、可沾染病原体或沾染易经皮肤吸收的剧毒物质或工作服污染严重的车间，应设洗衣房。

四、根据生产需要（如产生湿气大的地下作业等），可设工作服干燥室，其面积按实际需要确定。

五、存衣柜应尽量垂直于窗口布置，以利采光通风。闭锁式衣柜应考虑衣柜的通风措施。对有异味或带菌作业的生产可采用机械通风装置。

六、存衣室应有更衣面积。工作服需要坐着更换时应设更衣凳，并保证有足够的通行面积。

七、多雨地区应考虑雨具的存放与设备，或在入口处设集中保管的雨具室。

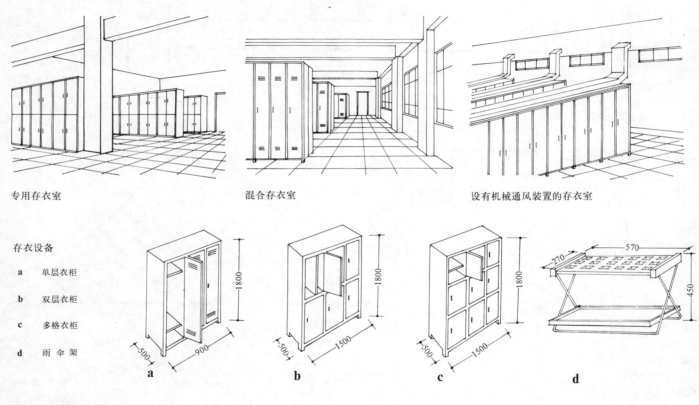

专用存衣室　　混合存衣室　　设有机械通风装置的存衣室

存衣设备

a 单层衣柜
b 双层衣柜
c 多格衣柜
d 雨伞架

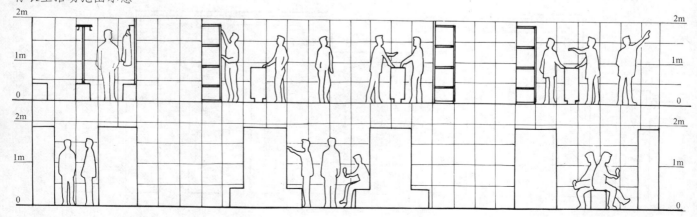

存衣室活动范围示意

盥洗室

一、车间内应设盥洗室或盥洗设备。产生显著毒害和污染严重的车间，其水龙头数按每20～30人设一个。一般生产车间水龙头数按每31～40人设一个。

二、放散有害物质、粉尘和污染油腻的生产，应供热水。

三、工人数量按最大班工人总数的93%计算。

盥洗设备间距

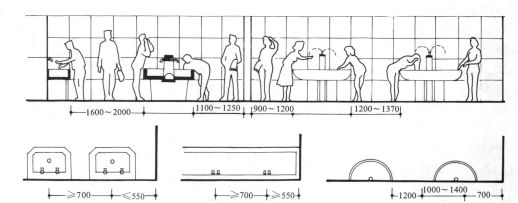

厕所

厕所与作业地点的距离不宜过远，一般行走距离为75m左右。厕所应为水冲式，并有洗手设备和排臭防蝇措施。地面及墙裙应采用易清洗的材料。厕所的蹲位数应按使用人数计算进行设计。

大便器和小便器数量

车间职工人数（人）		150以下	150～400	400以上
男	大便器（具）	2～4	4～7	7～9
	小便器（具）	2～4	4～7	7～9
女	大便器（具）	2	2～4	4～6

厕所间及过道间距

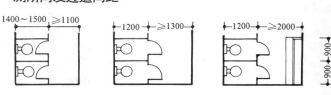

淋浴器应根据全车间职工人数每6～13人设一套，严寒地区取上限，炎热地区取下限。洗面器宜按4～6套淋浴器配置一具确定。

浴室的建筑面积，宜按每套淋浴器5.0m² 计算确定。

淋浴

淋浴室应按卫生要求和生产污染程度选择不同的形式。卫生特征1、2级的车间应设车间浴室。如有剧烈毒害生产过程的车间应设通过式淋浴室。淋浴室应考虑保温、排水、排气、防湿。当附近无厕所时淋浴室内应设厕所。淋浴室应设更衣间，更衣间应与淋浴分开，并设存衣设备，更衣凳数量按每一个喷头两个设置。更衣间的设备尺寸应考虑通行使用方便，入浴者和浴后者无污染干扰。

淋浴间及过道间距

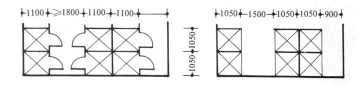

一般厂房生活间平面布置示例

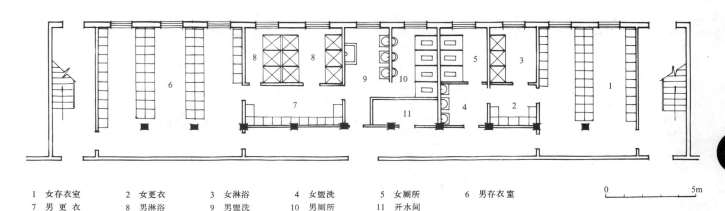

1 女存衣室　2 女更衣　3 女淋浴　4 女盥洗　5 女厕所　6 男存衣室
7 男更衣　8 男淋浴　9 男盥洗　10 男厕所　11 开水间

工厂生活间 [5] 多层厂房·通用厂房

多层厂房生活间设计要点

一、多层厂房的生活间应根据生产特征（如防尘要求及洁净等级）设置必要的换鞋、更衣等用房。

二、生活间应上下对位，以便管线垂直布置。

三、生活间的位置应符合工厂总平面和厂房的人流和货流路线。

四、生活间的位置不应影响厂房的工艺布置。其空间组成应对工艺变更有一定的适应性。

五、多层厂房中常将生活间与楼电梯间、竖井及其它公用房间集中起来设计成一个平面与竖向的共用单元。

多层厂房生活间实例

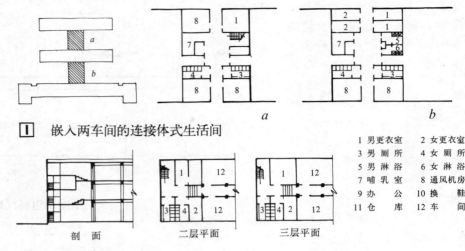

1 嵌入两车间的连接体式生活间

1 男更衣室　2 女更衣室
3 男厕所　　4 女厕所
5 男淋浴　　6 女淋浴
7 哺乳室　　8 通风机房
9 办　公　　10 换　鞋
11 仓　库　　12 车　间

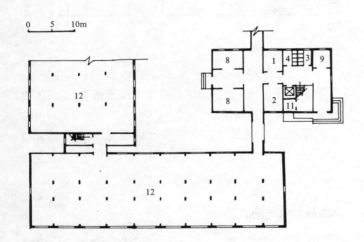

2 错层的毗连式生活间

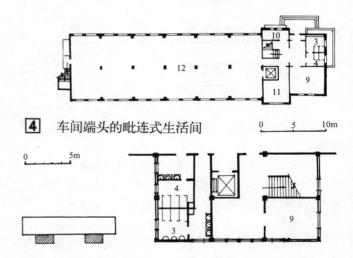

4 车间端头的毗连式生活间

3 独立式生活间

5 车间侧面的毗连式生活间

通用厂房生活间设计要点

一、生活间应分散布置，适合于各自分租后自成整体。亦可与交通设施组成独立的单元分布在各出租区内。

二、租售厂房生活间由盥洗、厕所、更衣组成。其它生活用房（如淋浴、开水、医疗卫生等），可集中统一考虑。

三、生活间位置应符合消防、环保及卫生要求，并对厂房工艺变更有一定的适应性。

四、生活间应尽先考虑自然采光与通风。

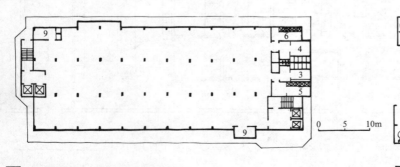

6 厦门湖里工业区通用厂房

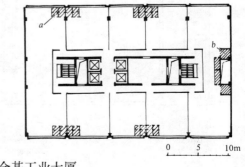

7 香港金基工业大厦

设计要点 [1] 单层厂房

设计要点

单层厂房适应性强，适于工艺过程为水平布置的，使用重型设备的高大厂房和连续生产的多跨大面积厂房。

一、了解生产工艺特点和建设地区条件，符合生产要求，便于生产发展，技术先进适用、经济合理，方便施工。

二、按生产特征、物流人流，合理组织厂房平面和空间。

三、按生产和运输设备布置、操作检修要求决定空间尺度，选择柱网和结构形式。力求厂房体型简单，构件种类少。

四、按生产的火灾危险性进行厂房的防火安全设计。

五、按生产要求、生产者心理和生理卫生要求，结合气候条件布置采光、通风口，选择天窗型式，防止过度日晒，避免厂房过热和眩光。使厂房有良好的采光通风条件。

六、合理利用厂房内外空间布置生活辅助用房，安排各种管线、风口、操作平台、联系走道和各种安全设施。

七、对生产环境有特殊要求或生产过程对环境有污染，危害人体、影响设备和建筑安全时，应采取有效处理措施。

八、对厂区建筑群体、特构、道路、绿化应有统一的景观设计，对厂房体型、立面、色彩等应根据使用功能、结构形式、建筑材料作必要的建筑艺术处理，使其具有特色，并与全厂的景观相协调，形成良好的工厂建筑环境。

设计所需工艺、公用专业资料　　表1

项目	内　容
产品	技术特点、体积、重量、数量、贮存和运输方式、与厂房布置的关系
设备	主要设备特性、外形尺寸、重量、操作方式、布置方式，需要的空间与其他设备的联系，对环境的要求和影响，相应的基础和特殊构筑物 起重运输设备类型、起重量、数量、使用范围、与厂房有关的尺寸和关系，吊车的工作制、上吊车梯的位置、是否检修点、对设安全走道的要求
工艺	工艺布置及发展方案、车间物流、工序工段划分及相互关系、出入口及通道；生产特征、火灾危险性分类、采光等级、卫生级别分级、噪声级等
环境有害因素	生产对厂房温湿度、洁净度、振动控制、噪声控制、电磁屏蔽等的要求 生产过程是否产生振动、冲击、高噪声、电磁波、射线、易燃、易爆、高温、烟尘、粉尘、水及蒸汽、化学侵蚀介质、有毒液体或气体等各种有害因素的程度，对环境和厂房建筑结构的影响，需相应处理的要求
公用系统	动力、电、给排水、采暖、通风、空调、三废治理等公用系统各种设施和管线在车间的位置，所需面积和标高（包括平台、支架、走道等）
人员	工人、技术人员、管理人员的数量、性别、班次、受生产污染的程度
总图	车间在总图上的位置，与其他部门的联系，车间发展或分期建设计划

单层厂房平面形式　　表2

厂房柱网示意	建筑特征	适用车间
	单跨、双跨、或厅式厂房，便于利用自然通风和采光	冷加工车间、热加工车间
	一般单向多跨柱网、大柱网或网格式柱网厂房 可用天窗解决采光和通风 设备布置和生产运输方便	冷加工车间联合厂房。当有局部发散余热或有害介质的工部时，这类工部应靠外墙布置，并与其他工部隔开
	平行跨或纵横跨组成的厂房，当为解决自然通风和采光需要时，可在中部设露天吊车跨、空跨或天井	大型加工装配车间，生产过程中散发大量余热或各种有害介质的车间，需要利用自然通风的大面积厂房

柱网及高度选定

一、符合生产使用及生产发展灵活调整的要求。

二、符合《厂房建筑模数协调标准》的规定。

三、工艺有特殊要求的厂房，或按标准模数在技术经济上显著不合理的厂房，可根据实际情况选择柱网。

四、按照有关的规范规定，设置伸缩缝、沉降缝、防震缝。

五、在技术经济合理的基础上，避免设置纵横跨和高低跨。

六、多跨厂房当高度差≤1.2m时，不宜设高低跨。不采暖多跨厂房当高跨侧仅有一个低跨，且高差≤1.8m时，也不宜设高低跨。若因取消高低跨而须增设天窗时可以例外。

单层厂房轮廓尺寸　　表3

厂房高度(m)（地面至柱顶）	厂房跨度 (m)							起重运输设备(t)
	6	9	12	18	24	30	36	
3.0～3.9	○	○	○					无起重设备或有悬挂起重设备 其起重量在5t以下的厂房
4.2、4.5	○	○	○					
4.8、5.1	○	○	○	○				
5.4、5.7	○	○	○	○				
6.0、6.3	○	○	○	○	○			
6.6、6.9								
7.2	○	○	○	○	○			
7.8								
8.4				○	○	○		5、8、10、12.50
9.6				○	○	○		5、8、10、12.50、16、20
10.8				○	○	○		5、8、10、12.50、16、20、32
12.0								
13.2～14.4				○	○	○	○	8、10、12.50、16、20、32、50
15.8～18.0					○	○	○	20、32、50

注：M—基本模数符号。1M = 100mm。 a_c—联系尺寸。 a_e—伸缩缝或防震缝宽度。t—墙体（或上部封墙）厚度。

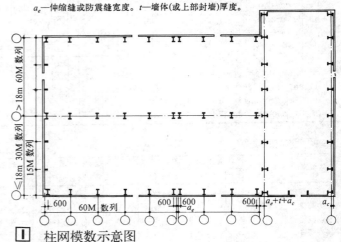

1 柱网模数示意图

吊车工作制　表4

吊车运转时间率(JC%)			
轻级	中级	重级	特重级
15%	25%	40%	60%

注：1. 重级、特重级吊车厂房须设双面安全走道，并在两端山墙处连通。

2. 中级吊车厂房可设单侧安全走道。

车辆行驶相应的宽度　　表5

通行车辆	通道宽(m)	门洞宽×高(m)
火车车辆、重型汽车	4.0～4.5	4.2×5.1～4.5×5.1
卡车、标准轨平车	3.0～3.5	3.6×3.0～4.2×3.6
电瓶车、叉车、窄轨平车	2.0～2.5	3.0×3.0～3.3×3.6
0.5t 叉车、双轮手推车	1.5～1.8	1.8×2.4～2.4×2.4
小型搬运车、人行	1.0～1.5	1.0×2.1～1.5×2.1

注：1. 通过特殊工件的门洞宽 = 工件宽+2×300mm。

2. 使用有轨运输的厂房通道布置须注意引出线处理。

单层厂房 [2] 空间布置

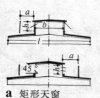

a 矩形天窗

1. 适用于天然采光和自然通风，常用跨度 b：6、9、12m。
   b/L：0.3～0.5
2. 天窗常用高度：1.2～3.6m，其采光系数见表1
3. 避风天窗 a/h 值：1.1～1.5，几种天窗局部阻力系数(ζ)如下：

有窗扇 $a/h=1.5$		开敞式 $a/h=1.5$	
中悬窗开启80°	上悬窗开启45°	大挑檐45°	挡雨板10°
4.2	9.2	5.2	3.9

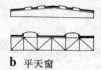

b 平天窗

适用于各种屋盖结构天然采光，布置灵活，形式多样。但须注意直射阳光引起过热和眩光。

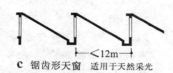

c 锯齿形天窗 适用于天然采光

d 天井式天窗
用于热加工车间自然通风，宜做开敞式。
ζ 值<矩形天窗。图示天窗 $\zeta=3.84$

e 横向天窗
适用于东西向厂房采光和通风。

1 天窗基本形式

常用矩形天窗采光系数表（长度单位：m，采光系数 $\bar{C}$ %） 表1

b	h	h_x	h_x/b	K_g	$h_c=1.5$			$h_c=1.8$			$h_c=2.4$			$h_c=3.0$			$h_c=3.6$		
					A_c/A_d	C_d	$\bar{C}$	A_c/A_d	C_d	$\bar{C}$	A_c/A_d	C_d	$\bar{C}$	A_c/A_d	C_d	$\bar{C}$	A_c/A_d	C_d	$\bar{C}$
12	4.2	5.2	0.43	1.02	0.25	5.3	3.41	0.3	6.3	4.05									
	6.0	7.0	0.58	0.96	(1/4)		3.21	(1/3.3)		3.81									
	7.8	8.8	0.73	0.86			2.87			3.41									
	9.6	10.6	0.88	0.8			2.67			3.18									
18	6.0	9.0	0.5	1				0.2	4.3	2.71	0.26	3.28	0.33	7	4.41				
	7.2	18	0.6	0.95				(1/5)		2.57	(1/3.8)	5.2 3.11	(1/3)		4.19				
	9.6	12.6	0.7	0.9						2.44		2.95			3.97				
	10.8	13.8	0.77	0.89						2.41		2.90			3.90				
	12.0	15.0	0.83	0.81						2.19		2.65			3.57				
24	7.8	10.8	0.45	1.03							0.2 4.3 2.79		0.25 5.3 3.34		0.3 6.4 4.15				
	9.6	12.6	0.53	0.99							(1/5) 2.68		(1/4) 3.31		(1/3.3) 3.99				
	10.8	13.8	0.58	0.96							2.60		3.21		3.87				
	12.0	15.0	0.63	0.94							2.50		3.14		3.79				
	14.4	17.4	0.73	0.89							2.41		2.97		3.59				
30	8.4	11.4	0.38	1.08										0.2 4.3 2.93		0.24 5.1 3.47			
	10.8	13.8	0.46	1.02										(1/5) 2.76		(1/4.2) 3.23			
	13.2	16.2	0.54	0.98										2.65		3.15			
	15.6	18.6	0.62	0.94										2.55		3.02			
	18.0	21.0	0.70	0.90										2.44		2.89			

本表根据《工业企业采光设计标准》(GB5003—91)的规定计算。计算公式：
$\bar{C}=C_d\cdot K_J\cdot K_p\cdot K_g\cdot K_d\cdot K_f$
C_d：天窗洞口采光系数，K_J：总透光系数
K_p：反光系数
K_g：高跨比系数
K_d：挡风板系数
K_f：方向系数
A_c/A_d：窗地比

示意简图：

计算条件：
按Ⅲ类光气候，单层钢窗、钢化玻璃，污染程度一般，钢筋混凝土屋架、无挡风板，$\bar{\rho}=0.3$，$K_p=1.4$，$K_f=1.2$，厂房跨数3以上、厂房长度>8h_x

车间架空管道最小敷设净距表（单位 m） 表2

管线名称	给排水管		热力管		非燃气管		氧气管		煤气管		燃油管		乙炔管	
	平行	交叉	平行	交叉	平行	交叉	平行	交叉	平行	交叉	平行	交叉	平行	交叉
给排水管道	—	—	0.1	0.1	0.15	0.1	0.25	0.1	0.25	0.1	0.25	0.1	0.25	0.25
热力管道	0.1	0.1			0.15	0.1	0.25	0.1	0.25	0.1	0.25	0.1	0.25	0.25
非燃气体管道	0.1	0.1	0.1	0.1			0.25	0.1	0.25	0.1	0.25	0.1	0.25	0.25
氧气管道	0.25	0.1	0.25	0.1	0.25	0.1			0.25	0.1	0.25	0.1	0.25	0.25
煤气管道	0.25	0.1	0.25	0.1	0.25	0.1	0.25	0.1			0.25	0.1	0.25	0.25
燃油管道	0.15	0.1	0.15	0.1	0.25	0.1	0.25	0.1	0.25	0.1		—	0.25	0.25
乙炔管道	0.25	0.25	0.25	0.25	0.25	0.25	0.25	0.25	0.25	0.25	0.25	0.25		
滑触线	1.0	0.5	1.0	0.5	1.5	0.5	1.5	0.5	1.5	0.5	1.5	0.5	3.0	1.5
裸导线	1.0	0.5	1.0	0.5	1.5	0.5	1.5	0.5	1.5	0.5	1.5	0.5	3.0	1.5
绝缘导线、电缆	0.2	0.1	0.5	0.1	0.25	0.1	0.25	0.1	0.25	0.1	0.25	0.1	1.0	0.5
穿有导线的电气管	0.1	0.1	0.1	0.1	0.1	0.1	0.1	0.1	0.1	0.1	0.1	0.1	1.0	0.5
插接母线、悬挂干线	0.1	0.1	0.1	0.1	0.1	0.1	0.1	0.1	0.1	0.1	0.1	0.1	3.0	1.5
非防爆插座、配电箱等	0.1	0.1	0.1	0.1	0.1	0.1	0.1	0.1	0.1	0.1	0.1	0.1	3.0	1.5

注：1. 本表数据为最小安全净距，管道敷设设计时，尚须考虑安装、检修所需距离。
2. 管道的识别色和识别符号应符合国家标准（GB7231—87）的规定。

厂房扩建

在第一期建设时应考虑分期建设，并预作发展处理。
一、相邻发展处的结构应预留构件或作沉降处理。
二、相邻发展的边跨应做天窗，考虑扩建后的通风采光。
三、相邻发展的边墙应考虑便于扩建时拆除的措施。
四、重大设备特构复杂，扩建时宜保持不动。

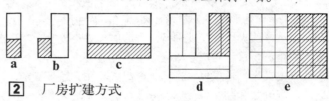

2 厂房扩建方式

厂房改建

常见厂房改建方式：一、抬高厂房；二、露天跨加屋盖；三、局部扩大柱距；四、提高吊车等级；五、增设天窗；六、改善生产环境，改造围护结构，增加空调或洁净设施；七、改进厂房不合理布局。

厂房改建要点：一、全面收集厂房建设过程及现状资料；二、鉴定原厂房结构及地基承载力；三、分析工艺要求，尽量避免改动原主体结构，从工艺、设备着手采取特殊措施。经过技术经济论证及验算，合理确定厂房改建方案。四、与施工单位结合，正确选择施工方案。

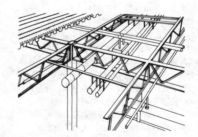

屋架与管道尺寸 表3

简图				
a(m)	b(mm)	c(mm)	b(mm)	c(mm)
1.0	550	700	400	500
1.5	825	1050	600	750
2.0	1100	1400	800	1000
2.5	1375	1750	1200	1250

3 管道在桁架空间排列示例

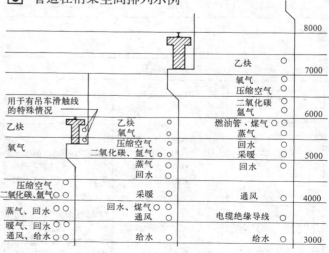

4 管道沿柱排列次序

注：用组合柱时，管道可布置在柱支空间。

结构型式 [3] 单层厂房

单层厂房常用的结构型式

在满足生产和使用的前提下，综合考虑技术经济条件，合理选用厂房的结构型式。一般常用的型式可分为：

一、排架结构厂房承重柱与屋架或屋面梁铰接连接。

砖混结构厂房：砖或钢筋混凝土柱，钢木屋架，钢筋混凝土组合屋架或屋面梁。柱距4～6m，跨度≤15m。

钢筋混凝土柱厂房：承重柱可用矩型、工字型、双肢柱、钢与钢筋混凝土的混合柱，屋面结构可选用钢筋混凝土屋架或屋面梁、预应力混凝土屋架或屋面梁，在某些情况下，也可采用钢屋架，一般柱距6～12m，跨度12～30m。

钢结构厂房：钢柱、钢屋架，柱距一般为12m，跨度大于30m。

二、刚架结构厂房承重柱与屋面梁刚结连接，一般型式有钢筋混凝土门式刚架、锯齿型刚架。

三、板架合一结构：屋面与屋面承重结构合为一体，常用的型式有双T板、单T板、V型折板、马鞍形壳板等，跨度为6～24m。

四、空间结构：屋面体系为空间结构体系，一般单层工业厂房常用的有壳体结构、网架结构。

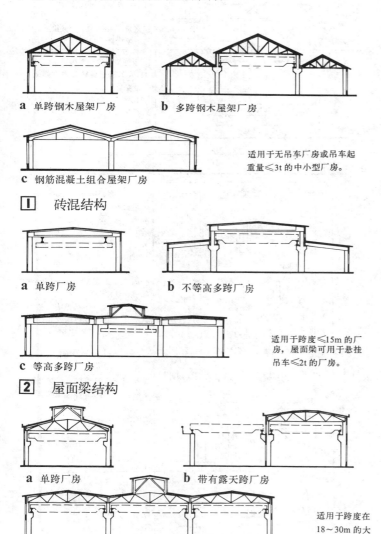

a 单跨钢木屋架厂房　　b 多跨钢木屋架厂房

c 钢筋混凝土组合屋架厂房

适用于无吊车厂房或吊车起重量≤3t的中小型厂房。

1 砖混结构

a 单跨厂房　　b 不等高多跨厂房

c 等高多跨厂房

适用于跨度≤15m的厂房，屋面梁可用于悬挂吊车≤2t的厂房。

2 屋面梁结构

a 单跨厂房　　b 带有露天跨厂房

c 多跨厂房

适用于跨度在18～30m的大中型厂房。

3 屋架结构

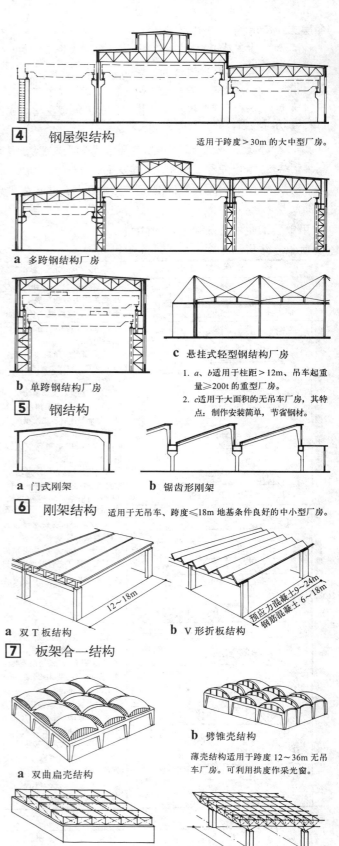

4 钢屋架结构

适用于跨度>30m的大中型厂房。

a 多跨钢结构厂房

b 单跨钢结构厂房

c 悬挂式轻型钢结构厂房

1. a、b适用于柱距>12m，吊车起重量≥200t的重型厂房。
2. c适用于大面积的无吊车厂房，其特点：制作安装简单，节省钢材。

5 钢结构

a 门式刚架　　b 锯齿形刚架

6 刚架结构　适用于无吊车、跨度≤18m地基条件良好的中小型厂房。

a 双T板结构　（12～18m）　b V形折板结构（预应力混凝土9～24m，钢筋混凝土6～18m）

7 板架合一结构

a 双曲扁壳结构　　b 劈锥壳结构

薄壳结构适用于跨度12～36m无吊车厂房。可利用拱度作采光窗。

c 平面桁架系网架

适用于平面为矩形周边支承的厂房，跨度18～30m。

d 四角锥体网架

一般适用于平面为矩形周边支承或多点支承的厂房。跨度18～36m。

8 空间结构

单层厂房[4] 结构选型

单层工业厂房构件选型

各类构件各具特点，应根据具体情况合理选择。

一、小型厂房采用砖混结构或钢筋混凝土结构。

二、中型厂房采用钢筋混凝土结构或预应力混凝土结构。

三、大型厂房采用钢筋混凝土结构、预应力混凝土结构或部分钢结构的混合结构。

四、部分大型厂房或生产工艺有特殊要求的车间或跨间，可采用全钢结构。如设有壁行吊车、直接承受辐射热的车间。

五、对具有腐蚀性介质和空气湿度较大的厂房，应优先采用钢筋混凝土结构。

常用单层工业厂房各种主要构件

屋面承重结构 表1

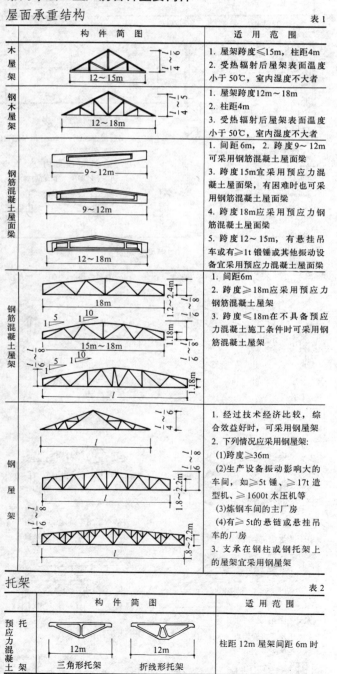

托架 表2

构件简图	适用范围
预应力混凝土托架（三角形托架、折线形托架，12m）	柱距12m 屋架间距6m时

天窗架 表3

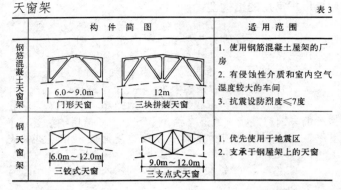

吊车梁结构 表4 / 柱 表5

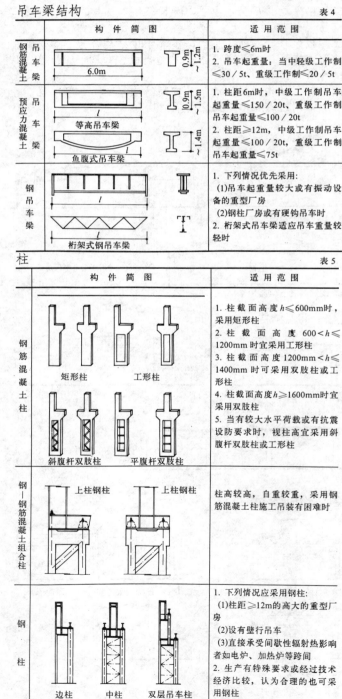

机械厂[5]单层厂房

机械制造厂分类

机械制造厂按主要生产车间的组成，可分为全能厂和专业厂。随着生产发展，生产效率的提高、专业化协作的发展，专业厂已成为机械制造厂建设的主要趋势。

机械制造厂的组成

车间或设施	内 容 名 称
主要生产车间	1. 毛坯生产车间：铸钢、铸铁、有色金属铸造、精密铸造、锻工、锻压、冷拔、制材等 2. 加工及装配车间：冲压、焊接、热处理、金工、装配、电镀、油漆、产品试验等
辅助车间	工具、机修、电修、建筑维修、木工、模型、工具压模、实验、检测、计量、三废治理、废钢铁处理、废料再生及利用等
仓 库	金属材料库、铸工材料库、中央器材库、配套件及协作件库、中央工具库、维修配备件库、设备库、总务库、劳保用品库、成品外销件库、修缮材料库、油化库、易燃液体库、瓶装气体库、电石库、模型库、木材库、毛坯及半成品库、煤场、利废库等
动力、公用设施	发电站、热电站、变电站、锅炉房、煤气站、氧气站、乙炔站、压缩空气站、二氧化碳站、冷冻站、各种动力管道、暖气管道、电缆、电线、上下水道、泵站、水池、水塔、水井、检查井、冷却塔、循环水池、消防装置等
运输设施	铁路及铁路设施、道路、地磅房、机车库、汽车库、电车库、铁路栈桥、露天吊车、起重运输设施、洗车、加油、水运设施等
管理、生活设施	出入口、警卫室、围墙、办公室（计算站）、电话总机、广播站、接待室、展览室、医务室、急救站、消防站及消防车库、食堂、自行车棚、乳儿托儿所、生活室、绿化设施

注：上述各组成内容，根据工厂实际情况有所不同，专业厂围绕主要生产车间根据具体需要设辅助车间、仓库、公用系统、运输设施、管理及生活设施。

冷加工车间

机械制造厂的冷加工车间指冲压、焊接、金工、装配和其他在常温下加工生产的车间，其中焊接车间的焊接工序属热加工性质，但车间大部份属冷作业，故仍将焊接车间列入冷加工车间。

主要冷加工车间工艺流程

金工装配车间

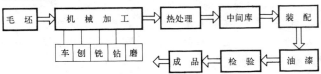

冲压车间

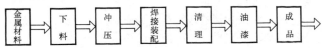

焊接车间

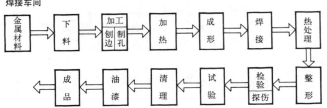

设计要点

加工及装配车间根据不同产品所采用的工艺，可分别包括冲压、焊接、金工、热处理、油漆、电镀、装配、产品试验及相应的辅助车间，厂房可分设，也可组成联合厂房。其中热处理属热加工车间，油漆车间须着重考虑防火防爆，电镀车间重点考虑防腐，分别见第[6]、[7]、[8]页。其余均为冷加工车间，厂房设计一般无特殊要求。

一、各车间生产的火灾危险性分类和采光等级如下：

车 间	冲压	焊接	金工		装配	
			一般	精密	一般	精密
火灾危险性分类	戊	丁	戊	戊	戊	戊
采光等级	Ⅳ	Ⅳ	Ⅲ	Ⅱ	Ⅲ	Ⅱ

注：本表根据《建筑设计防火规范》(GBJ16—87)、《工业企业采光设计标准》(GB50033—91)。

二、冲压、焊接车间

1. 在高噪声部位应考虑减噪措施，可在屋面板下悬挂吸声板或做吸声吊顶，设隔声屏障等。
2. 焊接和有加热炉的部位应设天窗，并要有足够的进风面积，在多跨厂房中焊接工部宜临外墙，并避免焊接烟尘污染较清洁的地段。
3. 焊接车间的探伤室宜设在主厂房外邻近的单独建筑内。围护结构厚度根据射线强度计算确定（见第一集辐射防护）。不设采光窗，高强探伤室不宜设观察窗。照射室与操纵室之间须设防护门斗，并处理好门缝。探伤室在主厂房内时，吊车笼不要设在探伤室同一侧。

三、金工车间：精密加工部分，精密机床对生产环境的温度、湿度、洁净度、振动等可能有一项或几项要求控制。多数精密机床的温度基数可随季节变化（春秋季20℃，夏季23℃，冬季17℃）。平面布置宜在厂房的北面，或不靠外墙，并避免室外重型车辆及振动设备的干扰。

四、产品试验：应根据不同产品试验对厂房和环境的要求及试验对环境的不利影响，采取相应的措施予以处理。

五、联合厂房：节约用地，工程费用省，使用管理方便。但应解决不同生产的干扰及厂房卫生条件和消防安全：

1. 一般适用于冷加工车间，生产联系密切的不同性质的生产，要从工艺布置和建筑处理上解决其不利影响。
2. 尽可能利用自然通风和天然采光，在不能满足卫生要求时，可辅以机械通风。
3. 生活辅助用房位置应在服务半径范围内。宜利用厂房内空间，或在适当位置设多层的生活、辅助单元。
4. 厂房内外须设消防通道，厂房内分区设消防设施。

六、灵活厂房：适用于无吊车或5t以下悬挂吊车的厂房：

1. 柱网：柱距12m、15m、18m，跨度一般与柱距相同。
2. 屋面结构可采用网架等空间结构，也可采用托架和屋架，托架和屋架下弦标高宜基本相同，并不设柱间支撑，以便厂房可双向悬挂吊车或悬链。
3. 各种管线一般布置在屋架下弦以上空间或地沟内。
4. 内隔墙宜采用便于随生产调整变动的灵活隔断。
5. 地面宜用整体混凝土，一般不设独立的设备基础。

单层厂房 [6] 机械厂

热加工车间

机械制造厂的热加工车间指各类铸造车间、锻造车间、热处理车间。

一、铸造车间（或专业铸造厂）：

按铸造金属的类别可分为铸钢、铸铁、有色金属铸造。

铸造生产的基本工艺流程：

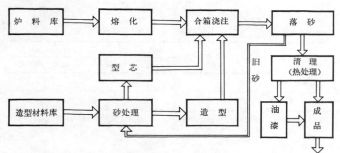

二、锻造车间（或专业锻造厂）：

按锻造的主要工艺设备可分为自由锻、模锻、特种锻造。

锻造生产的基本工艺流程：

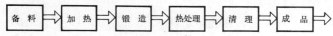

三、热处理车间：

按热处理的性质分为第一热处理和第二热处理。

第一热处理：主要是毛坯及大型焊接件的热处理、一般与铸造车间、锻造车间布置在一起。

第二热处理：是对经过机械加工的零件、焊接件、刀具模具等的热处理。通常与加工车间布置在一起或设单独厂房。

热处理工艺流程：

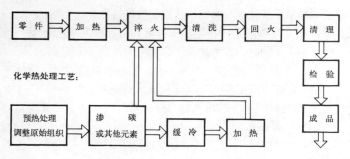

车间组成

车间	生产工部	仓 库	辅 助 工 部
铸造	熔化、造型、制芯、合箱、浇注、清理、热处理、底漆、砂处理	炉料、型砂、辅助材料、模型、型板、芯盒、耐火材料、焦炭、维修备品、成品库	砂准备、旧砂再生、生产准备、炉前分析、型砂试验、修炉、修包、机修、电修、控制室、变电室、动力间、通风除尘间、办公、休息室
锻造	备料、锻造、热处理、清理	金属材料、模具、辅助材料、耐火材料、油、酸类物品、成品库	机修、工具模具修理、鼓风机室、高压水泵站（水压机用）、变电室、高频电机室、油冷却、废酸处理
热处理	热处理、氰化间、酸洗、喷砂、高周波淬火、离子镀等	金属材料、辅助材料、成品库	快速试验室、变电室、油冷却地下室、办公、检验

设计要点

一、 铸造、锻造、热处理车间生产的火灾危险性按《建筑设计防火规范》（GBJ16-87）的分类均为丁类。

二、 采光等级按《工业企业采光设计标准》（GB5003-91）铸造、锻造、热处理车间为Ⅳ级，铸造造型工部为Ⅲ级。

三、 对产生高温、烟尘、粉尘等局部地段须设机械通风和除尘设备。厂房建筑应具有与通风、排气、吸尘气流活动相适应的平、剖面型式，进风窗的布置应满足夏季进风口的下缘距室内地面高0.3～1.2m，冬季进风口的下缘不宜低于4m，如低于4m，应采取防止冷风吹向工作地点的措施。

四、 由于热加工车间内设置有熔炼炉、加热炉、大型生产设备、起重运输设备、各种动力和卫生管道及排烟除尘设备，以及相应的基础、地下构筑物和平台、支架、输送带等上部特构，十分复杂，故设计时应全面统筹安排，妥善处理，以满足施工安装、维修和使用上的要求。

五、 对高噪声设备应按工业企业噪声控制规范采取隔声、消声、吸声等综合治理措施，及隔振、减振措施。

六、 热加工车间劳动条件较差，生产卫生和生活设施应妥善安排。冬季采暖地区生活间与车间之间须设保温通道。

七、 重级工作制吊车应设双侧吊车梁走道板，并在山墙部分连通。设修理吊车平台处的屋架须考虑修理吊车荷重。

八、铸造车间： 铸造生产工艺、运输、动力和卫生系统所需设备和场地复杂。对不同的工艺、铸件重量和地质条件，厂房型式可选择单层的或带地下技术层的厂房。单层厂房有庞大的地下室、地坑、地沟、平台、技术夹层。带地下技术层的单层厂房即将厂房主要平面提高，下设技术层，可减少地下工程、节约用地和使工艺布置紧凑。但须设运输坡道，使汽车能直接驶入主要生产工部，并设竖向联系电梯和楼梯。车间布置结合生产规模和地区条件，可设于一个或数个厂房内。设计尚须注意以下几点：

1. 熔化工部屋面排水应流畅，严防漏水。出钢坑、浇注坑等需严格防水，以避免爆炸事故。
2. 屋面须考虑积灰荷载，设清灰道、落灰道和出灰口。
3. 电弧炉在冶炼过程中产生大量烟尘，应专设排烟除尘系统。也可在正上方设气楼，但应符合排放标准。
4. 冲天炉、电弧炉等高温设备附近的构件应防烤损。

九、锻造车间

1. 主要生产设备为锻压设备和工业炉，锻压设备有自由锻造液压机、各类锻锤和机械压力机等。锻压设备与相应的加热炉和切边压机等组成一组，其不同的布置方式会影响厂房尺度。设计时应综合考虑。
2. 锻锤冲击振动大，设计中应从锤基减振、厂房结构选型和具体构造上采取减振、防振、控制噪声的措施。
3. 大量辐射热作业点应配合工人操作采取隔热措施。
4. 吊车驾驶室应避免受炉子发热的薰烤。

十、热处理车间

1. 当高频淬火设备对周围有影响时应设屏蔽室。
2. 热处理车间在联合厂房中时，应有一侧靠外墙。

机械厂涂漆车间 [7] 单层厂房

工艺流程

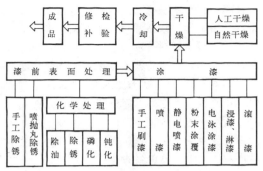

设计要点

1. 涂漆车间的建筑设计应与工艺设备、电气装置、通风净化设施、消防设施等协调配合，符合涂装作业安全国家标准。厂房防火、防爆和安全疏散等应符合建筑设计防火规范。
2. 涂漆作业生产的火灾危险性分类：

涂料种类	生产火灾危险性分类
含各种有机溶剂涂料	甲
粉末涂料	乙
水性涂料、乳胶涂料	丙

3. 涂漆车间厂房的耐火等级应为一、二级。
4. 甲、乙类涂漆车间宜设在单独的厂房内，当设在联合厂房内时应靠外墙，并以防火墙与其他车间隔开。因工艺要求不能设防火墙时，应有分隔措施，在邻近易燃挥发气体地区 6m 以内，不允许有明火和产生火花的装置。
5. 丁、戊类生产厂房中油漆作业面积与厂房或防火分区面积的比例小于 10%，且发生事故时有防止火灾蔓延的措施，该厂房的火灾危险性可按丁、戊类确定。如采用封闭喷漆工艺，有自动报警和负压排风设施后，其面积的比例可放宽至 20%。（油漆作业面积的计算为：喷漆室和烘干室的面积之和。）
6. 油漆材料库和油漆配制应布置在靠外墙的房间内。用防火墙及顶板与其他部分隔开。并按建筑设计防火规范的要求复核外墙门窗泄压面积。（泄压面积宜采用房间体积的 0.05）。
7. 涂漆车间厂房采光设计按《工业企业采光设计标准》(GB50033—91) 的规定采光等级为 III 级。
8. 对涂漆环境要求高的高质量涂漆（如小轿车涂漆），按工艺要求确定厂房空气洁净度和温湿度要求。一般可按洁净厂房设计规范 1 万级至 10 万级设计。
9. 漆前表面处理采用化学法处理时，使用的溶液对建筑物有液相及气相腐蚀。应根据工艺所采用的溶液性质按工业建筑防腐蚀设计规范对建筑构件作防护处理，并处理好地面排水。

实例

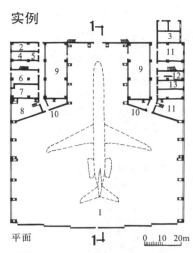

1 上海飞机制造厂喷漆厂房

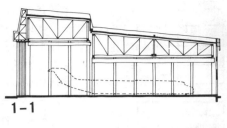

特点：飞机的漆前表面处理、涂漆、干燥均直接在喷漆厂房进行。生产的火灾危险性为甲级。厂房耐火等级为一级。顶部设非燃烧保温顶棚，顶棚内正压送风。管道、送风口、灯具等均设在顶棚内。
厂房外形按照飞机外形设计成高低跨形式，合理压缩了空间，降低了造价和节约运转能耗。
大门采用悬挑导向横梁，取代传统的门库做法。

特点：油漆在密闭的、有通风及漆雾处理装置的喷漆室内进行。干燥在密闭的、有废气催化燃烧装置的烘干室内进行。喷漆室和烘干室的面积小于厂房面积 10%。故油漆车间可不设隔墙与其他部分隔开。

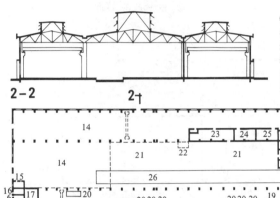

2 桂林客车厂油漆装配联合厂房

1 油漆车间	2 污水处理
3 变配电室	4 浴室
5 更衣室	6 漆料库
7 调漆间	8 样板库
9 通风室	10 杂品库
11 控制室	12 厕所
13 热力入口	14 装配车间
15 充电间	16 化学品库
17 去离子间	18 电泳涂漆
19 喷漆室	20 烘干室
21 打磨	22 材料库
23 协作件库	24 机电维修
25 电器装修	26 地行车坑
27 前处理线	28 密封胶线
29 烘干线	30 预留线
31 制冷间	32 发电机间
33 补漆线	34 热交换间
35 由焊接车间来通廊	
36 由通廊去总装车间	

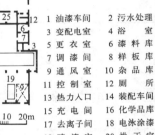

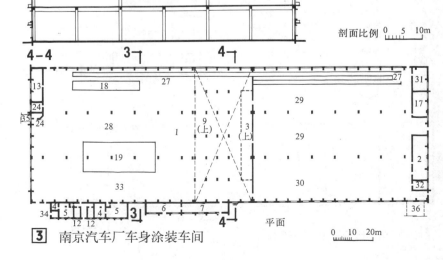

3 南京汽车厂车身涂装车间

单层厂房[8] 机械厂电镀车间

工艺流程

抛光、除油、酸洗 → 镀前准备
镀锌、铜、镍、银及其他金属、氧化、发蓝、磷化 → 电镀或化学处理 → 废水处理
钝化、烘干、检验 → 镀后处理 → 成品

设计要点

一、电镀生产过程散发大量蒸汽和有害介质。应按工业建筑防腐蚀设计规范处理好建筑和构筑物防腐蚀，厂房通风和地面排水。车间采光设计标准为Ⅲ级，生产的火灾危险性属戊类。

二、车间位置的选定应考虑腐蚀性污水污染地下水和腐蚀性气体污染邻近的车间。并防止邻近车间散发的粉尘对本车间的污染。当设在联合厂房中时，应靠外墙并与其他车间隔开。

三、厂房形式可结合具体条件选择单层厂房设地沟、地槽；单层厂房设地下室或双层厂房。

四、电镀专业厂以自动线、半自动线为主，（机械制造厂电镀车间也有手工操作）。生产运输一般采用龙门吊运机，吊运机轨道安装在镀槽侧面、地面、或悬挂在屋面梁上，应在设计中确定。当采用集中控制时，控制室的位置应使整个生产线在操作人员视线范围之内。

五、镀槽周围须设围堤和排水明沟。各种管线均明设，可沿镀槽合理布置，穿过通道时可设加盖板的地沟，地沟排水系统应有可靠的防腐处理。对不同化学成份的废水分别采用明沟或管道排往废水处理间。蒸汽管道应有保温。

六、管线穿过墙或楼板时，宜集中布置。孔洞必须在设计中注明，施工时预留，严防施工完后再凿孔。考虑到管线布置变动的可能性，可预留标准孔，对暂时不用的孔先加盖封闭。

七、厂房须设天窗，窗扇应有启闭装置，若采用部分百叶窗，应同时有防止飘雨的措施。在有台风的地区，宜设挡风板。

八、窗宜采用耐腐蚀的塑料窗框、窗扇。

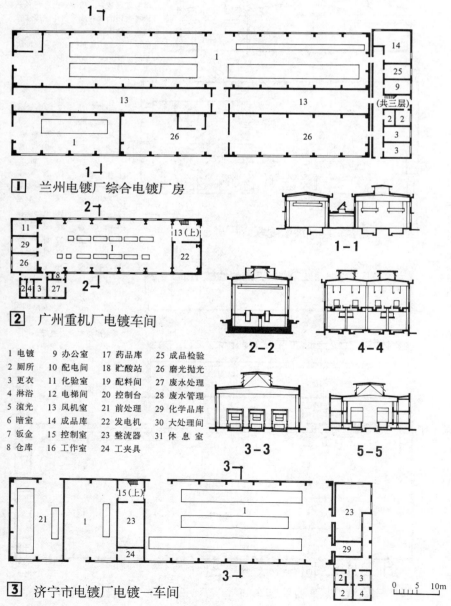

1 兰州电镀厂综合电镀厂房
2 广州重机厂电镀车间
3 济宁市电镀厂电镀一车间

1 电镀　9 办公室　17 药品库　25 成品检验
2 厕所　10 配电间　18 贮酸站　26 磨光抛光
3 更衣　11 化验室　19 配料间　27 废水处理
4 淋浴　12 电梯间　20 控制台　28 废水管理
5 滚光　13 风机室　21 前处理　29 化学品库
6 暗室　14 成品库　22 发电机　30 大处理间
7 钣金　15 控制室　23 整流器　31 休息室
8 仓库　16 工作室　24 工夹具

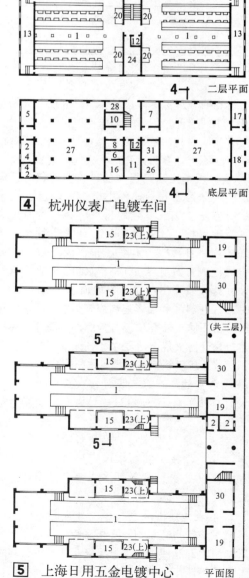

4 杭州仪表厂电镀车间
5 上海日用五金电镀中心

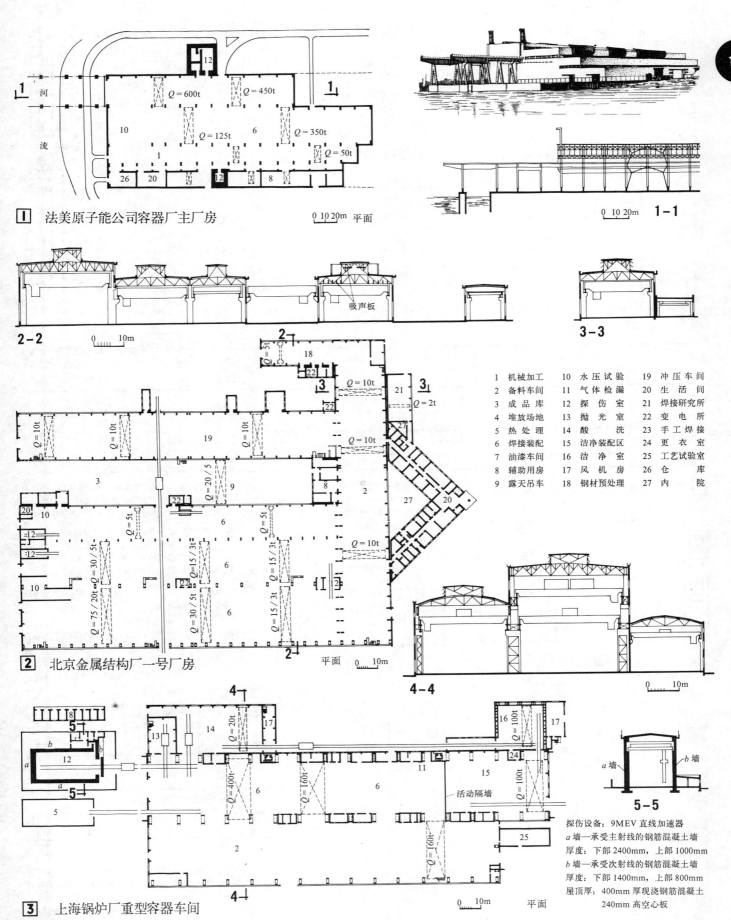

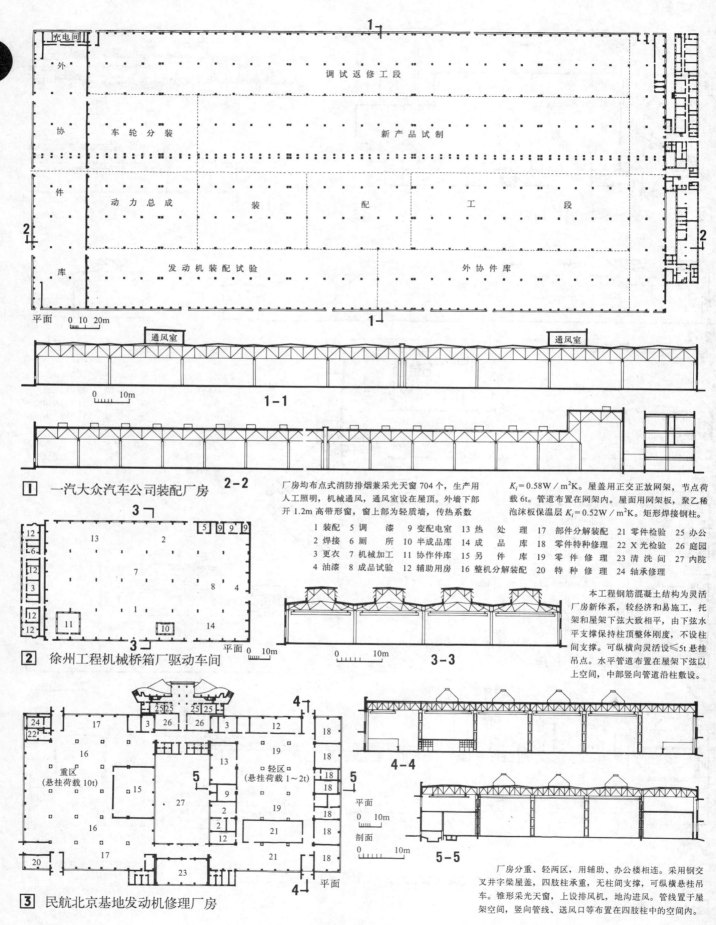

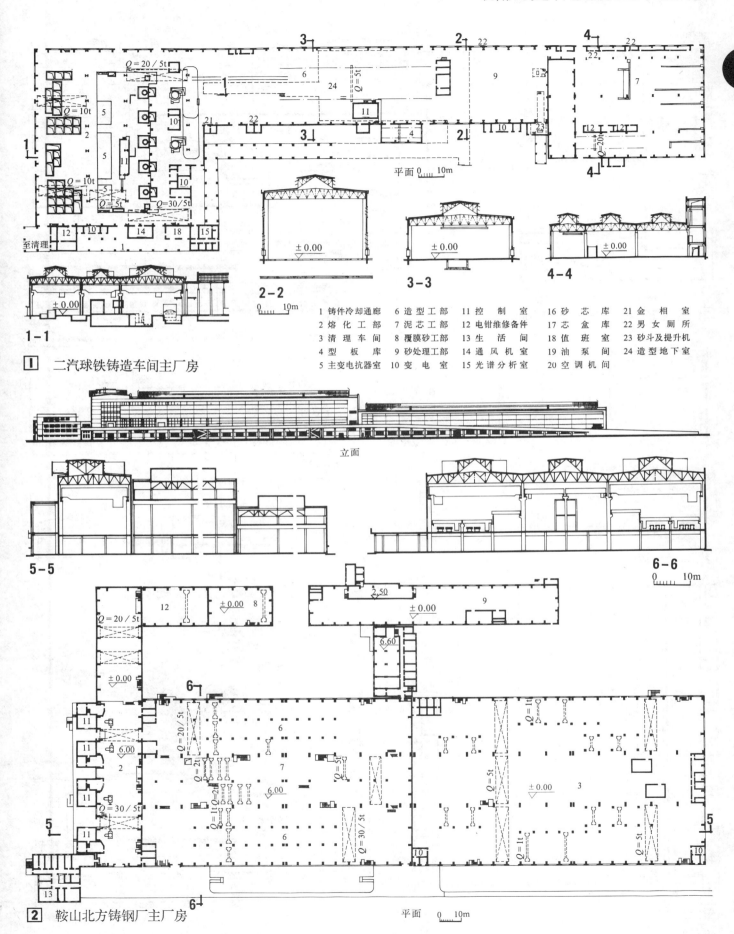

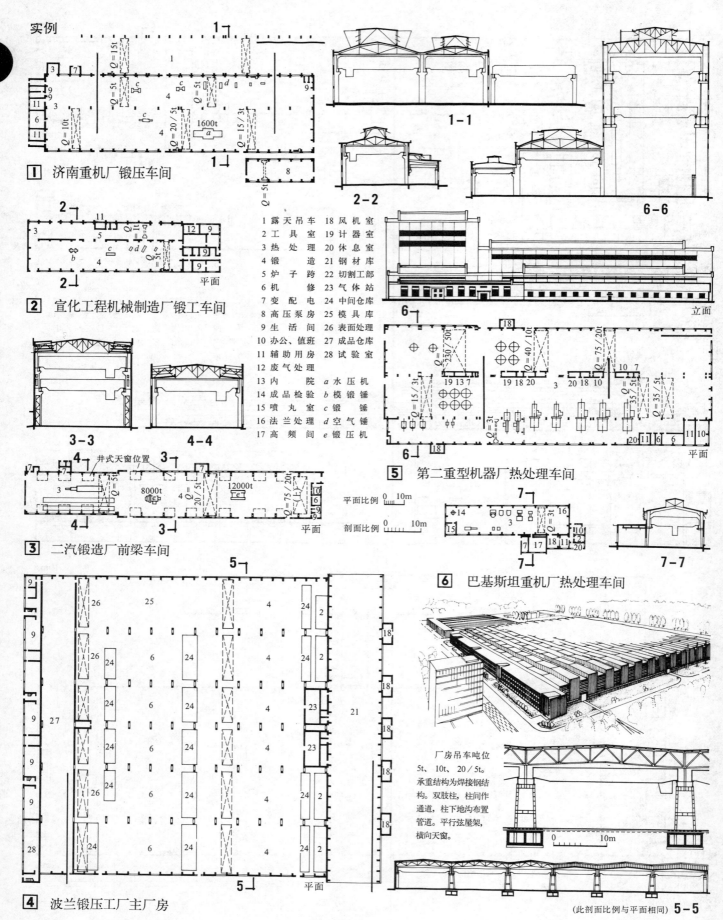

冶金厂电炉炼钢车间[13]单层厂房

电炉炼钢及钢包精炼工艺流程

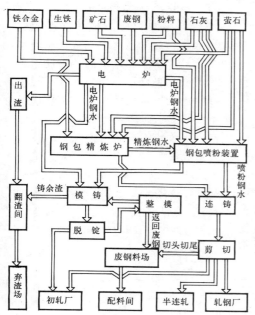

电炉炼钢车间设计要点

一、车间平剖面设计主要考虑生产中高温、烟尘、立体运输等因素对建筑结构的影响。

　1. 靠近高温炉体、钢水、热钢锭及钢渣等处的构件须采取必要的隔热保护措施。

　2. 烟尘及有害气体必须尽快排出操作区，但不能因此增加对大气的污染。

　3. 除尘设施不能解决屋面积灰时，须考虑清灰设施，防水层及坡度要有利于清灰。

　4. 对车间噪声须结合生产设备的改进，按工业企业噪声控制设计规范控制其危害。

　5. 炼钢车间为全日制工作，在吊车梁顶标高处须设检修用安全走道，并与车间端部吊车检修平台相连，形成贯通车间全部吊车走道的通路。其净空尺寸、设置要求、标志颜色等须遵守相应的安全保护规定。

二、炼钢车间的高温特点使车间剖面形式的设计成为十分重要的工作。通风天窗的形式和位置直接影响到高温气流和烟尘的排放。车间对天然采光要求不高和严重的烟尘，使炼钢车间的天窗主要用于通风，较少采用玻璃窗扇和电动开窗设备。

三、炼钢操作过程中，出钢及浇注作业对雨水的溅入和屋面漏雨特别敏感。所以一般不采用内部排水和无组织外部排水方式。对天窗孔口、高侧窗窗扇的材质和开启形式、开启角度、檐口、落水管等均须精心设计，以免投产后发生爆炸事故。

四、炼钢车间运输吊装活动频繁，凡可能受到碰撞的结构构件必须采取有效的防护措施。

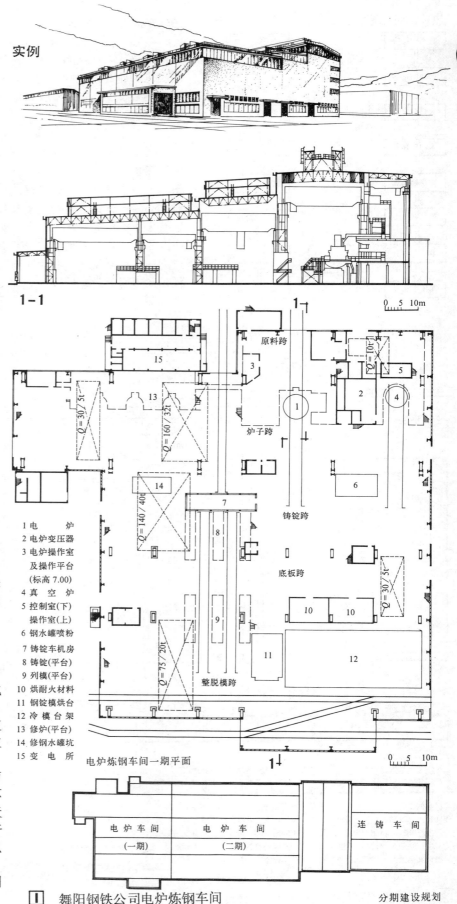

1 电炉
2 电炉变压器
3 电炉操作室及操作平台（标高7.00）
4 真空炉
5 控制室（下）操作室（上）
6 钢水罐喷粉
7 铸锭车机房
8 铸锭（平台）
9 列模（平台）
10 烘耐火材料
11 钢锭模烘台
12 冷模台架
13 修模（平台）
14 修钢水罐坑
15 变电所

Ⅰ 舞阳钢铁公司电炉炼钢车间　　分期建设规划

单层厂房[14] 冶金厂轧钢车间

热轧钢管工艺流程

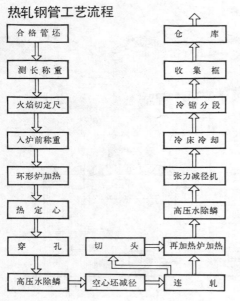

热轧车间建筑设计要点

一、热轧生产工艺流程对车间布置起着重要影响作用，应尽量使原料、轧制和成品的物流过程与车间的柱距、跨度、剖面形式综合考虑，以达到合理的统一。

二、热轧车间面积大、投资多，因此必须采用合理的柱距和跨度，使之经济合理。

三、大多数热轧车间是多跨建筑，因此必须布置好厂房的定位轴线，以简化结构构造，减少构件类型。

四、热轧车间如采取多跨形式时，应充分考虑到生产过程中热源的多样化及不同的散热特点，合理布置通风器（或天窗），以便把空气滞留区的面积减到最少。

五、热轧车间如考虑采用天然采光时，应以屋顶天窗为主，根据剖面形式及车间朝向，选择合理的纵（或横）向采光天窗（或采光通风天窗）。由于轧钢车间各工段对通风及采光要求不尽相同，有时天窗可作为进风口设计。因此必须根据不同的要求选择合理的形式。

六、由于轧钢车间的主轧区一般均为全日制工作(操作或检修)，因此在不同的区段，应根据不同的吊车工作制设置检修吊车用安全通道。其净空尺寸、设置范围、标志颜色等均须遵守相应的安全保护规定的要求。

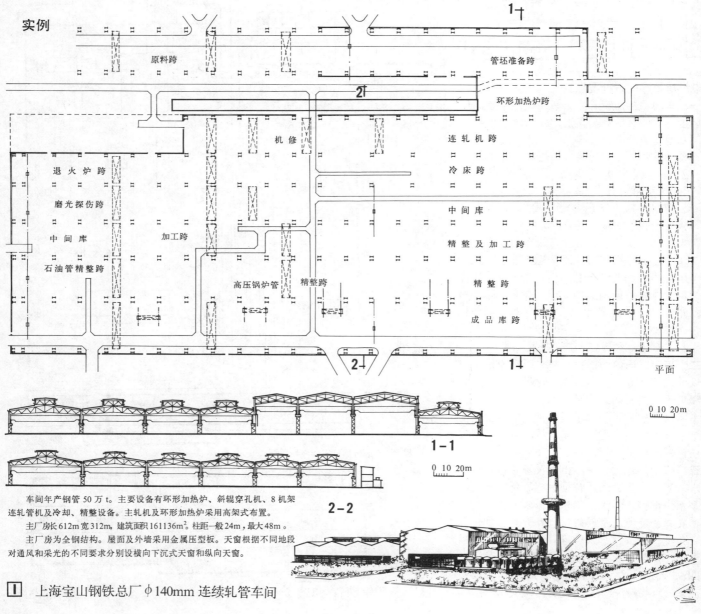

车间年产钢管50万t。主要设备有环形加热炉、斜辊穿孔机、8机架连轧管机及冷却、精整设备。主轧机及环形加热炉采用高架式布置。
主厂房长612m宽312m，建筑面积161136m²。柱距一般24m，最大48m。
主厂房为全钢结构。屋面及外墙采用金属压型板。天窗根据不同地段对通风和采光的不同要求分别设横向下沉式天窗和纵向天窗。

1 上海宝山钢铁总厂 φ140mm 连续轧管车间

纺织厂 [15] 单层厂房

纺织生产工艺流程

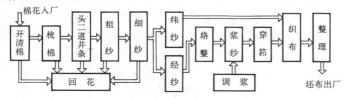

车间组成及主要生产设备

表1

部	主要生产车间	主要生产设备
纺部	分级室，清棉、梳并粗（采用清纲联合机时联成一体），精梳，细纱，筒摇成等车间	开清棉联合机、梳棉机、并条机、粗纱机、细纱机、络筒机、捻线机
织部	络整车间、浆纱车间、穿筘车间、织布车间、整理车间	络筒机、整经机、浆纱机、穿筘机、织布机、验布机、折布机

单层厂房柱网尺寸及高度（单位m）

表2

织布机排列		织布机垂直锯齿		织布机平行锯齿		大柱网		备注
柱网方向		锯齿	大梁	大梁	锯齿	柱距	跨度	
织部（织机型号）	GA 615 1515-56″	7~7.2	13.2~13.5	13.4~14.1	8.8~9	9	21	1.表中尺寸是工艺机器排列所需尺寸，设计时尽可能遵循国家规范规定的模数，并尽量采用统一柱网。 2.表中尺寸同样适用于无窗厂房。
	GA 615 1515-63″	7.4~7.6	17.6~18	14.7~15		10 12	24 27	
	GA 615 1515-75″	8.1~8.3		16.2~16.5				
纺部		8.3~9	9.9, 13.5, 13.8, 15, 18			同前		
厂房高度		梁底高 3.8~4.2				净高 4.5		

注：本表摘自《棉纺织工业企业设计技术规定》（FJJ 102—84）。

设计要点

一、纺织生产的火灾危险性属于丙类。清棉（或清棉和梳并粗联成一体）和回花间应用防火墙与其他部分分隔开。

二、主要生产车间、试验室采光等级为Ⅱ级，梳并粗、浆纱为Ⅲ级，清棉为Ⅳ级，分级、回花、库房为Ⅴ级。

三、织布车间应采取综合措施将噪声控制在90dB。为减少噪声反射可在屋面下布置吸声体，一般做法参见 [2]。

四、纺织生产要求温湿度稳定，平面一般宜采用成片式联合厂房。围护结构应满足热工要求，切忌产生凝结水。

五、厂房形式常用锯齿形和无窗形式，柱网尺寸参见表2。

六、锯齿形天窗朝向宜北偏东（见 [1]）。天窗高宜＞锯齿进深的1/4。需设擦窗平台，要有防止天窗凝结水下滴的措施。

七、结构优先选用风道与承重结构相结合的钢筋混凝土结构，避免山墙承重，主厂房南北锯齿形方向可不设伸缩缝。

八、厂房内表面应平整光洁，以减少棉尘积聚和便于清扫。

九、纺织机一般直接安装在地坪上，垫层要有足够的强度面层有较高的平整和清洁要求，操作小通道要有一定弹性。

十、厂房地下沟道的布置应综合考虑，一般要避开机器基础，可设在通道下，吸棉沟道内壁要求光滑干燥。

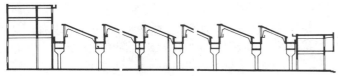

1 纬度与锯齿朝向

2 吸声板布置示例

实例

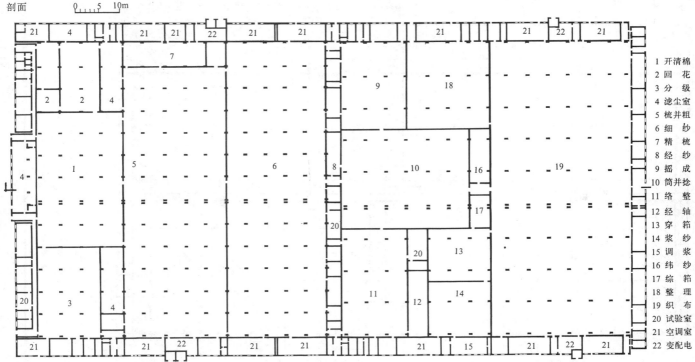

剖面

3 南宁棉纺织厂二分厂生产厂房   平面

图例：
1 开清棉 2 回花 3 分级 4 滤尘室 5 梳并粗 6 细纱 7 精梳 8 经纱 9 摇成 10 筒并捻 11 络整 12 经轴 13 穿筘 14 浆纱 15 调浆 16 纬纱 17 综筘 18 整理 19 织布 20 试验室 21 空调室 22 变配电

单层厂房[16] 印染厂

印染生产工艺流程

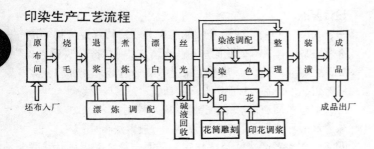

设计要点

一、印染生产的火灾危险性：湿作业属于丁类，干作业属于丙类。烧毛间有明火作业宜与相邻车间隔开。

二、车间腐蚀程度分类见表2，车间采光等级见表3。

三、印染生产湿度大、温度高且有腐蚀性介质和有害气体散发，厂房设计时应着重处理好通风和防腐蚀，平面布置宜将有同类腐蚀性介质的设备集中布置并与无腐蚀性部分分开，厂房宽度不宜过大，平面形式可为一形、凵形、山形。如采用成片式布置的厂房必须有相应的通风排湿措施。附属房屋的布置应避免紧贴主厂房，可留天井以利通风。

四、厂房柱网和高度根据机器排列、建筑模数、生产调整的灵活性、地区自条件和施工条件等因素综合考虑决定。一般厂房跨度可选用12m、14m、18m，柱距为6m，常用柱网为6×12m、6×18m。地面至梁底高度为5m至6m。

五、围护结构应符合热工要求，防止厂房内表面结露。对结露不可避免的部位应有防止凝结水下滴的措施。

六、建筑结构内表面应平整光滑，应尽量防止腐蚀介质聚积和便于凝结水收集。结构选型要有利于排出雾气和防止滴水，除严寒地区外，优先采用带排气井的锯齿形或气楼式钢筋混凝土结构。各类构件和构造应按《工业建筑防腐蚀设计规范》的要求采取相应的防腐蚀措施。

七、排气井筒断面尺寸由试验或计算确定。一般上口400～600mm，下口600～800mm，高1500～2000mm。构造力求简单，内壁光滑，耐腐蚀，使湿热空气迅速排出。调节板开启操作灵活，通长井筒隔板间距不大于3m。井筒内雨水和凝结水可结合建筑结构形式从屋面、擦窗平台或天沟排出。

八、有侵蚀性介质的车间墙面、地面、机槽、沟道等表面应按不同的腐蚀程度处理，地面做适当的排水坡度。

车间组成及主要设备 表1

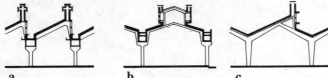

腐蚀程度分类 表2　各车间采光等级 表3

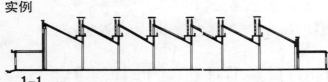

1 常用剖面形式

实例

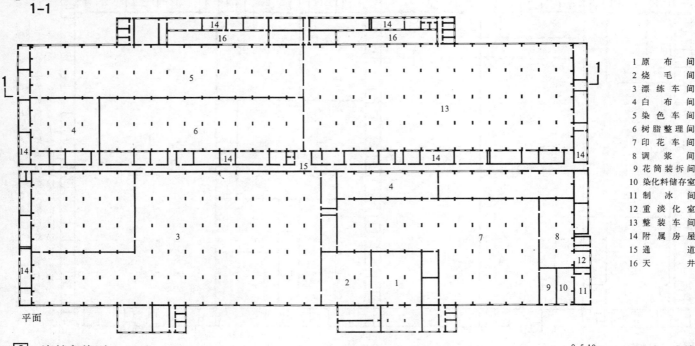

1 原布间
2 烧毛间
3 漂练车间
4 白布间
5 染色车间
6 树脂整理间
7 印花车间
8 调浆间
9 花筒装拆间
10 染化料储存室
11 制冰间
12 重淡化室
13 整装车间
14 附属房屋
15 通道
16 天井

2 涤棉印染厂（成片式布置）

特点·范围 [1] 多层厂房

适用范围
一、生产上需要垂直运输的企业；
二、生产上要求在不同层高操作的企业；
三、生产环境上有特殊要求的企业；
四、生产上虽无特殊要求，但设备及产品均较轻，运输量亦不大的企业；
五、生产工艺上虽无特殊要求，但建设地点在市区、厂区基地受到限制或改扩建的企业。

一般设计原则
一、应保证工艺流程的短捷，尽量避免不必要的往返，尤其是上下层间的往返。辅助工段应尽可能靠近服务对象分别布置。
二、在生产工艺允许的情况下，应尽可能将运输量大、荷载重、用水量多的生产工段布置在底层。
三、一些有特殊要求的工段，应尽可能分别集中布置，作竖向或水平向的分区布置。
四、按通风采光要求，合理布置各生产工段的具体位置。对环境有害或有危险的工段，更要予以特别注意。

多层厂房特点
一、生产在不同标高的楼层进行。各层间除水平间的联系外，突出的要解决好竖向间的生产联系。
二、厂房占地面积较少，能节约土地，降低基础工程量，缩短厂区道路、管线、围墙等的长度。
三、厂房采用两侧天然采光时，厂房宽度不宜过大，否则均需辅以人工照明设施。
四、屋顶面积较小，一般不需设置天窗；故屋面构造简单，雨雪排除方便，有利于保温和隔热处理。
五、厂房一般为梁板柱承重，柱网尺寸较小，生产工艺灵活性受到一定限制。对大荷载、大设备、大振动的适应性较差，须作特殊的结构构造处理。

生产工艺流程的布置方式

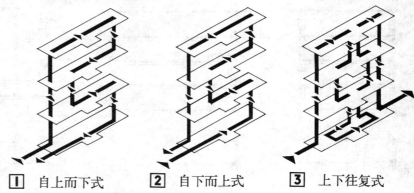

[1] 自上而下式　　[2] 自下而上式　　[3] 上下往复式

生产工艺特点和平面布置

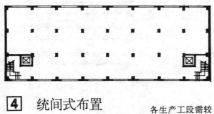

[4] 统间式布置　　各生产工段需较大面积，相互间联系密切，不宜用隔墙分开。

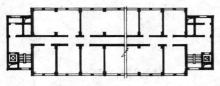

a 两侧房间同进深

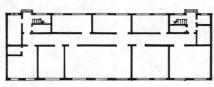

b 两侧房间不同进深

[5] 内通道式布置　　各生产工段所需面积不大，相互间有联系又需避免干扰。

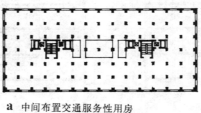

a 中间布置交通服务性用房

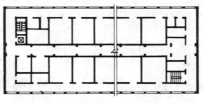

b 环状布置通道（通道在外围）

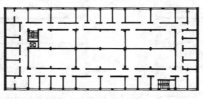

c 环状布置通道（通道在中间）

[6] 大宽度式布置　　加大建筑宽度适应生产工段所需大面积、大空间或高精度的要求。

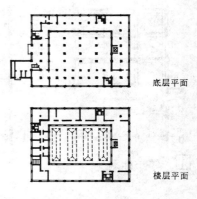

底层平面

楼层平面

a 单层、多层大小面积组合布置

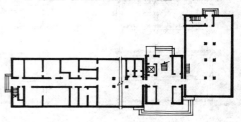

b 统间式和内通道式组合布置

[7] 组合式布置　　按生产工艺及使用面积的不同需要，采取多种平面形式的组合布置。

多层厂房 [2] 柱网·剖面

平面布置的原则

一、厂房的平面布置应根据生产工艺流程、工段组合、交通运输、采光通风以及生产上的各种技术要求，经过综合研究后加以决定。

二、厂房的柱网尺寸除应满足生产使用的需要外，还应具有最大限度的灵活性，以适应生产工艺发展和变更的需要。

三、各工段间，由于生产性质、生产环境要求等的不同，组合时应将具有共性的工段作水平和垂直的集中分区布置。

四、结合使用管理要求，合理布置楼电梯间、生活间、门厅和辅助用房等的位置。

平面形式

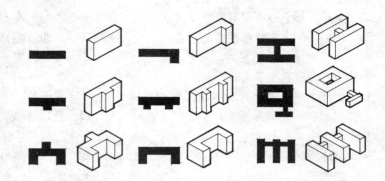

平面柱网及剖面

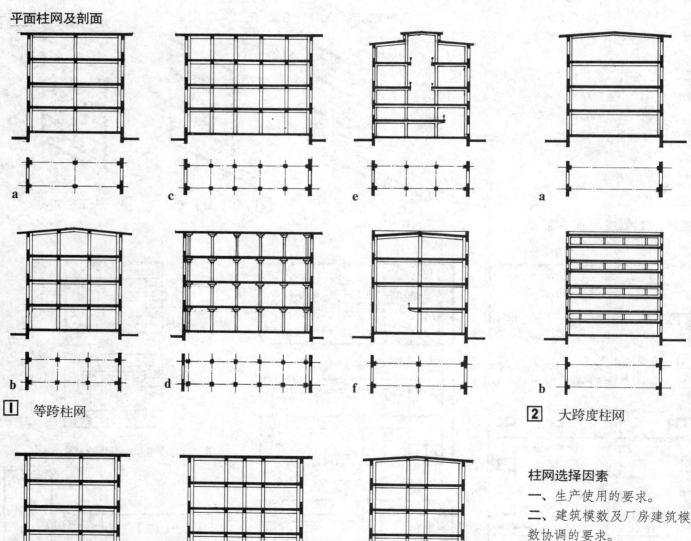

① 等跨柱网

② 大跨度柱网

③ 不等跨柱网

柱网选择因素

一、生产使用的要求。

二、建筑模数及厂房建筑模数协调的要求。

三、结构形式、建筑材料供应和施工安装条件的要求。

四、技术经济合理的要求。

五、厂区大小、地形性质等技术条件的要求。

结构方案[3]多层厂房

结构方案的选择因素

一、生产工艺、机器设备、生产环境以及室内外空间效果的要求。

二、厂房跨度、柱距、宽度、层数、层高、荷载及其它技术要求；

三、建筑施工条件以及安装技术的现实情况。

四、建筑材料的供应情况及地方性材料的利用可能。

五、结构方案的经济合理性和安全可靠性。

六、建筑现场的大小、自然地质状况和地震烈度等有关技术条件。

结构型式（钢筋混凝土）

一、混合结构：为钢筋混凝土楼(屋)盖和砖墙承重的结构。分为横向或纵向墙承重及外墙承重内框架结构两种。这种结构不宜在地震区采用。一般适用于楼面荷载不大，无振动设备，层数在五层以下的中小型厂房。

二、框架结构：按受力方向的不同，一般有横向、纵向及纵横向受力框架三种。按施工方式的不同，有全现浇、半现浇、全装配及装配整体式四种型式。在我国应用较广。一般适用于荷载较重、振动较大、管道较多、工艺较复杂的厂房。

三、框架——剪力墙结构：为框架与剪力墙协同工作的结构，具有较大的承载能力。一般适用于层数较多，高度和荷载都较大的厂房。

四、无梁楼盖结构：适用于一般荷载在 10kN/m² 以上及无较大振动的厂房。柱网尺寸以近似或等于正方形为宜。

五、大跨度桁架式结构：适用于生产工艺要求大跨度的厂房。可采用无斜腹杆平行弦屋架作为技术夹层，以架设通风及其它各种技术管道。

采光和结构布置

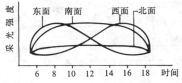

1 不同方向的照度变化曲线

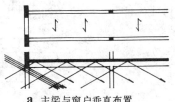

a 主梁与窗户垂直布置

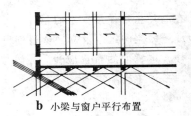

b 小梁与窗户平行布置

2 梁板布置对采光的影响

钢筋混凝土承重结构

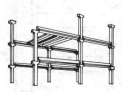

a 短柱明牛腿

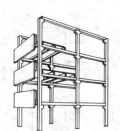

b 长柱明牛腿

c 长短柱相错暗牛腿

d 长柱暗牛腿

3 梁板柱框架结构

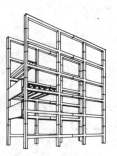

a 由H形构件组成

b 两铰拱门架叠放

4 门架式铰接框架结构

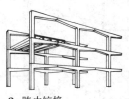

a 跨中铰接

b 和简支梁连接

5 T形及T形柱构件组成的框架结构

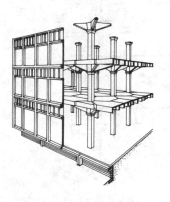

6 装配式无梁楼板结构

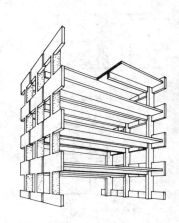

7 单T板大型板材结构

多层厂房 [4] 楼梯·电梯间

楼、电梯间的布置原则

一、楼、电梯间的位置应结合工厂总平面图的道路、出入口布置统一考虑，务使其有利交通、方便运输。

二、厂房中楼、电梯位置应保证人、货流通畅近便，避免曲折迂回；货运量大时应尽量避免人、货流的交叉。

三、厂房内宜设单独的人、货流出入口，当货运量不大时亦可设合并的出入口。

四、电梯间前须留有一定面积的过道或过厅，以利货运回转及货物的临时堆放。

五、楼、电梯间的位置应注意厂房空间的完整性，以满足生产面积的集中使用、厂房的扩建及灵活性的要求，同时还应注意通风采光等生产环境的要求。

六、楼、电梯间的主要出入口位置要明显，其数量及布置应满足有关防火安全疏散的要求。

七、在满足生产使用要求的基础上，楼、电梯间的位置应为厂房的空间组合及立面造型创造良好条件。

八、楼、电梯间的布置应和厂房的结构及施工方案统一考虑，并注意构配件的统一协调要求。

楼、电梯间的位置

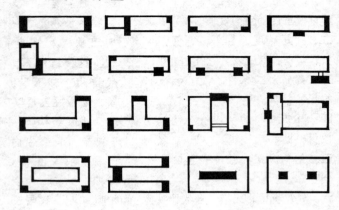

楼、电梯布置特征比较

位置	采光通风	工艺布置	服务半径	结构构件	备注
厂房端部	无阻碍	灵活	欠适中	统一	适用不太长的厂房
厂房内部	无阻碍	不灵活	适中	欠统一	疏散不利
纵墙内侧	有阻碍	欠灵活	适中	欠统一	注意厂房立面处理
纵墙外侧	稍阻碍				注意厂房立面处理
独立布置	无阻碍	灵活	欠适中	统一	注意厂房体型组合

楼、电梯间的交通分析

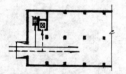

a 楼、电梯并排布置

出入口在纵墙处

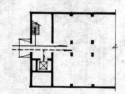

b 楼、电梯相对布置

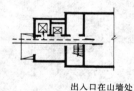

出入口在山墙处

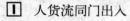

c 楼、电梯相对错开布置

1 人货流同门出入

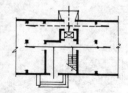

a 楼、电梯相对布置

人货流同方向分开

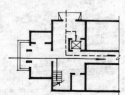

b 楼、电梯相对错开布置

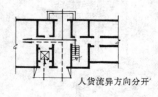

人货流异方向分开

c 楼、电梯并排布置

2 人货流分门出入

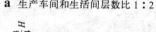
—— 人流　---- 货流

楼、电梯间和生产车间、生活间的竖向组合

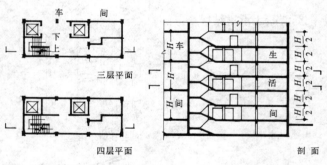

a 生产车间和生活间层数比 1∶2

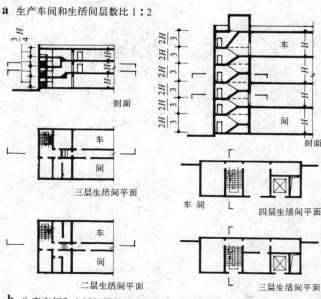

b 生产车间和生活间层数比 3∶4　c 生产车间和生活间层数比 2∶3

技术经济分析 [5] 多层厂房

技术经济分析

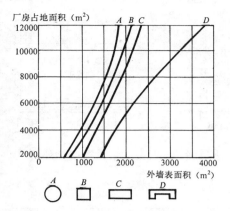

1 不同平面形状的技术经济特点

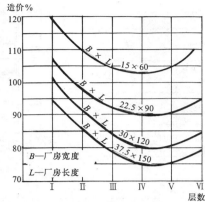

2 层数对造价的影响

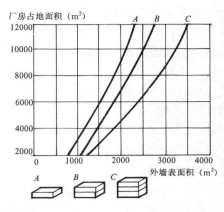

3 外围结构表面积和层数的关系

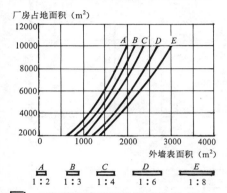

4 不同矩形平面的技术经济特点

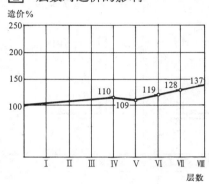

5 层数和单位面积造价

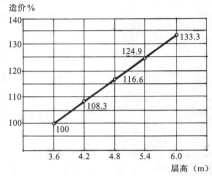

6 层高和单位面积造价

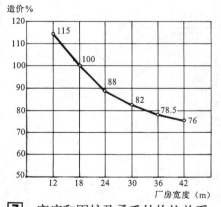

7 宽度和围护及承重结构的关系

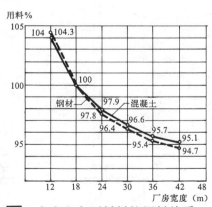

8 宽度和主要材料的用料关系

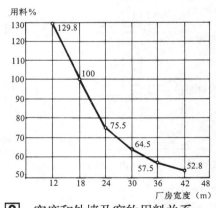

9 宽度和外墙及窗的用料关系

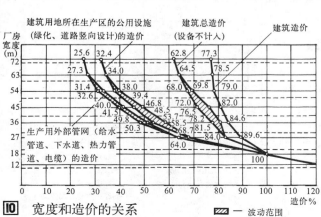

10 宽度和造价的关系　　▨ —— 波动范围

常用柱网的钢材、混凝土用量比较

结构类型	柱网尺寸 (m×m)	混凝土用量 (cm/m²)	(%)	钢材用量 (N/m²)	(%)	单位面积建筑造价(%)
整体式	(7+3+7)×6	15.87	100	96.9	100	100
	(6+6+6)×6	15.39	97.0	92.3	95.3	97.2
	(9+9)×6	16.84	106	101.5	109.0	104.5
装配式	(7+3+7)×6	15.50	97.6	133.2	137.5	106.0
	(6+6+6)×6	15.38	96.8	123.5	127.5	105.5
	(9+9)×6	16.43	103	141.9	146.5	109.5
装配框架式	(9+9)×6	17.70	112	170.7	176.0	113.0

注：①比较条件为：三层厂房，层高5.4m、4.8m、4.8m，考虑七级地震，屋面荷载为75kg/m²，楼层荷载为750kg/m²。以(7+3+7)×6整体式为100%。
②表中除装配框架式外，其余均为外墙承重。
③表内未考虑因工艺布置对建筑面积利用的因素。

多层厂房 [6] 定位轴线

定位轴线布置原则

一、尽量减少厂房组成构配件的类型及数量。

二、加强促进厂房组成构配件的互换性及通用性。

三、轴线布置应有利于施工及设计的工作。

四、标明确定厂房组成构配件的位置及相互间的关系。

统一建筑参数

跨度(m)	6.0, 7.5, 9.0, 10.5, 12.0
柱距(m)	6.0, 6.6, 7.2
内通道式 通道跨度	2.4, 2.7, 3.0
内通道式 跨度(m)	6.0, 6.6, 7.2
层高(m)	3.9, 4.2, 4.5, 4.8, 5.4, 6.0, 6.6, 7.2

承重砌块墙的定位轴线

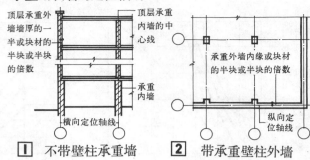

1 不带壁柱承重墙   2 带承重壁柱外墙

几种常用定位轴线标志方法的比较

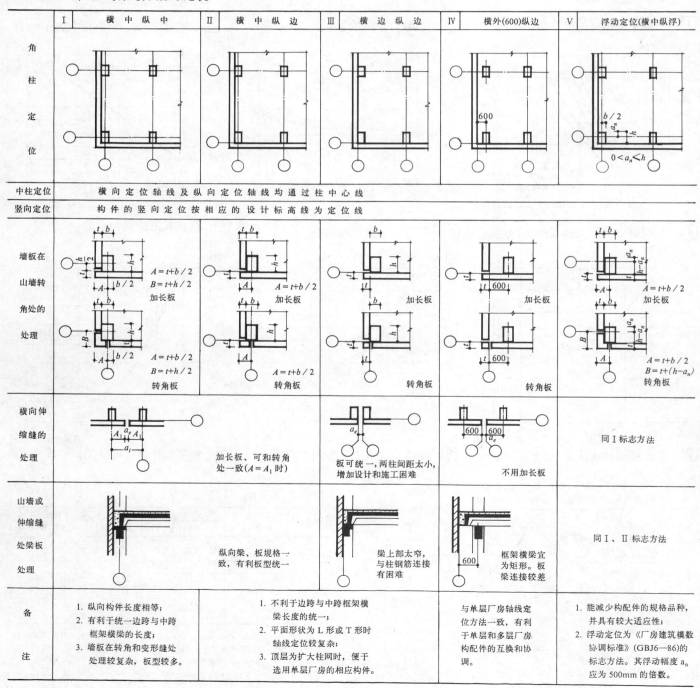

体型组合 [7] 多层厂房

体型组合

多层厂房的建筑空间一般由主体空间（主要生产部分）、辅助空间（生活、办公、辅助等用房以及技术层、空调机房等）和联系空间（门厅、楼、电梯间、走廊通道及管道等）所组成。主体空间在体型上占主要地位，不同生产工艺的主体空间，其大小、形状等均不相同。辅助空间的体量一般均小于主体空间，可自行组合或组合在主体空间内。两者要配合恰当，达到丰富厂房造型的作用。联系空间则具有灵活多变的特点，更由于它空间形体的多样化，能起到权衡协调的作用，是厂房体型组合中的可塑部分。

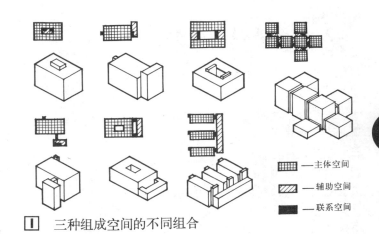

1 三种组成空间的不同组合

▦ —主体空间
▨ —辅助空间
■ —联系空间

墙面处理

a 水平划分

b 垂直划分

c 混合划分

2 门窗排列组合影响

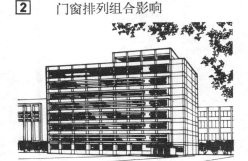
a 明亮的大面积带形窗

b 需强烈自然通风的半敞开式厂房

a 框架结构

c 设置遮阳板的厂房

d 争取朝向的锯齿形窗

b 无梁结构

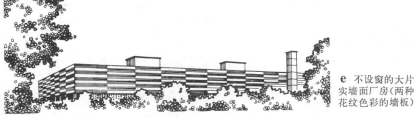
e 不设窗的大片实墙面厂房（两种花纹色彩的墙板）

3 通风采光影响

c 装配式墙板结构

4 建筑结构影响

多层厂房 [8] 多层通用厂房

适用范围

多层通用厂房是专为出租或出售而建的没有固定工艺要求的通用性的多层厂房，又叫多单元厂房或工业大厦。出租或出售可分层或分单元进行。适用于具备以下条件的工厂：

一、要求投产时间短，尽快出产品；
二、生产规模不大；
三、生产设备重量小；
四、对环境污染小；
五、对水、电、气供应的要求简单。

设计要点

一、在一个工业区内应有多种单元类型以满足不同规模的厂家的需要。单元面积一般为 150～1500m²。
二、尽可能选用较大的柱距及跨度，以利于生产线的灵活布置及改造。
三、厂房内装修仅作简单处理，厂家租用或购买后，再按需要进行二次装修，包括吊顶和隔墙。
四、厂房内应标明地面或楼面的允许使用荷载。
五、厂房的水、电供应在设计中统一考虑。厂房内留有适当的水、电接头点，各厂家应有自己独立的水、电表。其他动力设施、空调、通讯等由厂家自行装设。
六、厂房应有完整的消防设施。
七、各单元应有独立的厕浴等卫生设备。
八、厂房周围应有停车场地，并有站台等设施。一、二层可作仓库或停车场。

平面形式

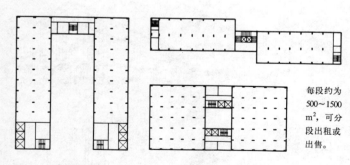

每段约为 500～1500m²，可分段出租或出售。

1 分段式

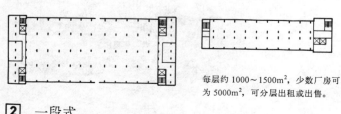

每层约 1000～1500m²，少数厂房可为 5000m²，可分层出租或出售。

2 一段式

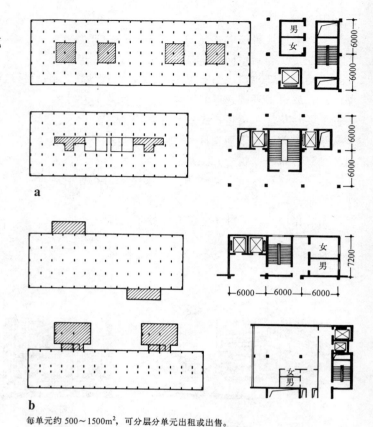

a

b

每单元约 500～1500m²，可分层分单元出租或出售。

3 大单元并列式

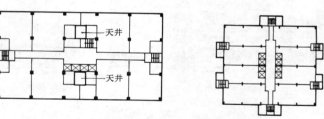

每小单元约 150～500m²，公用通道和楼电梯，按小单元出租或出售。

4 小单元集团式

荷载、层高、柱网参考数据

	底 层				楼 层			
柱 距 (m)	4.2	6	9	12				
跨 度 (m)	6+6+6 9+9+9+9+9	6+2.5+6 12+12	7.5+7.5		9+9	8+8+8		
层 高 (m)	4.2 5.4	4.5 6.0	4.8 6.6	5.1 7.2	3.6 4.8	3.9 5.1	4.2 5.4	4.5 6.0
使用荷载 (t/m²)	1.2	1.5	2.0	2.5	0.5	0.75	1.0	1.5

注：适用于电器、电子仪表、轻工、服装加工、部分机械加工、食品等行业。

多层通用厂房[9]多层厂房

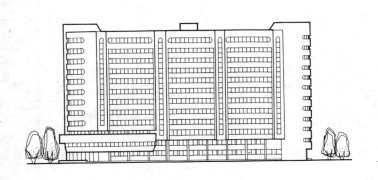
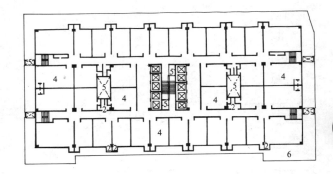
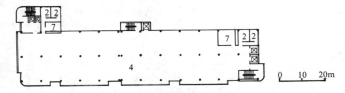

1 深圳某工业大厦

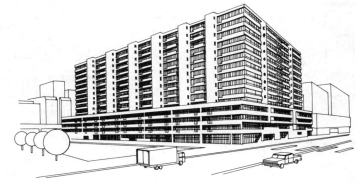

4 香港成业工业大厦　0　5　10m

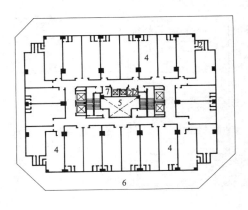

1　门　厅
2　厕　所
3　贮　存
4　厂房车间
5　天　井
6　平　台
7　变压器室

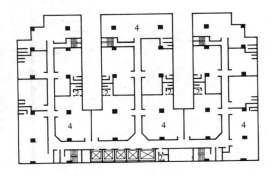

2 香港兴隆工业中心　0　5　10m

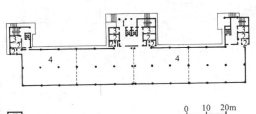

3 深圳工贸中心　0　10　20m

5 九龙环球工商大厦

171

多层厂房[10]实例

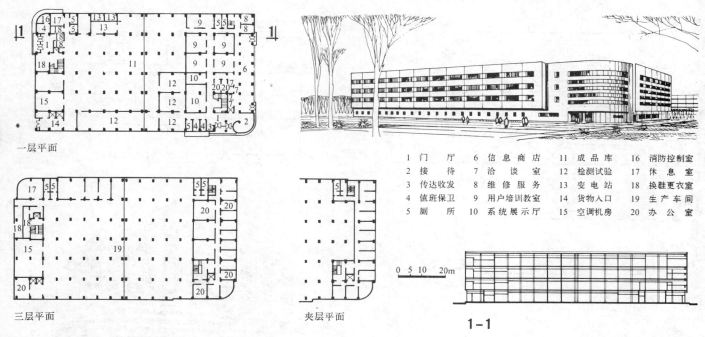

1 门厅　6 信息商店　11 成品库　16 消防控制室
2 接待　7 洽谈室　12 检测试验　17 休息室
3 传达收发　8 维修服务　13 变电站　18 换鞋更衣室
4 值班保卫　9 用户培训教室　14 货物入口　19 生产车间
5 厕所　10 系统展示厅　15 空调机房　20 办公室

[1] 天津电子计算机厂

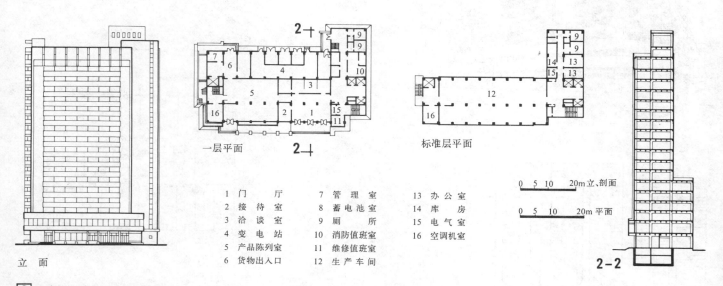

1 门厅　7 管理室　13 办公室
2 接待室　8 蓄电池室　14 库房
3 洽谈室　9 厕所　15 电气室
4 变电站　10 消防值班室　16 空调机室
5 产品陈列室　11 维修值班室
6 货物出入口　12 生产车间

[2] 深圳爱华电子厂装配楼

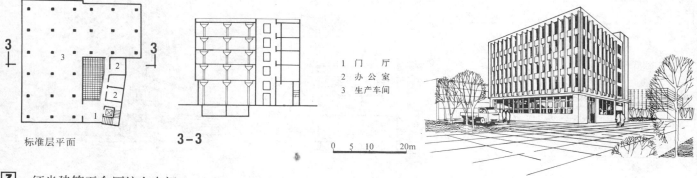

1 门厅
2 办公室
3 生产车间

[3] 红光建筑五金厂综合车间

实例[11] 多层厂房

1 工业园入口标志　6 D型厂房
2 管理中心　　　　7 单身宿舍
3 A型厂房　　　　8 住　宅
4 B型厂房　　　　9 综合服务楼
5 C型厂房　　　　10 污水处理站

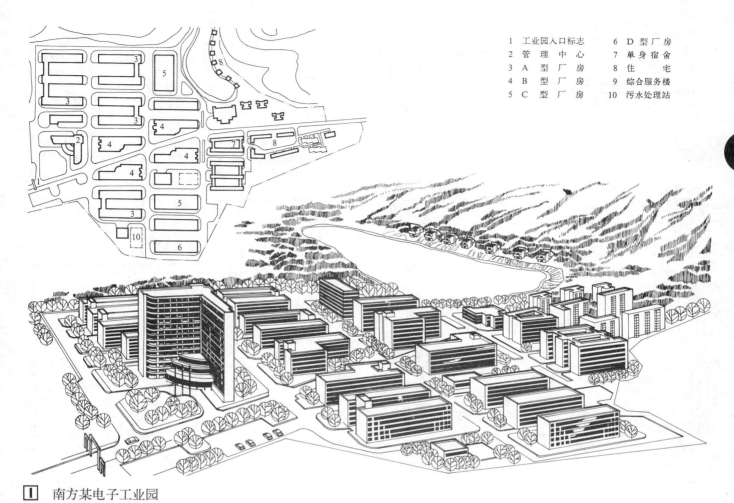

1 南方某电子工业园

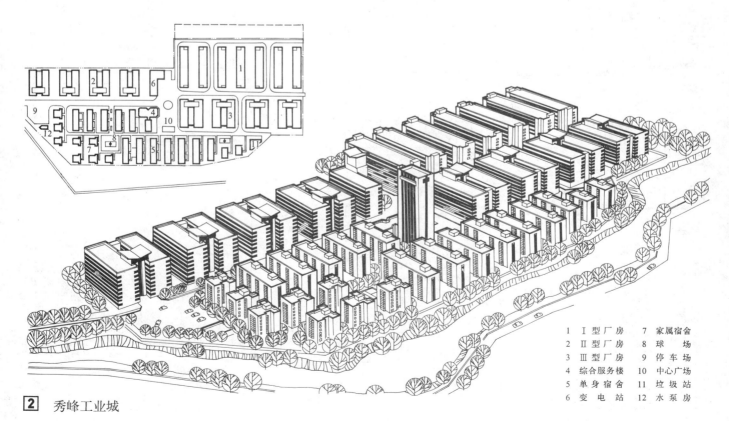

2 秀峰工业城

1 Ⅰ型厂房　　7 家属宿舍
2 Ⅱ型厂房　　8 球　场
3 Ⅲ型厂房　　9 停车场
4 综合服务楼　10 中心广场
5 单身宿舍　　11 垃圾站
6 变电站　　　12 水泵房

多层厂房[12]实例

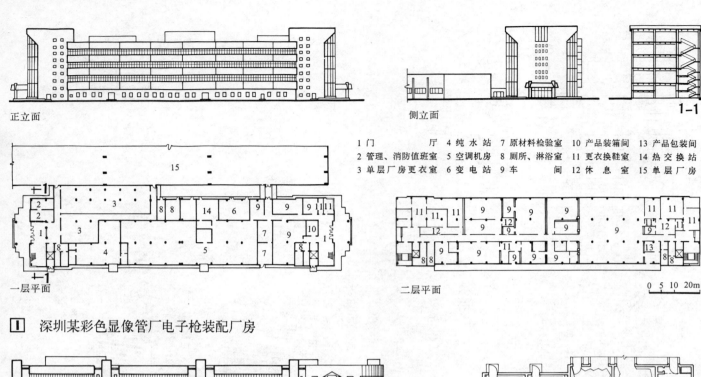

1 深圳某彩色显像管厂电子枪装配厂房

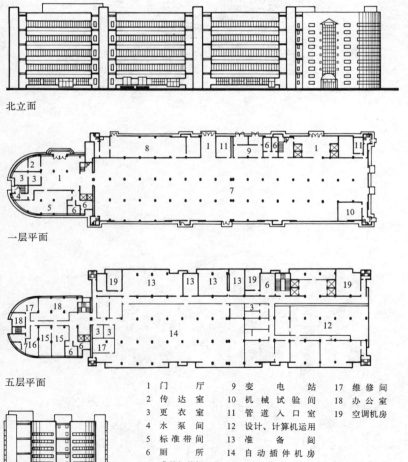

2 天津某录像机厂房

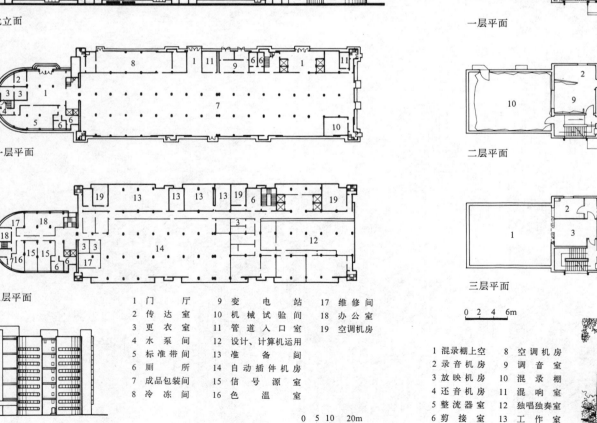

3 上海电影技术厂录音技术楼

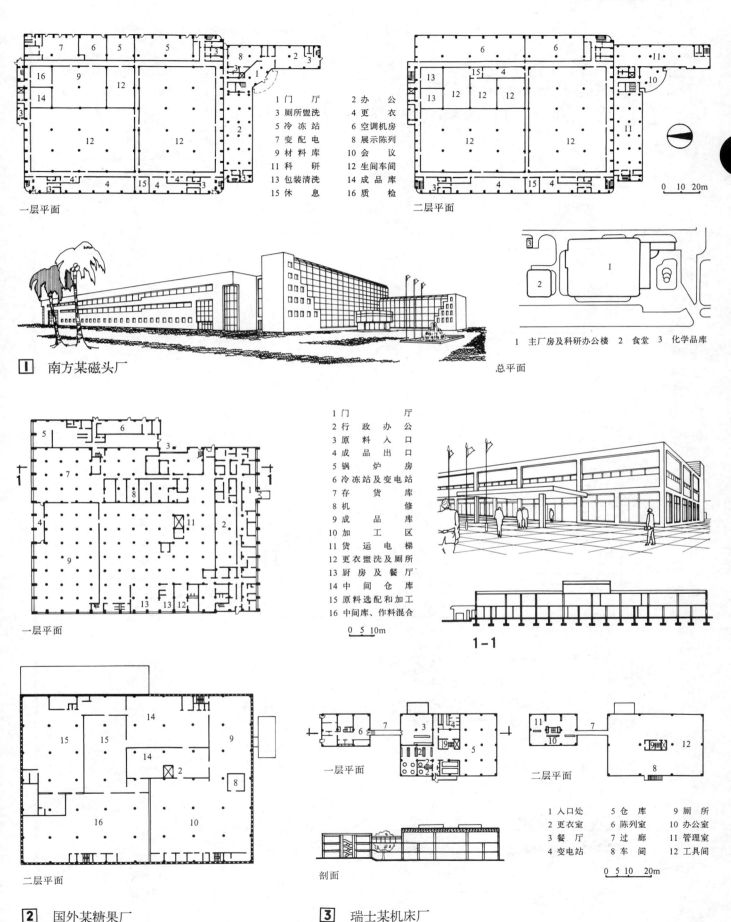

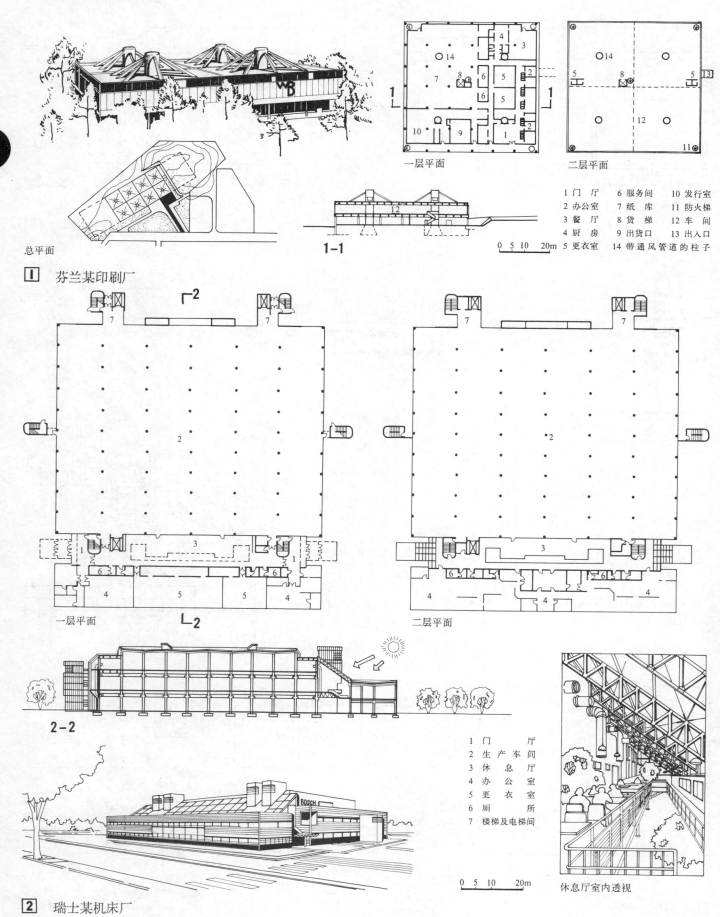

基本概念 [1] 洁净与精密厂房

洁净厂房

洁净厂房是应用洁净技术实现控制生产环境空气中的含尘、含菌浓度、温度、湿度与压力,以达到所要求的洁净度与其他环境参数。它可分类为:

一、工业洁净厂房　它主要控制生产环境空气含尘浓度,如电子、宇航和精密仪表等工业的厂房。

二、生物洁净厂房　它主要控制生产环境空气含菌浓度,如制药、食品和日化等工业的厂房。

它的建筑设计是从厂址选择、总体布局、建筑平、剖面设计与构造处理等方面进行规划设计,以创造满足生产工艺提出的洁净等要求的内外环境。

洁净度等级

通常按室内单位体积空气中含尘或含菌浓度来划分。世界主要国家都有各自的洁净度等级标准。

我国洁净厂房设计规范 (GBJ-73-84) 的标准　表1

等级	每立方米(每升)空气中 ≥0.5μm 尘粒数	每立方米(每升)空气中 ≥5μm 尘粒数
100级	≤35×100 (3.5)	
1000级	≤35×1000 (35)	≤250 (0.25)
10000级	≤35×10000 (350)	≤2500 (2.5)
100000级	≤35×100000 (3500)	≤25000 (25)

美国联邦标准 209, d　表2

等级	粒径 (μm)				
	0.1	0.2	0.3	0.5	5.0
1	35	7.5	3	1	不适用
10	350	75	30	10	不适用
100	不适用	不适用	不适用	100	不适用
1000	不适用	不适用	不适用	1000	7
10000	不适用	不适用	不适用	10000	70
100000	不适用	不适用	不适用	100000	700

当在不属本规定的那些粒径时,空气洁净度分级可按以下限制条件进行:粒子计数可在两点间进行内插,但不能在表2或表1的两个端点进行外插,决不能超过表2中下一个更大粒径粒子计数限。

线1为慕尼黑 SIE~MENS MEGABIT 实验室的 10 级洁净室 ($d \geq 0.1\mu m$)。

线2为米兰 S.G.S. MEGABIT 实验室的 1 级洁净室 ($d \geq 0.2\mu m$)。

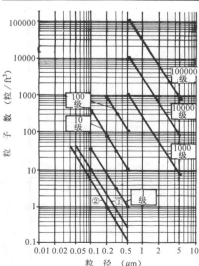

1 美国联邦标准 209d 以粒子浓度表示的洁净等级

美国航空宇宙局标准 NHB5340.2 要点　表3

生物洁净室级别	粒子		微生物粒子		压力 mm水柱	温度 ℃	湿度 %	气流换气次数	照明 Lux
	粒径 μm	累积粒子数 粒/ft³ (粒/L)	浮游量 粒/ft³·周 (粒/m³·周)	沉降量 粒/ft²·周 (粒/m²·周)					
100级	≥0.5	≤100 (3.5)	0.1 (0.0035)	1200 (12900)	1.27 以上	22.2℃ ±0.14℃ ｜ ±2.8℃	40~45		1076 ｜ 1615
10000级	≥0.5	≤10000 (350)	0.5 (0.0176)	6000 (64600)					
	≥5	≤65 (2.3)							
100000级	≥0.5	≤100000 (3500)	2.5 (0.0884)	30000 (323000)					
	≥5	≤700 (25)							

注:目前我国尚未制定生物洁净室的洁净度分级及其标准。

各国标准洁净度分级与 0.5μm 以上含尘浓度值比较　表4

国别	美国	澳大利亚	英国	法国	原联邦德国	原民主德国	前苏联	中国
将原允许粒径 ≥0.5μm 含尘浓度值按照粒/升换算	0.035* (1)							
	0.35* (10)							
	3.5 (100)	3.5	3	4	4	3	4	3.5
	35** (1000)			40			35	35
	175** (5000)							
	350 (10000)	350	300	400	400	300	350	350
	2800** (80000)							
	3500 (100000)	3500	20 (>5μm)	4000	4000	300	3500	3500
							劳动 保护	

注: * 为新颁布的美国联邦标准209d的洁净等级;对含尘粒径大于0.5μm不适用。
　　** 为美国联邦标准209b建议的插入等级。

国外各级洁净室产品实例　表5

洁净度	需控制的尘粒粒径 (μm)	产品种类
需控制灰尘	25~250	航空仪表、增幅器、计量仪表、大轴承、加算器、小型泵、液压控制系统、示波器、伺服机构、飞机装配、X射线发生器、小型电子计算机装配、宇宙飞行机体工厂药剂制造、口腔药制造、食品加工、大型真空管
100000	2.5~25	普通轴承、多普勒装置、大型电子计算机、电子部件、陀螺仪、航空仪表部件、精密测量装置、印刷版、空气开关、精密仪器、宇宙探测用火箭、钟表、照相机装配、比测仪、真空管类
10000	1.0~10	需在十万级条件下组装产品的部件、彩色电视用示波管、望远镜、海底通讯用电子设备、水准器、手术室、食品包装、精密时间调节器、水中用增幅器
100	0.25~2.5	微型轴承、人造卫星、微型接点、微型胶片、精密陀螺仪、光导摄像管、高可靠性管、宇宙火箭控制装置、薄膜装置、药品工业、无菌实验、细菌实验、光学仪器、宇宙飞船、小型时间调节器

注:此表选自航空工业部第四设计研究院《洁净车间建筑设计资料》,1980.7。

洁净与精密厂房 [2] 洁净厂房净化基本原理

空气净化系统一般采用由初效、中效、高效（或亚高效）空气过滤器组成的三级过滤系统 1

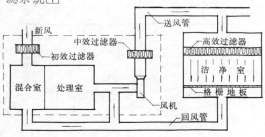

1 空气净化系统

空气过滤器分类

类别	过滤主要对象粒径（μm）	计数效率(%)(对≥0.3μm粒径尘埃)	相对其他效率(%)	动阻力（mm 水柱）	其他
初效	>10	<20	计重效率 40～90	<3	阻挡新风携带10μm以上沉降性微粒，达初净化要求
中效	1～10	20～90	比色效率 45～98	<10	阻挡1～10μm悬浮性微粒，达中净化要求
亚高效	<5	90～99.9		<15	过滤送风中含量最多的1μm以下的亚微米级微粒，达高(超)净化要求
高效	<1	>99.9		<25	

气流组织的基本型式

名称		气流组织简图	剖面透视图	说明
层流型洁净室	垂直层流			采用满布高效过滤器顶棚送风，格栅地面回风，气流方向与重力方向一致（各种操作都由平行气流分隔），工艺设备可任意布置，简化人净设施，灯具可明装，有利保持室内洁净度，可达（GBJ73—84）一百级或更高级别。顶棚结构复杂，造价与维护费用高。可派生为单、双侧回和地沟回风，也可获得一百级洁净度。（高效过滤器占顶棚面积不少于60%，格栅地面占地面积不少于60%）
	水平层流			一侧墙面为送风面，高效过滤器不少于墙面的40%，另相对侧墙面为回风面，布置回风口，回风口风速≤1.5m/s，气流沿水平方向流动，上流区洁净度可达一百级，下流空气含尘、菌随之逐渐增加，洁净度较低，适用于工艺过程有多种洁净度要求的情况，需要设置垂直技术夹道，并恰当确定门的位置。造价及维持费用较垂直层流型低。可派生为下侧或上侧回风口与地沟回风
	层流隧道			隧道部分的工作空间为垂直（或水平）层流，洁净度可达（GBJ73—84）一百级或更高，室内其余空间为乱流型，洁净度千级至十万级，一般用作辅助生产和走道。仅在隧道内为高洁净度，与全面层流相比，设备费和运行费均可降低
乱流型	顶送地回			具有较好的向下气流，性质介于垂直平行流与乱流之间，洁净度可达美209d的一万级或千级，其地板构造较垂直层流洁净室的简单且造价较低
洁净室	顶送双侧回			顶棚为穿孔板（其上为静压箱）或布置密集散流器，近顶棚处呈现涡流，其余部分形成向下的组合气流（近似于垂直层流），效果较好，洁净度可达（GBJ73—84）万级或千级，两墙间距不宜大于6.0～7.5m，系统安装占用空间大，构造复杂。当为顶送单下侧回时，易产生涡流，室内含尘浓度不均，射流区洁净度较好，可达千级至十万级，送、回风口位置关系对于单侧下回气流均匀性影响极大，风量与风口数量的配合极为重要

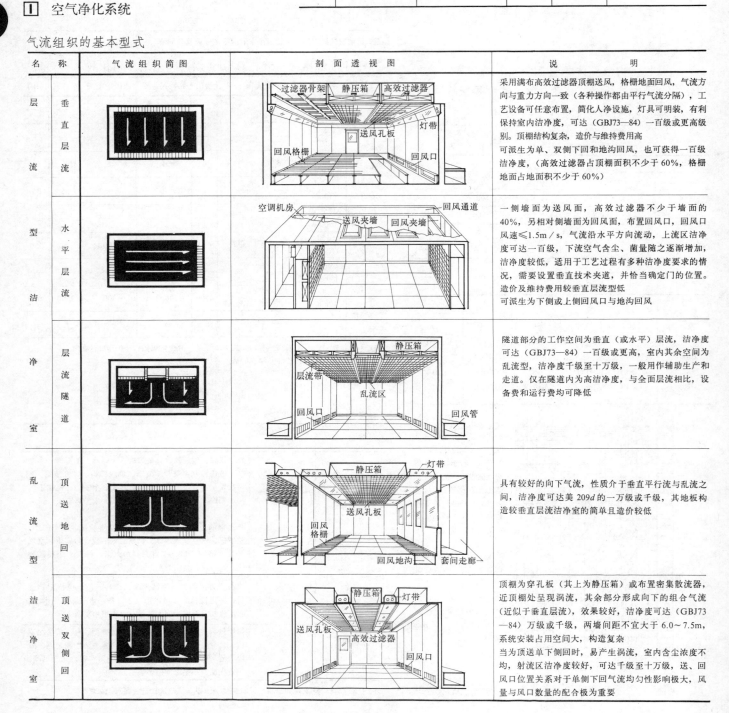

洁净厂房净化基本原理 [3] 洁净与精密厂房

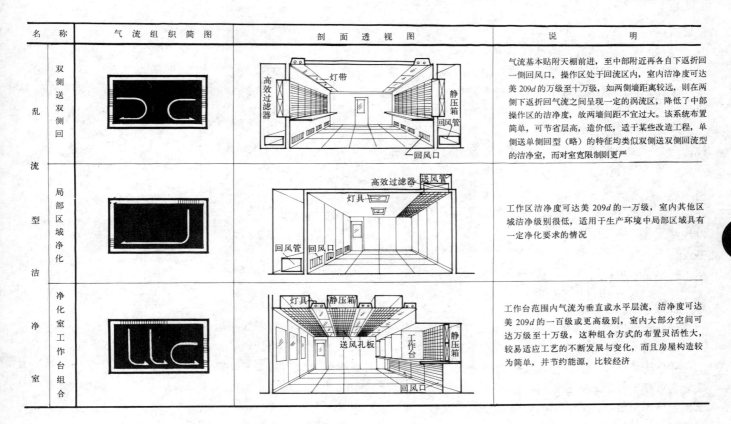

名称		气流组织简图	剖面透视图	说明
乱流洁净室	双侧送双侧回			气流基本贴附天棚前进,至中部附近再各下返折回一侧回风口,操作区处于回流区内,室内洁净度可达美209d的万级至十万级,如两侧墙距离较远,则在两侧下返折回气流之间呈现一定的涡流区,降低了中部操作区的洁净度,故两墙间距不宜过大。该系统布置简单,可节省层高,造价低,适于某些改造工程,单侧送单侧回型(略)的特征均类似双侧送双侧回流型的洁净室,而对室宽限制则更严
	局部区域净化			工作区洁净度可达美209d的一万级,室内其他区域洁净级别很低,适用于生产环境中局部区域具有一定净化要求的情况
	净化室工作台组合			工作台范围内气流为垂直或水平层流,洁净度可达美209d的一百级或更高级别,室内大部分空间可达万级至十万级,这种组合方式的布置灵活性大,较易适应工艺的不断发展与变化,而且房屋构造较为简单,并节约能源,比较经济

气流组织的组合型式

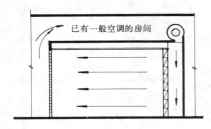

1 水平隧道型

这种型式的洁净室设置在已有一般空调的房间或低洁净度的房间内,可设置或不设置回风墙,利用空调或低洁净度空间作为回风道,既简化构造,节省投资,也便于工艺布置,加强了层流部分与周围空间的生产联系

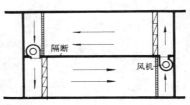

2 水平平行流平列复型

这种型式是将两个同样的水平层流洁净室左右相邻。每一洁净室都以另一洁净室为回风空间,循环风通过两次高效过滤,有利于洁净,是一种经济的水平层流型式

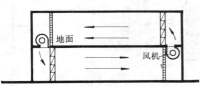

3 水平平行流垂直复型

这种型式的特征与水平平行流平列复型相同,只是将同样的两个洁净室上下隔层毗邻

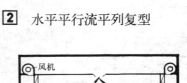

4 水平平行流双侧型

这种型式适用于进深较大的洁净室,气流从房间两侧送入,由房间中部回风地沟返回,能满足长距离生产线。室内不必设置回风格栅,因送、回风墙相距大于10m时其作用极小

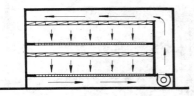

5 垂直平行流重叠型

这种型式是将两个相等的洁净室重叠起来,上面的洁净室的回风作为下面洁净室的送风(如相邻隔层空间不设高效过滤器,其下的洁净室洁净度较低)。可节省空间,降低运行费

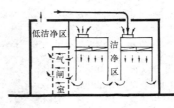

6 棚式垂直层流单元

这种型式是具有不同覆盖面积可以自循环的高效过滤垂直层流单元机组,可相互组合。它适合于为大型工艺设备或者成线、成片的生产作业创造无遮挡洁净空间

洁净与精密厂房 [4] 洁净厂房净化基本原理

厂址选择

除考虑一般因素外，应选择：

一、自然环境、气象条件较好；空气湿润，大气含尘浓度较低的地区，地形、地物、地貌造成的小气候要利于建筑节能；不宜选在干旱、少雨、多风砂的地区。

二、远离经常散发大量粉尘、烟气、腐蚀性气体的区域，如处于工业区附近，则应在其盛行风向上风侧或最小风频的下风侧，并要有一定的防护距离。要考虑周围原有工厂烟囱高度及烟尘对大气污染范围。当洁净厂房盛行风向上风侧有排污烟囱，其间水平距离不宜小于烟囱高度的12倍，见 1、2。

三、远离大量人流、物流集散和严重噪声或振动干扰地区，如城市干道、闹市区、公路、铁路、机场与码头。

总体布置

一、按生产工艺及其对净化等级的要求，将建筑分类分区布置，明确划分为洁净、一般生产区与污染区。

二、联系密切的洁净厂房，必要时可用密封走廊连接，减少人员自室外带入的尘粒。

三、合理缩减洁净厂房周围道路宽度和转弯半径，限制重车驶入，洁净区前宜设物料中转库，进入洁净区改用电瓶车或手推车。路面应采用柔性不易起尘材料。

四、洁净厂房不宜沿厂区干道布置，应布置厂区内环境清洁、人流、货流不穿越或少穿越的地段。洁净厂房周围宜设环形消防车道，有困难时应沿厂房两长边设置。

五、在洁净厂房周围应进行绿化，铺置草皮，种植不产生花絮的树木。

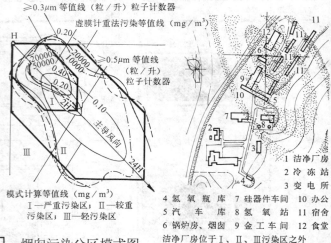

1 烟囱污染分区模式图

2 襄樊仪表元件厂厂址选择
洁净厂房位于I、II、III污染区之外

1 洁净厂房　2 冷冻站　3 变电所　4 氢氧瓶库　5 汽车库　6 锅炉房、烟囱　7 硅器件车间　8 氢氧站　9 金工车间　10 办公　11 宿舍　12 食堂

洁净建筑室外空间处理

当在一般厂区中独立地划出洁净建筑小区时，宜根据洁净建筑的功能要求，其室外空间应以建筑为中心，以草地为空间的限定，以乔、灌木为空间的围护，构成含尘浓度、温度与湿度上有别于周围其他外部环境的室外空间，以达到保护室内洁净环境的目的。

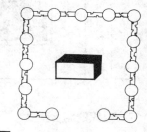

4 洁净建筑室外空间的基本模式

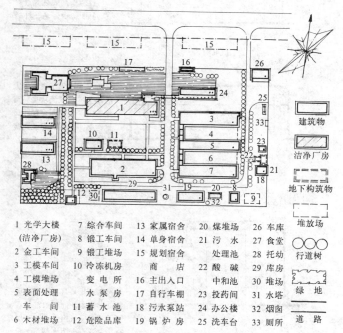

3 某医用光学仪器厂总体布置图

1 光学大楼（洁净厂房）　2 金工车间　3 工模车间　4 工模堆场　5 表面处理车间　6 木材堆场　7 综合车间　8 锻工车间　9 锻工堆场　10 冷冻机房　变电所　水泵房　11 蓄水池　12 危险品库　13 家属宿舍　14 单身宿舍　15 规划宿舍　商店　16 主出入口　17 自行车棚　18 污水站　19 锅炉房　20 煤堆场　21 污水处理池　22 酸碱中和池　23 配药间　24 办公楼　25 洗车台　26 车库　27 食堂　28 托幼　29 库房　30 堆场　31 水塔　32 烟囱　33 厕所

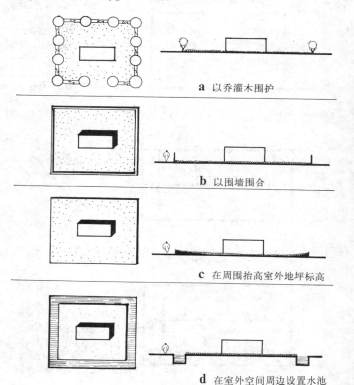

a 以乔灌木围护

b 以围墙围合

c 在周围抬高室外地坪标高

d 在室外空间周边设置水池

5 室外空间领域性限定的建筑处理方法

洁净厂房净化基本原理 [5] 洁净与精密厂房

洁净厂房主要尘源及污染途径　　　　　　　　　　　表1

来源	污染途径	对应措施
外部尘源	1. 工作人员通过人身、鞋帽、衣物、化妆品涂敷等带入 2. 空调净化系统将未经有效过滤的空气（包括管道剥落形成的积尘）送入 3. 通过建筑物门窗管道等缝隙渗入 4. 随材料、工具、图纸等带入 5. 由各种气体、液体管道引入	采取人身净化措施，设计合理净化程序 采取相应的空气净化措施，选用不起尘材料做风管 通过合理构造设计以获得良好气密性 采取物净措施设计合理物净程序 通过水和气体的净化与纯化，采用不起尘材料做管道或容器
内部尘源	1. 生产过程中产生灰尘和污染物 2. 平面布置和气流组织不当，造成洁净气流相互干扰，室内积尘的二次飞扬 3. 建筑围护结构（地面、墙面、顶棚等）表面剥落或门窗五金的锈蚀、磨损 4. 由于人的操作、活动而排泄的皮屑、汗水等的尘粒 5. 生产设备的机械运动产生的尘粒 6. 室内家具的表面、棱角磨损与油漆剥落产生的尘粒	革新生产工艺或采取密封措施 按洁净度与正压分区原则进行平面组合，选择合理的气流组织型式 选择符合要求的建筑材料及配件，采取合理的构造、施工做法 合理组织生产流线，严格操作规程，减少不必要的流动，穿着有透气、吸湿、少产生与渗透尘菌的洁净工作服 设备、家具设计的改进，加强管理，严格执行室内卫生制度

人员对洁净室的污染分析

人作为环境的污染源包括自身产生和携带的两类污染物质。前者有头发、皮肤等微屑物，体表与呼吸道的排泄物。后者为附着在人体、衣服等上的各种微粒子与微生物，以及衣着上的磨损脱落物。它们不断产生与扩散，又称为恒定污染源。见[1]和表2。

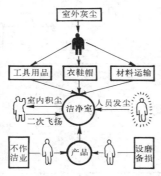

[1] 人员对洁净室的污染

人体发尘与发菌量　　　　　　　　　　　　　　　　表2

衣着	a 动作		b 动作		c 动作	
	尘 (粒/min)	菌 (个/min)	尘 (粒/min)	菌 (个/min)	尘 (粒/min)	菌 (个/min)
衣式 1	9336	0	63726	0	82992	0
2	5187	0	28158	0	93366	0
3	36309	70	140790	138	254904	691
4	85956	70	168207	419	434226	978
5	31863	70	171912	138	383097	691

注：a 动作—静止站立，面向、侧向与背向气流；b 动作—站立并平举臂30次，踏步30次；c 动作—站立并将头上下左右动30次，踏步30次。衣式1—连衣型，披肩帽，着短袜，有手套，戴口罩；衣式2、3—衫裤型，有沿松紧帽，有、无手套短尼龙袜，有、无口罩及塑料拖鞋；衣式4、5—大衣型，灯芯绒裤，尼龙袜，有、无手套及口罩，塑料拖鞋。（摘自《洁净技术与建筑设计》，中国建筑工业出版社，1986.5）

室外人员净化

一、开辟厂区到洁净建筑室外空间的人行道路，在道路两旁种置乔灌木，形成绿色长廊；
二、室外空间入口处设计卵石路面除去鞋底尘土；
三、在建筑入口处设净鞋及换鞋设施。

人员净化和生活用室设计要点

人员净化用室包括雨具存放间、换鞋室、存外衣室、盥洗室、洁净工作服、管理室和空气吹淋室等。淋浴室、厕所、休息室等生活用室，以及工作服清洗间和干燥间等其他用室，可根据需要设置。其设计要点有：

一、人员净化设施可集中设置或分散设置。多层厂房采用集中换鞋，分层更衣或全部集中的方式。
二、人员净化设施与用房的确定应有效、经济；
三、人员净化路线应简捷、流畅，避免往返和交叉；
四、人员净化用房的空间宜具有灵活性与开敞感；
五、人员净化用房入口的朝向避开常年主导风向或设置门斗；通过空气吹淋室进入洁净区的位置宜适中，以方便分散人流；空气吹室一侧应旁通门；
六、存放外衣和洁净工作服的用房要分别设置，衣柜均按在册人数每人设一柜；洁净工作服室应有一定的空气净化要求；
七、如设置洁净工作服的清洗和干燥间，其位置宜在洁净工作服之前，并应有相应的洁净要求；
八、盥洗室应设烘干设备，水龙头不宜用手启闭，其数量按最大班每10人设一个；
九、厕所应设前室并不得设在洁净区内；当采用层流洁净灭菌卫生间时可设在洁净区内；
十、单人空气吹淋室按最大班人数每30人设一台，人员较多时可设通道式空气吹淋室。

人员净化程序

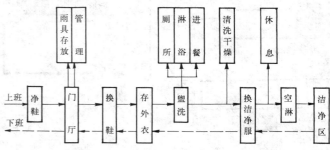

[2] 工业洁净厂房人员净化程序

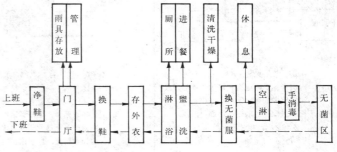

[3] 生物洁净厂房人员净化程序

注：从国外洁净厂房的发展情况看，由于提高了洁净室的自净能力，人员净化程序有日渐简化的趋势。如不需换鞋，只穿上一次性鞋套或在洁净室门前设除尘鞋垫。

洁净与精密厂房 [6] 洁净厂房

洁净厂房设计要点

一、应将洁净区与非洁净区在功能上划分明确，有各自的出入口及交通线路。

二、宜将洁净室按洁净度等级分级集中设置。洁净度要求高的洁净室应布置在人流量最少处。人流进入洁净区时应由低洁净度区流向高洁净度区；避免不同等级洁净室相互干扰。

三、要求洁净区平面布置合理、紧凑。洁净室平面形状简单，空间体形简洁，使洁净室面积和体积为最少。

四、人员与物料出入口应分开设置，各自紧贴洁净区布置。内部人流、货流的污、净交通线路应避免往返交叉重叠。

五、洁净区内各种管线需隐蔽，平剖面设计时应按各种管线截面、走向、标高等相应考虑技术夹道、技术竖井、技术夹层和轻型吊顶的位置。外（回）廊可使洁净室取得间接的天然光线、缓冲室外的灰尘及温湿度对洁净室的环境影响，既可作技术夹道又是参观走廊。

六、多层洁净厂房的物料垂直运输当采用货梯时，电梯间应在洁净区之外，电梯间的底层宜设气闸，在楼层与洁净区之间应设物料净化处理室。垂直运输亦可通过内部专用净化楼梯进行。

七、为工艺调整创造条件、管线走向简便和加快施工进度，洁净区内宜采用轻质隔墙或装配式轻质墙板。

防火和安全疏散要求

一、应按《洁净厂房设计规范》的有关规定执行。

二、装配式洁净室本身的材料必须采用非燃烧体，且其外围建筑的耐火等级不应低于二级。

三、洁净厂房墙面装修附加构造层，其骨架和保温层宜选用非燃烧体，如采用木骨架、木面板时必须涂刷防火涂料或经防火处理，使之成为难燃烧体。

四、洁净厂房内最远工作地点到外部出口或楼梯的安全疏散距离：甲、乙类生产的单层厂房为30 m，多层厂房为25m；丙、丁、戊类生产的单层厂房为75 m，多层厂房为50m。

五、人员净化程序与距离应同安全疏散路线结合考虑。

工业洁净厂房组成

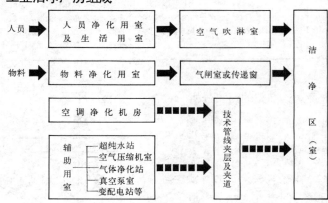

洁净厂房平面形式（简洁、灵活、功能分区明确）

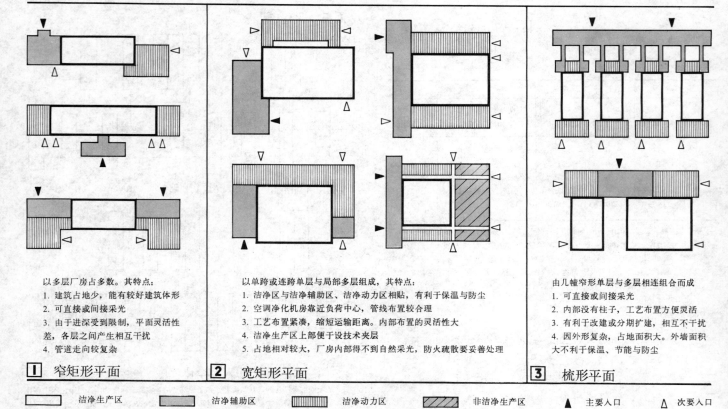

1 窄矩形平面

以多层厂房占多数。其特点：
1. 建筑占地少，能有较好建筑体形
2. 可直接或间接采光
3. 由于进深受到限制，平面灵活性差，各层之间产生相互干扰
4. 管道走向较复杂

2 宽矩形平面

以单跨或连跨单层与局部多层组成，其特点：
1. 洁净区与洁净辅助区、洁净动力区相贴，有利于保温与防尘
2. 空调净化机房靠近负荷中心，管线布置较合理
3. 工艺布置紧凑，缩短运输距离。内部布置的灵活性大
4. 洁净生产区上部便于设技术夹层
5. 占地相对较大，厂房内得不到自然采光，防火疏散要妥善处理

3 梳形平面

由几幢窄形单层与多层相连组合而成
1. 可直接或间接采光
2. 内部没有柱子，工艺布置方便灵活
3. 有利于改建或分期扩建，相互不干扰
4. 因外形复杂，占地面积大。外墙面积大不利于保温、节能与防尘

图例：洁净生产区　洁净辅助区　洁净动力区　非洁净生产区　▲ 主要入口　△ 次要入口

洁净厂房[7] 洁净与精密厂房

空调净化机房位置

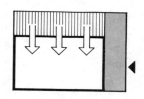 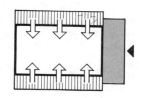 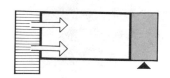 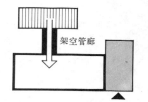

管道联系短捷，系统划分较灵活，减少洁净区外墙面对防尘恒温有利。但机房的振动与噪声对洁净区的影响较大，应进行技术处理

振动与噪声对洁净区影响较小，但洁净区平面很长时风压不易均匀，当风量大而系统较多时，管道交叉，技术夹层高度增大

机房的风管通过管道廊与洁净区相联。机房的振动与噪声对洁净区影响小。该形式增加管道长度，系统较多时管道布置困难

[1] 机房紧贴洁净区　　　　[2] 机房紧靠洁净区窄端　　　　[3] 机房与洁净区脱开

 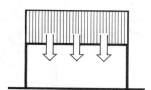 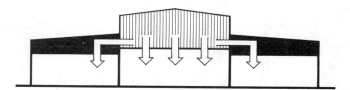

该形式可减少管道长度，系统划分具有较大灵活性，亦节省用地。但机房的振动与噪声应进行技术处理

[4] 机房布置在洁净区的下方或顶上

□ 洁净生产区　　▨ 洁净辅助区　　▥ 空调净化机房　　■ 技术夹层或夹道　　▲ 主要入口

洁净厂房剖面设计

一、洁净厂房的剖面形式通常取决于：
1. 生产设备及操作需要的基本空间尺寸。
2. 净化气流组织的形式。
3. 净化技术和辅助设施的布局。
4. 管线走向及隐蔽方式。

二、洁净室的高度应以净高控制，净高以100mm为基本模数。在满足生产、气流组织及人的生理要求前提下应尽量降低净高，以减少换气量、降低能耗及投资，有利于提高净化效果。当某些设备较高时可局部提高净高。

三、技术夹层和技术夹道，应满足各种管线的安装和维修，面积较大的技术夹层宜设消防设施。

洁净厂房建筑设计中的灵活性

洁净厂房设计时应考虑：建筑平面尺寸与剖面高度变化的灵活性。走线接管的灵活性。净化级别的灵活性。

措施要点：

一、结构形式：不宜用砖混承重结构，宜用框架结构或大跨度钢筋混凝土柱网钢屋架，钢屋架的结构高度内可布置管线。

二、剖面形式：洁净室的净高从严控制，但层高不宜太紧。上部技术夹层宜用轻质有改变空间高度可能的软吊顶。下部设回风格栅地板、回风地沟或回风夹道等。

三、构配件侧重于轻质材料，隔墙等宜用装配形式。

四、洁净区的一侧（端）可留作洁净区的发展用。

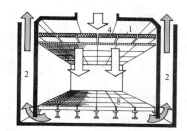 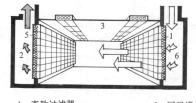 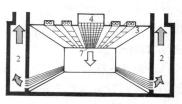

1 高效过滤器　　2 回风道　　3 平顶　　4 静压箱
5 回风过滤器　　6 进风道　　7 孔板　　8 回风格栅地板

[5] 水平方向设置技术夹层　　[6] 垂直方向设置技术夹道　　[7] 墙底部设回风口的技术夹道

洁净与精密厂房 [8] 人员和物料净化

人员净化用室面积指标

人员净化用室的建筑面积按我国现行《工业企业洁净厂房设计规范》规定，可按洁净区的在册人数平均 4~6m²/人计算。这与不同空气洁净度等级和工作人员数量有关。寒冷地大于温暖地区。

人员净化用室面积参考指标（m²） 表1

洁净度等级	人数		
	<10人	10~30人	>30人
100级	6.80	5.60	4.40
1000~100000级	5.90~4.90	4.50~3.65	3.10~2.40

人员净化用室分项有效使用面积参考定额 表2

	项目	按在册人数计算	按最大班人数计算
非洁净区	雨具、（洗擦鞋）	0.1	(0.1)
	外出服存衣柜	0.31~0.43	
	外出鞋柜	0.24	
过渡区	盥洗		0.13~0.16
	厕所		0.20~0.40
	淋浴		(无菌用) 1.80~2.70
	休息		0.50
洁净区	洁净工作服柜	0.15~0.20	
	洁净鞋柜	0.12	
	空气吹淋		0.25~0.34
总计		0.92~1.09	1.18~1.50, 2.98~4.20

注：有效使用面积与建筑面积之比一般为0.50计算，在实际工程中还需考虑各种因素可能再乘以 1.10~1.50 系数作调整。

换鞋室平面布置

工作人员的鞋是污染洁净厂房主要的媒介。换鞋室内布置的合理与否对保持洁净室的洁净度十分关键，其布置方式分为通过式和非通过式，以通过式为好（见表3），设计时要注意避免洁污流线的交叉，具体措施如 [2]。

换鞋室洁污流线组织 表3

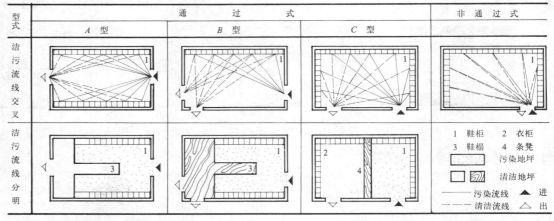

1 鞋柜　2 衣柜
3 鞋榻　4 条凳
▨ 污染地坪
▢ 清洁地坪
—— 污染流线　▲ 进
---- 清洁流线　△ 出

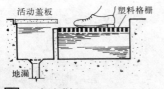

[1] 水净鞋设施

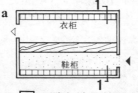  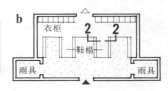 

[2] 避免洁污流线交叉措施（a 用通长条形换鞋凳区分洁污地面；b 用不同标高地坪区分洁污地面）

物料净化设计要点

一、物料出入口应与人流出入口分开布置，以避免与人流路线干扰和交叉。

二、物料在洁净区内的流线要顺应工艺流程并短捷。

三、物净设施包括物料出入口及物料净化（一般由粗净化和精净化组成）两部分。

四、粗净化间（如套间、准备间等）的室内环境勿需净化，可布置于非洁净区内，用作精净化的清洗间室内环境需要一定的洁净度，宜设于洁净区内或与其毗邻，以便通过气闸或传递窗进入洁净区。

五、物净出入口兼作安全疏散口时，其位置选择应与其他出入口的布置作统筹安排，以利均匀分布人流。

六、为大型设备安装、维修的运输，需设安装、检修口（经常使用的设备出入口的净化程序可参照[3]）。

物料净化程序

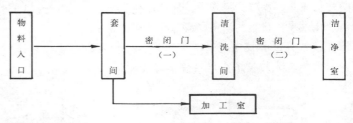

[3] 较大件物净流程

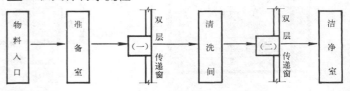

[4] 较小件物净流程　注：根据具体要求亦可采用一道双层传递窗。

人员和物料净化 [9] 洁净与精密厂房

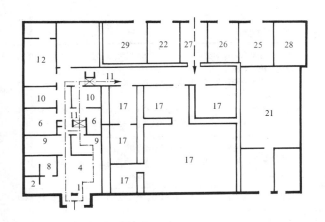

1 北京 某厂净化车间

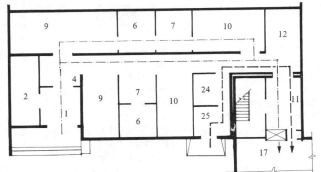

2 北京大学某研制楼

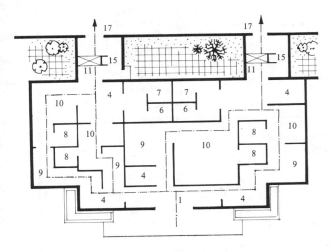

3 某工厂洁净车间

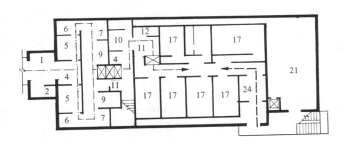

4 某半导体研究所

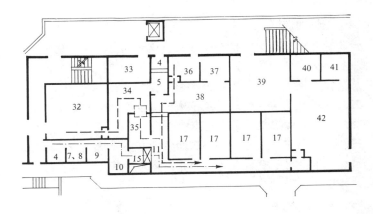

5 上海 长城生化制药厂针剂车间

1 门　　厅	12 休息室	23 总回风道	34 精洗外烘间
2 管理室	13 整装室	24 物净间	35 内烘间
3 雨具存放间	14 缓冲间	25 设备维修间	36 准备间
4 换鞋室	15 过　厅	26 配电室	37 精制间
5 存衣室	16 洁净走廊	27 物料入口	38 配料间
6 厕　　所	17 洁净室	28 气体动力间	39 烘干机室
7 盥洗间	18 参观走廊	29 纯水间	40 检漏室
8 淋浴间	19 传达室	30 酸洗间	41 灯检室
9 更衣室	20 安全门	31 清洗间	42 包装室
10 洁净服室	21 空调机房	32 粗洗间	
11 空气吹淋室	22 风机室	33 蒸馏水间	

6 眉山 邮电部某厂洁净车间

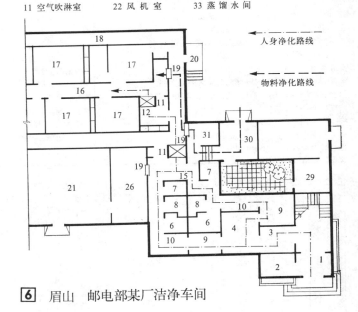

7 德国 WLÜFING 制药厂

洁净与精密厂房[10] 人员和物料净化

绿化植物的选择

一、选择落叶期短，植物叶片粗糙或有绒毛，叶面宽大平展，树皮凸凹不平，小枝开张角度大、硬挺，而全树总叶面积也大，捕尘能力强的绿化植物；

二、对于生物洁净建筑，除了选择除尘能力强的绿化植物外，同时考虑植物具有一定的杀菌能力；

三、因地制宜，结合当地的自然条件与土质情况，适地适树，选择易于获取和生长的乔、灌木和草皮，树种的选择以二、三种为主，不宜过多；

四、不宜种植本身具有散发物的树种与花草。

绿化植物的功能

表1

生物功能	绿化植物能调节环境的温湿度，有利于室外空间的净化，相应地减轻了空调净化系统的负担
	植物能制造大量新鲜氧气，吸收二氧化碳、氟化氢、氯气等有害气体，能创造有益的生态环境
	绿化植物能净化空气，对大气中尘埃有明显的阻挡、过滤、吸附作用，它能减少空气中含菌量，一些植物能分泌一种杀菌素而具有一定杀菌能力
物理功能	绿化植物可作为空间围护，以分隔平面与空间
	它能遮阳隔热，减少室内温度波动，并节约冷负荷。同时，绿化植物还有隔声减噪的作用
心理功能	绿化植物内涵着丰富的形象美、色彩美、芳香美和风韵美，能调节人的神经系统，使紧张和疲劳得以缓和与消除

我国常见有益于环境净化的植物

表2

树种	主要适宜地区	适应条件	环境保护功能
构树(落叶乔木)	黄河流域以南地区	喜光、适应性强、耐干冷和湿润气候，又耐干瘠薄和水湿	抗污染、吸收有害气体、防尘遮荫
梧桐(落叶乔木)	长江流域各省、华南、华北、西南	喜光、宜湿润的粘壤土、喜碱性土壤，较不耐水湿	抗污染、吸收有害气体、防尘遮荫
泡桐(落叶乔木)	华北、西北、东北、河南省、山东省	喜碱性、湿润肥沃的砂质土壤，耐旱，不耐水湿	抗污染、吸收有害气体、防尘遮荫
楸树(落叶乔木)	华北、华中、长江以南、四川省	耐寒性、喜碱性肥沃土壤、耐旱	抗污染、防尘
悬铃木(落叶乔木)	华中、长江以南、四川省	耐寒性中等、喜湿润肥沃的砂质土壤	吸收有害气体、防尘、遮荫、隔声
榆树(落叶乔木)	华北、华中、长江以南	耐干冷气候，喜碱性土壤、耐瘠薄干旱、耐轻度盐碱，但不耐水湿	抗污染、抗烟尘
朴树(落叶乔木)	淮河流域以南	宜排水良好的肥沃、湿润、深厚土壤	抗污染、抗烟尘
刺槐(落中乔木)	华中、长江以南、西北、华北南部	耐寒、中性或碱性土壤上都能生长，耐干旱瘠薄、盐碱、怕水湿	抗污染、吸收有害气体、固砂
臭椿(落叶乔木)	华中、长江以南、华北、四川省	耐寒、喜碱性土壤、很耐干旱、瘠薄、怕水湿、耐盐碱	抗污染、吸收有害气体、杀菌
侧柏(常绿乔木)	华北及以南各省	喜光、耐修剪、耐瘠、耐干	抗烟尘、抗水有害气体
桧柏(常绿乔木)	东北南部及以南各省	喜光、幼时耐荫、喜温凉和温暖气候以及湿润土壤	抗污染、吸尘、隔声、杀菌
龙柏(常绿乔木)	长江流域	喜光、幼时耐荫、喜温凉和温暖气候以及湿润土壤	抗污染、吸尘、隔声
广玉兰(常绿乔木)	长江以南各省	较耐寒、喜温暖、湿润气候和肥沃土壤	抗污染、吸收有害气体、滞尘能力强
夹竹桃(常绿灌木)	长江以南各省	喜温暖和温暖、喜湿润土壤	对有害气体、烟尘抗性及吸收性较强
女贞(常绿灌木)	长江流域以南各省	喜温暖气候、稍耐荫、适生于肥沃、湿润的酸性土、不耐干燥瘠薄	抗污染、吸收有害气体、滞尘能力强
紫薇(落叶灌木、小乔木)	华北南部及其以南各省	喜光、不耐涝	抗污染和滞尘能力强
紫穗槐(落叶灌木、小乔木)	东北、华北、华中、西北	喜光、耐盐碱、耐水湿、干瘠	耐烟尘、吸收有害气体能力强
结楼草(草坪植物)	华北、东北、广东	抗旱、耐荫、耐践踏、适应性强，在蔽荫度大的乔木下可以生长	减尘
细叶结缕草(草坪植物)	江南和南方各地	耐寒力差、耐践踏、耐潮湿，但不耐荫	防尘能力强
野牛草(草坪植物)	全国各地	耐热、耐旱、耐寒性强、耐践踏、萌生能力强	减少灰尘和净化空气
假俭草(草坪植物)	南方	喜光、耐践踏、耐旱	减少灰尘和净化空气

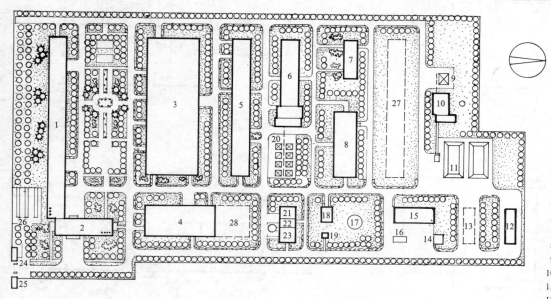

1 某无线电厂绿化布置

洁净厂房管线布置[11]洁净与精密厂房

管线布置要点

一、建筑设计需围绕洁净生产区的上下左右划分出可以敷设和隐蔽管线的辅助空间，并采取不同程度和不同形式的隐蔽措施。

二、对隐蔽形式的选择、隐蔽区空间尺寸的确定等，需从管线布局的合理、生产使用、安装检修的方便及对洁净气流的影响进行综合考虑。

三、布置管线前需制定各系统管线空间（竖向）交通规则，确保管线走向畅通。各系统的管线（首先是风管）应相对集中，排列整齐，使线路短、弯头少。

四、隐蔽区内宜保持相应的清洁要求。

五、少量截面不大的管线可布置在洁净室相邻的非洁净室内，或将管线布置在洁净室的墙角、柱旁等再以某种构造处理加以覆盖。

六、雨水管不应穿越洁净区。洁净室内不宜设地漏。

管线隐蔽形式

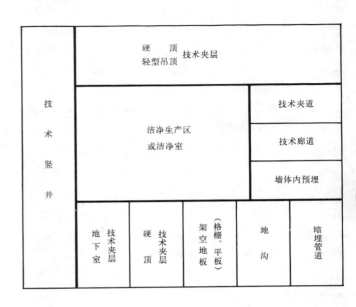

技术夹道

以垂直构件分隔成的供安装与隐蔽管线等设施使用的建筑夹道。每个单体夹道设检修门（亦可从技术夹层内设检修孔用检修梯相连），夹道净空宽度应≥600mm。

技术夹层

以水平构件分隔构成的供安装与隐蔽管线等设施使用的建筑夹层。高度取决于结构尺寸、管线截面及安装维修，一般净高宜≥1800mm。

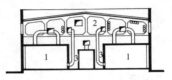
利用屋架混合式技术层

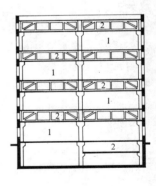
结构空间作技术夹层

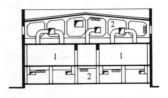
上下设技术夹层

1 洁净车间　　5 技术走廊
2 技术夹层　　6 回风地沟
3 技术夹道　　7 架空地板
4 技术竖井　　8 管线护套

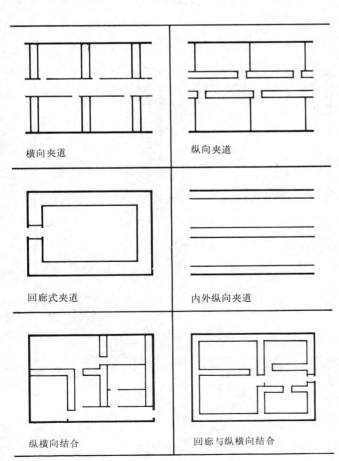

横向夹道　　纵向夹道

回廊式夹道　　内外纵向夹道

纵横向结合　　回廊与纵横向结合

1 技术夹道的平面位置示意

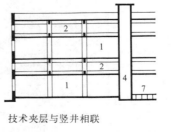
技术夹层与竖井相联

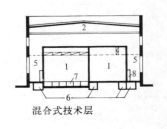
混合式技术层

2 技术夹层示例

洁净与精密厂房[12] 洁净室内部装修

洁净室内部装修要点

一、装修材料和构造除满足一般建筑的要求外，应围绕"净化"（防尘、防菌）要求进行。须重视材料的选择、接缝的密封、施工安装与维修的方便。

二、墙面、顶棚的内装修当需附加构造骨架和保温层时，应采用非燃烧体或难燃烧体。

三、围护结构力求简洁，室内构配件应尽量减少凹凸面和缝隙。阴阳角做成圆角。

四、洁净室内应选用气密性好，且在温湿度变化及振动作用下变形小，与基层结合良好的材料。材料表面应质地坚密、光滑、不起尘，不易积聚静电。

五、洁净室内所用的水、气、电等管线及各种设备箱、指示标志均应暗装，并在其穿越围护结构处应密封。

六、室内装修宜采用干操作的材料和构造。

洁净室地面

一、洁净室的地面，经常受到人、设备和器具的冲击和磨擦，从而产生尘粒和积尘。地面应符合平整、耐磨、抗冲击、不易发尘、易除尘清扫、不易积聚静电、避免弦光，并有舒适感等要求。

二、应采取措施，防止地面受温度变化或地基沉陷而引起的开裂。

三、底层地面应考虑防潮措施。

四、踢脚、墙裙应与墙面平或比墙面凹入。地面与踢脚的阴角应做成圆弧。

五、建筑风道和回风地沟的内表面装修标准，应与整个送、回风系统相适应，内壁应光滑并易于除尘清扫。

块状活动格栅地板

一、使用于垂直层流洁净室地面或回风地沟面板，格栅地板由支承结构、格栅面板及初效过滤器组成。

二、为增强通风效果，应减少格栅板下支承结构的阻挡面积，宜用无横梁的独立支脚。

三、格栅面板材料及构造要求：
　1. 达到板面承受荷载的要求。
　2. 在满足行走和使用方便的同时，应满足回风及过滤的功能，板面通常穿孔面积为 40～60%。
　3. 板面应光洁、耐磨、平整无挠曲，不易起尘。
　4. 装卸轻便，便于初效过滤器更换。

四、由于是块状结构，在节点构造上应考虑使用时整体地面的平整及稳固性。

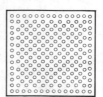  

a 塑料贴面铸铝地板 开孔率25%　　**b** 金属-ABS组合格栅 开孔率60—70%　　**c** 铸铝格栅 开孔率53—60%

1 格栅面板

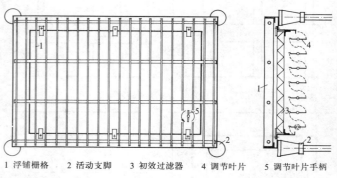

1 浮铺栅格　2 活动支脚　3 初效过滤器　4 调节叶片　5 调节叶片手柄

2 可调节叶片的过滤格栅板

地面材料选择表

材料面层	洁净度等级				洁净区走道	人员净化室	备注
	100	1000	10000	100000			
现浇高级水磨石			✓	✓	✓	✓	①
聚氯乙烯塑料卷材	✓	✓	✓	✓			
半硬质聚氯乙烯塑料板			✓	✓	✓	✓	
聚氨基甲酸脂涂料	✓	✓	✓				
环氧树脂砂浆、胶泥	✓	✓	✓	✓			耐腐蚀
聚脂树脂砂浆、胶泥	✓	✓	✓	✓			耐腐蚀 耐氢氟酸
聚氨脂胶泥	✓	✓	✓	✓			
马赛克					✓		
铸铝、工程塑料格栅	✓						②

注：① 嵌条需考虑工艺生产的要求，如彩色显像管厂的洁净室严禁使用铜材制品。
　　② 适用于垂直层流洁净室地面或回风地沟面板。
　　③ 技术夹道用高级水磨石。

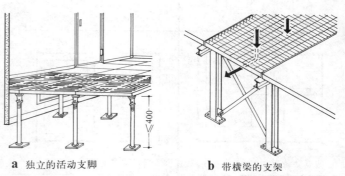

a 独立的活动支脚　　**b** 带横梁的支架

3 格栅面板与活动支脚组合形式

洁净室顶棚

一、洁净室顶棚结构材料分为硬顶及轻型吊顶。顶棚底面需布置与安装高效过滤器送风口、照明灯具、烟感灭火器等，各种管线均需隐蔽在顶棚内，设计时应统一规划布置，满足各专业要求。垂直层流洁净室的顶棚主要是送风口，是该室建筑设计的重点部分。

二、顶棚应有足够的刚度以免下垂，在材料及构造选择上应采用表面整体性好、不易开裂和脱落掉灰的材料。当顶棚上作为技术夹层时应考虑各种荷载及架空走道。

三、为保持洁净室内正压和防止尘粒掺入，顶棚密封极为重要。轻型吊顶为确保顶棚气密性，面板宜采用双层，上下层的拼接缝应错位布置并用胶带或压条密封。

四、洁净室中顶棚是防火的薄弱环节。吊顶材料应为非燃烧体，其耐火极限不宜小于0.25h。

轻型吊顶的燃烧性能与耐火极限 表1

构造及厚度 (mm)	耐火极限	燃烧性能
轻钢龙骨，纸面石膏板二层，每层厚10	0.3h	非燃烧体
轻钢龙骨，纸面石膏板厚10，釉面水泥板厚3	0.3h	非燃烧体
钢捆棚吊顶，钢丝网抹灰，钉或胶粘纤维水泥板	0.3h	非燃烧体

常用顶棚面层材料 表2

类别	名称	类别	名称
轻型吊顶	纸面石膏板	硬吊顶	钢筋混凝土面层按洁净度要求装修
	水泥纤维板	承重复合板	岩棉芯金属面复合板
	釉面水泥板		硬质聚氨脂金属面复合板
	低播焰柔光塑料贴面板		聚苯乙烯金属面复合板
	金属面石膏板		难燃蜂窝状纤维金属面复合板

洁净室墙壁

一、洁净室的墙壁在人体高度范围内存在承受摩擦和撞击的机会。墙面材料应采用硬度较大、表面坚实光滑、耐磨不易起尘、易于清洁的材料。

二、水平层流洁净室的墙壁上有送风及回风功能要求，它由金属细孔板、高（粗）效过滤器、安装过滤器的金属骨架、多叶调节阀等组成送（回）风夹墙。其设计与安装质量将直接影响室内空气洁净度。

三、洁净室的内隔墙不宜采用砌筑墙。

四、凡墙壁与墙壁及顶棚交接之阴角应做成圆弧。

五、各种管线穿越墙壁均应预留洞口或预埋套管，不得在安装管线时现凿，管线与墙洞或套管之间的空隙应严加密封。

常用墙面材料 表3

类别	名称	类别	名称
轻钢龙骨隔墙	纸面石膏板	装配式复合墙板	岩棉芯金属面墙板
	水泥纤维板、釉面水泥板		硬质聚氨脂金属面复合板
	金属面石膏板		木质纤维芯塑料贴面复合板
	低播焰柔光塑料贴面板		聚苯乙烯金属面复合板
中空玻璃隔断	铝合金中空玻璃隔断	砌筑墙	砖、空心砖、加气混凝土等，面层按洁净度要求装修高级抹灰
	镀锌彩板中空玻璃隔断		

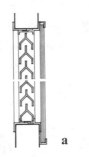  

a b c

2 墙壁回风孔

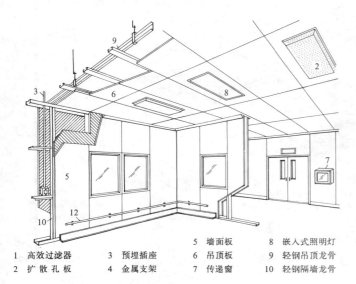

5 墙面板	8 嵌入式照明灯
3 预埋插座	6 吊顶板	9 轻钢吊顶龙骨
1 高效过滤器	4 金属支架	7 传递窗	10 轻钢隔墙龙骨
2 扩散孔板			

1 轻钢龙骨吊顶与隔墙

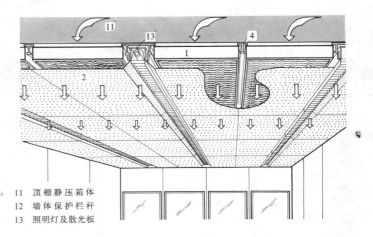

11 顶棚静压箱体
12 墙体保护栏杆
13 照明灯及散光板

3 垂直层流顶棚

洁净与精密厂房[14] 洁净厂房装配化

自立的装配式洁净室

指在厂房内的楼地面上，脱开厂房主体结构，自成体系地架立一套由工厂预制加工成定型、配套的构配件（包括轻质墙板、顶棚、门窗等），并自带独立的空气过滤机组，可按用户生产工艺需要组装成单间或多间的装配式洁净室，其四周需预留不小于0.8m的安装操作面。它安装方便，能拆卸和移动，适用于规模小、房间划分及洁净度要求较单一者，用于技术改造中小尺寸洁净室更有利，多数安装在低级别洁净室或空调房里，以便在局部空间内获得高洁净度。

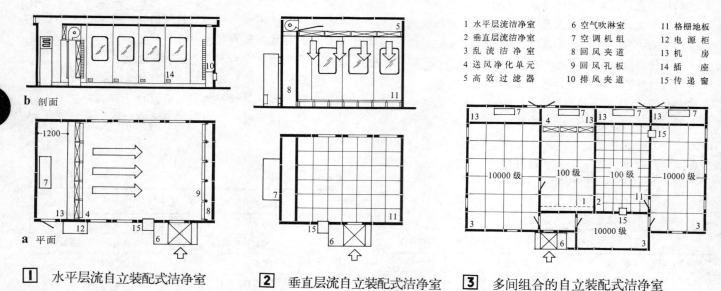

1 水平层流洁净室　6 空气吹淋室　11 格栅地板
2 垂直层流洁净室　7 空调机组　　12 电源柜
3 乱流洁净室　　　8 回风夹道　　13 机　房
4 送风净化单元　　9 回风孔板　　14 插　座
5 高效过滤器　　　10 排风夹道　　15 传递窗

1 水平层流自立装配式洁净室　　**2** 垂直层流自立装配式洁净室　　**3** 多间组合的自立装配式洁净室

洁净厂房的内装修装配化

将洁净厂房外壳和主体结构作为洁净室围护结构的支承物，把洁净室围护结构（顶棚、隔墙、门窗等构配件）纳入整个洁净厂房的内装修而实现装配化。它适用于洁净室规模大，需使用整幢或大部分厂房空间才能满足生产需要，房间的平面布置、空间组合以及气流类型较复杂的工程。内装修装配化采用干作业，应用商品化的建材或定型的构配件同专用装置相配合，经安装后构成洁净室的使用空间。它在一定程度上为洁净厂房内部工艺的局部灵活调整创造条件。

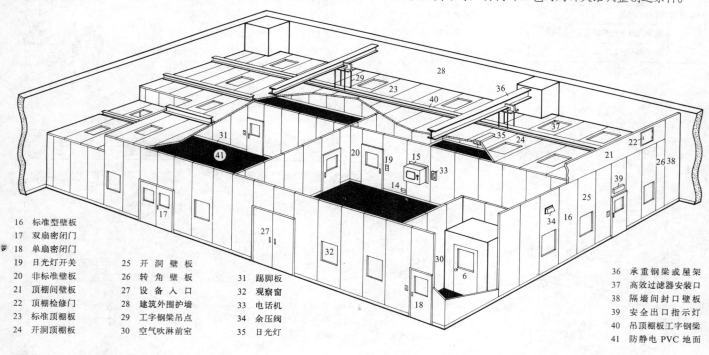

16 标准型壁板　　25 开洞壁板　　31 踢脚板　　　　36 承重钢梁或屋架
17 双扇密闭门　　26 转角壁板　　32 观察窗　　　　37 高效过滤器安装口
18 单扇密闭门　　27 设备入口　　33 电话机　　　　38 隔墙间封口壁板
19 日光灯开关　　28 建筑外围护墙　34 余压阀　　　　39 安全出口指示灯
20 非标准壁板　　29 工字钢梁吊点　35 日光灯　　　　40 吊顶棚板工字钢梁
21 顶棚间壁板　　30 空气吹淋前室　　　　　　　　　41 防静电PVC地面
22 顶棚检修门
23 标准顶棚板
24 开洞顶棚板

4 洁净厂房的内装修装配化透视图

洁净厂房构造 [15] 洁净与精密厂房

洁净构造与装修要求

一、不同材料相接处采用弹性材料密封时，应预留适当宽度和深度的槽口或缝隙。

二、所有建筑构配件、隔墙、吊顶的固定和吊挂件只能与主件结构相联。不能与设备支架（如风管吊杆、传送带吊杆以及有震动的设备）、管线支架相联接，防止因轻微震动引起装修材料松动和灰尘脱落。

三、建筑装修及门窗的缝隙应在正压面密封。

四、管线隐蔽工程应在管线施工完成并进行试压验收后进行。管线穿墙、穿吊顶处的洞口周围应修补平齐、严密、清洁，并用密封材料嵌缝。隐蔽工程的检修口周边应设气密压条。

五、水磨石地面所用小石子直径应在6～15mm之间，不宜过小；水磨石细磨后，宜用不挥发的蜡质材料打涂。

六、洁净室地面垫层下应铺设0.4～0.6mm厚防水薄膜防潮层，接头处搭接50mm用胶带粘牢。混凝土浇筑时分仓线不宜通过洁净室。卷材和涂料基层的含水率不大于6%～8%。

洁净室装修表面质量要求   表1

使用部位		发尘性	耐磨性	耐水性	防静电	防霉性	气密性	压缝条
吊顶	涂料	不可掉皮及粉化	—	可耐清洗	电阻为 $10^5 \sim 10^8 \Omega$	耐潮湿及霉变	—	—
	板材	不掉尘无裂痕	—	可擦洗	—	—	板缝平齐密封	平直、缝隙 ≤0.5mm
	抹灰	按高级抹灰	—	耐潮湿	—	耐潮湿及霉变	—	—
隔墙	涂料	不可掉皮及粉化	—	可耐清洗	电阻为 $10^5 \sim 10^8 \Omega$	耐潮湿及霉变	—	—
	板材	不掉尘无裂痕	—	可耐清洗	—	—	板缝平齐密封	平直、缝隙 ≤0.5mm
	抹灰	按高级抹灰	—	可耐清洗	—	耐潮湿及霉变	—	—
地面	涂料	不起壳脱皮	耐磨	耐清洗	电阻为 $10^5 \sim 10^8 \Omega$	—	—	—
	板材	不虚铺，缝隙对齐，不积灰	耐磨	耐清洗	—	—	缝隙密封不虚焊	缝隙焊接牢固、平滑
	水磨石	不起砂密实、光滑	耐磨	耐清洗	—	—	—	—

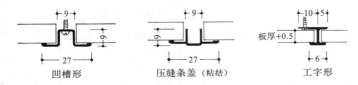

1 室内覆面板材铝质压缝条（凹槽形、压缝条盖（粘结）、工字形）

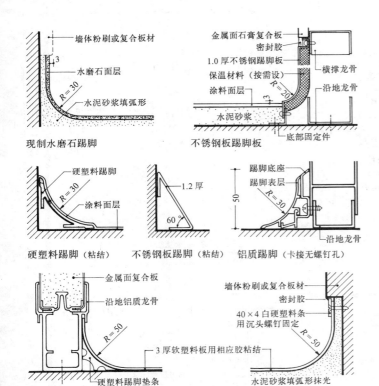

2 墙面与地面交接构造

轻钢龙骨石膏板隔墙耐火性能   表2

隔墙构造简图	纸面石膏板		耐火极限 (h)
	每层厚度	板类	
(图)	单层板 12+12	普通板	0.5
(图)	双层板 12+12+12+12	普通板	1.35
		防火板	1.5
(图)	双层板内填40厚岩棉 12+12+12+12	防火板	1.6

注：摘自华北、西北地区联合编制《建筑构造通用图集》(88J2)〈六〉。

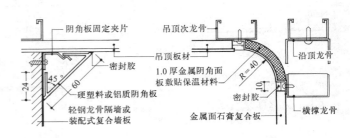

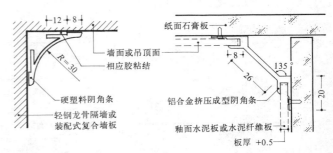

3 室内阴角处理

洁净与精密厂房[16] 洁净厂房构造

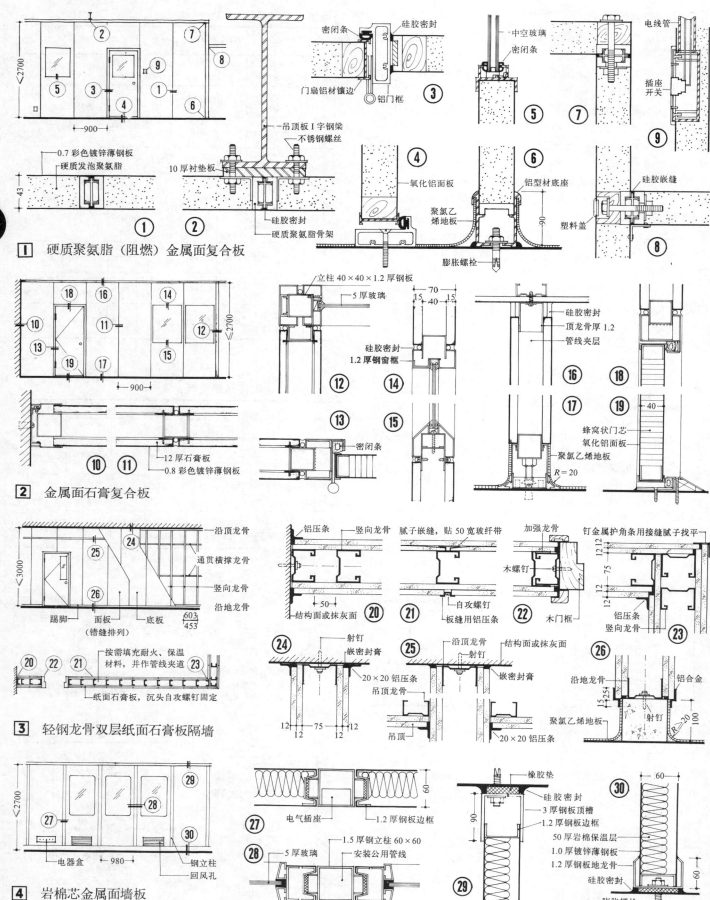

1. 硬质聚氨脂（阻燃）金属面复合板
2. 金属面石膏复合板
3. 轻钢龙骨双层纸面石膏板隔墙
4. 岩棉芯金属面墙板

洁净厂房构造[17] 洁净与精密厂房

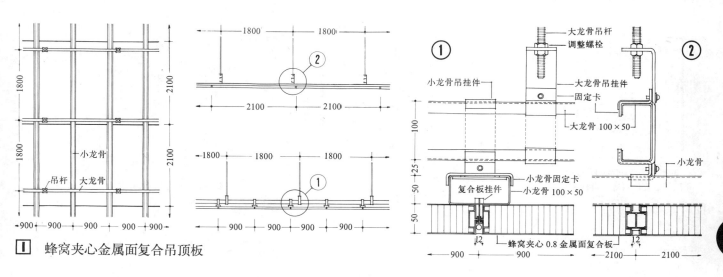

1 蜂窝夹心金属面复合吊顶板

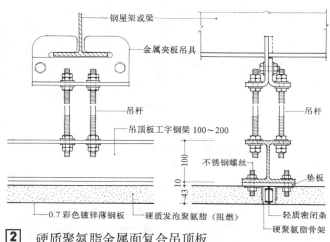

2 硬质聚氨脂金属面复合吊顶板

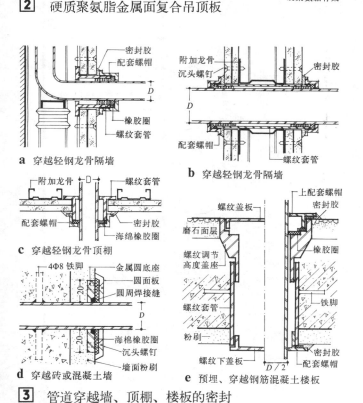

3 管道穿越墙、顶棚、楼板的密封

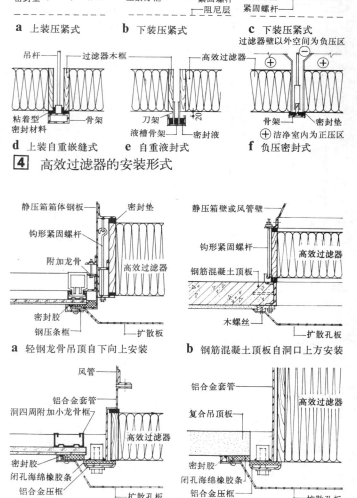

4 高效过滤器的安装形式

5 高效过滤器与顶棚结合

洁净与精密厂房[18] 空气洁净技术设备

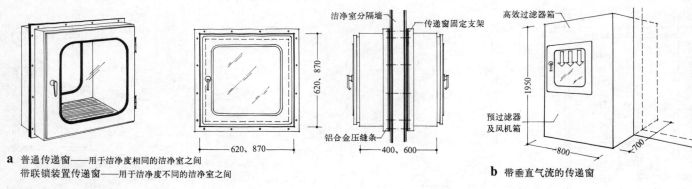

a 普通传递窗——用于洁净度相同的洁净室之间
　带联锁装置传递窗——用于洁净度不同的洁净室之间

b 带垂直气流的传递窗

1 洁净传递窗

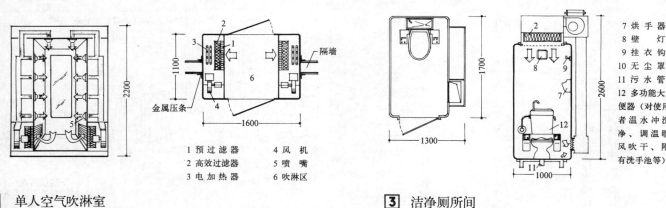

1 预过滤器　4 风机
2 高效过滤器　5 喷嘴
3 电加热器　6 吹淋区

2 单人空气吹淋室

3 洁净厕所间

7 烘手器
8 壁灯
9 挂衣钩
10 无尘罩
11 污水管
12 多功能大便器（对使用者温水冲洗净、调温暖风吹干、附有洗手池等）

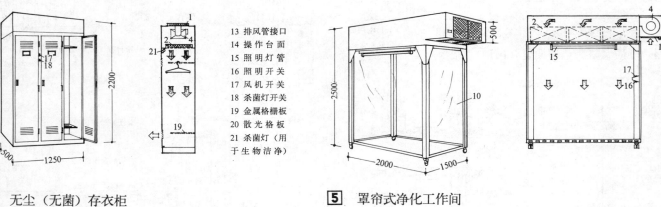

13 排风管接口
14 操作台面
15 照明灯管
16 照明开关
17 风机开关
18 杀菌灯开关
19 金属格栅板
20 散光格板
21 杀菌灯（用于生物洁净）

4 无尘（无菌）存衣柜

5 罩帘式净化工作间

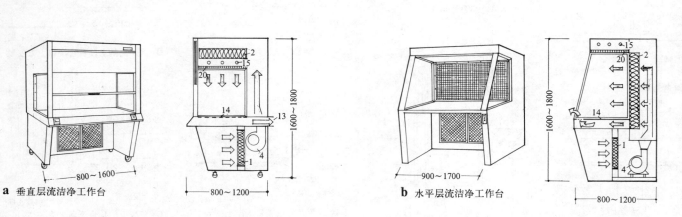

a 垂直层流洁净工作台

b 水平层流洁净工作台

6 洁净工作台

洁净厂房实例[19]洁净与精密厂房

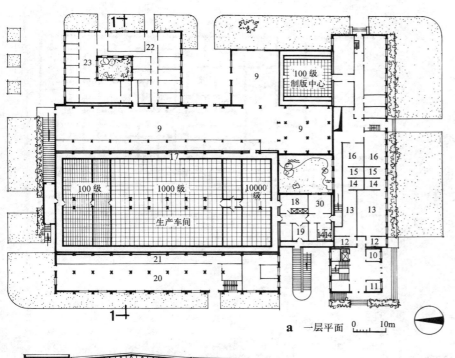

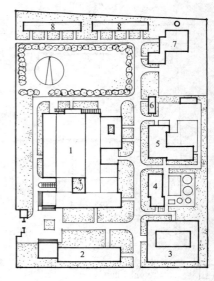

b 总平面

a 一层平面 0 10m

1 洁净厂房	2 综合楼	3 仓库	4 污水站
5 冷冻站	6 泵房	7 锅炉房	8 住宅
9 空调机房	10 值班室	11 存雨具	12 换鞋
13 更换外衣	14 厕所	15 盥洗室	16 洁净服
17 技术夹道	18 吹淋室	19 物净室	20 纯水站
21 废气处理	22 配电间	23 辅助间	24 洗衣房
25 变压器室	26 办公室	27 水箱间	28 日光室
29 参观走廊	30 休息室	31 隧道式洁净区域	

1 中科院北京微电子中心洁净厂房

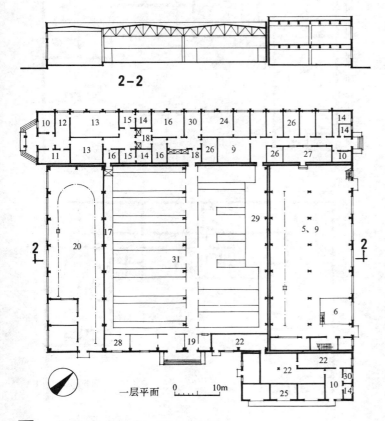

2 北京某半导体器件厂洁净厂房

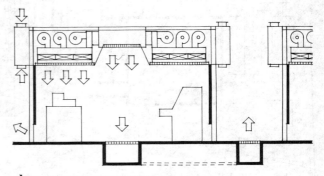

a 空调型洁净隧道剖面

b 空调型地沟回风洁净隧道剖面（或地板架空回风）

3 隧道式洁净室示例

洁净与精密厂房[20] 洁净厂房生物洁净工厂实例

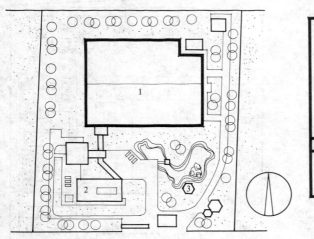

1 上海施贵宝制药厂　　a 总图

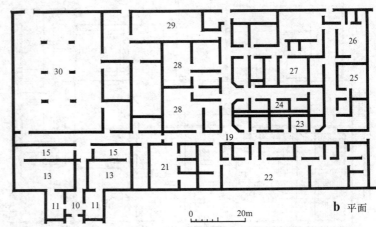

b 平面

1 洁净厂房	7 内　庭	13 更　衣	19 洁净走廊	25 无菌分装	31 待　检	37 厨　房	43 参观走廊
2 办公用房	8 包装材料库	14 淋　浴	20 休　息	26 瓶灭菌	32 成　品	38 轧　盖	44 检　漏
3 仓　库	9 锅炉房	15 厕　所	21 办　公	27 混　合	33 原　料	39 灯　检	45 贮　瓶
4 人身净化及办公	10 门　厅	16 盥　洗	22 试　验	28 灌　装	34 空调机房	40 装　盒	46 传　递
5 花　房	11 换　鞋	17 洁净工作服	23 结　片	29 中间仓库	35 制　瓶	41 洗　瓶	47 割　圆
6 餐　厅	12 存　衣	18 缓　冲	24 压　片	30 包　装	36 冷冻机房	42 消　毒	48 化　验

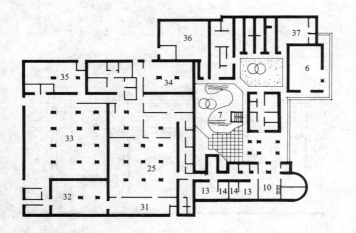

b 平面

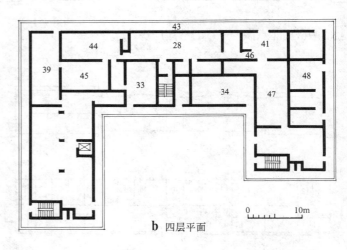

b 四层平面

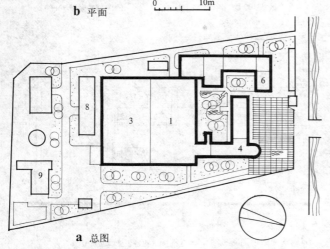

2 天津史克制药厂　　a 总图

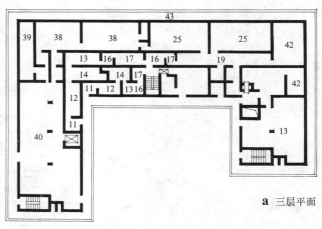

a 三层平面

3 乐山长征制药厂

洁净厂房生物洁净工厂实例[21]洁净与精密厂房

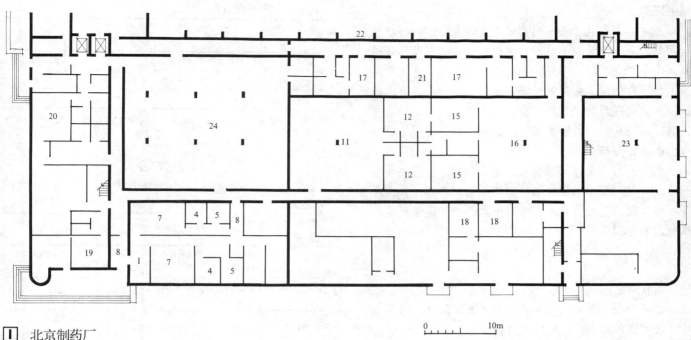

[1] 北京制药厂

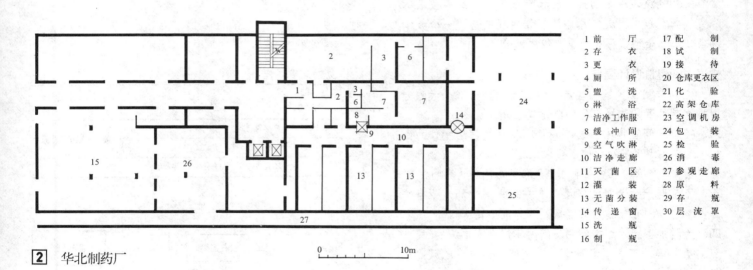

[2] 华北制药厂

1 前　　厅	17 配　　制
2 存　　衣	18 试　　制
3 更　　衣	19 接　　待
4 厕　　所	20 仓库更衣区
5 盥　　洗	21 化　　验
6 淋　　浴	22 高架仓库
7 洁净工作服	23 空调机房
8 缓冲间	24 包　　装
9 空气吹淋	25 检　　验
10 洁净走廊	26 消　　毒
11 灭菌区	27 参观走廊
12 灌　　装	28 原　　料
13 无菌分装	29 存　　瓶
14 传递窗	30 层流罩
15 洗　　瓶	
16 制　　瓶	

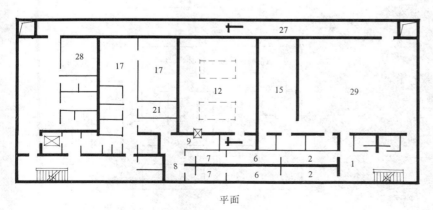
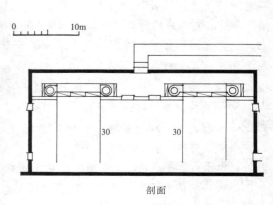

平面　　剖面

[3] 西南制药三厂

洁净与精密厂房[22] 精密厂房空调车间

精密厂房

精密厂房系指生产和科学研究对象在制造和研制过程中对产品质量的精密度和精密设备的加工条件要求极高，一般工业厂房已不能满足生产要求，因而需在厂房内依据生产的要求来选择设置空气调节、洁净技术、微振控制、电磁屏蔽、放射防护等技术措施，以满足生产需要，提高生产和科研成果的可靠性、产品性能的稳定性和成品合格率。

精密厂房常用于精密机械、精密轴承、精密仪器及仪表、导航陀罗、半导体器件、集成电路、感光胶片和磁记录装置，电子计算机、光学仪器、光纤通讯、生物工程及制药、高科技的科学研究机构。

空气调节概念

为满足生产要求、改善职工劳动卫生条件，用人工的方法对送入室内的空气预先进行加热、冷却、过滤、干燥、加湿等各种处理，使室内的气压、温度、湿度、清洁度和气流速度方面控制在预定范围内，这种技术称为空气调节技术。通常用温度和相对湿度这两个参数作为指标。它是精密厂房的重要组成部分。

空调车间建筑设计要点

一、空调车间围护结构应满足热工要求。为减少太阳辐射热，其位置应选择最佳朝向北或东北。
二、空调房间宜集中布置，减少围护结构露出室外的面积。室内温湿度基数和使用要求相近的空调房间宜相邻布置，精度高的布置在内层利用精度低的房间作为套间。
三、不应与产生高温、潮湿、多灰的车间毗邻；距有振源设备的车间有相适应的隔振间距与隔振措施。
四、为增加密闭性，在空调房间内不应有变形缝通过。
五、层高根据工艺要求及空间比例外，还应考虑风道或保温吊顶及气流组织要求。
六、要求噪声小的空调房间应远离声源，减少门窗等洞口避免空气传声，可利用门斗、套间、走廊及隔墙作为隔声措施，对传声的薄弱环节应作相应的处理。
七、空调车间不宜布置在厕所或多水房间下面，以防楼板渗漏而影响保温效果。给排水管道不应穿越或包在围护结构保温层内，以防冷凝水破坏保温效果和饰面层。
八、对于照明设备、电线、通风管道及地沟宜暗敷（如预埋在墙内、地下或设置在套间和顶棚内），以利于防尘和整洁的要求。
九、需设换鞋和更衣室，专用通道，并保持清洁。
十、空调车间的外窗宜采用双层玻璃窗或中空玻璃窗，面积尽量减少，并应采取密封和遮阳措施。

外墙、外墙朝向及所在层次　　　表1

室温允许波动范围	外墙	外墙朝向	层次
≥±1.0℃	宜减少外墙	宜北向	宜避免顶层
±0.5℃	不宜有外墙	如有外墙时，宜北向	宜底层
±0.1～0.2℃	不应有外墙	—	宜底层

注：表1、表3规定的"北向"，适用于北纬23.5°以北地区；该纬度以南地区可相应采用"南向"。

门和门斗　　　表2

室温允许波动范围	外门和门斗	内门和门斗
≥±1.0℃	不宜有外门，如有经常开启的外门时，应设门斗	门两侧温差大于或等于7℃时，宜设门斗
±0.5℃	不应有外门，如有外门时，必须设门斗	门两侧温差大于3℃时，宜设门斗
±0.1～0.2℃		内门不宜通向室温基数不同或室温允许波动范围大于±1.0℃的邻室

注：外门门缝应严密，当门两侧的温差大于或等于7℃时，应采用保温门。

外窗朝向要求　　　表3

室温允许波动范围	外窗朝向	外窗开启
>±1.0℃	应尽量北向	部分窗扇宜能开启
±1.0℃	不应有东、西向外窗	
±0.5℃	不宜有外窗，如有外窗时，应北向	—

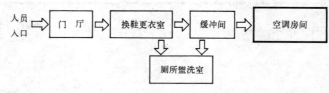

a

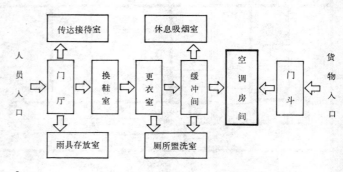

b

3 通过式生活间人流路线

精密厂房空调车间 [23] 洁净与精密厂房

室内装修要求

一、空调车间常位于精密厂房内,因而要求较高的装修。
　1. 墙壁、顶棚表面光滑、不起灰不积尘。
　2. 地面材料宜选用光洁、平整耐磨、不起尘、防静电。
　3. 粉刷牢固、无裂缝、无脱落现象。
　4. 地面、墙壁易擦洗、不怕潮。
　5. 色彩淡雅柔和、明快、无眩光。

二、室内装修应配合空调设计妥善处理室内进排风口,并便于检修。当顶部送风时则应与照明密切配合,协调风口与灯具位置,整齐美观。

三、配电箱、消火栓箱等应避免设在空调房间内,亦不宜嵌入围护结构内,以免破坏围护结构热工性能。

四、室内装修的细部处理应有利于清洁,如墙角做成圆弧形,踢脚与墙裙面应与墙面平,门窗尽量减少分格线和装饰,做到表面光洁平整,不易积尘,便于除尘。对各种管线、风管、风口、灯具、窗帘盒等突出物,应尽量隐蔽使室内力求简洁。

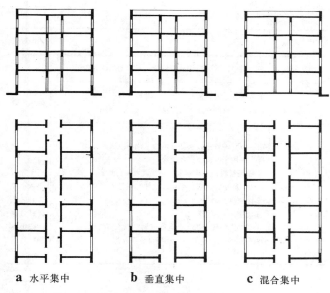

a 水平集中　　b 垂直集中　　c 混合集中

1 多层厂房空调房间集中布置形式

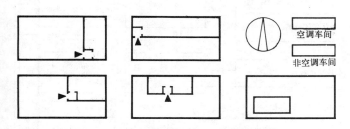

2 单层厂房混合式的平面布置形式

a 无廊式,适用于面积小,房间少,工艺流程简单的空调房间
b 内廊及多廊式,适用于多层或多跨大型空调房间
c 内回廊,把高精度的空调房间包在内回廊之中
d 双侧廊,适用于东西朝向空调房间
e 内廊尽端封闭式,适用于走廊回风
f 外回廊,适用于高精度的空调房间

3 空调车间走廊的布置形式

 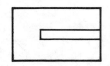

a　　　　　　b

4 套间的布置形式

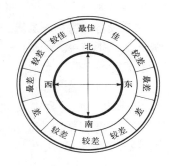

注:适用于北纬23.5°以北地区。

5 外墙朝向比较

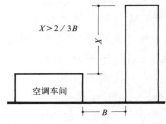

当阳面建筑物高出空调车间的高度大于2/3建筑间距时,则不受朝向的限制

6 朝向与遮挡高度关系

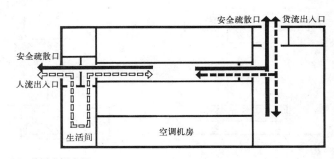

a 单层空调车间

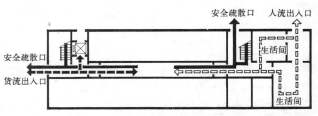

b 多层空调车间

7 出入口布置

洁净与精密厂房[24]精密厂房微振控制

振动控制设计要点

一、厂址应远离铁路、公路干道，并选择环境振动较小的地区。在地质上应避开断层、流砂，选择地质构造稳定、土层密实、地下水位变化较小的地区。

二、精密设备与振源之间的防振间距见本册《总平面及运输》章[5]。

三、厂区总平面布置中，振动较大的设备（如：锻锤、冲床、空气压缩机等）应尽可能远离精密厂房，当难以远离时，应对这些振源大的设备及其管道采取积极隔振，以减弱它们对精密厂房内的精密设备的振动影响。对它们采取的积极隔振措施包括隔振元件的选用、台座的形式和构造、静力计算及振动计算等。

四、当动力站房贴建于精密厂房时，则动力站房的设备及通往精密厂房的管道应采取积极隔振措施。

五、对于多层精密厂房应将防微振的精密设备置于底层，当必须将精密设备及动力置于楼层时，应对楼层结构作动力计算，选择适当的刚度以减弱振动的传播。平面布置应考虑电梯位置及在运行时对精密设备的影响。

六、垂直层流洁净室设计中应将精密设备的基础与层流室地面的格栅板脱开，并直接落入回风地坑中。考虑室内人员走动时对格栅板的振动，格栅地板刚度应加大，并有相应隔振措施。

七、精密厂房内的精密设备，当环境振动超过其容许振动值时，须采取消极隔振措施，使传输给它们的振动量减少到容许振动值以下。消极隔振设计应在测定了精密厂房的环境振动以后进行，并须具备有关原始设计资料。

精密设备隔振措施分类

类别	含义与措施	隔振效果
屏障隔振	在土层中设置隔振沟或板桩墙以减弱振动波的传播	甚微
大块式基础隔振	设备安装于大质量基础上，以减弱设备本身振动（积极隔振）或外界传来的振动影响（消极隔振）	甚微
隔振元件隔振	将隔振元件置于设备和支承物之间，以吸收振动能量，应用于积极隔振和消极隔振 1.隔振材料——软木板、海绵乳胶板、酚醛树脂玻璃纤维板、毛毡、泡沫塑料等 2.橡胶隔振器 3.金属弹簧隔振器 4.空气弹簧隔振器、带有高度调整阀的空气弹簧隔振装置、空气弹簧隔振台及系列化	用于隔振要求不高 较好效果 较好效果 能获很高隔振效果

振动控制设计程序

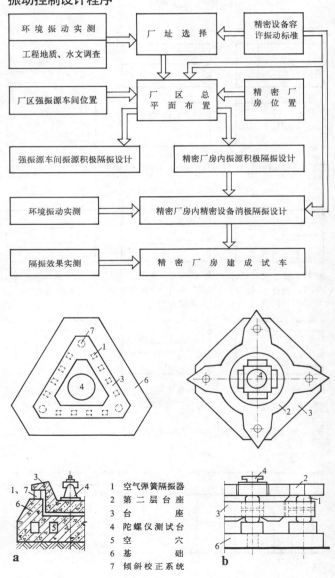

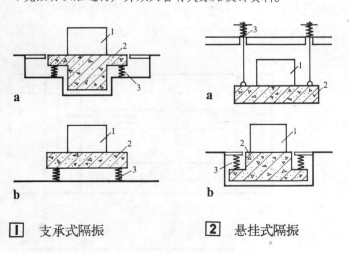

| 1 | 支承式隔振 | | 2 | 悬挂式隔振 |

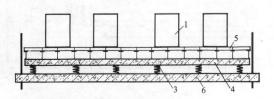

3 地（楼）板整体式隔振

4 隔振台构造示例

1 精密设备　2 隔振台座　3 隔振器　4 地（楼）板　5 活动地板　6 支承结构

1 空气弹簧隔振器　2 第二层台座　3 台座　4 陀螺仪测试台　5 空穴　6 基础　7 倾斜校正系统

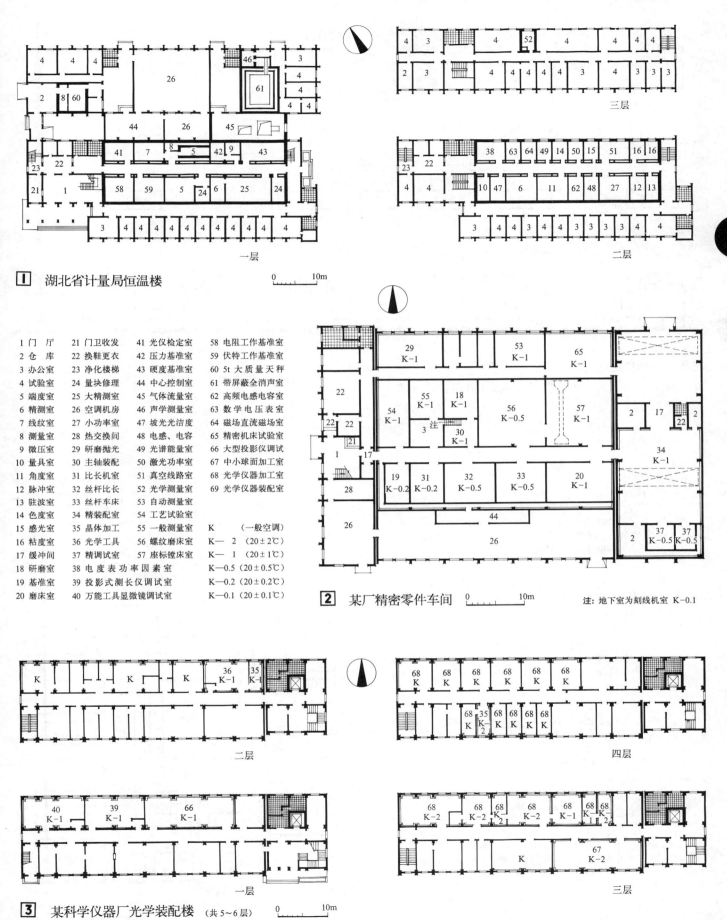

计算机房 [1] 概述

电子计算机已在国民经济各个领域广泛应用，其功能在日益发展。电子计算机机房是主机房和基本工作间及各类辅助房间的总称。机房设计必须满足工艺环境的各项技术要求，保障计算机系统稳定可靠地运行，并为工作人员创造良好的工作环境。本资料主要概括了大、中型电子计算机机房设计，小型电子计算机机房可根据实际需要选用。

电子计算机系统流程

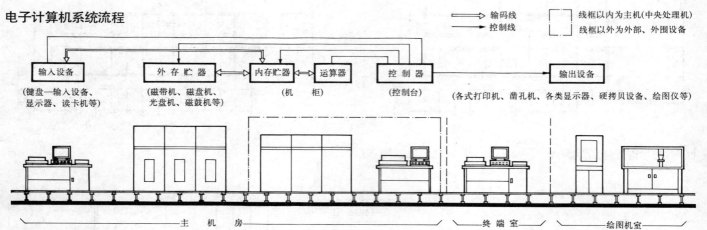

电子计算机机房组成

依据计算机机房的性质、任务、工作量以及计算机类型的不同，对供电、空调等的要求和管理体制的差异，可在下表各类房间中选择组合，也可根据具体情况一室多用。

房间类别	功能及房间
主 机 房	计算机主机、操作控制台和主要外部设备（磁带机、磁盘机、软件输入机、激光打印机、宽行打印机、绘图机、通信控制器等）的安装场地
基本工作间	用于完成信息处理过程和必要的技术作业的场所。其中包括：终端室、数据输入室、通信机室、已记录介质和纸介质库等
第一类辅助房间	直接为计算机硬件维修、软件研究服务的处所。其中包括：硬件维修室、软件分析修改室、仪器仪表室、备件库、随机资料室、未记录磁介质和纸介质库、硬件人员和软件人员办公室、上机准备室、外来用户工作室等
第二类辅助房间	为了保证电子计算机机房达到各项工艺环境要求所必需的各公用专业用房。其中包括：变压器室、高低压配电室、不间断电源室（UPS）、蓄电池室、发电机室、空调器室、灭火器材室和安全保卫控制室等
第三类辅助房间	用于生活、卫生等目的的辅助用室。包括：更衣换鞋室、休息室、缓冲间和厕所、盥洗室等

注：
国内外划分大、中、小型计算机尚无统一标准，一般可根据计算机的价值、运算速度和字长等条件确定。但电子计算机的大、中、小型以及微型计算机的界限随着计算机技术的发展变得越来越模糊，难以区分。而大、中、小型机房的概念是从机房工程而言，按我国《电子计算机机房设计规范》规定，大、中型电子计算机机房定义为建筑面积 140m² 以上的主机房和基本工作间及各类辅助房间的总称。

电子计算机系统构成

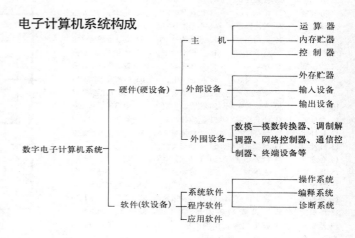

电子计算机机房组成的平面关系

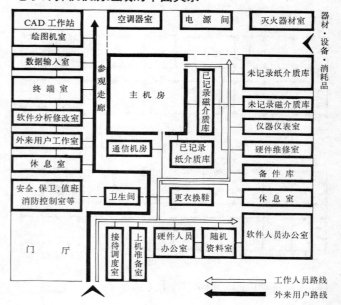

设计细则 [2] 计算机房

设计细则

表1

项目	内 容
选址位置	1.电力比较稳定可靠、交通通讯方便、水源充足、自然环境清洁 2.远离产生粉尘、有害气体以及生产或贮存腐蚀、易燃、易爆物的工厂、仓库、堆场等 3.远离强振源、强噪声源，避开电磁场干扰 4.电子计算机机房宜设于多层建筑的二、三层或单层建筑内 5.电子计算机机房的位置应充分考虑计算机系统和信息的安全 6.总体布置上一般要求不甚严格，宜将与外界联系较频繁的人流、货流部分邻近机房区出入口，主机房应布置在环境清洁、外界干扰小的位置 注：①如不能满足上述有关要求，应采取相应技术措施 ②小型电子计算机机房对上述有关要求应按实际需要而定
平面布置（参见建筑平面功能关系及流程）	1.电子计算机机房的平面布置应按功能分区、使用流程与环境要求等综合考虑，做到流线清楚、便捷、顺畅，并避免无关人员直接进入主机房 2.大、中型计算机机房宜设单独出入口。与其它部门出入口共用时，应尽量避免人流、物流交叉，并宜设门厅、值班室（计算机机房的人流有机房工作人员、外来用户和参观人员，货流主要是纸、磁介质和备件、设备等） 3.按计算机系统信息与工作流程，将基本工作间及硬件维修室、仪器仪表室、备件库等邻近或围绕主机房布置，以缩短信息传输和人员流动路线 4.将有空调、洁净要求的主机房、基本工作间和部分第一类辅助房间按使用流程相对集中，并靠近空调、动力设备室，以缩短管线、减少能耗。但须注意相互有所隔离，减少振动、噪声干扰 5.有活动地板的房间宜集中、邻接布置，便于楼地面处理 6.软、硬件人员办公室与主机房及基本工作间都有紧密关系，相互间既可直接联系，又须相对独立
人员净化及卫生间	1.人员进入主机房和其它有清洁要求的房间，一般应换鞋更衣 2.大、中型计算机机房宜单独设更衣室，当无条件单独设置或小型计算机机房亦可将换鞋、更衣柜设于机房入口处。一般情况下宜设通过式换鞋、更衣处较好 3.换鞋更衣室面积按最大班人数1~3m²/人计算。当机房规模大、操作人员多时，面积指标取下限；机房规模小、操作人员少时，面积指标取上限 4.大、中型计算机机房宜设机房专用厕所，当无条件时厕所可共用
门窗	1.有空调、洁净要求的房间设置外窗时，应为双层密闭窗，当采用铝合金窗或塑料窗时，可采用安中空玻璃的单层密闭窗，以保证围护结构的热工性能 2.上述外窗宜朝北，当受条件所限时，窗开向东、南、西方向时，应采取遮阳、窗帘等措施防止阳光直射室内，避免眩光 3.有空调、洁净要求的房间门应采用密闭保温的单向弹簧门（或装自动闭门器）并向室内开启。对有强噪声的房间且开向计算机机房的门应采用隔声门 4.计算机机房内各房间的门应保证设备运输方便
室内装修	1.主机房、基本工作间和第一类辅助房间室内装修应选用不起尘、易清洁的难燃材料，墙壁和顶棚表面应平整，减少积尘面。地面材料应平整、耐磨、易除尘，并按需要采取防静电措施 2.第二类辅助房间室内装修可按房间用途，按有关标准进行设计 3.室内顶棚上安装的灯具、风口、火灾探测器及灭火器喷头以及墙上的各种箱盒等应协调布置，做到整齐美观 4.机房内各种管线宜暗敷，当管线穿楼板时宜设技术竖井 5.视觉作业处的家具和工作房间内应采用无光泽表面 6.机房室内色彩宜淡雅柔和有清新宁静的效果，不宜用大面积强烈色彩
防火	1.大、中型电子计算机机房的耐火等级应不低于二级，设于一般建筑物内时，应单独划分防火分区。小型计算机机房的耐火等级可为三级 2.大、中型电子计算机机房的安全出口应不少于两个，并宜设于机房的两端。安全门应向外开启，走廊应畅通并应有明显的疏散指示标志 3.已记录长期保存介质；已记录数据、文件的磁带、纸带、卡片、盘带等，均属可燃固体，其存放间火灾危险等级属丙类，防火设施要求高，其耐火等级应不低于主机房 4.大、中型计算机机房的主机房，尤其是操作人员视线无法达到的地方应经常进行监视，需设置火灾自动报警系统以早期发现火灾及时扑灭，避免重大损失 5.主机房、基本工作间主要设备是精密电气设备和仪器等，禁用水、泡沫灭火剂和干粉灭火剂灭火，以免造成计算机系统电气短路、机器损坏、记录介质污染和触电事故等，引起二次灾害。因此，大、中型计算机机房的上述场所应设具有灭火效果好、效率高、毒性小、无污染的卤代烷及二氧化碳灭火系统，其余仍应设消火栓水消防系统。小型计算机机房可采用手动灭火器及消火栓 6.吊顶上的夹层内敷设有通风、电气等管线，活动地板下敷设有大量电缆线路可发生火灾，且火情隐蔽不易发现。故在设有火灾自动报警系统的工作场所及吊顶上部，活动地板下均应设置火灾探测器及灭火器喷头 7.为了防止烟感式探测器误动作造成的损失，应采用烟感、温感两种探测器组合，当其均有报警时才施放灭火剂 8.各种管道的保温包覆材料应采用非燃烧体
其它	1.用水设备处和专用空调机下应有排水、防护措施，防止漏水浸入活动地板下及电气设备。水管外表面应采取防止结露措施 2.第二类辅助房间有振动较大的设备时，应采取积极的隔振、减振措施 3.计算机机房设于多层建筑内，应有垂直运输设备，一般设载货电梯 4.计算机机房内有小车运输时，地面高差处应避免台阶，宜设坡道 5.计算机系统及活动地板下电缆较多，应注意灭鼠防虫 6.根据计算机机房的重要性，应有进出计算机机房的安全管理措施

机房室内环境要求（●有要求 ○有要求但不严格 /无要求）

表2

要求 房间名称	温度	湿度	洁净度	防静电	防噪声	防振	防电磁场干扰	活动地板	说 明
主机房	●	●	●	●	●	●	●	●	参数见[6]
终端室、CAD工作站、通信机房、数据输入室	○	○	○	●	○	一般	/	○	按设备要求及实际需要
硬件维修室	●	●	●	/	/	/	/	○	按实际需要
仪器仪表室	○	○	一般	/	/	/	/	○	按实际需要
媒体	已记录磁介质库	○	○	●	○	/	/	●	/	
	已记录纸介质库	○	○	●	/	/	/	/	/	
	未记录磁介质库	○	○	○	●	/	/	●	/	
	未记录纸介质库	/	/	●	/	/	/	/	/	
UPS室									机柜室需降温性空调，蓄电瓶室需排风

注：①外来用户工作室、软件分析修改室、休息室等可设舒适性空调。硬、软件人员办公室、随机资料室、上机准备室、接待调度室等有条件时可设舒适性空调。
②微型计算机对环境要求不严格，可根据具体条件定。

计算机辅助设计（CAD）

利用计算机帮助设计人员进行设计工作，如工程、产品设计的计算、绘图及数据的贮存、处理均可由计算机完成。

2 CAD系统基本部件

a 监视器　b 光电笔
c 专用制图处理器
d 图形输入板
1 工作台　2 多用柜
3 绘图机　4 搁图柜

注：①CAD工作站规模根据用户情况确定。
②微机工作站对环境条件要求不严格，一般清洁即可，采用其它机型，则应满足计算机要求的环境条件。

辅助用房（如消耗品库、换鞋更衣室等）按实际情况设置

1 CAD工作站站房布置示例

计算机房 [3] 机房布局

机房的平面布局

表1

布局方式	封闭式	敞开式	半封闭式
示例	（平面图）	（平面图）	（平面图）
简述	主机房在建筑物核心部位，各辅助用房均围主机房设置； 平面布局紧凑，节省用地，内部联系方便，管线布置经济； 外墙少，主机房无外窗，对空调、屏蔽有利； 工作环境安静，但长期在此环境操作人员易感不适；需人工照明	布局分散，建筑形式可灵活多变； 自然采光，操作人员有舒适感； 机房宜布置朝南北向，其他朝向需采取遮光措施； 外墙面多，走道占用面积，管道路线长，对空调屏蔽不太有利	兼有"封闭式"及"敞开式"的优点； 当增设外廊时改善了外窗对主机房的影响； 当为内院中庭布局时，主机房利用内廊，联系方便

机房的空间布局

表2

布局方式	机房位于多、高层建筑主楼内	机房与多、高层建筑主楼毗邻	机房为单层（含地下、半地下式）或两层单独建筑
示例	（剖面图）	（剖面图）	（剖面图）
简述	计算机房在主楼内占用主楼或某些层，空调动力设施在底层或毗连附建； 适合大型、多机组计算机房； 节约用地	主楼与计算机房前后组合，机房空间不受主楼结构制约； 机房为独立设置，对外联系方便	计算机房为1～2层大空间，辅助用房和空调动力设施可两侧、三侧或四周设置，水平流程联系方便； 当机房位于地下或半地下时，有利于节能，满足环境要求； 当为两层时，把辅助设备房间、库房办公等布置在底层，主机房及与密切相关的房间布置在二层

主机房柱网

一、主机房内宜无柱，以便自由调整设备的布置；
二、主体结构宜采用大开间、大跨度柱网，当大、中型电子计算机的主机房设在多层建筑内受柱网限制时，一般可采用开间6～7.5m，进深9m；
三、小型机房可考虑6～7.2m开间，6～7.2m进深。

主机房楼面荷载

主机房楼面荷载由设备重量、活动地板重量、内隔墙重量、家具及机房人员数量确定，一般为500～700kg/m²。

主机房层高 (mm)

表2

名称	用途	高度	备注
顶棚夹层高	送（或回）风静压箱	400～600	
	回（或送）风管道		
主机室有效高	气流组织要求的最小高度500～800	2500～3000	小型机可用下限，大、中型机可用上限
	机柜一般≤2000		
活动地板层高	兼作静压箱	300～400	
	不作静压箱	200	

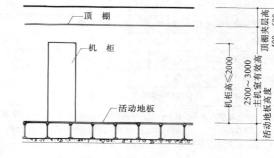

主机房设计要点

一、主机房为计算机主机、操作控制台和主要外部设备安装操作场地，宜采用大柱网，内隔墙宜有一定可变性。

二、机房环境条件必须满足温度、湿度、温度变化率的要求与尘埃控制、照度标准、允许噪声及电磁场干扰等技术规定。

三、为减少振动和噪声对主机的干扰，在满足空调和供电质量的前提下，动力设施应自成一区，并应注意与主机房隔离。

四、人员进入机房应采取一定的净化措施，有条件和必要时，主机房可设参观走廊。

五、主机房与已记录的媒体存放间应有防火设施分隔，当机房设于一般建筑物内时，应划分单独的防火分区。

六、计算机机房建筑入口至主机房的通道应畅通，其通道宽应大于1.5m。

七、主机房地面应采用活动地板。

主机房环境主要技术参数要求：

一、温、湿度：机房内温湿度开机时和停机时分别定为A、B两级，见本章[6]。开机时主机房应执行A级。

二、噪声：主机房内的噪声，在计算机系统停机条件下，在主机操作员位置应小于68dB（A）。按GB2887-82《计算机场地技术要求》规定，开机时，计算机房内的噪声应小于70dB（A）。

三、无线电干扰环境场强：主机房内无线电干扰场强，在频率范围为0.15～1000MHz，应不小于126dB，主机房内磁场干扰环境场强不应大于800A/m(10 O_e)。

四、场地环境振动值：在停机条件下，主机房地板表面垂直及水平向的振动加速度值，应不大于500mm/s。

五、静电泄漏电阻：主机房地面及工作台的静电泄漏电阻应在1.0×10^5～$1.0\times10^8\Omega$之间。规定最高值为有效泄漏静电荷，防止高电位静电干扰计算机的正常工作，规定最低值以保障操作人员人身安全。

六、静电电压：电压高时人有电击感觉，还会引起设备故障，所以主机房内绝缘体的静电电压应不大于1kV。

七、清洁度：主机房内的清洁度静态测试每升空气中大于$0.5\mu m$，尘粒数应少于18000颗。

电子计算机机房面积计算

一、主机房、基本工作间及第一类辅助房间的面积之和可按总面积的60%计算。

二、基本工作间和第一类辅助房间所占面积的总和，应等于或大于计算机主机房面积的1.5倍。

三、上机准备室、外来用户工作室、软、硬件人员办公室可按每人3.5～4.0m²计算。

四、电子计算机房总面积应包括发展用面积，一般按照主机房、基本工作间和第一类～第三类辅助房间面积总和的25%考虑。

五、主机房面积计算

（一）计算方法（计算机系统配置已确定的情况）

$$S = (5\sim 7)\Sigma S_{设备}(m^2)$$

（二）估算方法（计算机系统的设备还未选型的情况）

$$S = (4.5\sim 5.5)A(m^2)$$

式中：
S——计算机主机使用面积
$S_{设备}$——计算机系统配置的硬设备及在机房平面中占有位置的设备平面面积
A——计算机主机房内所有设备的总台数

主机房设计步骤

一、按计算机系统的任务、性质、工作量设备选型确定，并由工艺设计提出机房要求。

二、参考计算机制造厂商提供的"机型对机房布局参考方案和工艺要求"。

三、引进设备时所提供的"电子计算机的基地装置和准备手册"。

四、进行机房面积测算及辅助用房安排。

五、以主机房为核心，综合考虑建筑方案。

六、按设计细则及主要技术参数要求并协调各专业进行设计。

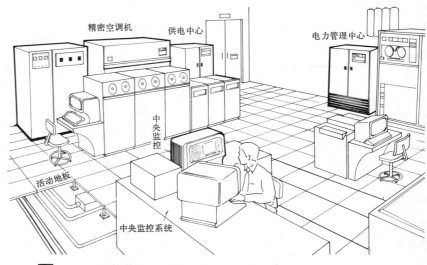

① 电子计算机中心环境保护系统示意

计算机房[5] 活动地板

活动地板简介

一、活动地板亦称装配式地板，是由各种规格型号和材质的面板块、可调支撑、横梁、缓冲垫等组成。

二、活动地板架空铺设在计算机房的楼地面上作安装设备、敷设纵横交错的各种管线、电缆及空调静压箱的空间用。

三、活动地板应机械性能优良、重量轻、强度大、表面平整，尺寸稳定、互换灵活，装饰性及质感良好，并能满足防潮、阻燃、防腐等要求；分防静电型及非防静电型。

四、防静电活动地板适用于电子计算机房以及通讯枢纽、电视发射台、军事指挥站、实验室、调度室、广播室、自动化办公室等管线集中、有防尘、防静电要求的场所。

活动地板使用要求

一、不论房间形状、面积如何，都能方便而迅速地装配。

二、能自由接近电气连接线和风管，便于敷设和维护。

三、承重能力$\geq 800 kg/m^2$。

四、满足防火要求。

五、能使静电通泄至地和反射电磁辐射。

六、地板的可卸板能互换，并有较高制作精度，以便利用地板下空间作空调静压箱时达到所需密封性。

七、板面无噪声、耐磨，既可擦洗又可干擦（用吸尘器）。

八、借助可调支撑找平地面的不平度。

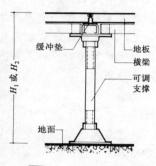

1 活动地板结构

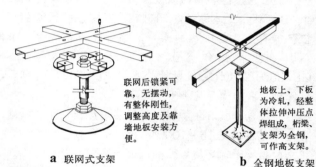

a 联网式支架　　b 全钢地板支架

2 支架实例

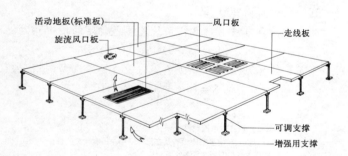

3 活动地板组装示意

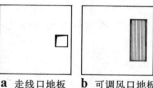

a 走线口地板　　b 可调风口地板

c 大通风量地板　　d 旋流风口地板

4 异形活动地板

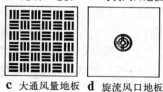

5 风口与吸板器

活动地板规格

地板高度（mm） 表1

类 型	基本尺寸	可调范围	备 注
H_1	200	±20	
H_2	350	±20	地板下空间兼作空调静压箱（风库）

注：有的厂家可150～700mm按用户需要生产。

地板幅面尺寸（mm） 表2

类 型	板　幅		板　厚	
	基本尺寸	极限偏差	基本尺寸	极限偏差
A	500×500	±0.2	20、25、30、35	±0.2
B	600×600	±0.2		±0.2

注：形状公差：地板表面平面度0.3；位置公差：地板相邻垂直度0.3。

型号标示方法

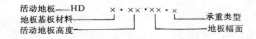

活动地板——HD ×·×××·×××·×

地板基材材料　　　　承重类型
活动地板高度　　　　地板幅面

活动地板技术要求

活动地板电性能 表3

级　别	系　统　电　阻　值（Ω）
A	$1.0×10^5 \sim 1.0×10^8$
B	$1.0×10^5 \sim 1.0×10^{10}$

注：系在温度为15～30℃，相对湿度为30%～75%时，活动地板系统电阻值。

地板的机械性能 表4

承重类型	均布荷载 kg/m²	集中荷载 kg	挠　度
Q	>800	>200	中心集中荷载为150kg时，挠曲量1.5mm以下
Z	>1600	>400	中心集中荷载为300kg时，挠曲量2mm以下

注：①支撑的承载能力应>1000kg。
②地板表面应柔光、不打滑、耐污染。

例：铝质基活动地板，铺设高度为350mm，地板幅面500mm×500mm，承重类型为Z，应写为HDL·350·500·Z（钢质基代号为G，木质基代号为M，铝质基代号为L）

计算机机房空调净化环境特点

一、电子计算机机房设备密度大，发热量大，需一定环境温湿度范围和空气清洁度，其系统才能可靠、安全运行。机房对环境空气温湿度与洁净度的要求见表1～3。

二、环境温度超过允许范围时，电子器件工作不稳定，易出故障；温度过低能量浪费，引起设备表面结露，工作人员也感到不适。

三、机房相对湿度过高，则金属材料氧化腐蚀、接触不良、易结露、纸媒体变形；过于干燥，则纸介质发脆，易产生静电干扰影响数据处理及机器的正常工作。

四、计算机系统易积尘且不易清除，灰尘积聚将使磁带、盘和电子线路受损坏，产生读写错误和引起机器不稳定。

空气清洁度 (按工艺设备技术条件确定，主机房应不低于C级) 表1

项目 \ 级别	A级	B级	C级
粒径（μm）	≥0.5	≥0.5	≥0.5
空气含尘浓度（粒/L）	≤3500（相当于100000级）	≤10000	≤18000

开机、停机时机房内的温、湿度 表2

项目 \ 级别		A级		B级
		夏季	冬季	全年
温度	开机	23±2℃	20±2℃	15～30℃
	停机	5～35℃		5～35℃
相对湿度	开机	45～65%		40～70%
	停机	40～70%		20～80%
温度变化率		<5℃/h 不得结露		<10℃/h 不得结露

记录介质库的要求 表3

项目 \ 种类	卡片	纸带	磁带		磁盘	
			长期保存已记录的	未记录的	已记录的	未记录的
温度	5～50℃	<32℃	5～50℃		-40～65℃	
相对湿度	30～70%	40～70%	20～80%		8～80%	
磁场强度			<3200 A/m	<4000 A/m		

计算机机房专用空调机组

　　计算机房的热湿负荷及空调要求特点是余热量多、余湿量少、风量大、焓差小、换气次数多、全年需要供冷；

　　计算机连续运行时间长，要求空调设备运行安全可靠、适用经济，负荷应当留有备用。专用空调机组只有初、中效两级过滤，当磁盘机本身不带自净装置时，可采用"磁盘间"，洁净度可达1000～10000级。磁盘间规格型号根据磁带、磁盘机数量选定。

气流组织

应根据设备对空调的要求、本身冷却方式、设备布置密度及发热量、房间温湿度、室内风速、防尘、消声要求并结合建筑条件综合考虑。

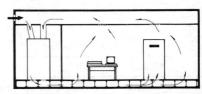

地板送风（下送上回）

把经过处理的空气送进活动地板下的空间（送风静压箱），再由地板开口处直接送入机柜，回风口和回风管（或回风静压箱）在吊顶上。送风静压箱内的风压，大于房间的静压值。

优点：送风方式简单，空气分布、温度梯度均匀，可省去风管，降温排热效率高，使用灵活，便于设备布置的发展变更，大、中型机房目前普遍采用

缺点：活动地板表面温度低，冷气流由下向上，使操作人员产生不舒适感

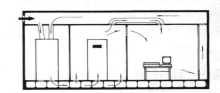

分区送风

根据机器设备和操作人员对工作环境要求的不同，即把参加运算的人所在范围（控制台、输入输出及其外围设备）和主机（中央处理单元）、外存贮器（磁带、磁盘机）用玻璃隔断将人与机器分开，把处理过的空气送入要求较高的主机室（下送上回），再把主机室的空气送入要求较低的房间（上送侧回）既满足了人、机的不同要求，又达到了节能

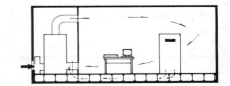

室内风口送风（上送侧回或侧送侧回、上送下回）

把经过处理的空气以某种方式送入机房，而机器设备的冷却靠其本身的自然对流和机柜内的风机吸入机柜外的空气来冷却

优点：送风方式系统比较简单，风口位置与室内温度的分布能统筹考虑，就可保证气流分布、温度梯度均匀

缺点：机柜内散热效果差，考虑机房空调，一般优先满足设备要求，故对人员工作条件不利（此方式一般用于对空调要求不高的某些小型机房）

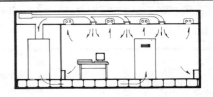

复合送风（上、下送，上回）

根据机器设备和操作人员对空调的不同要求综合使用两种方式，即两套系统送风。一套由地板下静压箱把处理过的空气直接送入机柜，再经顶棚抽回；另一套由顶棚采用散流器送风，经顶棚回风口抽回（应注意顶棚送回风短路，平面上机柜应对顶棚回风口）。此种方式兼有前两种优点，能较好满足设备和人员的要求，且停机时，下送上回系统也可停止工作，节能

适合大型机房，国外常用此系统，而且还可将专用空调机组放在机房

注：①清洁要求较高的房间对清洁要求较低的房间应保持正压。
②专用空调机亦可直接放在室内，但隔开对防噪声有利。
③专用空调机组下设挡水围堰，防止泄水流入机房。

计算机房[7] 电气·室内装修材料作法

供配电

一、电子计算机机房用电主要包括计算机主机用电、外部设备用电及空调、照明、检修等辅助用电等三部分。用电负荷分级及供电要求应根据其重要性及中断供电在政治、经济上所造成的损失或影响程度，按现行国家标准《工业与民用供配电系统设计规范》中工业建筑类执行。并应根据计算机系统扩展、升级等可能性，预留电源备用容量。计算机电源设备应靠近主机房设置。

二、根据电子计算机的性能、用途和运行方式（是否联网）等要求，对允许断电时间、供电质量以及接地等要求，应按现行国家标准《电子计算机机房设计规范》执行。计算机的主机电源系统应按设备要求确定。

电子计算机机房的一般照明的照度标准　　　　　　表1

房间类别	照度标准(lx)	说　　明
主机房	200、300、500	间歇运行、一般机房取低值
基本工作间		较重要、持续运行的机房取中值
第一类辅助房间	100、150、200	非常重要、持续运行、规模大的机房取上值
第二、三类辅助房间	参照《工业企业照明设计标准》、《民用建筑照明设计标准》	

注：工作区内一般照明的均匀度（最低照度与平均照度之比）不宜小于0.7。非工作区的照度不宜低于工作区平均照度的1/5。
主机房内应设置供暂时继续工作的备用照明，其照度值宜为一般照明的1/10。备用照明宜为一般照明的一部分。技术夹层内应设有照明。
电子计算机机房应设置安全出指示照明和疏散照明，其照度应不低于0.5lx。

电子计算机机房室内一般照明对直接眩光限制标准　　表2

眩光限制等级	眩光程度	适用场所举例
Ⅰ	高质量　无　眩　光	主机房、基本工作间
Ⅱ	中等质量　有轻微眩光	第一类辅助房间
Ⅲ	低质量　有眩光感觉	第二、三类辅助房间

注：主机房、基本工作间宜采用如下措施限制工作面上的反射眩光和作业面上的光幕反射：
a.使视觉作业不处在照明光源与眼睛形成的镜面反射角内；
b.采用发光表面积大、亮度低、光扩散性能好的灯具；
c.视觉作业处家具和工作房间内应采用无光泽表面。

电子计算机机房室内装修常用材料作法和节点构造

电子计算机机房一般应满足本章[2]表1中室内装修的原则要求，设计中应注意其材料作法将会随着建筑技术和建筑材料的发展而不断更新。

顶棚材料作法（应协调布置风口、灯具、火灾探测器和灭火器喷头等）　表3

a.	b.
1.无光漆或阻燃型饰面纸(布)	1.金属彩板或铝合金板(可带孔作静压箱)
2.纸面石膏板(单层或双层板)	2.配套的金属龙骨
3.轻钢龙骨	

注：顶棚上有空调要求可增设保温材料。灯具一般布置成发光带。

隔墙材料作法　　　　　　　　　　　　　　　　　表4

a.	b.	c.
1.无光漆或阻燃型饰面纸(布)	1.阻燃型饰面纸(布)	装配式金属壁板(工厂预制现场安装)
2.砖墙或轻质隔墙抹灰	2.纸面石膏板(双层板)	
	3.轻钢龙骨	

注：装配式金属壁板节点构造见"洁净与精密厂房"一章。

活动地板靠墙和坡道铺设的节点（应优先采用施工安装方便，不需土建作特殊处理，并可适应隔断墙可变的节点做法）　表5

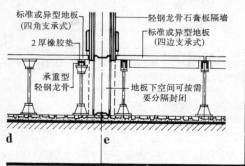

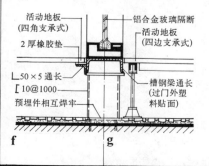

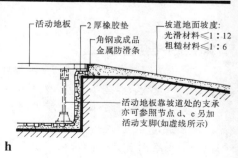

注：①节点d、e亦适用铝合金玻璃隔断或其它轻型隔墙。②节点f、g铝合金玻璃隔断的竖框亦可直接落在活动地板的下层地面上。③铝材与钢材接触面垫塑料薄膜。

主要设备 [8] 计算机房

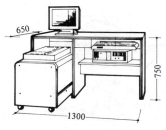
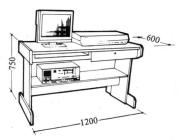

1 工作站

2 各式工作台

3 滚筒式绘图仪

4 水冷式恒温、恒湿专用空调机

5 专用空调柜

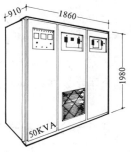

6 黑白／彩色打印机

7 不间断电源系统 UPS

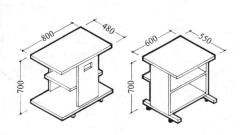

8 风冷式专用空调机

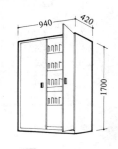

9 台式终端车　　10 打印机工作台　　11 仪器资料车　　12 小软件柜　　13 磁带柜

实例[10] 计算机房

a 一层平面   b 五层平面   c 透视

0 5 10m

1 深圳信息中心计算机机房　中国电子工程设计院深圳分院设计

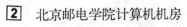

1 主机室	21 程序编制室
2 维修室	22 显示终端室
3 穿孔室	23 用户工作室
4 值班室	24 上机准备室
5 接待室	25 更衣换鞋室
6 资料室	26 磁带磁盘库
7 阅览室	27 穿孔卡片库
8 纸库	28 教学终端室
9 发送室	29 程序交付室
10 咖啡室	30 程序归还室
11 小卖部	31 穿卡收纳室
12 微波机室	32 程序目录室
13 微型机室	33 化学消防室
14 终端机室	34 电力电源室
15 绘图机室	35 服务秘书室
16 打印机室	36 各类办公室
17 用户大厅	37 操作控制室
18 空调器室	38 外部设备室
19 柴油机室	39 研究室或用
20 UPS室	户工作室

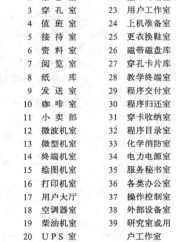

a 室内透视
b 平面

0 5 10m

2 北京邮电学院计算机机房

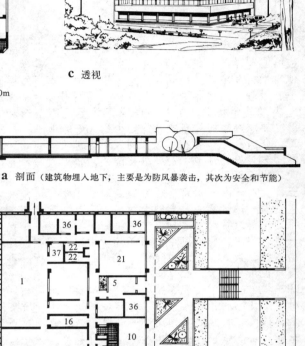

a 剖面（建筑物埋入地下，主要是为防风暴袭击，其次为安全和节能）
b 平面

0 5 10m

4 美国 阿肯色州 哈利逊 玛司麻坎第司安公司计算中心

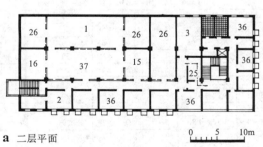

a 二层平面

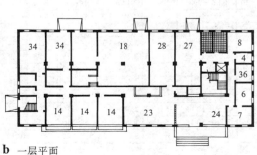

b 一层平面

0 5 10m

3 同济大学计算中心　同济大学建筑设计研究院设计

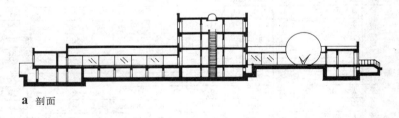

a 剖面

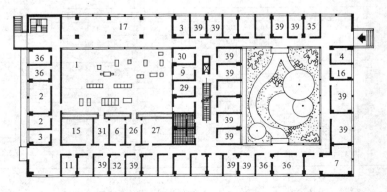

b 一层平面

0 5

5 德国 达特蒙市德国计算中心

科学实验建筑 [1] 总体规划

科学实验建筑分类
一、自然科学：包括数学、物理、化学、天文、地学、生物、技术科学、医学及相应的支撑结构系统和管理系统。例如：数学所、物理所、化学所、天文台、地质所、动物所、光电研究所等。

二、社会科学：包括文学、史学、哲学、经济学、法学、艺术及其他。例如：文学所、史学所、哲学所、经济所、法学所及艺术研究所等。

规划要求
除社会科学的研究室及一般自然科学的研究室和相应的支撑结构系统和管理系统等为一般办公建筑外，其他自然科学中各基础学科在总体规划中有不同的要求。

一、数理学：包括数学和物理学。有屏蔽要求的要远离电磁波的干扰源，有防振防噪声的要远离振源和噪声源，要求超净的要布置在粉尘少绿化好的地段。

二、化学：应布置在下风方向及下游地段，保持一定的间距和良好的通风，应有绿化隔离，搞好排毒和排污处理，做好环保综合评估和治理。

三、天文学：一般都有昼夜观测，分光学望远镜和射电望远镜。选址要求全年晴天数多，大气能见度好，气流平稳宁静，扰动少；射电望远镜则要求电磁波干扰少。一般均建在高原或湖中小岛等环境中以利观测。规划布局多为分散式，以避免光线和视线的相互干扰，影响观测和视角的质量。

四、地学：地学研究范围较广，一般要求地质稳定，电磁波干扰小，背景噪声小，远离铁矿及其他地质条件复杂的地段；有的要求远离江河湖海，减少海潮对观测的干扰；有的采用钻洞的办法以提高基准点的稳定性和准确性；同时应考虑交通和生活均较方便，以利管理。

五、生物学：由于生物净化无菌室、负压实验室、动物房、人工气候室等不同特点，一般要求环境洁净、安静，有的要求远离电磁波、强磁场及辐射等干扰，以免影响对生物的实验结果。

六、技术科学：研究面较广，不同的学科要求也不同。例如：高能防辐射学科，应建在人员少、灰尘少、下风方向及下游地段，并布置一定的绿化隔离带，尽可能利用自然屏障自成一区。同时因用电量大，供电必须保证。

建筑的组成
一、科研用房：是科学实验建筑的核心。包括通用实验室，专用实验室，研究工作室，观测室，测试室和计量室等。

二、科研辅助用房：包括图书情报资料室，学术活动室，实验动物房，温室，标本室，附属加工工厂，各类器材仓库等。

三、公用设施用房：包括水、电、气、油、制冷、空调、低温及热力系统，通信，消防，三废处理，维修工场及车库等。

四、行政及生活服务用房：包括行政办公用房，福利卫生用房，单身宿舍及接待用房，行政库房等。

建筑组成之间的相互关系

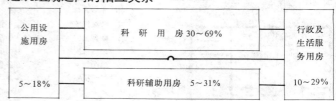

科学实验建筑规划面积指标表

学科名称	学科名称	人员规模	规划建设用地指标 第一类	规划建设用地指标 第二类	规划建设用地指标 第三类	人均面积 规划建筑面积指标	科研用房 占总用房比例	科研用房 面积指标	科研辅助用房 占总用房比例	科研辅助用房 面积指标	公用设施用房 占总用房比例	公用设施用房 面积指标	行政及生活服务用房 占总用房比例	行政及生活服务用房 面积指标
		人	m²/人	m²/人	m²/人	m²/人	%	m²/人	%	m²/人	%	m²/人	%	m²/人
数学	数学学科	100~200	42~55	34~43	26~35	29.0~30.0	37~43	10.73~12.90	21~25	6.09~7.50	14~16	4.06~4.80	20~24	5.80~7.20
物理学科	理论物理	100~200	42~55	34~43	26~35	29.0~30.0	30~36	8.70~10.80	23~27	6.67~8.10	16~18	4.64~5.40	23~27	6.67~8.10
物理学科	实验物理	200~1200	64~93	52~73	40~59	44.5~50.9	52~58	23.15~29.52	18~22	8.01~11.20	7~9	3.12~4.58	15~19	6.68~9.67
物理学科	力学与声学	200~1200	52~74	42~58	32~47	35.6~40.7	52~58	18.51~23.61	18~22	6.41~8.95	7~9	2.49~3.66	15~19	5.34~7.73
物理学科	核物理	400~1500	92~124	75~98	58~80	63.4~68.4	49~55	31.07~37.62	23~27	14.58~18.47	4~6	2.54~4.10	16~20	10.14~13.68
化学学科	化学	200~1200	64~89	52~70	40~57	44.0~49.0	55~61	24.20~29.89	17~21	7.48~10.29	5~7	3.43	15~19	6.60~9.31
化学学科	化工	200~1200	81~111	66~89	51~71	56.0~61.0	44~50	24.64~30.50	22~26	12.32~15.86	7~9	3.92~5.49	19~23	10.64~14.03
天文学科	天体物理、天体测量	200~600	49~73	40~57	31~47	34.0~40.0	51~57	17.34~22.80	11~15	3.74~6.00	5~7	1.70~2.80	25~29	8.50~11.60
天文学科	授时	200~600	61~87	49~69	38~56	42.0~48.0	51~57	21.42~27.36	11~15	4.62~7.20	5~7	2.10~3.36	25~29	10.51~13.92
天文学科	人卫观测	100	46~58	38~46	29~37	32.0	51~57	16.32~18.24	11~15	3.52~4.80	5~7	1.60~2.24	25~29	8.00~9.28
地理学科	地理	100~900	55~76	45~60	35~49	38.0~42.0	57~63	21.66~26.46	16~20	6.08~8.40	5~7	1.90~2.94	14~18	5.32~7.56
地理学科	海洋	400~1200	62~85	51~67	39~55	43.0~47.0	57~63	24.51~29.61	16~20	6.88~9.40	5~7	2.15~3.29	14~18	6.02~8.64
地理学科	土壤	100~900	67~91	54~71	42~58	46.0~50.0	57~63	26.31~31.50	16~20	7.36~10.00	5~7	2.30~3.50	14~18	6.44~9.00
地理学科	地质	100~900	76~95	56~74	44~60	48.0~52.0	57~63	27.36~32.76	16~20	7.68~10.40	5~7	2.40~3.64	14~18	6.72~9.36
生物学科	实验生物	100~900	60~85	45~66	38~54	41.5~46.5	55~61	22.83~28.37	17~21	7.06~9.77	5~7	2.08~3.26	15~19	6.23~8.84
生物学科	动物	200~900	67~93	52~73	42~58	46.5~51.0	52~58	24.18~29.58	19~23	8.84~11.73	6~8	2.79~4.08	15~19	6.98~9.69
生物学科	植物	200~1200	83~114	68~89	52~73	57.5~62.5	41~47	23.58~29.37	27~31	15.53~19.37	6~8	3.45~5.00	18~22	10.35~13.75
技术科学学科	计算机技术	200~1200	61~84	50~66	38~54	42.2~46.4	54~60	22.79~27.84	20~24	8.44~11.14	6~8	2.53~3.72	12~16	5.06~7.42
技术科学学科	半导体与电子技术	200~1200	67~94	54~74	41~56	46.2~51.8	53~59	24.49~30.56	18~22	9.24~12.43	9~11	4.16~5.70	10~14	4.62~7.25
技术科学学科	应用技术	200~1200	59~81	48~63	37~52	40.8~44.4	55~61	22.44~27.08	18~22	8.16~10.66	7~9	2.04~3.14	12~16	4.90~7.10
技术科学学科	自动化技术	200~1200	56~77	46~61	35~49	38.8~42.4	55~61	21.34~25.86	18~22	7.76~10.18	5~7	1.94~2.97	12~16	4.66~6.78
技术科学学科	光电技术	900~1500	64~84	52~68	40~56	44.0~46.0	63~69	27.72~31.74	5~9	2.20~4.14	6~8	2.64~3.68	18~22	7.92~10.12

注：①本表综合自中国科学院编制的《科研建筑工程规划面积指标》。
②科学实验建筑组合类型分三类：第一类以低层为主，建筑覆盖率控制在25%~27%，建筑容积率控制在0.55~0.69；第二类以多层为主，建筑覆盖率控制在23%~25%，建筑容积率控制在0.70~0.85；第三类为低层和高层相结合，建筑覆盖率控制在21%~23%，建筑容积率控制在0.86~1.10。

规划配置

独立式 整个科学实验建筑的规划配置集中在一幢楼内独立设置，即把科研用房、科研辅助用房、公用设施用房、行政及生活服务用房均设在一幢楼内。独立式用于较小的科学实验建筑。如：中国科学院昆虫研究所，见图1。

1 中国科学院昆虫研究所

主楼式 这一形式应用较为普遍。但五、六十年代建筑的规划比较方整规则，到七、八十年代，主楼体形和空间组合更趋灵活多变。如：中国科学院沈阳机器人示范工程，见图2；五所大楼，见图3；现代生物中心，见图4；微电子中心，见图5；中国科技大学合肥同步辐射实验室，见图6。

单元式 这种配置或称细胞式。用一个简单的单元或细胞组成多样的形式，形成各种不同的空间，有利于推行模数和标准化，便于工业化生产和施工。此种形式为现代科学实验建筑规划广为采用。如：瑞士桑多兹研究中心，见图7；美国费城宾夕法尼亚大学生物实验楼，见图8；德国慕尼黑马克斯·普朗克公司生物化学中心，见图9；美国贝尔电话实验室，见图10。

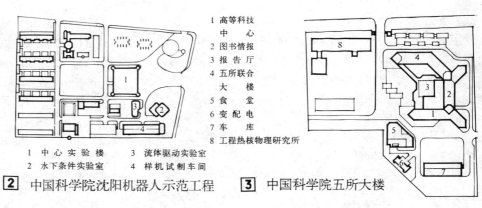

2 中国科学院沈阳机器人示范工程
1 中心实验楼 3 流体驱动实验室
2 水下条件实验室 4 样机试制车间

3 中国科学院五所大楼
1 高等科技中心
2 图书情报
3 报告厅
4 五所联合大楼
5 食堂
6 变配电
7 车库
8 工程热核物理研究所

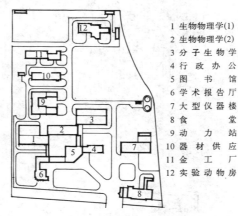

4 中国科学院现代生物中心
1 生物物理学(1)
2 生物物理学(2)
3 分子生物学
4 行政办公
5 图书馆
6 学术报告厅
7 大型仪器楼
8 食堂
9 动力站
10 器材供应
11 金工厂
12 实验动物房

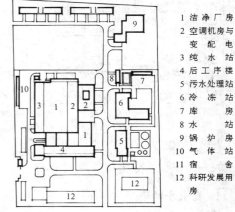

5 中国科学院微电子中心
1 洁净厂房
2 空调机房与变配电
3 纯水站
4 后工序楼
5 污水处理站
6 冷冻站
7 库房
8 水站
9 锅炉房
10 气体站
11 宿舍
12 科研发展用房

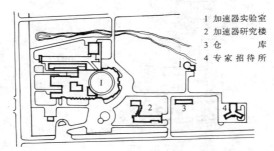

6 中国科技大学合肥同步辐射实验室
1 加速器实验室
2 加速器研究楼
3 仓库
4 专家招待所

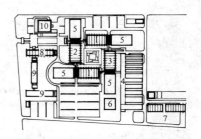

7 瑞士桑多兹研究中心
1 生物实验室 4 动物饲养室 7 动力站
2 化学实验室 5 发展实验室 8 行政管理楼
3 动物实验室 6 特殊实验室 9 行政发展楼
              10 食堂
              11 车间

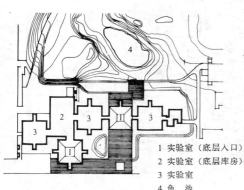

8 美国费城宾夕法尼亚大学生物实验楼
1 实验室（底层入口）
2 实验室（底层库房）
3 实验室
4 鱼池

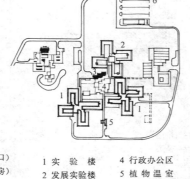

9 马克斯·普朗克公司生物化学中心
1 实验楼 4 行政办公区
2 发展楼 5 植物温室
3 行政楼 6 停车场

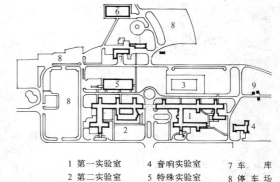

10 美国贝尔电话实验室
1 第一实验室 4 音响实验室 7 车库
2 第二实验室 5 特殊实验室 8 停车场
3 第三实验室 6 实验室   9 危险品库

科学实验建筑 [3] 总体规划·规划配置

规划配置

分散式 这种配置由不同功能的多幢实验楼、研究楼及辅助建筑灵活组合而成，采用较多。尤其适用于有不同要求的天文观测室和地学的观测台站。如：北京正负对撞机，见图[1]；南极长城站，见图[2]；测绘总局地面站，见图[3]。

集团式

1. **大专院校的研究区** 由于大专院校教学和科研的需要，结合不同的系，形成多学科的研究区。如：德国弗赖布格大学，见图[4]；同济大学研究区，见图[5]。

2. **研究中心** 结合地区、学科由几个研究所成组成群布置，并形成一定规模，成为某地方的地区性科学研究中心。如：中国科学院上海分院，见图[6]；有的既是地区性又以某学科为中心，形成地区单科研究中心，如中国科学院合肥分院，既是地方分院又是技术物理中心，见图[7]。

3. **科学园** 这是专指在更大的规模和范围内，由较多的科研、教育、生产、经营与生活区等组成一个大型综合研究、开发、教育、高技术生产和生活区域，又称科学城。如：科研与高技术相结合的深圳科技工业园，见图[8]、[9]。

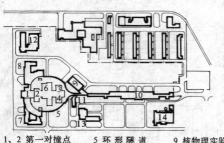

1、2 第一对撞点实验厅
3 第二对撞点实验厅
4 高频站
5 环形隧道
6 储存环电源厅及中央控制室
7 实验室东厅
8 实验室西厅
9 核物理实验厅
10 输运线、直线加速器电源厅
11 直线加速器隧道及调速管走廊
12 计算中心
13 学习厅
14 锅炉房

[1] 北京正负电子对撞机

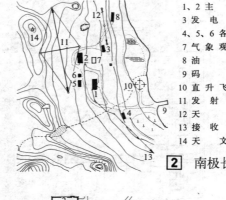

1、2 主楼
3 发电机房
4、5、6 各类仓库
7 气象观测场
8 油库
9 码头
10 直升飞机场
11 发射天线
12 天线
13 接收天线
14 天文点

[2] 南极长城站

1 人卫观测室
2 多普勒观测室
3 发电配电室
4 激光照相观测室
5 钟房及固体潮室
6 门卫及车库
7 食堂
8 锅炉房
9 宿舍

[3] 测绘总局地面站

1 化学所
2 讲堂
3 卫生学所
4 药学所
5 物理所
6 地理所
7 解剖学所
8 放射学所
9 病理学所

[4] 德国费赖布格大学研究区

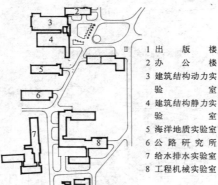

1 出版楼
2 办公楼
3 建筑结构动力实验室
4 建筑结构静力实验室
5 海洋地质实验室
6 公路研究所
7 给水排水实验室
8 工程机械实验室

[5] 同济大学研究区

1 药物研究所
2 激光研究所
3 办公楼
4 图书馆
5 食堂

[6] 中国科学院上海分院

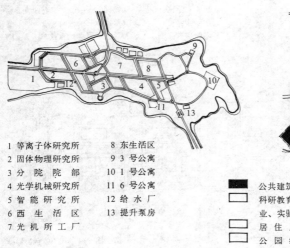

1 等离子体研究所
2 固体物理研究所
3 分院院部
4 光学机械研究所
5 智能研究所
6 西生活区
7 光机所工厂
8 东生活区
9 3号公寓
10 1号公寓
11 6号公寓
12 给水厂
13 提升泵房

[7] 中国科学院合肥分院

■ 公共建筑用地
□ 科研教育及工业、实验用地
□ 居住用地
□ 公园绿地

[8] 深圳科技工业园用地规划图

1 专用厂房
2 标准厂房
3 电力开关
4 生活楼
5 研究办公
6 幼儿园
7 俱乐部
8 变电所
9 展览
10 商场

[9] 深圳科技工业园（一期工程）

实验建筑平面设计 [4] 科学实验建筑

实验建筑平面设计原则

实验建筑的主要特点是实验内容众多，工艺要求繁复，工程管网较多。实验建筑平面设计除了遵循一般建筑物平面设计原则外，还需要遵循下列原则。

一、同类实验室组合在一起。
二、工程管网较多的实验室组合在一起。
三、有洁净要求的实验室组合在一起。
四、有隔振要求的实验室宜设于底层。
五、有防辐射要求的实验室组合在一起。
六、有毒性物质产生的实验室组合在一起。

实验建筑平面类型

通常分为：单走廊平面、双走廊平面、单元组合平面。单走廊平面为实验建筑中最常见的平面形式，一般为中间一走廊，两侧布置实验室、研究室。该形式体型简洁，便于施工，造价较低，易于布置管道，特别适宜于利用自然通风、采光的普通实验室。但走道过长时，交通噪声会有一定的影响。因外墙面较多，故不宜于作空调、洁净要求较高的实验室。

双走廊平面是在单走廊平面基础上，加大进深，两侧布置实验室、研究室，中间布置特殊实验室。它特别有利于空调面积较多的实验建筑，可以节约能源，室内温度波动小。同时，由于建筑物加大了进深，可以节约用地，建筑物内管网也易于集中，各实验室间交通相对缩短。它的特殊形式是环形走廊，有利于发生事故时人流疏散。

单元组合平面是为适应实验发展需要，有利于提高实验建筑灵活性所采取的另一种布置方式，它有利于实验室及其管网的相对集中。实验楼扩建时，可以根据实验需要增加若干个单元，而不影响建筑的完整体形。

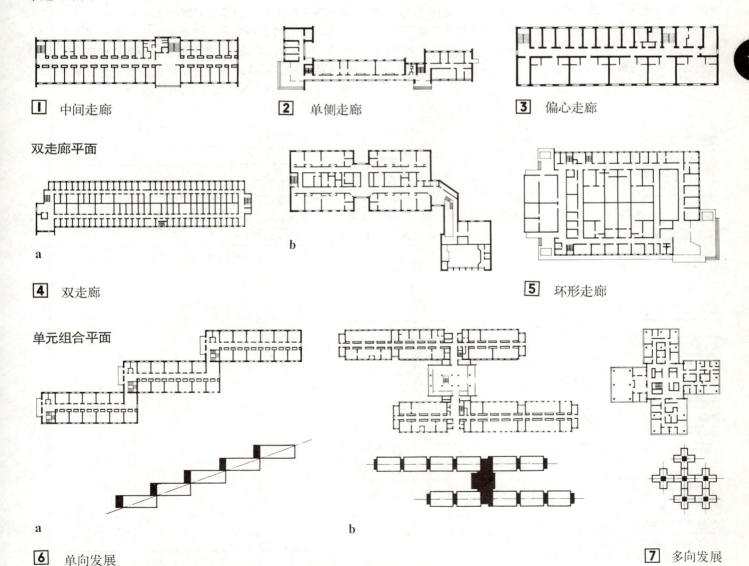

单走廊平面

1 中间走廊　2 单侧走廊　3 偏心走廊

双走廊平面

a
4 双走廊　5 环形走廊

单元组合平面

a　b
6 单向发展　7 多向发展

科学实验建筑 [5] 实验室空间尺度

实验室空间尺度

实验室空间尺度一般是指实验室的开间、进深、层高、走廊的尺度。它根据科研人员的活动范围及实验设备布置要求而定。

开间

实验室的开间主要取决于实验人员活动空间以及实验设备工程管网的合理布置的必需尺度。普通化学、生物、物理实验室的岛式或半岛式实验台的宽度约为1.2～1.8m，设有工程管网的该类实验台宽度不小于1.4m靠墙实验台的宽度约为0.6～0.9m，设有工程管网的靠墙实验台宽度不小于0.75m，两个实验台之间的距离为1.2～1.8m。因此开间一般为3.0、3.3、3.6m三种较为合理。

进深

实验室的进深主要取决于五个方面：一、根据实验性质确定的每个实验人员所需要的实验台长度；二、实验台的布置方式。相同长度的岛式实验台比半岛式实验台所需要的进深大；三、实验台的端部是否布置研究人员的办公桌；四、通风柜的布置方式，通风柜平行窗户布置比垂直窗户布置的进深大；五、采光通风方式。综合上述四个方面的因素，进深一般在6.0～9.0m。

层高

实验室的层高主要取决于实验室的类型，特别是空调系统管道、静压箱等所占用的空间对层高影响较大。一般化学、生物、物理实验室的层高，建议采用3.6～3.9m。放射化学实验室由于通风柜上安装了过滤器，层高应相应增加。具有温湿度、洁净要求的实验室如需设技术夹层，夹层高至少1.0m。设备需经常检修的技术夹层，则为2.2～2.7m。考虑节约能源，洁净实验室的净高较低，一般为2.5m左右。底层由于需设置较大型的仪器设备，故高比楼层略高，具体高度应视其设备安装使用要求的尺寸、管道走向及吊顶布置等具体情况而定。

走廊宽度

实验室的走廊宽度主要取决于三个方面：一、交通量的大小；二、走廊的长度；三、门窗的开启方式。实验室的走廊一般分为下列五种：1.单面走廊；2.中间走廊（中间双走廊）；3.检修走廊；4.安全走廊与参观走廊；5.设备管道走廊。一般实验室的交通量较小，走廊不宜过宽，否则，走廊边会堆放杂物，反而影响环境质量。

走廊宽度　表1

走廊类型	走廊净宽(m)
单面走廊	1.5
中间走廊（中间双走廊）	1.8～2.1（1.5）
检修走廊	1.5～2.0
安全走廊与参观走廊	1.2
设备管道走廊	2.0～2.8

注：安全走廊宽度的计算参照建筑防火规范

国内实验楼空间尺度　表2

实验楼名称	开间(m)	进深(m)	层高(m)	走廊宽度(m)(中-中)
上海医疗器械研究所	3.0	6.0	4.2、3.6	2.4
上海生物化学研究所	3.2	5.9	3.9、3.5	2.4
上海有机化学研究所	3.4	6.25	4.2、4.1	2.0
北京发育生物学研究所	3.3	7.5	4.2、3.8	2.1
湖北省农科院农业测试中心	3.6	6.0、5.4	3.9	2.2、2.0
重庆大学中心实验楼	3.6	6.6	4.2、3.9	2.7
北京国家植物标本馆	3.0	6.0	4.5、4.2	2.5
武汉大学测试中心	3.9、5.4	5.7	3.9、3.6	2.4、1.8
上海细胞生物学研究所	3.4	6.0	4.5、3.6	2.2
南京大学化学楼	3.15	6.7	4.5、3.6	2.6
中国水稻研究所实验楼	3.0	4.88、9.9	3.9	2.0(净宽)

注：①表中所列实验楼大部分建于80年代。
②表中层高前面数据为底层层高、后面数据为标准层层高。

建议采用实验室空间尺度　表3

开间	3.0m（中-中）
	3.3m（中-中）
	3.6m（中-中）
进深	6.0m（中-中）
	6.6m（中-中）
	7.2m（中-中）
	8.4m（中-中）
	9.0m（中-中）
层高	3.6m
	3.9m
	4.2m
走廊宽度	2.1m（中-中）
	2.4m（中-中）

注：表中所示适用于一般化学、生物、物理实验室。

实验室与研究室平面布局[6] 科学实验建筑

实验室与研究室的平面布局原则及形式

研究室是供研究人员书写研究报告、论文，阅读有关资料的房间。

实验室与研究室的平面布局原则：

一、实验室与研究室之间联系方便；

二、尽量避免实验时产生的有害气体、实验设备产生的噪声等对研究室的影响；

三、布局时应综合考虑功能、经济等方面的因素。

实验室与研究室的平面布局形式一般分三种：内含型、毗连型、分离型。

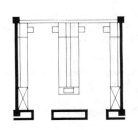
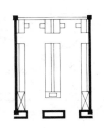

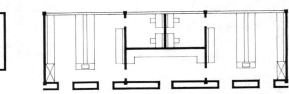

a 在实验室内设办公桌位置，与实验台相连

b 在实验室内设办公桌位置，与实验台分离

a 研究室与实验室所占外墙之比为1:2，二者均有直接采光研究室内侧设辅助实验室

实验室与研究室在一个房间内，即在实验室里设置办公桌面积或研究室。实验室与研究室联系方便，实验室进深较大，节约用地，管道布置较为经济，但实验室对研究室有一定影响。

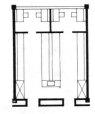
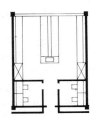

c 在实验室内靠外墙设置独立研究室，实验室间接采光

d 在实验室内靠内墙设置独立研究室，研究室间接采光，实验室直接采光

研究室设在两个实验室之间。实验室与研究室均能获得直接采光，两者联系方便，但实验室对研究室有一定影响，管道布置及建筑用地不经济。

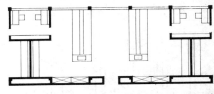

b 研究室与实验室所占外墙之比为1:3，二者均有直接采光

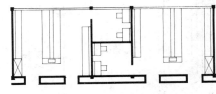

c 研究室与实验室所占外墙之比为1:4，一个研究室无直接采光

1 内含型

2 毗连型

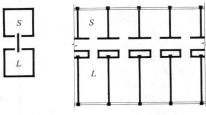
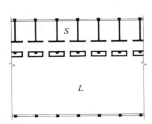
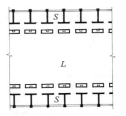
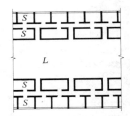

a 研究室与实验室一廊之隔，且一一对应

b 研究室与实验室一廊之隔，研究室沿大空间实验室之一侧布置

c 研究室与实验室一廊之隔，研究室沿大空间实验室之两侧布置

d 研究室与实验室以走廊相连，走廊两边为研究室，分布在实验室两侧

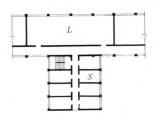
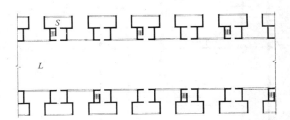

e 研究室与实验室各自相对集中，研究室朝南，实验室朝北

f 研究室与实验室各自相对集中，研究室位于实验楼一侧或两侧

g 研究室与楼梯等辅助设施相结合，位于实验室二侧，且研究室之间留一空间，使实验室获得部分外墙面

3 分离型（实验室与研究室分离布置，管道布置经济合理，实验室对研究室的影响较小，但有些布局形式中，实验室与研究室分得较远，联系不够方便。）

科学实验建筑 [7] 实验室工程管网设计

实验室工程管网类型

根据管道的性质，一般可分为三个系统：供应系统（指给水、供电、供气等管道）、排放系统（指排水、排气等管道）、空调与通风系统。

实验室工程管网布置方式

各种管网都是由总管、干管和支管三部分组成。总管是指从室外管网到实验室内的一段管道；干管是指从总管分送到各单元的一段管道，支管是指从干管连接到实验台和实验设备的一段管道。各种管道一般总是以水平和垂直两种方式布置。

实验室工程管网布置原则

一、在满足实验要求的前提下，应尽量使各种管道的线路最短，弯头最少，以利于节约材料和减少能耗；
二、各种管道应按一定间距和次序排列，以符合安全要求；
三、管道应便于施工安装、检修、改装以及增添。

管线布置方式及特点　　　　　　　　　　　　　　　表1

方式	特点
外露式	管线全部外露，费用较低，架设检修方便。但易积灰，有滴水现象。布置时应使管线相对集中，排列整齐，避免杂乱
隐藏式	管线系埋设或在专门的通道内通过。能保证实验室内的洁净。布置时各工种须密切配合，以求降低造价，并使检修方便
混合式	管线部分外露部分隐藏，能兼取二者之长处

总管和干管的布置

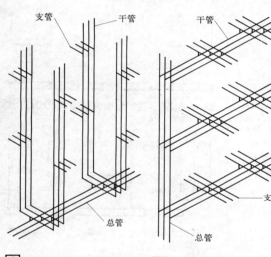

实验室的管线种类　　　　　　　　　　　　　　　　表2

种类		特征
水	给水　冷水　蒸馏水　热水　蒸汽　去离子水	一般管径较细、管网比较简单。试验用冷水应保证在最大用水量时有足够压力。不足时可设置水箱或水泵解决。蒸馏水一般用瓶装供应，亦可就近装置蒸馏器或用集中供应方式。去离子水应用耐腐蚀管和管件输送
	排水　一般性污水　特殊性污水	一般管径较粗，需一定坡度。管网布置较为复杂。一些特殊性污水须经处理后才能排出
电	交流（单相、三相）直流	一般用电量都较大，对电压与它的稳压性均有一定要求。有些特殊设备还应有备用电源。不同种类供电插座应有显著区别，以保证安全
气体	煤气、压缩空气　氧、氢、氮	通常具有一定压力，其中煤气、氧、氢具有易燃、易爆、对人体有害等危险性。当采用钢瓶供应时，对气瓶的储存间和实验工作室之间应有很好的防火、防爆措施，以保证工作人员和实验设备的安全。在大量分散使用时可用集中供应方式
通风	送风　排风	风管截面较大，占据建筑物较大空间，布置时还应考虑噪声控制。全室排气可用自然排风管，单独排风扇或机械排风装置。局部排气为排除局部烟气，有害气体等，多用通风柜、排气罩、排气口
空调	送风　回风	集中空调系统的送、回风管道截面较大，占据建筑物较大空间，同时也是空调机噪声传播的途径，布置时应采取相应措施，满足实验室的允许噪声要求。管道尽量短捷，减少能量损耗。当风量不大时，可采用单独空调和局部集中空调

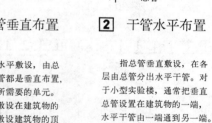

1 干管垂直布置　　　　**2** 干管水平布置

指总管水平敷设，由总管分出的干管都是垂直布置，通到各楼层所需要的单元。水平总管可敷设在建筑物的底层，也可敷设建筑物的顶层，对于高层建筑物，水平总管不仅敷设在底层或顶层还要敷设在中间的技术层内。

指总管垂直敷设，在各层由总管分出水平干管。对于小型实验楼，通常把垂直总管设置在建筑物的一端，水平干管由一端通到另一端。
对于建筑物体形较长的实验楼，总管宜垂直布置在建筑物中部，水平干管由中间通向建筑物的两端。

支管的布置

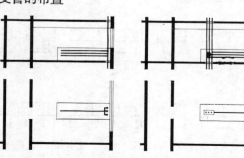 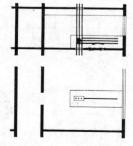 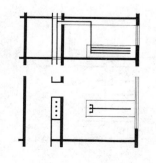 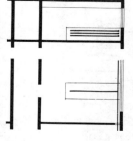 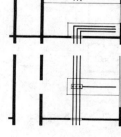

3 干管沿墙布置　　**4** 干管居中布置　　**5** 干管沿竖井布置　　**6** 干管沿墙布置　　**7** 干管沿楼板布置

实验室空调系统

温湿度要求较高的实验楼，如测试中心、计算中心、生物工程、微电子工程以及新材料工程等，通常都设置空气调节系统，以改善室内环境质量。实验室空调系统根据实验室的性质不同，其要求各异，常见的布置方式有：单独空调、局部集中空调、集中空调和混合布置。

单独空调

常见的窗式空调器，安装方便，使用灵活，但噪声大，影响工作。柜式空调器没有新风管道，将使实验室内长时间没有新鲜空气补充，会影响实验人员的健康，因此采用柜式空调器时，必须安装新风管道。这种布置方式的优点是管理方便、相互干扰少以及可节约经常性能源，适用于间隙性实验工作。

局部集中空调

将几个恒温恒湿要求基本相同的实验室布置在一起，可使用局部集中空调方案。为保持室内空气新鲜，通风系统内应有新风补充，并装有调节风量的蝶阀。

集中空调

适用于空调房间多、集中布置、同步使用的实验楼。目前我国较多实验楼采用该形式，它对于空调面积较大的实验楼比较经济。但对于精密仪器室和温湿度要求不同的实验室难以满足要求。集中空调经常性能源浪费较大，管道占用建筑空间较多。

混合布置

以集中空调为主，局部房间设置单独空调，或以局部集中空调为主，局部房间设置单独空调。适用于空调房间多，且部分房间温湿度要求较高的实验楼，该形式吸取单独空调、局部集中空调、集中空调的特点，将它们融于一体。

单独空调

[1] 某测试中心单独空调布置示意

局部集中空调

[2] 某测试中心局部集中空调布置示意

集中空调

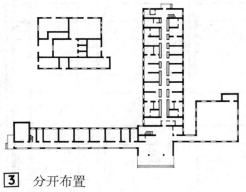

[3] 分开布置

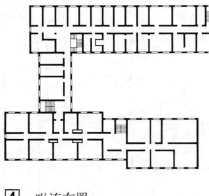

[4] 毗连布置

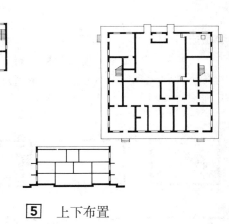

[5] 上下布置

混合布置

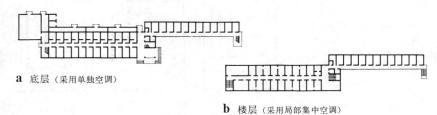

a 底层（采用单独空调）
b 楼层（采用局部集中空调）

[6] 局部集中空调与单独空调结合

[7] 集中空调与局部集中空调结合

科学实验建筑 [9] 实验室工程管网设计

实验室通风系统

在化学实验过程中，经常会产生各种难嗅的、有腐蚀性的、有毒的或易爆的气体。这些有害气体如不及时排出室外，就会造成室内空气污染，影响实验人员的健康与安全，影响仪器设备的精度和使用期限。因此，实验室通风是实验室设计中不可缺少的一个组成部分。常见通风方式有两种：局部排风、全室排气。

局部排风

局部排风是在有害物产生后立即就近排出的一种通风方式。在化学实验室中常采用局部排气装置和通风柜将废气排掉。这种方式能以较少的风量排出大量的有害物，能量省而效果好，所以在实验室中被广泛地采用。其中局部排气装置在教学实验室中采用较多。

操作口吸风速度　　　　　表1

有害气体的排气方式	操作口吸风速度（m/s）
局部排气口	0.5左右
化学通风柜	0.5～0.7
放射性工作箱	1.0左右

注：所列的吸风速度为操作口的平均速度。

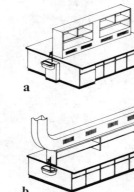

1 实验台上设置排气口

通风柜的类型及特点　　　　　表2

类型	特点
顶抽式通风柜	结构简单、制造方便，是最常见的一种型式。在没有热量产生的场合效果较差，不宜采用
狭缝式通风柜	这种通风柜，由于上、中、下三个部位都设有排气口，而且气流流经狭缝时，有节流效应，使通风柜内形成一股较强的负压气流，操作口处的风速均匀，适应性强。但结构比较复杂，制作麻烦
供气式通风柜	把占总排气量70%左右的空气送到操作口或通风柜内，专供排风使用。由于供气式通风柜排走室内空气很少，因此适用于有空调、洁净的实验室
自然式通风柜	利用热压原理进行排风，要求排风管直接通到室外，风管不要转弯。该型式构造简单，造价低廉，容易保养，且不耗电，能连续换气，无噪声振动。凡毒性较高和不产生热量的实验室，都不宜采用。
活动式通风柜	宜用木材、塑料或轻金属制作，柜脚下设轮子，通风柜顶引出的排风管用软管，以便移动。适用于大空间的通用实验室

注：通风柜建议采用"一机一柜"方式（一台风机连接一台通风柜）。

全室排气

化学实验室及有关辅助房间，由于经常散发有害物，需要及时排除。全室通风方式有机械通风和自然通风。

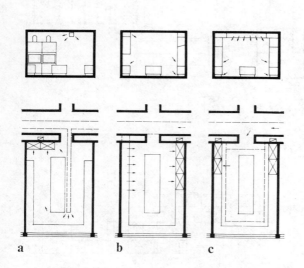

2 实验室内送回风系统示意

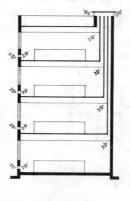

3 自然通风

利用室内外的温度差，即室内外空气的密度差而产生的热压，把室内有害气体排出。对于依靠窗、门让空气任意流动时，称做无组织自然通风。对于依靠一定的进风口和出风竖井，让空气按所要求的方向流动时，称做有组织自然通风。

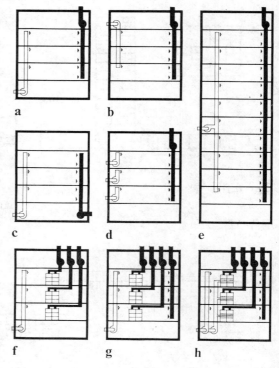

4 送回风装置的布置示意

化学实验室 [10] 科学实验建筑

组成

设计要点

一、化学实验室的选址需注意周围环境，同时听取卫生防疫与环保部门的意见；化学实验室一般都设有大量排毒通风柜。要注意主导风向，应设在基地的下风向；通风柜的排风机应设置消声器及减振器，以免影响周围环境。

二、化学实验室的设计宜根据实验的性质与要求，首先确定实验台的尺度与布置方式、实验室房间的开间、进深与层高等参数，得出实验室的基本单元，以确保实验室的使用。

三、对于量大的，特别有害有毒物质与气体的排放要采取相应有效措施；实验过程中易发生火灾与爆炸者，要加强防火、防爆设施与安全疏散措施。

平面布置形式 (实例)

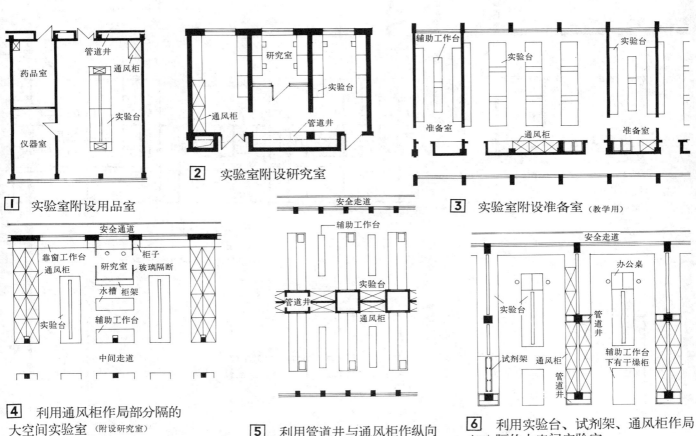

1 实验室附设用品室

2 实验室附设研究室

3 实验室附设准备室（教学用）

4 利用通风柜作局部分隔的大空间实验室（附设研究室）

5 利用管道井与通风柜作纵向分隔的大空间实验室

6 利用实验台、试剂架、通风柜作局部分隔的大空间实验室

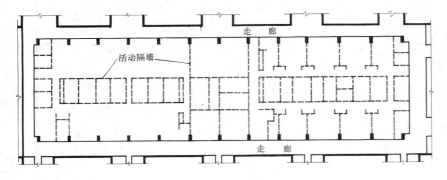

7 灵活通用大空间实验室

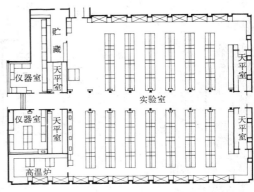

8 利用通风柜作外墙的大空间实验室

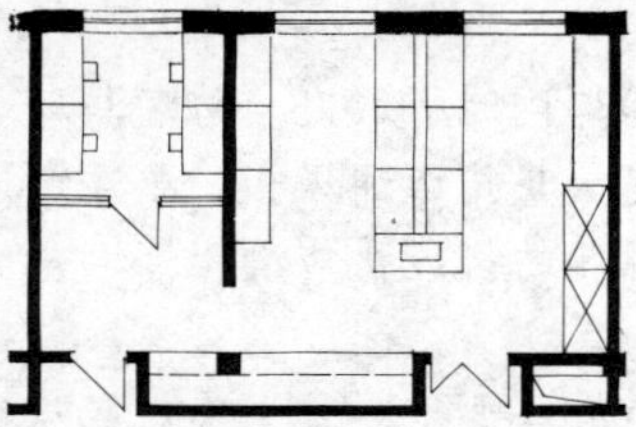

科学实验建筑[11] 化学实验室实例

标准单元 A 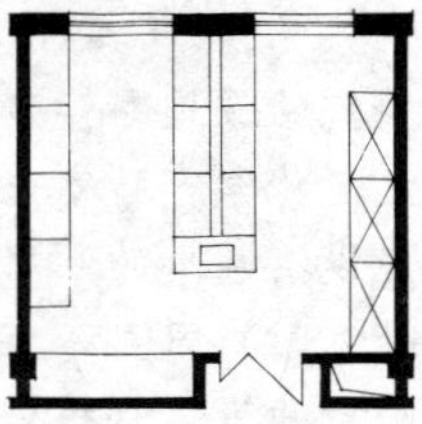
标准单元 B 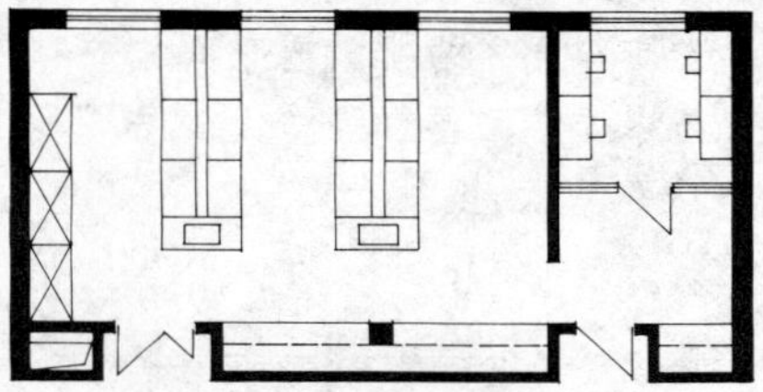
标准单元 C 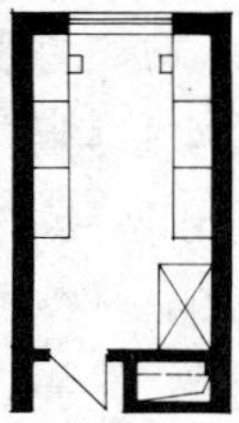
标准单元 D
标准单元 E

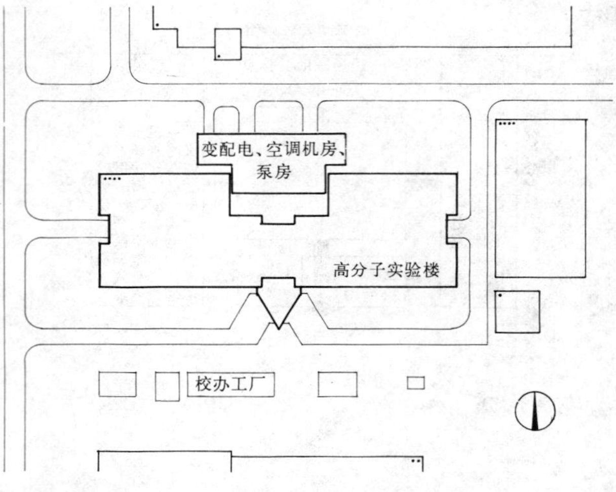

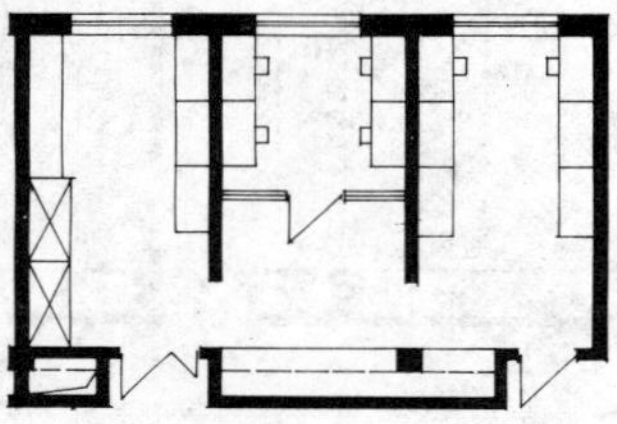

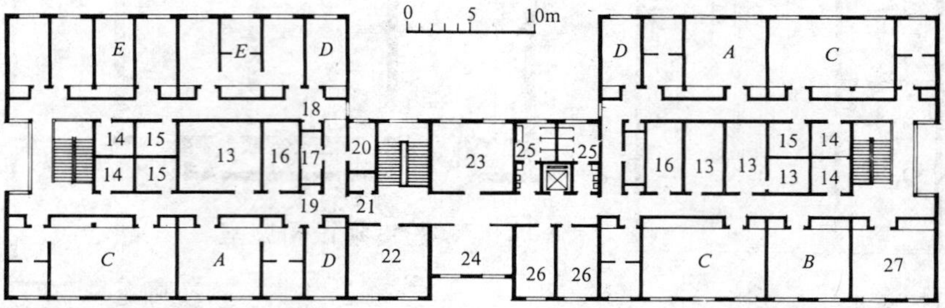

总平面

四层平面

1 北京化工学院高分子实验室

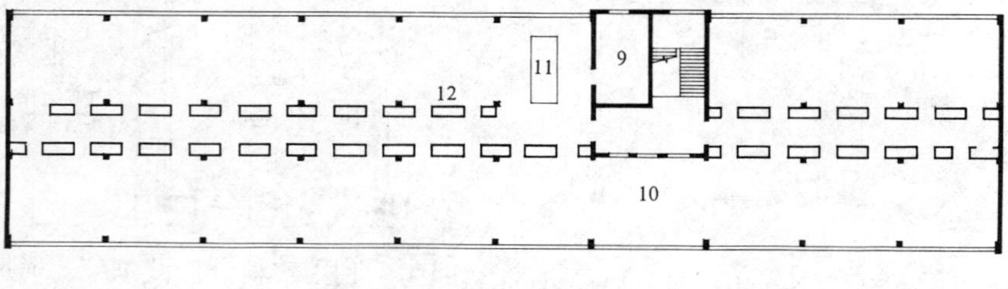

13 仪　　器	14 计算机	15 天平	16 机房	17 竖井
18 热　　水	19 换鞋	20 杂物	21 开水	22 资料阅读
23 微缩、复印、打字	24 休息厅	25 厕所	26 情报	27 透气性测试

顶层平面

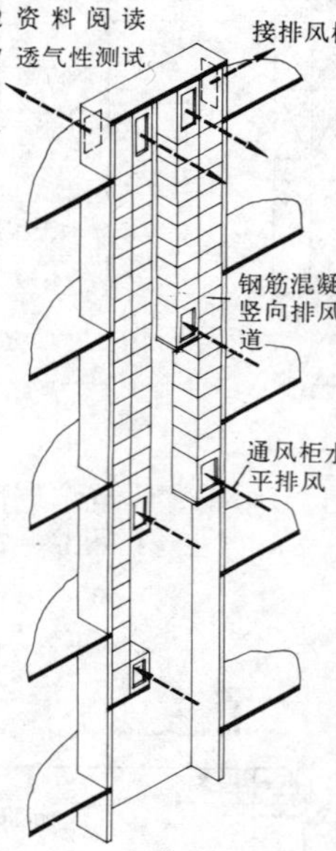

1 电镜室	2 仪器修理室	3 实验室	4 天平室
5 热交换器室	6 变配电室	7 值班室	8 厕所
9 电梯机房	10 排风机房	11 水箱	12 管道孔

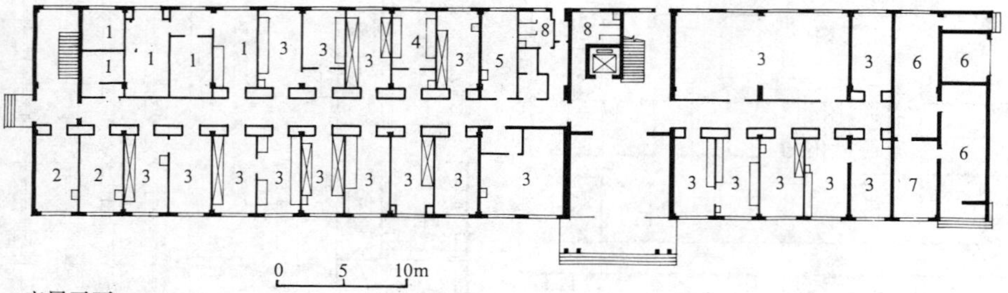

底层平面

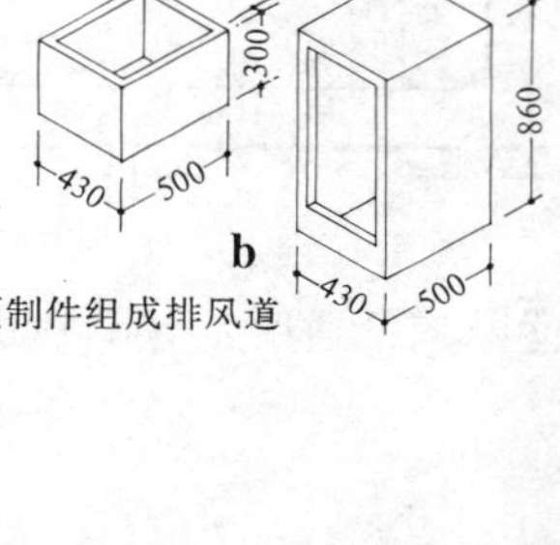

2 上海有机化学研究所

预制件组成排风道

222

化学实验室实例[12]科学实验建筑

科学实验建筑

1 实验室
2 研究室
3 办公室
4 实验工厂

标准层平面

剖面

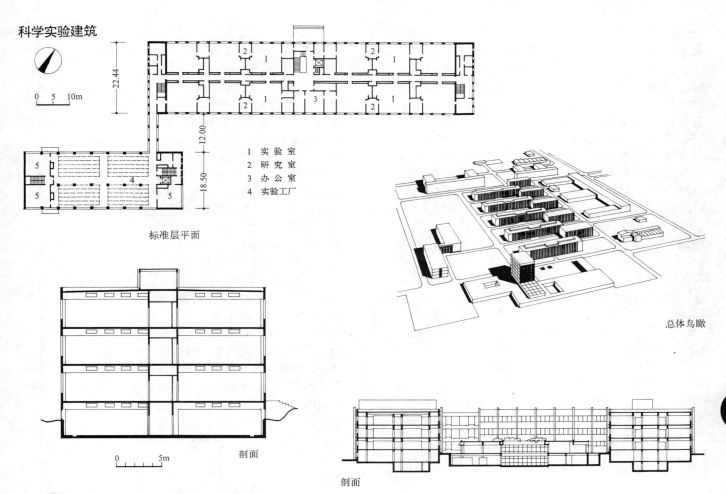

总体鸟瞰

剖面

[1] 德国法兰克福（美因）赫希斯特研究中心

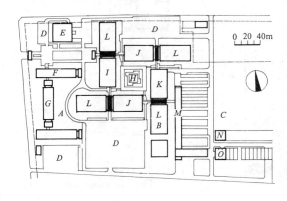

总平面

A 行政管理区	G 行政管理	K 动物实验室
B 研究区	扩建	L 实验室扩建
C 生产及辅助区	H 图书馆及情	M 动物饲养室
D 停车场	报中心	N 工　厂
E 食　堂	I 化学实验室	O 动力间
F 行政管理	J 生物实验室	

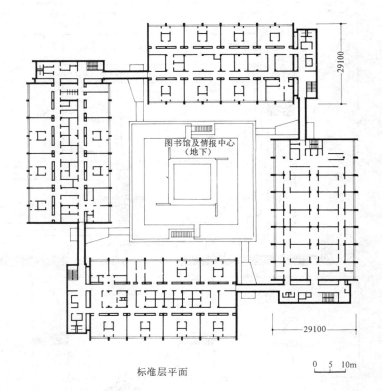

标准层平面

[2] 奥地利桑多兹研究中心

科学实验建筑[13] 测试实验室

设计要求

一、测试实验室的主要任务是进行材料内部结构分析。使用的精密仪器均属技术密集型产品。因此在选址与总体设计中需要着重注意环境振源、环境噪声、环境电磁干扰以及环境空气质量等问题。

二、测试实验室主要由测试室、研究室、配套室、空调机房等房间组成，房间的大小和数量随各类仪器而异。

三、测试实验室的建筑布局除满足一般实验室设计要求以外，应按主要设备的操作环境要求综合考虑平面布置与结构选型。对电镜、精密计量、切片、暗室甚至更衣换鞋等不要天然采光或同时需要控制温湿的房间，可以加深建筑物的进深，以取得节能、省地、节省交通面积的效果。其余则应充分利用建筑物外围的自然采光和通风条件，进而可以确定采用何种空调系统。

四、空调：测试实验室的温湿度参数为夏季25℃或以下，冬季在18℃或以上，湿度65%或以下，室内的温度波动在1～2℃之间，湿度波动在5%以内。空调方式的选择，取决于便于调节各类实验室的不同温湿度要求，节约维持和节省经常费用。

五、噪声控制：空调机的进风端和出风端安装消声器，风机采用防振措施，风机与管道连接采用软接头。经过设计，可降低噪声级15～20dB（A），其他产生噪声的仪器设备可以采用隔声罩、隔声小间以及声屏障等措施。实验室的环境噪声应控制在55dB（A）以下。

六、防振：测试实验室内精密仪器一般有频率与振幅的要求。当精密仪器重量较大时，应布置在底层，可以设单独基础隔振。实验楼内产生较大振动的机器设备，一般在机器设备下面设置隔振装置，常用的有剪切减振器、弹簧减振器、玻璃棉、橡皮、钢丝绳减振器等。

七、有害气体的排除：某些精密仪器（如X衍射仪、原子吸收光谱、原子发射光谱等）在使用时会产生臭氧及其他有害气体，必须安装排除废气的装置，用专门管道直接排出室外。需要化学处理的样品，应在通风柜中进行。

八、测试实验室的供电须设置三相常用和备用电源各一路，分别由两个变电所专线供电，以防电源突然中断。

九、屏蔽：测试仪器大都有防电磁场干扰要求，可根据仪器种类和设置地点的电磁场干扰实际情况，采取措施。一种设计可在实验室的墙面、地面、吊顶、门窗全部装上金属丝网，投资费用较高；另一种设计可在仪器外部设置金属网笼子，称为局部屏蔽罩，投资费用较低，装拆灵活。

十、实验室内除电气保安接地外，另外专门设置屏蔽接地，其接地电阻应根据仪器的说明文件要求。对磁场敏感的两种仪器，不应放置在相邻的两间实验室内，以减少相互干扰。

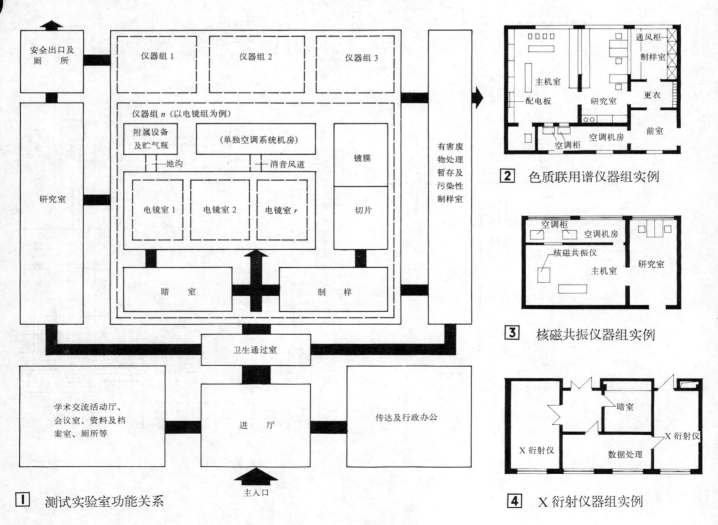

[1] 测试实验室功能关系

[2] 色质联用谱仪器组实例

[3] 核磁共振仪器组实例

[4] X衍射仪器组实例

测试实验室实例[14] 科学实验建筑

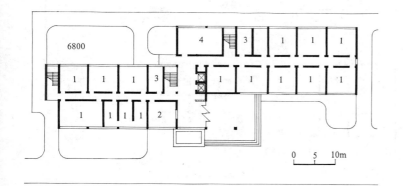

1 南京大学测试中心实验楼（底层平面）

1 实验室　　2 值班　　3 厕所　　4 空调机房

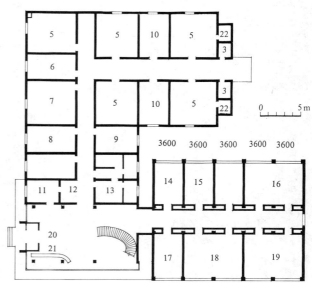

2 西安交大强度测试实验室（底层平面）

5 电镜　　6 工作室　　7 药膜抛光　　8 喷　　镀
9 照片　　10 空　调　　11 办　公　　12 换　　鞋
13 暗室　　14 通用仪表　15 投影仪　　16 一次冲击
17 配电　　18 静扭转　　19 电子拉伸　20 门　　厅
21 传达　　22 循环水

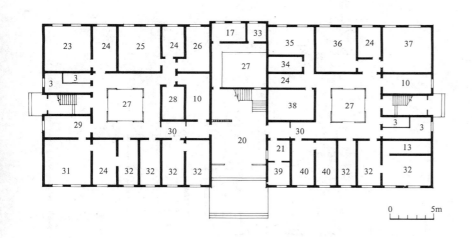

3 同济大学测试中心实验楼（底层平面）

23 数　　　宽　　24 附属设备　　25 核磁共振
26 化学处理　　27 天　　　井　　28 药　　品
29 制　　　样　　30 更　　　衣　　31 色质联用
32 研　究　室　　33 稳　　　压　　34 镀　　膜
35 切　　　片　　36 透射电镜　　37 电子探针
38 扫描电镜　　39 值　　　班　　40 修　　理
41 变 压 器　　42 电子能谱　　43 离子探针
44 离子测射　　45 激光拉曼　　46 顺磁谱仪
47 准　　　备　　48 顺磁共振　　49 穆尔斯堡谱
50 固体样品测试　51 显微光密度计　52 台式扫描电镜
53 高倍显微镜　　54 显微辅助设备　55 弱电控制值班
56 显微制样　　　57 内圆切割　　58 分析研究
59 水　　　泵　　60 冷冻机

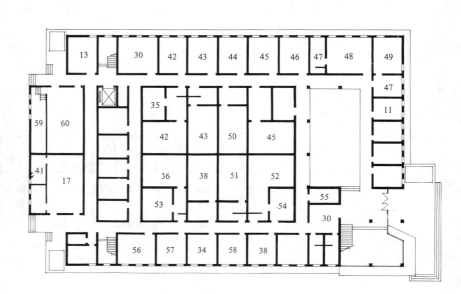

4 四川大学测试中心（底层平面）

15

科学实验建筑[15] 测试实验室实例

1	实验室	17	电 镜
2	阅览室	18	附 件
3	空调机房	19	暗 室
4	厕 所	20	配电室
5	研究室	21	低 温
6	值 班	22	贮 藏
7	质谱仪	23	普通天平
8	化学间	24	精密天平
9	蚀 刻	25	紫外光度计
10	更 衣	26	电子离子计
11	泵 房	27	高速离心机
12	顺磁共振	28	测 定
13	核磁共振	29	液相色谱
14	X衍射	30	气相色谱
15	仪器间	31	工作间
16	切 片	32	准备间

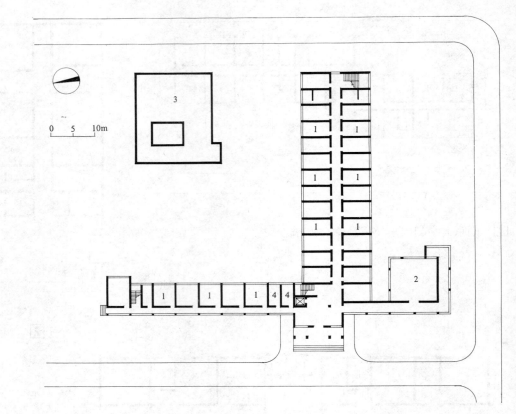

1 武汉大学测试中心实验室（底层平面）

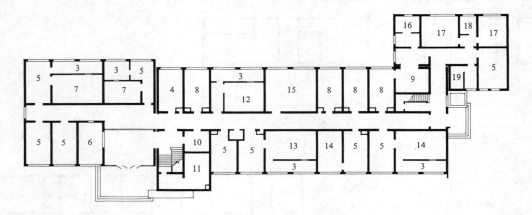

2 兰州大学测试中心实验楼（底层平面）

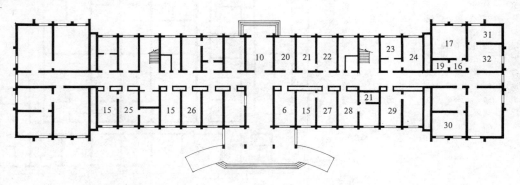

3 陕西省农业科学院测试中心（底层平面）

声学试验室的一般要求

声学试验室主要包括：混响室、隔声室、消声室等声学测试房间。选址要注意基地周围噪声源和振动源的情况，同时要注意大型试件的运输方便。

混响室的用途

混响室用于测定声波无规入射时，各种材料或构件的吸声系数、噪声源的声功率级、空气中的声吸收、无规声场听力测试、对灵敏机件作耐噪声试验（噪声疲劳）等。

混响室的声学要求

测量吸声系数的混响室，空室时混响时间须至少大于下列数值：

频率（H）	125	250	500	1000	2000	4000
时间（s）	5	5	5	4.5	3.5	2

混响室的建筑设计要求

1. 根据声学要求，矩形混响室高、宽、长的尺寸以 $1:2\frac{1}{3}:2\frac{2}{3}$ 的比例为宜，体积以 $200\pm20m^3$ 为宜；不平行界面混响室各界面的倾斜度不能太小，应在 $5°\sim10°$ 之间。

2. 混响室中的试件面积为 $10\sim12m^2$，其长宽比在 $0.7\sim1$ 之间，一般设置在地板上。试件边缘要用 1cm 厚的坚硬光滑材料围边。高度等于试件厚度；如在混响室地面中部设升降台，就能根据试件的不同厚度和不同的空腔深度要求进行调整，同时亦避免了边缘效应的影响。衰变前稳态声源信号的声级与背景噪声级之差不应小于 40dB。

3. 为使置有吸声试件的混响室仍能保持必要的扩散度，在混响室内往往设置各种扩散体和扩散装置。常见的有三种：

第一种：在墙面和平顶等介面上设置凸圆柱切体面、不同半径的球切体面等各种扩散体。它要求有足够的刚度和尽量小的表面吸声系数，这就要求表面材料坚硬、光滑、无微孔，常用的有水泥粉刷、油漆、瓷砖、水磨石、大理石、金属板等。此种扩散体的基层常采用钢筋混凝土壳体，厚约 15cm。

第二种：在室内空间无规则地吊装各种形状的扩散体，常采用约 10mm 厚的胶合板或硬质聚氯乙稀板等材料制成。每块面积为 $0.8\sim2m^2$，其总面积应大致接近于室内地面面积（即两侧面积之和为地面面积之两倍），扩散体在每一界面上的投影面积的百分数应大致相同。此种扩散体对低频有吸收。

第三种：在室内设置旋转扩散体，以达到声音向不同方向扩散。旋转扩散体的转速受转动时产生的风噪声的限制，也有用两个较小的，使在同样的风噪声下可获得更快的叶片转速。此种扩散装置占据空间较大，往往容易影响使用，而且薄板还会引起共振吸收。

4. 混响室的结构一般为 $18\sim20cm$ 厚的钢筋混凝土或一砖墙，并由隔振弹簧支承。

1 不平行界面混响室（莫斯科大学混响室）　　**2** 矩形混响室（中国科学院声学研究所混响室）　　**3** 混响室试件升降台　　**4** 界面上的扩散体（同济大学混响室）

国内外部分混响室

表1

名称	体积 (m³)	总表面积 (m²)	形状	扩散方式	表面处理	混响时间 (s)		
						125H	500H	4000H
中国科学院大混响室	425	340	矩形	24片夹布胶木片每片 1.79×0.97×0.002m	平顶 油漆 墙面 瓷砖 地面 水磨石	29.3	18.9	4.6
中国科学院标准混响室	177	192	矩形	凸圆柱面	平顶 瓷砖 墙面 地面 水磨石	3.69	5.98	3.49
中国建筑科学研究院	248	239	矩形	悬吊扩散体	平顶 油漆 墙面 瓷砖 地面 水磨石	17.6	10	4
广播大厦	220		不规则形	不平行墙悬吊扩散体	油漆	18.66	13.5	3.5
UCLA（美）	170	186	矩形	12×12 英尺² 转扇	粉刷	17	12.5	4.4
全国标准局（美）	405	374	矩形	三片转扇	粉刷	8.9	10.3	4.45
哥廷根（德国）	342	300	不规则形	不平行墙 24 片 2m² 有机玻璃板	铜箔	(100H) 33	15	3
莫斯科大学（俄）	217	220	不规则形	不平行墙	磁漆	(160H) 19	12	3.8
Torino（意）	307	267	不规则形	不平行墙		(100H) 15.5	(400H) 9.3	4.5
Riverbank（美）	290	265	矩形	8×10 英尺² 转扇 25 个 1 英尺直径圆柱		6.05	6.75	(2048H) 4.1

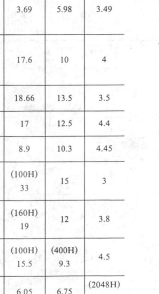

5 悬挂扩散体

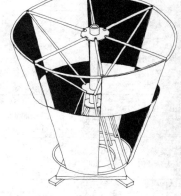

6 旋转扩散体

科学实验建筑 [17] 声学实验室

隔声室的种类和用途

第一种：空气声隔声室。用于混响室法测定各种材料和构件对空气声的隔声性能——隔声量 R。

第二种：撞击声隔声室。用于采用国际标准打击机撞击楼板测定各种材料和构件，对撞击声的隔声性能 L_{PN}（规范化撞击声压级）。

隔声室的设计要求

1. 两种隔声室都由完全分开隔振的两个房间——声源室和接收室组成。两者之间有试件孔相通；两种隔声室的接收室可以合用，但使用率很高时，以分别建造为宜。也将隔声室中的一间或二间的体积放大兼作混响室。

2. 撞击声接收室一般布置在一楼，要考虑大型试件运入，要有起重设备。如将声源室设在底层，则接收室设在地下，要考虑严密防水措施。

3. 隔声室的声学要求大致与混响室相同，对撞击声声源的要求可以低一些。隔声墙体（或楼板）隔声量应比被测试件隔声量≥10dB。

4. 隔声室的体积不应小于 50m³，两个房间的体积和形状不完全相同，其体积相差不应小于 10%。一般宜采用 100±10m³。

5. 隔声室试件孔尺寸要求约为 10m²，其任一边要大于 2.5m。

消声室的用途

消声室用于传声器的校准；电声仪器设备的性能测试；语言、听觉等有关的测试和研究工作；机器和其他声源发声特性的测定；以及其他须避免反射声或外来噪声干扰其测试工作。

消声室的设计要求

1. 消声室的大小是根据测试要求，即试件的尺度和测量的低频极限而定的，消声室的边长至少是测量距离的 2.5 倍，使消声室内距声源数米时，也能保持平方反比定律的允许偏差范围。房间尺寸一般以平面对角线衡量，它必须比最低被测频率的波长大，或为其数倍。

2. 消声室吸声结构要求其吸声系数α≃1，也就是从最低被测频率开始，在很宽的频带内声压反射系数不应超过 10%，能吸收 99% 以上的入射声能；同时必须注意防止外界的噪声和机械振动干扰。消声室的背景噪声应≤测试声源级 10dB。

3. 吸声结构通常采用吸声尖劈，其尺寸取决于消声室所要求的低频截止频率（即声压反射系数上升到 10% 以上的那个频率），尖劈长度（包括空腔）一般均为截止频率的 1/4 波长。根据实验，当截止频率 f=70H 时，尖劈长约 1m，$L_1/L_2=85/15$，空气腔的深度以 15～20cm 为宜。尖劈有多种形式，通常以双劈式为佳。

4. 消声室吸声尖劈应采用有强吸声性能的多孔材料制作，同时要求价格便宜，制作和施工方便，防火，防潮，容重轻，防虫蛀，不易老化霉烂和不易损坏。常用的有酚醛玻璃纤维板和防潮超细玻璃棉，它不但有良好的吸声性能，而且在加工时便于控制密度和切割成型。其他常用材料有：岩棉、吸声泡沫塑料等。

5. 吸声尖劈的制作：板状材料用数层叠起切割成型，外面套以塑料窗纱做的套子，再做φ4铁丝安装架放在套子的外面；松散材料需先做好钢筋架，外面蒙上塑料窗纱，然后按一定密度要求填入吸声材料，为防止短纤维掉落，可再衬一层玻璃布。

6. 消声室的地网，常用的有钢丝绳、冷拉钢筋、高强度钢丝等，其中以钢丝绳为最佳。网格的孔距一般为 100mm 左右，高频声反射与地网编织材料的直径三次方成正比，与地网孔距的平方成反比，绳索直径一般为 3～4mm，要求在一个人的重量下，网的挠度不超过 2～3mm。为避免物体落入网下，有在地网尖劈上部再拉一张玻璃丝布制成的粗孔布或尼龙网。

7. 试件大而笨重的工业设备测试用消声室，可设计成五面吸声体的半消声室，半消声室地面应为坚硬光滑的反射面。

1 空气声隔声室（平面）

3 接收室合用的隔声室（剖面）（南京大学隔声室）

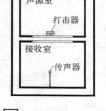

2 撞击声隔声室（剖面）

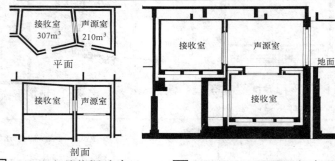

4 接收室兼作混响室（意大利国立电工研究所隔声室）

5 撞击声接收室设在地下（清华大学隔声室）

国内外部分消声室 表2

名称	建筑结构内表面尺寸(m)	吸声结构 材料和形式	密度(kg/m²)	空腔深度(mm)	截止频率(H)	隔振垫层
中国科学院消声室	9×7.2×7.2	1m 长铁丝网尖劈，内填松乱的玻璃纤维	100	45	80	玻璃纤维包
北京乐器总厂	9×7.8×6.6	1m 长，φ4 钢筋骨架，外包塑料窗纱麻丝填制尖劈	10		70	弹簧
南京大学	13.7×10.1×9	1.15m 长酚醛胶合玻璃纤维尖壁	90	15	70	软木
日本电气通讯研究所	11×7.8×6.6	0.8m 长玻璃纤维尖劈，纤维直径 9μm，4mm 直径黄铜丝骨架，上覆 16 眼铜丝网	30	15	50	六面弹簧
西德哥根廷大学	16.5×(10.3～12.6)×7.2	0.9m 长玻璃纤维尖劈，掺入重量比为 6.7% 的石墨粉	150	12	70	
苏联莫斯科大学	100m²×7.5m（不规则形）	0.8m 长玻璃纤维圆锥体，底面积 24×24cm²，纤维直径 20μm	120	25～27	80	橡胶
美国派姆莱声学实验室	5.2×5.8×3.35	0.61m 长玻璃纤维尖劈		14	115	氯丁二烯橡胶

（南京大学消声室——地网标高与二层楼面平）

6 消声室示例

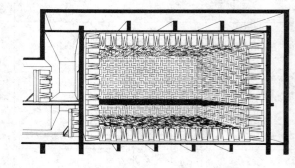

7 五面吸声体半消声室

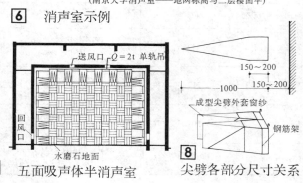

8 尖劈各部分尺寸关系

设计要求

一、光学工艺正在由粗糙到精密，由单纯的光学工艺发展为多工种的综合性工艺，由此它对建筑设计的要求类似于精密机械及电子工业的要求。特别对于空调方面，如恒温恒湿、空气净化、气流、排风等问题，以及防振、隔振、防潮、防尘、防腐蚀诸问题，都应给予足够的重视和妥善地解决。

二、在建筑总体布局上，根据工艺要求及配合关系而定，应设于较洁净的环境，而且有充分的绿化间隔距离。由于光学刻度、激光计量、精密光学仪器对振动极为敏感，所以应远离交通干道。地下水位高是造成振动的因素之一，所以宜选择地下水位较低的地区。同时还要注意风向，宜处于污染源的上风向。

三、光学实验室的模数，应按照设备大小、检修、操作的合理活动距离确定，一般采用较小模数，例如 3.0m 左右，甚至 2.4～2.7m。房间的进深一般在 6.0m 左右，主要的玻璃精磨、抛光一类实验室应不小于 7.2m。房间净高以 3.0m 左右为宜，最高不超过 3.5m。

四、空调：空调系统的选定与使用对象和使用方式有关，应考虑到一次投资、维护保养的消耗、实验室内容的更新变换的灵活性要求、建筑布置的合理性等经济适用问题。大部分光学实验室的温度参数为 20℃，湿度参数为 60%，室内的温度波动在 1～2% 之间，湿度波动在 5～10% 以内。

五、防尘：一般均要达到空调系统的清洁过滤水平。如条件许可应经净化处理，减少微尘的含量。其中光学冷加工的胶合实验室，在小范围内要达到超净条件。

六、防振：振动对光学实验室影响很大。在选址上应根据仪器设备对振动的敏感级别来考虑与外界振源的距离，并且考虑土质、地形、地下水位对传振的影响。在结构方面利用设缝来适当防止振动的传导。某些防振要求较高的设备下应设独立的隔振基础，对设备管线的隔振也要作相应的处理，以减少振动的传导。

七、防潮：对海拔低、水位高、空气湿度大的地区，应重视防潮问题。对于有防潮要求的实验室，地坪宜采用加气混凝土、沥青混凝土作为垫层，也可以作架空地板处理。保温墙身要作隔气层，注意门窗构造的密闭处理。空调系统为了控制湿度，除了一般冷热去湿方法外，可以采用氯化锂吸湿方法；这种方法同时还有去霉菌作用，是较为可取的防潮去湿手段。

八、上下水：上水供应要求洁净，有些实验室要用去离子水、蒸馏水、冷却循环用水。下水方面，有些实验室的下水需要沉淀或中和处理。

九、供电：包括一般照明电源、动力电源、自动控制信号的弱电、备用电源及稳压设备等。光学实验室电源负荷十分大，往往要单独设置电源变配电设备。

[1] 光学检验室

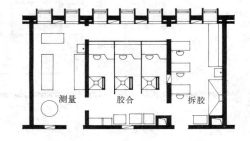
[2] 胶合实验室

[3] 定中磨边实验室

[4] 光学零件刻度实验室

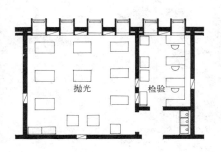
[5] 高速精磨抛光实验室及检验室

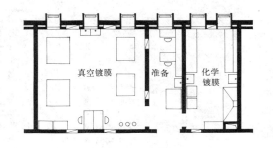
[6] 镀膜实验室

[7] 光学仪器总装实验室

科学实验建筑 [19] 光学实验室实例

1 成都光电所光学车间

1 注:
1 门厅	17 泵房	
2 换鞋	18 清洗	
3 精密计量	19 φ1.2m 镀膜机	
4 准备	20 变压器	
5 空调机房	21 电容	
6 精磨抛光	22 低压配电室	
7 数控精磨	23 暗室	
8 晶体抛光	24 铁盘库廊	
9 辅助间	25 镀膜大厅	
10 精磨研磨	26 抛光	
11 办公	27 金刚石车削镜面	
12 过厅	加工	
13 清洁走廊	28 计算机控制镜面	
14 更衣	抛光	
15 厕所	29 φ1.5 镀膜机垂	
16 总控制室	直检验塔底层	

2 注:
1 门厅	12 配电
2 电话间	13 变压器
3 值班室	14 空调机房
4 雨具间	15 冷冻机房
5 换鞋	16 预备间
6 男更衣	17 小光刻
7 女更衣	18 中光刻
8 厕所	19 大光刻
9 暗室	20 调刀
10 工作间	21 光强检验
11 维修	22 光谱检验

2 长春光机所大光栅室

3 注:
1 通风机房	11 镀膜实验室	21 高精度精磨实验室
2 泵房	12 光学检验室	22 装配准备室
3 粗磨实验室	13 清洗实验室	23 精密装配室
4 振动试验室	14 精磨实验室	24 总装配室
5 高低温试验室	15 成品检验室	25 上下盘准备室
6 自动控制室	16 模具准备室	26 磨边实验室
7 冷冻机房	17 分装实验室	27 精密机械实验室
8 精磨实验室	18 物理光学检验室	28 女更衣室
9 胶合实验室	19 精密量测实验室	29 男更衣室
10 镀膜准备室	20 测试实验室	30 门厅

3 浙江大学中间性光学实验室

生物实验室包括以下学科：生物学（动物学、植物学、遗传学、生态学、病毒学、微生物学、生物物理学、分子生物学、生物化学学等），海洋学、医学、兽医学、农学等。

生物实验室的组成

一、通用实验室。

二、公用实验室（辅助实验室）：包括暗室、清洗室、低温室、高温室、离心机室等）。

三、专用实验室：包括生物培养室、天平室、电子显微镜室、谱仪分析室、放射性同位素、育温室、人工气候室、水族房及防生物危害实验室等。

生物实验室的设计要点

一、通用实验室

通用实验室常采用标准单元的组合设计。应和通风柜、实验室家具、实验仪器设备、结构选型及管道布置等紧密配合。

二、生物培养室　见图 1

1. 生物培养室由生物培养间、前室、准备间、器械消毒及清洗间等组成。
2. 生物培养室与非生物培养室之间应设置实体密封墙；培养室之间宜采用不易变形及耐清洗的材料做成密封的玻璃隔墙分隔。
3. 生物培养室的门宜用推拉门。培养室内宜设灭菌器。

三、天平室

1. 天平室宜在北向设置，并应设置前室。
2. 天平台的台面和台座应设隔振材料，当天平台沿墙布置时应与墙脱开。台面宜用平整、光洁的有足够刚度的台板（不得采用木制工作台面）。
3. 高精度天平室宜布置在北向底层。天平台应设独立基座。

四、电子显微镜室

1. 电子显微镜室由电镜间、准备间、过渡间、切片间、涂膜间及暗室等组成。
2. 电镜基座应采取防振措施，与之配套的有振动的辅助设备及空气调节设备应设隔振装置。

五、谱仪分析室

1. 谱仪分析室由谱仪间、过渡间、样品制备间、化学处理间、暗室、数据处理间及工作间组成。
2. 谱仪分析室应防振、隔振。
3. 谱仪间内不宜设水盆，应设置通风柜。光源区应设排风罩。

六、放射性同位素实验室

1. 从清洁区到污染区的平面布局。
2. 从污染程度低到污染程度高的排风系统。
3. 设置换鞋、更衣、淋浴、厕所等卫生出入口。
4. 注意射线防护，同位素源的保存。
5. 室内装修应简洁，应避免积尘和积聚放射性物质。各种管道应暗敷，其室内装修及门窗应便于清洗和去污。

七、防生物危害实验室

防生物危害实验室从有害微生物及病毒的危害程度从高到低可相应分为：生物安全1级实验室、2级实验室、3级实验室、4级实验室。

1. 生物安全1级实验室　见图 2

（1）该级实验室必须和建筑其它区域有明确的分区和隔离。宜独立设置。

（2）实验室内必须负压。必须配备Ⅱ级及Ⅲ级生物安全柜及与安全柜相连的双门高压蒸汽消毒锅。

（3）必须为工作人员进出提供以下流程的房间：

（4）设置专用的废水处理系统，必须为实验材料及仪器设备的进出提供消毒设施。

（5）实验室的地面、墙面、顶棚、观察窗及管道穿洞必须严格密封。

2. 生物安全2级实验室　见图 3

（1）该级实验室与其它房间之间必须设过渡间。

（2）实验室内必须负压，必须配备Ⅱ级生物安全柜及双门高压蒸汽消毒锅。

（3）实验室的地面、墙面、顶棚、观察窗及管道穿洞必须严格密封。

3. 生物安全3级及4级实验室除3级必须配备Ⅰ级或Ⅱ级生物安全柜及消毒锅外，其余均可在通用实验室工作。

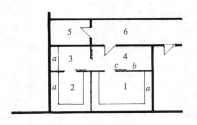

1　生物培养室　4　前室　　a　工作台
2　准备室　　　5　研究室　b　推拉门
3　器械消毒室　6　走廊　　c　玻璃隔墙

1　生物培养室平面

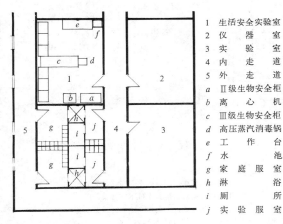

1　生活安全实验室
2　仪器室
3　实验室
4　内走道
5　外走道
a　Ⅱ级生物安全柜
b　离心机
c　Ⅲ级生物安全柜
d　高压蒸汽消毒锅
e　工作台
f　水池
g　家庭服室
h　淋浴
i　厕所
j　实验服室

2　生物安全1级实验室平面

a　高压蒸汽消毒锅　　1　生物安全实验室
b　Ⅱ级生物安全柜　　2　更衣厅
c　通风柜　　　　　　3　清洗间
d　恒温箱
e　培养箱

3　生物安全2级实验室平面

科学实验建筑[21]生物实验室

国内实例

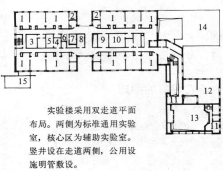

1 通用实验室
2 研究室
3 电子显微镜
4 培养室
5 准备室
6 恒温室
7 低温室
8 屏蔽室
9 超速离心机
10 计算机房
11 行政办公
12 情报资料
13 学术报告厅
14 食堂
15 温室

实验楼采用单元细胞的拼接方法。一层局部为双走道，二层以上为单走道平面。标准层平面南侧为通用实验室，北侧为辅助实验室（专用实验室）。内外竖井组合，公用设施采用明管及暗管相结合的敷设方法。

实验楼采用双走道平面布局。两侧为标准通用实验室，核心区为辅助实验室。竖井设在走道两侧，公用设施明管敷设。

1 中国科学院生物物理所实验楼

2 中国科学院发育生物学研究所

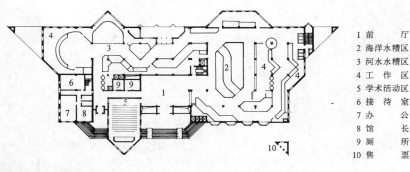

1 前厅
2 海洋水槽区
3 河水水槽区
4 工作区
5 学术活动区
6 接待室
7 办公
8 馆长
9 厕所
10 售票

3 某海洋博物馆水族馆

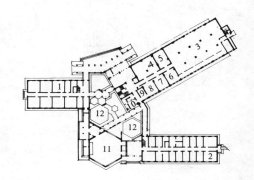

标本馆采用分散式布局，将分类研究室及分类实验室置于标本库两侧，通过联廊和内院等手段联络各单元，以达到园中有馆，馆中有园的设计意图。为便于管理和借阅，把标本控制在库内，紧靠库的南侧设置2.50m宽的阅览走廊。

1 分类研究室　7 采集
2 分类实验室　8 国际交换标本
3 植物标本库　9 国际标本调借
4 标本装钉制作 10 国内标本调借
5 分科工作　　11 学术活动
6 管理　　　　12 内庭院

4 国家植物标本馆

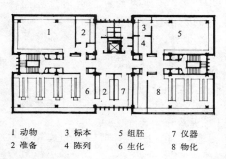

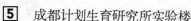

1 动物　3 标本　5 组胚　7 仪器
2 准备　4 陈列　6 生化　8 物化

5 成都计划生育研究所实验楼

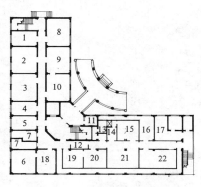

1 安瓿库房　　12 换鞋更衣
2 分装打捆　　13 更衣淋浴
3 成品冷库　　14 压盖机房
4 检漏柜室　　15 灌封机房
5 高压灭菌　　16 冻干机房
6 机修值班　　17 空调机房
7 厕所　　　　18 配电
8 水处理房　　19 无菌准备
9 软包装机　　20 洗灌封室
10 印字机房　　21 洗瓶机房
11 传达　　　　22 割圆理瓶

6 农科院单克隆实验楼

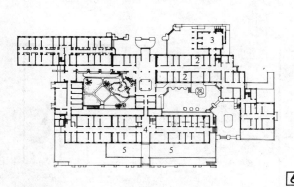

1 通用实验室　　2 辅助实验室（带半地下室）
3 学术活动室　　4 大型仪器室（带半地下室）
5 屋顶花园

实验楼采用园林式平面布局，充分利用地形。采取跌落式半地下室方案，以降低建筑物总高度。通用实验室、辅助实验室及大型仪器室采用分段处理。有恒温恒湿要求的放在半地下室以节约能源。

7 中国科学院植物研究所实验楼

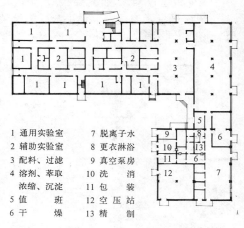

1 通用实验室　　7 脱离子水
2 辅助实验室　　8 更衣淋浴
3 配料、过滤　　9 真空泵房
4 溶剂、萃取　　10 洗消
　浓缩、沉淀　　11 包装
5 值班　　　　　12 空压站
6 干燥　　　　　13 精制

实验楼部分采用双走道平面。两边为通用实验室，核心区为辅助实验室，中间试验置于"冂"平面的一边。

8 中国科学院上海生物工程中试楼

生物实验室 [22] 科学实验建筑

国外实例

1	学术活动室
2	图书室
3	实验室
4	书写室
5	同位素室
6	冷冻试验室
7	冷却试验室
8	恒温室
9	暗室
10	离心机室
11	化学制品室
12	工作间
13	电子显微镜
14	库房
15	技术培训部
16	洗涤培养基
17	医务室
18	测量室
19	细菌培养室
20	光谱室
21	核磁共振室
22	物质光谱室
23	机房

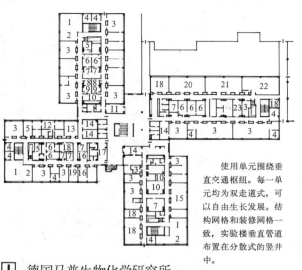

使用单元围绕垂直交通枢纽。每一单元均为双走道式,可以自由生长发展。结构网格和装修网格一致,实验楼垂直管道布置在分散式的竖井中。

① 德国马普生物化学研究所

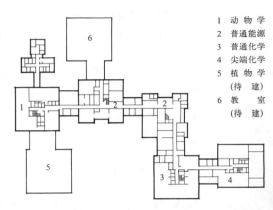

采用单元式细胞组合,各个方向均可以任意生长发展,细胞内可自由分隔,竖井外贴。

1 实验室　2 动物房　3 风管　4 竖井

② 美国宾夕法尼亚大学生物楼

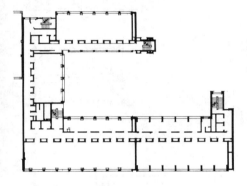

采用单侧及内走廊平面,内竖井。实验室进深大,可根据需要自由分隔,具有一定的灵活性。内廊平面一侧,布置研究办公用房,且进深小。

③ 英国伦敦帝国癌症中心

1	动物学
2	普通能源
3	普通化学
4	尖端化学
5	植物学(待建)
6	教室(待建)

生命科学楼采用单元式细胞组合,各个方向均可任意生长发展。每个单元外层为标准实验室,细胞核处为交通枢纽、卫生间及竖井等。细胞核与外轮廓不强求一致。

④ 英国坦特工学院生命科学楼

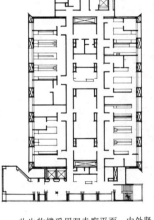

此生物楼采用双走廊平面,内外竖井组合,两边为标准实验室,中间核心区为辅助实验室。(美国)

⑤ 哥伦比亚大学新生物楼

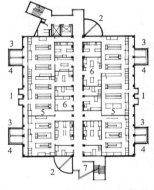

采用三走廊平面。中间走廊为交通走廊,两边为公用设施管廊,并直接与标准实验室相贴。实验室与中间走廊之间为准备室和研究室。

1 公用设施竖井
2 送风管井
3 排风管井
4 通风柜
5 实验室
6 研究室
7 休息厅

⑥ 美国康耐尔大学农学楼

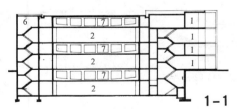

此生物楼采用大空间实验室,可根据需要灵活分隔。将楼梯、研究办公等用房按标准单元单独拉出。公用设施采用夹层布置方式。

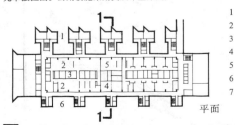

1 办公楼
2 实验室
3 辅助实验室
4 图书讨论室
5 洗涤
6 服务楼梯间
7 公用设施

⑦ 美国加州沙尔克生物研究所生物楼

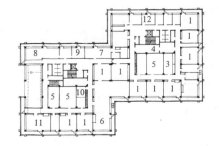

整个研究所由多个适度的正方形组成。可自由组织成新的细胞群,也可在公用部分的台座上根据需要自由生长。每个正方体单元中间细胞核为交通枢纽和专用实验室,外圈为实验室并和多功能的外廊相连。

1	测量室	7	绘图室
2	进化实验室	8	计算机房
3	档案室	9	程序室
4	工艺室	10	小暗室
5	设备用房	11	地裂处理室
6	大实验室	12	办公

⑧ 德国马普生物物理化学研究所

科学实验建筑[23] 化学实验室

地学实验室的组成

一、普通实验室：如电镜室、光谱分析室、红外感应实验室、化验室、暗室、计算机房等。

二、专用实验室：如泥石流实验室、滑坡模拟室、地震模拟室、海浪冲击和大气环流实验室等。

三、观察站台：如地震台、地磁台、冰川观察站、泥石流观察站、滑坡观察站等。

地学实验室的设计特点：

一、通用实验室：实验室空间模数与普通生化、物理实验室同，通常与研究室、资料室合建成研究实验楼。

二、专用实验室：设备体量大，专业性强。主空间周围布置控制室、仪表室、研究室等，宜单建或放在大楼一侧。

三、观察台站：选址均在野外适合观察或实验场所、建筑规模小、环境条件要求高，配备专用观察和实验仪器。远离城市的观察站台，应设发电机房和职工生活设施。

专用实验室、观察台站实例

实验大厅 66×12m，设有长 37m 宽 1.2m 坡度为 1:0.45 的模拟实验槽，用于研究泥石流的力学特性、运动规律和构成机理。

1 实验大厅　2 配电室　3 变压器室　4 研究室

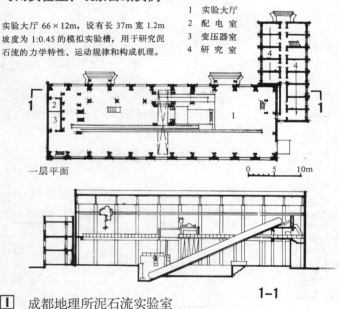

1 成都地理所泥石流实验室

主厅 27×6.6m，净高 5m，由主厅、风机室、控制室等组成，大厅内温度控制在 20±2℃，墙、顶棚均做保温吸声、门窗采取密闭处理。

1 实验大厅　2 电机房
3 控制室　　4 工作间
5 门　厅　　6 卫生间

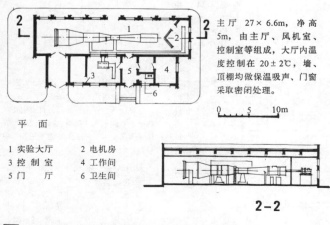

2 中科院大气所超低速风洞

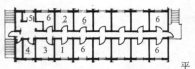

1 气象工作室　4 发报机房
2 气象通信室　5 值班室
3 图书阅览室　6 实验用房

建筑用钢骨架，轻质保温墙板，轻质保温屋面板，架空保温地板现场拼装。防寒抗风，备有各种生活设施和实验设备。

3 南极长城站2号楼

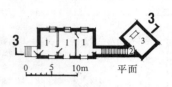

1 实验室　2 通道
3 无定向磁力仪实验室

地磁台选址要求地磁强度均匀，四周无强磁场干扰源，建筑选用铜筋等无磁材料建造。

4 北京地磁中心古地磁实验室

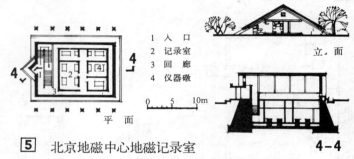

1 入口　2 记录室
3 回廊　4 仪器墩

5 北京地磁中心地磁记录室

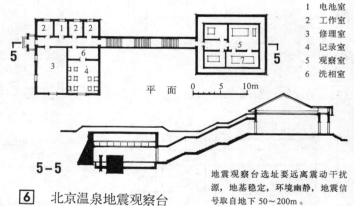

1 电池室　2 工作室
3 修理室　4 记录室
5 观察室　6 洗相室

地震观察台选址要远离震动干扰源，地基稳定，环境幽静，地震信号取自地下 50～200m。

6 北京温泉地震观察台

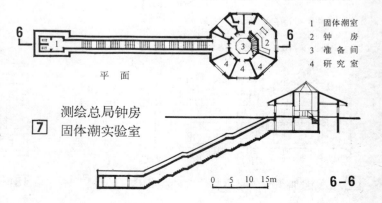

1 固体潮室　2 钟房
3 准备间　　4 研究室

7 测绘总局钟房固体潮实验室

地学实验室实例 [24] 科学实验建筑

综合性实验楼实例

1 行政办公配楼
2 图书资料配楼
3 门　厅
4 实验室
5 会议室

b 立面

地物所实验楼由长方形主楼及两个斜放的正方形配楼组成的综合性实验楼，实验室模数 6.5×3.3m、6.5×6.6m。配有通用实验台、通风柜和空调恒温室等设施。

a 一层平面

[1] 中科院地理所实验楼

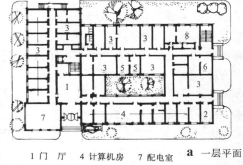

地质所实验楼地上8层，地下1层，1、2层实验室沿环形走道布置，其余多层为中走道，实验室模数 3.6×6.0m。

1 门厅　4 计算机房　7 配电室
2 办公室　5 电镜室　8 力学模
3 实验室　6 暗室　　　拟室

a 一层平面

主楼地上14层、首层及配楼为图书资料及动力机房，2—5层为计算机房，6层以上为研究室及实验室，实验室模数 3.45×6.00m、6.9×6.00m。

a 一层平面

1 门厅　　6 实验中心
2 行政办公　7 地震数据中心
3 图书阅览　8 地震会商室
4 配电　　　9 通用实验室
5 研究室　　10 专用实验室

 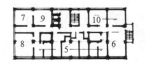

b 八层平面

[2] 国家地震局地物所实验楼

[4] 中科院地质所实验楼　**b** 外景

1 门　厅
2 报告厅
3 实验室
4 暗室
5 阅览室
6 配电室
7 空调冷冻

a 一层平面

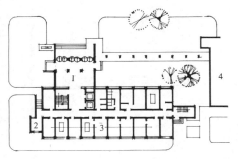

a 一层平面

海洋试验楼与模拟厅、风浪水槽、消声水池等组成实验小区，可作各种海洋物理实验，主楼标准实验室模数为 3.6×6.0m、7.2×6.0m 层高 3.6m。

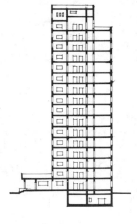

1 门　厅
2 风机房
3 实验室
4 报告厅

b 剖面

[3] 青岛海洋所物理海洋试验楼

南楼4层、北楼3层，设有图象分析、数据处理、红外显示等实验装置，采用中央空调，实验室模数 3.6×6.6m。

[5] 中科院遥感所实验楼　**b** 外景

科学实验建筑 [25] 天文观测室·台·站

天文建筑以使用天文仪器的不同而不同。光学望远镜观测室由活动屋盖与固定墙身两部分组成。

一、特点：活动屋盖与开启式天窗，望远镜的隔震基墩。

二、分类：以圆形屋盖与三角形屋盖区分。

三、设计要求：

1. 天窗开启轻便，屋盖驱动灵活，并能与其跟踪的星体随动，噪音低。圆顶直径与望远镜口径之比约为 10：1；天窗宽度为圆顶直径的三分之一。

2. 创造望远镜观测环境良好的大气宁静度：
观测室要求恒温，室内昼夜温差不超过 ±2℃。
折轴分光室工作夜（12 小时计）。温差应不大于 1℃。
观测室及狭缝工作室通风换气量约达 10 分钟一次。
望远镜基墩隔震精度约为 1 角秒。
建筑物要求一级避雷，接地电阻不大于 0.5Ω。
可开启、转动及隔震的建筑节点，构造设计需隔热，密封。

3. 提供检修的安全、方便条件：〔外吊装除外〕
圆顶内设吊车与活动吊装口盖；圆顶内外安装扶梯、平台，观测梯、检修梯，望远镜部件拆卸的停放位置及检修灯源。

4. 寒夜工作、生活辅助设施：
楼、电梯，工作环廊，夜餐室与卫生间的设计均需消除烟囱热效应，宜设置脚灯，遮光帘。

类型

a 单侧推开方顶　b 双侧开三角顶　c 挠拖开圆顶　d 双向开圆顶

e 翻开式圆顶　f 单孔转圆顶　g 左右开圆顶　h 上下开圆顶

j 发髻式圆顶　k 组合式天窗　l 三瓣旋转圆顶　m 网状空间

n 天线阵　o 垂直式　p 水平式　q 充气帐篷式

天文台站总图、全景

1 太阳观测室区　2 车　库
3 食　堂　　　　4 射电天文观测室
5 实验室　　　　6 钟　房
7 时纬观测室区　8 1m 镜观测室

1 南京紫金山天文台

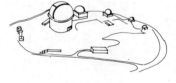

5 智利美洲洲际天文台

2 北京天文台兴隆观测站

6 美国基特峰国家天文台

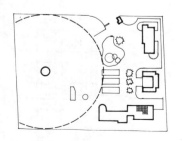 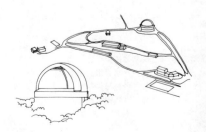

3 昆明云南天文台　　4 中科院空间中心地面站　　7 日本冈山天体物理观测所

天文观测室实例 [26] 科学实验建筑

部位与名称　实例

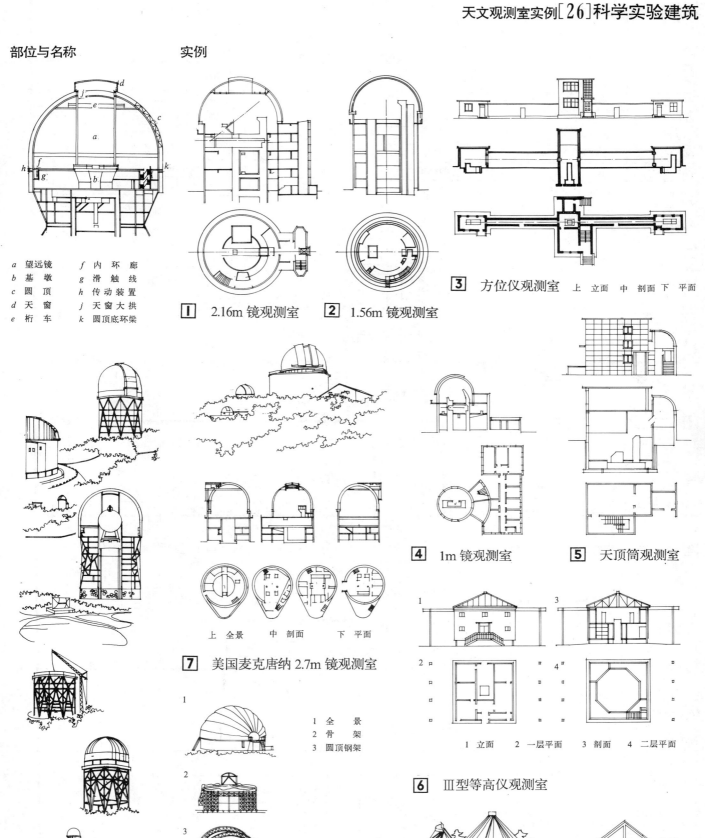

a 望远镜	f 内环廊
b 基墩	g 滑触线
c 圆顶	h 传动装置
d 天窗	j 天窗大拱
e 桁车	k 圆顶底环梁

① 2.16m镜观测室　② 1.56m镜观测室

③ 方位仪观测室　上 立面 中 剖面 下 平面

④ 1m镜观测室　⑤ 天顶筒观测室

上 全景　中 剖面　下 平面

⑦ 美国麦克唐纳2.7m镜观测室

1 全景
2 骨架
3 圆顶钢架

1 立面　2 一层平面　3 剖面　4 二层平面

⑥ Ⅲ型等高仪观测室

⑧ 美国帕洛玛山4m镜观测室

⑨ 欧南台充气式圆顶

⑩ 保加利亚 RIANG ZENG 天文台　左 立面 右 剖面

动力站 [1] 锅炉房

锅炉分类　　表1

类　别	锅　炉　名　称		
供热介质	热水锅炉	蒸汽锅炉	
工作压力	低压锅炉	次中压锅炉	中压锅炉
组装形式	快装锅炉	半快装锅炉	散装锅炉
燃料	燃煤锅炉	燃油锅炉	燃汽锅炉
锅炉结构	Π型锅炉	A型锅炉	D型锅炉

注：锅炉压力<1.27MPa为低压，2.45MPa为次中压，3.82MPa为中压锅炉

锅炉房使用范围　　表2

使用类别	用热性质	用热介质	用热场所或设备
生产	动力	蒸汽	锻压厂房锻锤、动力用蒸汽机等
	加热	蒸汽	不同性质厂房生产过程中加热用汽
	清扫	蒸汽	清理工部的铸模清理、平炉吹散、煤气管及油管吹扫等用汽
生活	加热	蒸汽	浴室、洗衣房、食堂及蒸汽开水炉用汽
采暖通风	加热	蒸汽或热水	建筑物采暖、通风、空调用热

锅炉房工艺流程

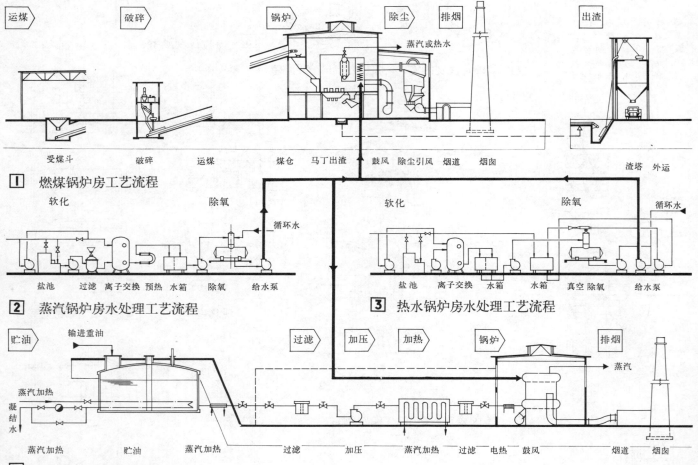

① 燃煤锅炉房工艺流程
② 蒸汽锅炉房水处理工艺流程
③ 热水锅炉房水处理工艺流程
④ 燃油锅炉房工艺流程

锅炉房区域布置（区域总体布置参见煤气发生站一节）　　表3

总　则	规范要求	用热负荷	地形条件	运输距离	扩建可能
锅炉房的设计，必须认真执行国家的能源政策，遵守安全规定，实行综合利用，充分利用余热，认真保护环境，努力改善劳动条件和积极采用成熟的先进技术，使设计做到符合安全生产、技术先进和经济合理的要求	锅炉房的设计应遵照国家现行各项规范，如《工业锅炉房设计规范》、《工业企业设计卫生标准》、《建筑设计防火规范》等，对锅炉房设计各专业及环境保护、房屋间距和防火、防爆和区域位置规定了具体要求	锅炉房的位置应靠近用热负荷中心，以利缩短供热干线、减少热损失、便于回水。例如靠近工业企业的煤气站、锻压车间、蒸发车间、电镀车间等用热车间；在民用建筑中，当锅炉房规模不大时，可与主要建筑物相连	锅炉房位于山区或丘陵地带并有凝结水回收时，一般应布置在地势较低处，便于凝结水自流。如锅炉房背后或固定端处地势较高时，可将煤场设于高处，以利于重力溜煤。灰渣场的位置还要利于内部的污水排放	锅炉房的位置要便于燃料和灰渣的存放和运输。尽可能靠近铁路、公路或水路，减少中间运输环节。中间运输不仅造成劳力、机具、场地等方面的浪费，还会使燃料降低使用价值和扩大对环境的污染。锅炉房内部运输亦应短捷	一般新建的锅炉房，都应考虑有扩建的可能，除建筑物本身为扩建采取措施外，在区域布置时应留有扩建余地；在锅炉房的扩建端不设置永久性和大的设备。不设置其它构筑物。同时，煤场、灰渣场等也应留余地

锅炉房[2] 动力站

锅炉房组成（以6t/h以上中型燃煤锅炉房为例） 表1

名　　称		说　　　明
锅炉间部分	出灰层	标高为±0.000，包括锅炉基础支柱、除灰、渣装置、入口、备品杂物库、安装检修场地等。鼓风机可按工艺流程布置在出灰层也可与引风机、除尘器等设备另布置在边跨的单设房间内
	运转层	标高为4.000~4.500（沸腾炉为5.700）按工艺要求布置锅炉、分汽缸、连续排污扩容器等，在炉前部位布置仪表间（兼值班控制间）还要有垂直交通、安装检修场地等
	加煤层	也可称运煤层，标高为12.000~16.000，按煤斗容积、斗壁及溜煤管角度确定
辅助间部分	回水间	根据室外回水方式决定是否单独设立
	水处理及水泵间	位于辅助间底层，根据原水的水质不同选用适合的给水处理装置和锅炉给水泵及热网加热器和热网循环泵等设备。该房间荷载较大，潮湿
	除氧器间	在辅助间三层，标高在6.000以上，装有除氧器、除氧水箱、及洗水箱、连续排污扩容器等，该层荷载较大，楼面有防水要求
	化验室	主要化验原水、给水和其它化验项目
	生活间及办公室	卫生间、浴室等生活卫生设施根据需要设置
	其它房间	根据需要确定是否设机修间及仪表检修间等

注：①本表所列仅为锅炉房主体建筑物。一个完整的锅炉房还包括运煤、出灰渣系统的建筑、构筑物等。
②小型锅炉房一般为单层建筑，各辅助间可以合并使用。而大型锅炉房的辅助间部分设备可以另设独立建筑物内如制水车间等。

锅炉间与辅助间的关系

锅炉间为主要房间，要保持良好的通风、朝向和外部运输条件，其一端作为扩建端以利发展。辅助间尽量靠近锅炉间，尽量缩短管线并便于管理。大多数锅炉房均将锅炉间与辅助间结合成一组建筑物，形成锅炉房的主体建筑。

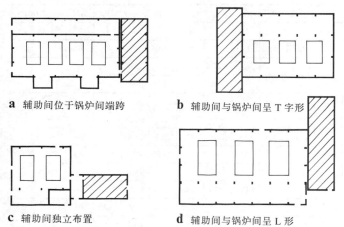

a 辅助间位于锅炉间端跨　　b 辅助间与锅炉间呈T字形
c 辅助间独立布置　　d 辅助间与锅炉间呈L形

1 锅炉间和辅助间的布置方式　　注：阴影部分为辅助间。

锅炉房设计要点

一、锅炉房按火灾危险性分类属丁类生产，锅炉间建筑的耐火等级一般不低于二级。

二、锅炉房一般宜单独建筑。锅炉房有明火和污染不得与甲类、乙类及使用可燃液体的丙类火灾危险性厂房相连；不得设置在人口密集的房间（如浴室、教室、餐厅、候车室等）内或其上、下面和主要疏散出口的两侧，也不得与聚集人多的房间相邻。

锅炉房如与其它建筑相连，除满足《建筑设计防火规范》外还应遵守以下规定：

与厂房相连 $(T-100)V \leqslant 100$
与住宅相连 $(T-100)V \leqslant 5$

注：T——锅炉工作压力F的饱合温度（℃）
V——锅炉水容量（m^3）

三、柱网应符合建筑模数，其跨度≤18m时一般采用3m的倍数；跨度>18m时，一般应采用6m的倍数；当工艺布置上有明显优点时，也可采用21、27m的跨度。其柱距一般采用6m或3m的倍数。

四、锅炉间每层应至少有两个出口，分别设在两侧，其中一个可通过生活间或其它无火灾危险的房间，若有通向消防梯的门可算一个出口。锅炉前端总宽度（指锅炉前面宽加两锅炉间的通道）不超过12m时，锅炉房可以只设一个出口。锅炉房通向室外的门应向外开。锅炉房内工作间和生活间的门应向锅炉间方向开启。锅炉房的最底层宜有一个2~2.5m宽的门，否则要考虑利用窗或在墙上预留安装孔以利设备的检修运输。

五、锅炉上面的煤仓容量可按10~12h的用煤量计算。煤斗壁的倾斜角用湿煤时不小于60°，用干煤时不小于55°，下煤管的斜度用较干煤时不小于50°。

六、锅炉基础应作成整体，不应分开。与楼板相接处，应考虑适应沉降的连接措施。

锅炉房的设备和管道较多，须预留安装洞孔；在计算楼板时还应考虑设备安装荷载。

七、运煤栈桥通道净宽应≥1.0m；检修通道净宽应≥0.7m，垂直净高应≥2.2m；栈桥地面倾斜角≤8°时，设防滑斜坡；倾斜角>8°时，应设踏步。敞开式或露天式栈桥应有1.2m高的栏杆或档墙，挑檐宽度≥0.6m。输煤廊应设置安全铁爬梯通向室外地面。运煤系统房间的内壁应考虑不积灰措施，煤斗内壁要求光滑耐磨且为非燃烧材料。

八、灰浆、灰渣泵房，一般为半地下建筑，地面应为坡度，沿墙应设排水明沟和集水坑。

九、在采暖地区，锅炉间、水处理间、水泵间、水箱间及风机间的室内温度应不低于16℃。封闭的输煤廊和除灰间的温度应不低于5℃。生活间应按标准规定设计。

十、司炉操作处、除氧器间、地下凝水箱间、水泵间及除灰室应设置机械通风。

动力站 [3] 锅炉房

锅炉房内部布置

锅炉房采用的锅炉台数，依据热负荷、检修锅炉时的备用需要和扩建的可能性决定，一般不少于2台。当选用1台锅炉能满足热负荷和锅炉检修的要求时，宜只采用1台锅炉。

采用机械加煤锅炉的台数，新建时，一般不超过5台；扩建和改建时，一般不超过7台。最佳锅炉台数为3~4台。采用手工加煤的锅炉台数，新建时，一般不超过3台；扩建和改建时，总台数可按具体情况确定。

锅炉设备在厂房内部布置与设备型式有关，锅炉在锅炉间内作横向单排布置。

锅炉单排布置示意

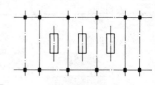

1 与柱距中心线重合
(适用于绝大多数锅炉)

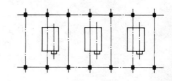

2 与柱中心线等距偏离
(适用于偏炉膛的 D 型锅炉)

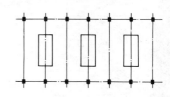

3 与柱中心线重合
(适用于中等容量宽度较大锅炉)

锅炉房各房间楼地面荷载 表1

名称		标准荷载 kN/m²	荷载系数	名称		标准荷载 kN/m²	荷载系数
锅炉房运转层楼板		0.06~0.08	1.2	检修间		0.04~0.08	
化验室		0.03	1.2	运煤栈桥	栈桥地面	0.04	1.2
水箱水泵间		0.05	1.2		转运站地面	0.05~0.10	1.4
操作平台	不放设备	0.02	1.2	碎煤机房	皮带机间楼板	0.05	1.4
	放设备	0.04	1.2		筛煤机间楼板	0.05	1.4
煤仓间	皮带及楼板	0.04	1.4		碎煤机层楼板	0.10~0.20	1.4
	皮带头部处	0.18	1.4		碎煤机间底层	0.05~0.10	1.4

一般锅炉房锅炉之间中心距和炉前最小尺寸 表2

锅炉规格(t/h)	锅炉之间中心距离(m)	炉前距离(m)
2	5~5.5	≥4
4	5.5~6.0	≥5
6、6.5	6.5~7	≥5.5（锅炉前柱至锅炉房前墙）
10	7.5~8	≥6（锅炉前柱至锅炉房前墙）
20	9~10	≥7（锅炉前柱至锅炉房前墙）

锅炉房常用的高度和跨度 (m) 表3

锅炉型号	层数	锅炉中心距	跨度 锅炉间	跨度 运煤间	高度(至梁底) 锅炉间	高度(至梁底) 运煤间	高度(至梁底) 出灰间
SLA0.4~0.68	单层	—	6	—	6	—	—
WNL	单层	5~6	12	—	5~6.5	—	—
DZL6~1.27	单层	6~7.5	12~15	4~6	8~10	5.5~7	
SHL6.5~1.27	双层	<7.5	12~15	4~5	11~14	10~13	4~4.5
SHL10~1.27	双层	7.5~8	15		15~18	15	4~4.5
SHL20~1.27	双层	9~10	15~18	4~6	15~21	15~17	4~4.5

锅炉房综合技术指标 表4

项目	单位	综合技术指标																			
锅炉型号		SLA0.4—0.68MPa			DZL1—0.78MPa			DZL2—0.78MPa			DZL4—1.27MPa			SHL6—1.27MPa			SHL10—1.27MPa			SHL20—1.27MPa		
锅炉台数	台	2	3	4	2	3	4	2	3	4	2	3	4	2	3	4	2	3	4	2	3	4
额定蒸发量	t/h	0.8	1.2	1.6	2	3	4	4	6	8	8	12	16	12	18	24	20	30	40	40	60	80
蒸汽压力	MPa	0.686			0.784			0.784			1.274			1.274			1.274			1.274		
蒸汽温度	℃	164			175			175			194			194			194			194		
额定燃料耗量	t/h	0.17	0.26	0.34	0.32	0.48	0.64	0.64	0.96	1.28	1.28	1.92	2.56	2.0	3.0	4.0	3.1	4.6	6.2	6.2	9.2	12.4
锅炉热效率	%	~64			~80			~80			~80			~80			~80			~80		
小时最大耗水量	m³/h	3.2	3.4	3.6	8.3	9.3	10.3	9.3	10.8	12.5	16.3	18.8	21.3	21.1	26.3	32	26.4	33.4	40.4	48	61	74
动力用电容量	kW	7	8	9	15	22	26	25	35	50	68	96	122	150	176	219	302	400	500	453	664	823
锅炉房跨距	m	6			12			12			16.5			16.5			20						
锅炉房建筑面积	m²	98	120	142	250	285	334	318	418	519	430	523	600	1480	1780	2080	1620	1920	2200	2170	2670	3171
锅炉房占地面积	m²	98	120	143	250	285	334	318	418	519	295	365	435	585	725	870	616	760	120	805	1010	1250
锅炉间下弦标高	m	6			6			6			6.5			11			13.2			18.4		
总人数	人	12	18	24	12	18	24	24	30	36	24	30	36	35	42	51	43	52	59	44	53	60

常用锅炉

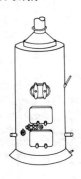
① LCS 型热水锅炉

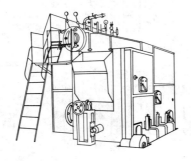
② SZW 型组装热水锅炉

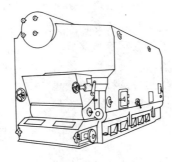
③ DZL 型偏炉筒快装锅炉

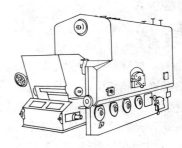
④ QXL 型热水锅炉

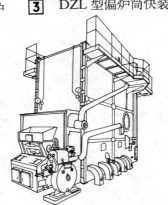
⑤ WWW 型热水锅炉

⑥ WWG 型热水锅炉

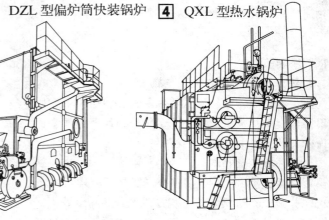
⑦ SHL 型组装蒸汽锅炉

⑧ SZS 型燃油锅炉

常用锅炉性能和规格

1~6、10t/h 常用的蒸汽锅炉　　表1

锅炉名称	型号	外形尺寸(m) 长×宽×高	蒸发量 t/h	压力 MPa
链条炉排卧式组装锅炉	DZL4—1.27	9.5×4.84×5.1	4	1.27
	DZL6—1.27	8.35×5.45×5.25	6	1.27
	DZL10—1.27	8.58×5.48×5.25	10	1.27
链条炉排卧式快装锅炉	DZL6—1.27	10.3×3.11×4.75	6	1.27
偏锅炉筒水火管快装锅炉	DZL1—0.78	5.5×4.6×4.5	1	0.78
	DZL2—0.78	6×3.7×4	2	0.78
	DZL4—1.27	7.5×4.5×4.5	4	1.27
链条炉排卧式内燃快装锅炉	WNL4—1.27	5.55×2.8×3	2	1.27
	WNL4—1.27	5.88×3.27×3.6	4	1.27
双锅筒纵置式往复推饲炉排散装锅炉	SHL4—1.27		4	1.27
	SZW2—1.27	5.1×3.2×3.4	2	1.27
	SZW4—1.27	6.36×3.77×4.23	4	1.27

6、6.5~20t/h 常用的蒸汽锅炉　　表2

锅炉名称	型号	外形尺寸(m) 长×宽×高	蒸发量 t/h	压力 MPa
双横锅筒链条散装锅炉	SHL6—1.27	8×4.5×6	6	1.27
	SHL6.5—2.45	10.2×6×10.6	6.5	2.45
	SHL10—1.27	8×5.2×6	10	1.27
	SHL10—2.45	12×7×10	10	2.45
	SHL20—1.27	14×8.2×12.1	20	1.27
	SHL20—2.45	14.6×8.3×12.6	20	2.45

常用的热水锅炉　　表3

锅炉名称	型号	外形尺寸(m) 长×宽×高	蒸发量 kW/h	压力 MPa
快装热水锅炉	WWW698—7/95/70	4.27×1.48×2.64	698	0.68
	WWW1395—7/95/70	5.87×1.8×3.35	1395	0.68
	WW 2791—7/95/70	6.14×2.43×3.49	2791	0.68
组装热水锅炉	DZL4186—10/115/70	9.5×4×6.1	4186	0.98
双锅筒横置热水组装锅炉	SHL6977—10/115/70	11.65×6.76×9.7	6977	0.98
链条卧式热水组装锅炉	DZL6977—10/115/70	8.58×5.48×5.25	6977	0.98

2~10t/h 常用的燃油蒸汽锅炉　　表4

锅炉名称	型号	外形尺寸(m) 长×宽×高	蒸发量 t/h	压力 MPa
全自动卧式内燃燃油快装锅炉	WNS2—0.98	4.13×2.66×2.72	2	0.98
	WNS4—1.27	5.4×2.8×2.8	4	1.27
	WNS6.5—1.27	5.68×2.5×2.93	6.5	1.27
	WNS10—1.27	8.08×3.96×4.83	10	1.27
	WNS20—1.27	6.46×4.99×5.92	20	1.27

注：我国锅炉生产型号更新较快，选用时以目前生产厂家的样本为准。

动力站 [5] 锅炉房

锅炉房仪表和控制

锅炉房主要配置的仪表盘大致有锅炉热工仪表和热工控制仪表、水系统仪表、运煤出灰渣系统仪表。为了保证各仪表的接点的清洁度，一般仪表盘需单独设仪表间。较小型锅炉房的仪表盘可在炉前区分散设置，将仪表盘用玻璃隔断隔成小间；大中型锅炉房应将仪表盘集中设置在仪表间内，仪表间一般设在炉前方向的适当部位，也可设在辅助厂房的端跨。

仪表间应设足够面积的观察窗对锅炉设备有良好的视角，门、窗宜采用密封措施保持仪表间的清洁，如锅炉间噪声较大还应考虑仪表间的隔声和吸声。

a 仪表盘分散就地布置，适用于小型锅炉房。

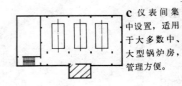
c 仪表间集中设置，适用于大多数中、大型锅炉房，管理方便。

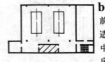
b 仪表间炉前集中布置，适用于大多数中、小型锅炉房，管理方便。

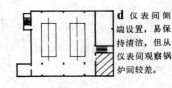
d 仪表间侧端设置，易保持清洁，但从仪表间观察锅炉间较差。

1 仪表间的布置方式　注：阴影部分为仪表间

锅炉房烟气除尘

锅炉的燃料以煤为主，煤燃烧后产生的烟尘和有害气体，含有碳、硫、碳氢及氮氧化合物等，未经处理，不得向大气排放。为控制烟尘污染、改善大气质量，在锅炉房设计中，应遵照我国现行的《环境保护法》、《大气环境质量标准》、《锅炉烟尘排放标准》等各项规定使烟囱排出的烟气，符合国家规定的排放要求。

措施是改进锅炉的燃烧方式及加装除尘设备。这两项措施应综合考虑，不能偏废任何一项。改善锅炉的燃烧方式、进行合理的燃烧调节，使烟气中的可燃物质在炉膛中尽量燃尽，以减少锅炉出口烟气的黑度和含尘浓度，还可节约燃料，但它不能代替除尘。各种锅炉目前有效的除尘手段仍是加装各种类型的烟气除尘器。

除尘器设备布置要点

一、除尘器一般应设置在锅炉与引风机之间的负压段。
二、当锅炉采用可分式省煤器时，干式除尘器宜设置在锅炉与省煤器之间。
三、在降雨量少的地区和耐雨淋除尘器，宜露天布置。
四、当锅炉房空间比较宽敞而除尘器体形又较小时，可将除尘器布置在锅炉后部。
五、当除尘器体形较大且布置在露天有困难时，可考虑单设除尘器间或与风机房合并布置。
六、在寒冷地区采用湿式除尘装置，应布置在室内，必需设置在室外时应采取可靠的防冻措施。
七、除尘器本体的支承结构和烟气管道应统一布置，特别是对体形较大的除尘器应设置操作维修平台和爬梯。

锅炉烟尘排放标准　表1

区域类别	适用地区	标准值	
		最大容许烟尘浓度(mg/m³)	最大容许林格曼黑度(级)
1	自然保护区，风景游览区，疗养区名胜古迹区，重要建筑物周围	200	1
2	市区、郊区、工业区、县以上城镇	400	1
3	其它地区	600	2

注：在燃料矿区的非居住区使用的锅炉，燃用低位发热值3.5kW/kg以下的燃料时，最大容许烟尘浓度可放宽到2000mg/m³。

各种锅炉排烟的含尘浓度　表2

锅炉类型	排烟特性	
	排烟浓度(g/m³)	排烟中飞灰含量(%)
手烧炉（自然通风）	0.1～2	
手烧炉（机械通风）	0.5～5	
倾斜往复炉排锅炉	0.5～2.5	
链条炉排锅炉	2～5	15～25
抛煤机锅炉	5～13.5	25～40
振动炉排锅炉	4～8	25～30
煤粉炉	15～30	75～80
沸腾炉	40～60	40～60

常用各类除尘器

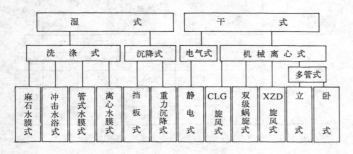

a CLG型旋风除尘器

b CR205型双级蜗旋除尘器

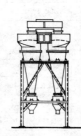
c XZD/G型双级旋风除尘器

d HSC型麻石水膜除尘器

2 常用除尘器型式

锅炉房水处理系统

锅炉给水是由凝结水和补充水组成，由于补充水是硬水，含有碱及溶解气体；有的水含有悬浮物，直接用作锅炉补充水，将会使锅炉设备结垢、腐蚀、蒸汽被污染，影响锅炉运行。因此需要处理，根据不同的水质特性采取不同的处理方式。

水管、水火管锅炉水质标准　　　　表1

项目	给水			炉水		
工作压力 (MPa)	≤0.98	0.98~1.57	1.57~2.45	≤0.98	0.98~1.57	1.57~2.45
悬浮物 (ml/l)	≤5	≤5	≤5			
总硬度 (ml/l)	0.04	≤0.04	≤0.04			
总硬度 (ml/l) 无过热器				≤20	≤18	≤14
总硬度 (ml/l) 有过热器					≤14	≤12
含油量 (mg/l)	≤2	≤2	≤2			
溶解氧 (mg/l)	≤0.1	≤0.1	≤0.05			
pH (25℃)	>7	>7	>7	10~12	10~12	10~12
溶解固形物(mg/l) 无过热器				<4000	<3500	<3000
溶解固形物(mg/l) 有过热器					<3000	<2500

锅炉给水水处理内容　　　　表2

净化处理	净化的目的是清除水中的悬浮物及有机杂质，净化方法较多，中小型锅炉房常采用机械过滤法，另外根据水质及水处理量还可采用沉淀法、凝聚——沉淀法、凝聚——过滤法
除气处理	给水中溶有多种气体，危害最大的是氧气，因此应尽可能除去给水中气体，常用的除氧方式有热力除氧，真空除氧，还有钢屑除氧，解析除氧、化学除氧、电化学除氧和树脂除氧等
软化处理	根据给水水质和水处理量分炉内处理和炉外处理两种方法。前者是在炉内加药并辅之以排污来控制水质；炉外处理的方法很多，各有其特点。常用的方法是离子交换法

水处理间设计原则

一、大型锅炉房可单建水处理站，中小型锅炉房一般将水处理系统布置在锅炉房的辅助间内。

二、根据水处理系统的工艺流程来布置设备，功能相同的设备应集中布置，使各个有关设备之间敷设的管道最短，以便于运行后的管理工作。

三、重型设备宜布置在底层，除氧器与贮水箱重量较大，如需布置在楼层时要考虑荷载，除氧间宜设置起重设备。

四、较高大设备的布置应防止挡住采光窗。

五、离子交换器比较高，室内高度应满足设备揭盖检修的要求，也可局部降低室内地坪。

六、除氧器的安装标高经计算确定，一般大气式热力除氧器水箱的安装标高不小于6~7m，真空除氧器水箱安装标高不小于10~11m。

七、室内地沟较多、湿度大，地面应坡向排水沟。

八、有些区域有腐蚀介质，建筑要考虑适当的防腐蚀构造和措施。

水处理间的布置

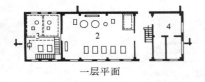

一层平面

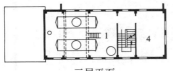

三层平面

剖面

回水箱

汇集室外管网的凝结回水，根据回水方式及锅炉房的标高可设在地上或地下。回水箱多用钢板制作。

1 除氧器间　5 休息室
2 水处理间　6 办公室
3 回水间　　7 化验室
4 生活间

1 中型水处理间布置示意图

a 除氧器和水箱　**b** 机械过滤器　**c** 压力式滤盐器　**d** 逆流式离子交换器　**e** 回程式离子交换器

2 常用各类水处理设备型式

各类水处理设备规格　　　　表3

机械过滤器			钠离子交换器			盐溶解器			除氧器				贮水箱		
直径	全高	净重(kg)	直径	全高	净重(kg)	直径	全高	净重(kg)	能力(t/h)	直径	高度	净重(kg)	有效容量(t)	直径	长度	净重(kg)
1030	2340	1155	760	2700	746	490	1420	210	15	800	2000	596	10	2000	4820	3450
1520	3022	1826	1030	3500	1163	670	1726	520	25	1112	2500	881	16	2000	7310	4693
2000	4742	4709	1525	3912	2221	820	1800	722	40	1132	2450	900	30	2500	8100	9273
2500	4970	6025	2000	4800	4342	1030	2144	1007	50	1200	2580	1000	30	2500	8100	9273
			25000	5000	5249				75	1292	2760	1301	40	2500	9530	11000

动力站 [7] 锅炉房

烟囱与烟道

一、烟囱中心与锅炉房后墙的距离，由结构专业根据地质条件定，应使二个基础互不影响；与一般铁路中心距离不得小于10m；烟囱高度除按高度表规定外，一般宜超出半径200m范围内的最高建筑物3m以上。

二、烟道一般分为三部分

1. 总烟道——与分烟道、烟囱相接的部分。
2. 分烟道——是几个支烟道汇合的部分。
3. 支烟道——与锅炉相接的部分，一般为钢烟道。

计算烟道截面积公式

$$F = \frac{V}{3600W} \ (m^2)$$

F——烟道截面积（m^2）
V——烟气量（m^2）
W——烟气选用流速（m^2/s）

烟道流速选用表（m/s） 表2

名 称	自然通风	机械通风
砖或混凝土烟道	3～5	6～8
钢 烟 道	8～10	10～15

三、烟道内烟气温度不超过400℃时，可用红机砖衬里，烟道断面的高宽比为1.5～2。分烟道和总烟道要考虑人通行，断面不小于600×1500，并设置足够的清灰人孔。

四、烟道拐角处应砌筑导流槽，烟道对接处应砌筑导流隔板，避免气流直接撞击烟道或对撞增加阻力。烟道拐角应采用施工方便且有较好热膨胀性能的构造，带圆弧的拐角因施工不便且不可靠，在设计中应避免采用。

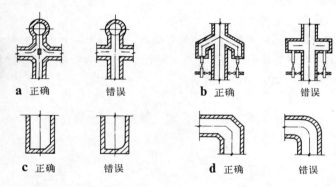

I 烟道拐角、对接结构图

各种锅炉产生1t蒸汽所需的空气量和排烟量 表3

炉型	过剩空气系数		送风量 20℃ (m^3)	在下列排烟温度下的烟气量（m^3）			
	炉膛	排烟		150℃	200℃	250℃	300℃
层燃锅炉	1.30～1.40	1.6	1400	2600	2910	3220	3520
沸腾炉	1.05～1.10	1.6	1200	2600	2910	3220	3520
煤粉炉	1.20～1.25	1.6	1100	2400	2680	2970	3250
燃油锅炉	1.16～1.20	1.45	1100	2300	2570	2850	3120
燃气锅炉							

五、设计烟囱应注意以下几点

1. 地震区应考虑防震措施。
2. 当烟囱高度不大于45m时，一般采用砖砌烟囱。
3. 安装避雷设施；设爬梯，烟囱高度超过40m时中间设休息平台；机场和航道附近的高烟囱应装信号灯、刷红色标志。

烟囱高度表 表1

锅炉总额定出力（t/h或相当于t/h）	<1	1～<2	2～<6	6～<10	10～<20	20～<35
烟囱最低高度(m)	20	25	30	35	40	45

煤场

煤场一般为露天布置。在雨水较多地区，对运输、磨煤和燃烧造成困难时，宜设置贮煤量不大于7昼夜锅炉房最大耗煤量的简易干煤棚。煤场地面至少应平整夯实，地面应有排水坡度，四周要有排水沟，煤堆之间的走道宽度不小于3m，煤场应设防火和照明设施。

一、煤场储煤量的确定

煤场的储煤量与煤源的远近、供应的均衡性及交通运输条件有关，同时要考虑尽量少占用土地。一般可参照下列情况确定：

火车和船舶运煤——10～15天锅炉最大耗煤量
汽车运输——5～10天锅炉最大耗煤量

$$B = \frac{Q(i'' - i')}{Q_{DW}^y \eta} \times 100 \, t/h$$

B——锅炉房最大小时耗煤量
Q——最大计算热负荷 t/h
i''——蒸汽热焓
i'——给水热焓
Q_{DW}^y——煤和油的低位发热量 J/kg
η——锅炉热效率%

二、煤堆体积的计算

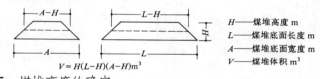

H——煤堆高度 m
L——煤堆底面长度 m
A——煤堆底面宽度 m
$V = H(L-H)(A-H) \, m^3$
V——煤堆体积 m^3

三、煤堆高度的确定

煤堆高度和堆煤方式有关，一般采用如下数据：

移动式胶带输送机堆煤时　　不大于5m；
推煤机堆煤时　　　　　　　不大于7m；
铲斗车堆煤时　　　　　　　2～3m；
桥式抓斗机堆煤时　　　　　视设备而定；
人工堆煤时　　　　　　　　不大于2m。

四、煤堆面积的计算

$$F = \frac{BTMN}{H\rho'_0 \varphi} \, m^2$$

B——锅炉房的平均小时最大耗煤量 t/h
T——锅炉每昼夜运行时间 h
M——煤的储备天数
N——煤堆过道占用面积系数，一般取 1.5～1.6
ρ'_0——煤的堆积密度 t/m^3
φ——堆积系数，一般取 0.6～0.8
F——煤堆面积 m^2

注：干烟煤和无烟煤 $\rho'_0 = 0.75～1$，褐煤 $\rho'_0 = 0.65～0.78$，泥煤 $\rho'_0 = 0.33～0.4$

灰渣场

灰渣场的贮存量应根据运输条件和综合利用情况确定，一般能贮存3～5昼夜锅炉房最大灰渣排放量。当采用灰渣斗时，其总贮存量一般宜为1～2昼夜锅炉房最大灰渣排放量。

如锅炉房使用烟煤或无烟煤时，灰渣排放量可以近似地按耗煤量的25～30%估算。

灰渣场位置应尽量减小对环境的污染。

运煤系统

燃煤锅炉房的运煤系统为

对于单层布置的人工加煤的锅炉，一般采用手推车从煤场往炉前运煤。而机械加煤的锅炉应采用不同机械化运煤系统，常见的有胶带输送机上煤，多斗提升上煤埋刮板输送机上煤、单斗滑轨输送机上煤、吊煤罐上煤和简易小翻斗上煤等几种运煤系统。

皮带输送机通廊（输煤廊）

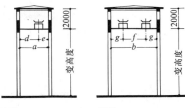

1 单皮带廊   2 双皮带廊

受煤斗

为钢筋混凝土结构、贮存量 40~60t。

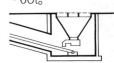

3 受煤斗

运煤系统常用方案   表1

类型	锅炉房规模 台×t/h	额定耗煤量 t/h	常用运煤方案
I	2×2	0.75	运煤小车→翻斗上煤装置
I	2×4	1.5	运煤小车→电动葫芦+吊煤罐
I	3×4	2.25	运煤小车→电动葫芦+吊煤罐
II	2×6.5	2	1. 运煤小车→翻斗上煤装置或电动葫芦+吊煤罐（或底闸式小车） 2. 运煤小车→单斗滑轨输送机 3. 运煤小车→埋刮板输送机 4. 运煤小车→移动式皮带+单轨抓斗
II	2×10	3	1. 埋刮板输送机 2. 单斗滑轨输送机 3. 多斗提升机→水平带式输送机
II	3×10	4.5	1. 埋刮板输送机 2. 带式输送机 3. 多斗提升机→水平带式输送机
III	1×20	3	1. 单斗滑轨上煤机 2. 垂直埋刮板输送机 3. 多斗提升机
III	2×20	6	1. 多斗提升机+水平带式输送机 2. 埋刮板输送机 3. 带式输送机
III	3×20	9	输煤皮带栈桥

皮带输送机通廊尺寸   表2

皮带宽	皮带机外形尺寸		单皮带			双皮带		
	宽	高	a	d	e	b	f	g
400	810	700	2500	1500	1000	4000	1900	1050
500	910	700	2500	1500	1000	4000	1900	1050
650	1060	700	2500	1500	1000	4400	2000	1200
800	1276	900	3000	1750	1250	5000	2300	1350

皮带输送能力（m³/h）   表3

皮带宽	单行皮带 速度 m/s			槽形皮带 速度 m/s		
	0.8	1.0	1.25	0.8	1.0	1.25
400	20	25	30	40	50	60
500	30	40	50	60	80	100
600	50	65	80	100	130	160

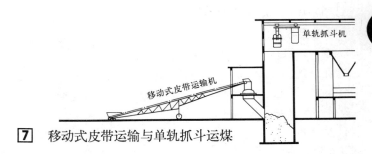

7 移动式皮带运输与单轨抓斗运煤

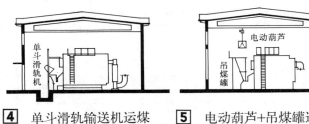

4 单斗滑轨输送机运煤   5 电动葫芦+吊煤罐运煤   6 埋刮板输送机运煤

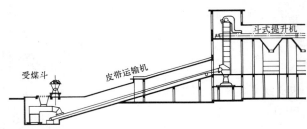

8 带有廊道的皮带运输机与斗式提升机运煤

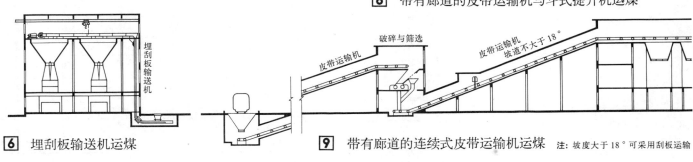

9 带有廊道的连续式皮带运输机运煤   注：坡度大于 18° 可采用刮板运输

动力站 [9] 锅炉房

除灰系统

煤经过燃烧后的残余物称为灰渣，一般把炉排下面的渣斗或煤粉炉的冷灰斗中的残余物称为渣，飞到锅炉后面去的残余物称为灰。除灰系统是习惯说法，包括除灰和除渣。

除少数小型手烧炉可采用人工除灰渣外，一般均宜采用机械化除灰系统。机械化除灰系统包括低压水力除灰、负压气力除灰和机械式除灰三种。

一、低压水力除灰系统

该除灰方式是锅炉房经常采用的一种，它运行可靠、无尘、劳动强度小。但污水排放需经处理。该除灰方式不适合结焦性强的煤种；在严寒地区使用也受到限制。

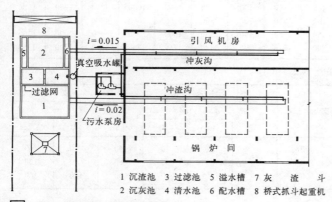

1 沉渣池　3 过滤池　5 溢水槽　7 灰渣斗
2 沉灰池　4 清水池　6 配水槽　8 桥式抓斗起重机

1 低压水力除灰系统示意

设计时要考虑以下三点
1. 循环水泵房一般布置成地下或半地下式。
2. 沉渣池、过滤池、清水池外形呈长方形，长宽比为4:1为宜，其贮灰量一般按1~2昼夜锅炉房最大灰渣排放量，堆满系数一般取0.5~0.7。
3. 灰渣沟为混凝土内壁衬耐磨铸石板，断面一般为400×500，布置时尽可能短而直，弯曲处要设激流喷咀，其曲率半径应≥2m，两条灰渣沟相交应成锐角，支沟接入主沟应有150~180高跌落。

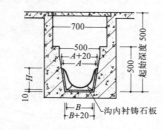

2 灰渣沟结构图

二、负压气力除灰系统

该除灰方式应用不普遍，只有当锅炉房容量较大，并且就地有灰渣综合利用的工厂，尤其在严寒的东北地区，较宜于考虑采用。其原因是该系统投资较大、运行费较高。

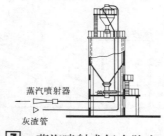

3 蒸汽喷射式气力除灰

三、机械式除灰系统

包括刮板输送、刮斗输送、胶带输送、振动输送和螺旋输送机输送等系统。这些除灰方式是锅炉房广泛地采用的方式。用胶带输送机时其前面应有马丁除渣机或圆盘除渣机相配合；刮板除灰目前有框链式和链条式；刮斗除灰属于间歇除灰，通过钢丝绳牵引刮斗除灰。

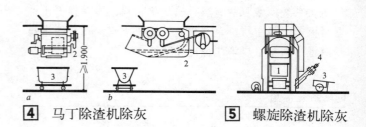

4 马丁除渣机除灰　　**5** 螺旋除渣机除灰

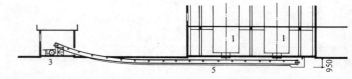

6 框链除渣机除灰系统

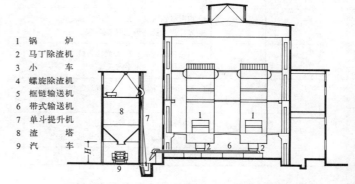

1 锅　炉
2 马丁除渣机
3 小　车
4 螺旋除渣机
5 框链输送机
6 带式输送机
7 单斗提升机
8 渣　塔
9 汽　车

马丁除渣机+带式输送机+单斗提升机+渣塔

注：渣塔内的灰渣斗，钢筋混凝土或钢结构，其贮量为1~2昼夜锅炉房最大灰渣排放量，排渣口距地高：火车贯穿 $H=5300$；火车不贯穿 $H=3600$；汽车 $H=2600$。

除灰系统常用方案

类型	锅炉房规模 t/h	额定耗煤量 t/h	干灰渣量 t/h	常 用 出 渣 方 案
Ⅰ	3×2 3×4	1~2	0.3~0.65	1. 刮板除渣机→手推车 2. 螺旋除渣机→手推车 3. 框链除渣机
Ⅱ	2×6.5	2~3	0.65~1	1. 圆盘除渣机→手推车 2. 马丁除渣机→手推车 3. 框链除渣机
Ⅲ	2×10	3	1	1. 马丁除渣机或圆盘除渣机→带式输送机→单斗提升机→渣塔→卡车 2. 链条除渣机
Ⅳ	4×10 2×20	≥6	≥2	同上或低压水力除灰渣

锅炉房[10]动力站

锅炉房设计实例

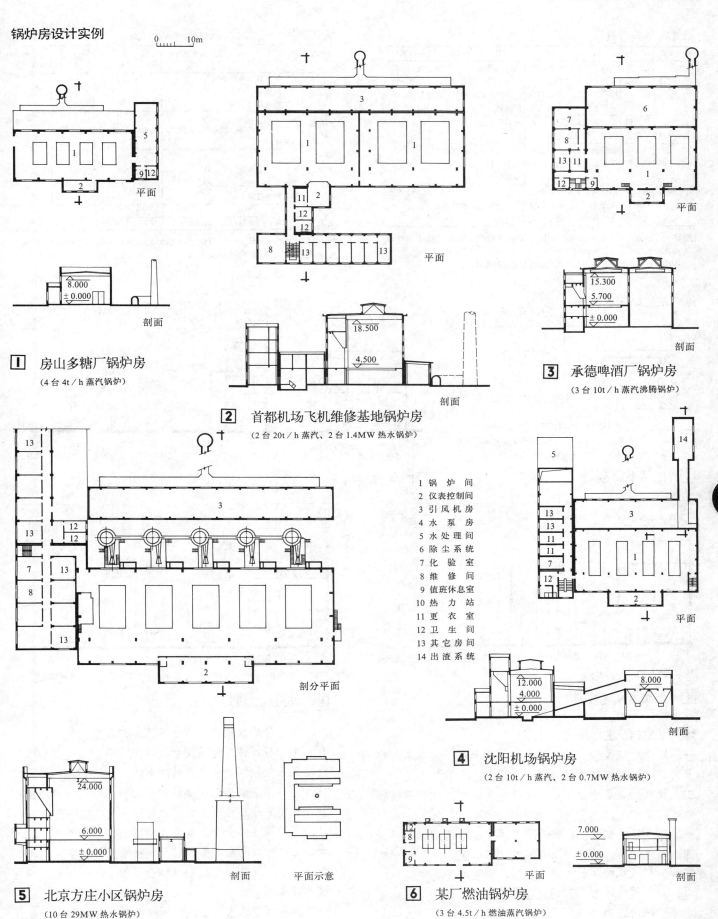

1 锅 炉 间
2 仪表控制间
3 引 风 机 房
4 水 泵 房
5 水 处 理 间
6 除 尘 系 统
7 化 验 室
8 维 修 间
9 值班休息室
10 热 力 站
11 更 衣 室
12 卫 生 间
13 其 它 房 间
14 出 渣 系 统

① 房山多糖厂锅炉房（4台4t/h 蒸汽锅炉）

② 首都机场飞机维修基地锅炉房（2台20t/h 蒸汽、2台1.4MW 热水锅炉）

③ 承德啤酒厂锅炉房（3台10t/h 蒸汽沸腾锅炉）

④ 沈阳机场锅炉房（2台10t/h 蒸汽、2台0.7MW 热水锅炉）

⑤ 北京方庄小区锅炉房（10台29MW 热水锅炉）

⑥ 某厂燃油锅炉房（3台4.5t/h 燃油蒸汽锅炉）

动力站 [11] 煤气发生站

煤气发生站分类　　　表1

类别	煤种	优点	缺点	供应对象
热煤气站※	宜用烟煤或按用户要求	操作简单，投资及生产费用省，不含酚及焦油的污水排出，充分利用煤气显热，发热值高	热煤气温度高，含有灰尘和焦油，管道需保温并定期清理，煤气输送距离短，管道造价高	熔窑、炼钢平炉、加热炉、隧道窑
无烟冷煤气站	焦炭、无烟煤	生产系统较简单，投资较省，输送距离远	发热值较低	加热炉
烟煤冷煤气站	烟煤、褐煤	输送距离远，发热值较无烟煤冷煤气高	系统较复杂，污水处理复杂，投资较高，占地面积较大	热处理炉
两段煤气冷煤气站	不粘结烟煤、褐煤	高低两种发热值，焦油质量好，污水处理简单，占地面积较小	主厂房较高，投资较高	隧道窑

注：煤气可就近用户使用的设热煤气站，不能就近用户使用或用户分散需冷却净化和加压输送的设冷煤气站。
※两段煤气热煤气站较一般热煤气站煤气输送距离较远。

煤气发生站组成（○为需要的建筑物或构筑物）　　　表2

建筑物、构筑物名称		热煤气站	无烟冷煤气站	烟煤冷煤气站	两段煤气冷煤气站
站房部分	主厂房（煤气发生炉间）	○	○	○	○
	空气鼓风机间	○	○	○	○
	煤气排送机间		○	○	○
辅助部分	化验室		○	○	○
	控制室、防护站、维修间、配电间	选定	○	○	○
	整流间		选定	○	○
循环水系统及污水处理	贮水池	○			
	水泵房、吸水池、冷却塔		○	○	○
	焦油泵房、焦油池、焦渣池			○	○
	污水处理设施		○	○	○
供煤及排渣	煤场	○	○	○	○
	受煤斗、运煤栈桥、破碎筛分间、末煤间、灰渣斗等视需要选定。				

注：①煤气户量（标准状态）小于6000m³/h的小型热煤气站的供煤及排渣只需设煤场。
②空气鼓风机和煤气排送机装在同一房间内，称为机器间。

煤气发生站工艺流程

⇨ 煤　➡ 煤气

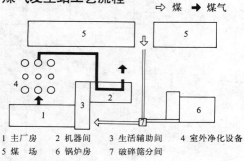

1 主厂房　2 机器间　3 生活辅助间　4 室外净化设备
5 煤场　6 锅炉房　7 破碎筛分间

1 区域平面

2 热煤气站（煤气发生→除尘；煤气发生炉、旋风除尘器、盘阀、空气）

3 无烟煤冷煤气站（煤气发生→除尘→冷却→洗涤→煤气除滴→煤气排送→空气鼓风；煤气发生炉、旋风除尘器、废热锅炉、洗涤塔、除滴器、煤气排送机、空气鼓风机）

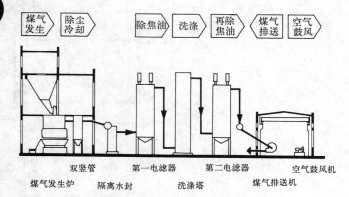

双竖管　第一电滤器　第二电滤器　空气鼓风机
煤气发生炉　隔离水封　洗涤塔　煤气排送机

4 烟煤冷煤气站（煤气发生、除尘冷却→除焦油→洗涤→再除焦油→煤气排送→空气鼓风）

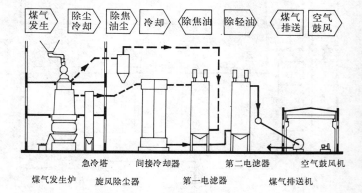

急冷塔　间接冷却器　第二电滤器　空气鼓风机
煤气发生炉　旋风除尘器　第一电滤器　煤气排送机

5 两段煤气冷煤气站（煤气发生、除尘冷却→除油尘→冷却→除焦油→除轻油→煤气排送→空气鼓风）

煤气发生站及主厂房设计要点

一、煤气站应位于厂区主要建筑物夏季最小频率风向的上风侧；靠近煤气主要用户，并须考虑运煤方便。

二、煤气站宜靠近锅炉房，便于煤屑利用，并共用煤和灰渣的贮运设施。

三、煤气站区域内应设有消防车道或回车场。

四、煤气站的厂房应与煤气用户分开布置，小型热煤气站的厂房可毗连煤气用户的厂房，但应有防火墙隔开。

五、主厂房的布置，宜将无净化设备一面的外墙面向夏季盛行风向。

六、主厂房的煤气发生炉宜采用单排布置。

七、主厂房操作层宜采用封闭建筑，并设置通往煤气净化设备平台或热煤气用户的通道。

八、主厂房底层为封闭建筑时应按设备的最大件设置门洞或安装孔，二层以上的楼层应设吊装孔或安装孔。

九、主厂房各层安全出口的数目不应少于两个。

十、主厂房的底层、操作层宜设检修用的起重设施。

十一、主厂房靠净化设备的墙上门窗布置应避开穿墙的煤气管道。

十二、多雨雪地区的露天煤场，宜有部分防雨雪措施。

煤气发生站 [12] 动力站

常用的煤气发生炉和主厂房柱网和层高

表1

发生炉型号	单台产气量(标准状态) (m³/h)	单台煤耗量 (kg/h)	柱距 (m)	跨度 (m)	一层	二层	三层	四层	五层	总高
φ1.0	420~600	140~180	5~6	8~9	3.25~4.15	~5.75				9~10
φ1.5	1200~1600	350~500	~6	9~10	3.8~4	~6				10
φ1.5 带搅棒	1200~1600	350~500	~6	9~10	3.9~4	~3.6	~3.2			~10.8
φ2.0	2100~2800	600~900	6.5~7	~10	4.8~5.25	~6.4				~11.5
φ2.4	3200~4200	910~1350	~7	10~11	~6.9	~5.9	~4			~16.8
φ2.4 WG	3200~4200	910~1350	6~6.5	~6	~4.5	~4	~4	~4.7	~4	~21.2
φ3.0 13	5000~6600	1750~2000	~7.5	12~13	~6.5	~7	~3.5			~17.5
φ3.0 WG	5000~6600	1750~2000	7~7.5	6.5~7.5	5~5.5	~4.5	~4.4	5.6~7.5	4~6	~25.5
φ3.0 两段炉	5000~6600	1750~2000	~8	13	~6	~5.5	~9.5	~4		~25

煤气发生站面积 (m²)

表2

发生炉型号	台数	煤气种类	总建筑面积	占地面积	占地面积中煤场面积	煤气发生站建筑物组成：(所有下列各项均有主厂房、空气鼓风机间、化验室)
φ1.5	2	烟煤热煤气	250~300	600~700	~120	
φ1.5 带搅棒	2	烟煤热煤气	300~350	600~700	~120	
φ2.0	2	烟煤热煤气	330~400	900~1100	~160	
φ2.0	2	无烟煤冷煤气	500~600	5000~6000	~800	排送机间、防护、维修、整流、泵房、生活间、污水处理
φ2.4	2	烟煤热煤气	400~600	1200~1500	~400	防护、维修、生活间
φ2.4 WG	2	无烟煤冷煤气	900~1100	6000~8000	~1500	排送机间、防护、维修、泵房、污水处理、运煤栈桥、生活间
φ3.0 13	2	烟煤热煤气	1000~1200	5000~7000	~2000	防护、维修、生活间
φ3.0 13	3	烟煤冷煤气	2000~2200	15000~20000	~4000	排送机间、防护、仪表、控制、变配电、整流、维修、污水处理、运煤栈桥、生活间
φ3.0 WG	2	无烟煤冷煤气	1500~1700	6000~8000	~2000	排送机间、防护、控制、电工、生活间
φ3.0 两段炉	2	烟煤两段冷煤气	2500~3000	7000~10000	~3000	排送机间、防护、仪表、控制、变配电、整流、维修、水泵房、脱水间、运煤栈桥等

注：煤场面积应根据用煤量、煤种、供应情况而定。φ1.5、φ2.0 及 φ2.4 热煤气站煤场在煤气站旁，未计入道路在内。

主厂房

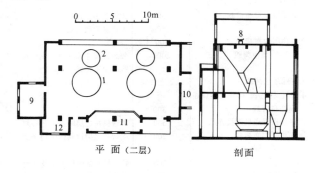

1 热煤气站主厂房 (φ3.0 13型)

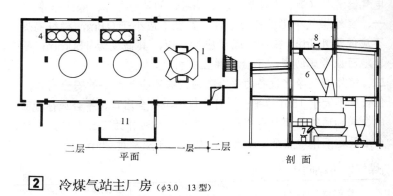

2 冷煤气站主厂房 (φ3.0 13型)

1 煤气发生炉 2 除尘器 3 竖管
4 空气饱和塔 5 急冷塔 6 煤斗
7 输渣皮带 8 输煤皮带 9 受煤坑
10 生活辅助间 11 控制室 12 灰渣斗

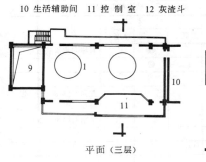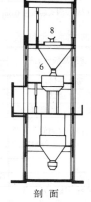

3 冷煤气站主厂房 (φ3.0 WG型)

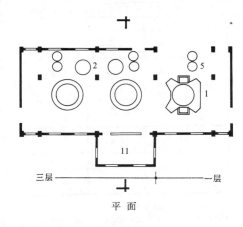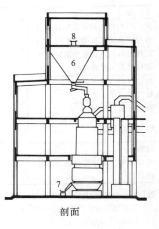

4 两段煤气站主厂房 (φ3.0)

动力站 [13] 煤气发生站

机器间和煤气排送机间设计要点

一、机器间和煤气排送机间安全出口数目不应小于两个，但每层面积不超过 150m² 时可设一个。

二、单层操作层的一个出口，应能通过设备的最大部件；双层建筑的操作层应设有吊装孔。

三、操作层应有通风良好带观察窗的隔声值班室。

四、靠煤气总管一边的墙上门窗布置应避开穿墙的煤气管道。

五、应考虑噪声控制，可用吸声、隔声、消声的办法控制噪声。

六、应有一主要通道，及修理时放置部件的位置，净距不小于 2m，一般通道不小于 1.5m。通向室外的门应向外开。

七、双层厂房底层高度不得低于 3m，操作层最低高度见表 1。

表 1

煤气排送机型号	机器间跨度(m)	排送机间跨度(m)	单梁手动吊车容量(t)	吊车轨顶最低标高(m)	煤气排送机外形尺寸 长×宽×高(mm)
AI30—1.048	7.5～9	4.5～6	2	4.5	1205×840×860
AI80—1.096	9	6	2	4.5	1100×1421×1265
C100—1.245	9	6	2—3	5	1566×1320×1280
AI110—1.076	9	6	2—3	5	1790×1130×1480
AI250—1.27	9	6～7.5	5	5.5	1534×1830×1900
AI300—1.09	9	6～7.5	5	5.5	1380×1680×1900
AI400—1.13/0.96	12	9	5	5.5	2070×2400×2460
AI500—1.23	12	9	5	5.5	1830×2030×2140
AI700—1.17	12	9	5	6	2080×2960×2330

室外煤气净化设备

室外煤气净化设备为冷煤气站的组成部分，包括隔离水封、电气滤清器（简称电滤器）、洗涤塔、间接冷却器、除滴器等。

一、室外煤气净化设备的平台，宽度不应小于 0.8m，栏杆高度不应低于 1.2m；在栏杆底部应设护板，其高度为 150mm；平台地面应考虑防滑，平台扶梯宜有斜度。

二、室外煤气净化设备的平台，应设有不少于两个的安全出口，但长度不大于 15m 的平台，可只设一个安全出口。平台通往地面的扶梯和通往相邻平台或厂房的走道，均可作为安全出口。由平台上最远工作地点至安全出口的距离，不应超过 25m。

煤气发生站防火防爆要求

表 3

建筑物或场所名称	建筑防火防爆要求			电气防爆和火灾危险性等级	
	爆炸危险	火灾危险	耐火等级	爆炸危险场所	火灾危险场所
主厂房	无	乙类	二级		
主厂房贮煤层封闭建筑且煤气有可能从加煤机漏入贮煤斗时	有		二级	2 区	
贮煤层半开敞或煤气不可能从加煤机漏入贮煤斗时	无		二级		22 区
排送机间、机器间	有	乙类	二级	2 区	
煤气管道排水器间	有	乙类	二级	2 区	
焦油泵房、焦油库	无	丙类			21 区
煤气净化设备区				2 区	
煤场	无				23 区
受煤斗室、破碎筛分间、运煤皮带通廊	无	丙类			22 区

注：①小型煤气站，面积不超过 300m² 的单层厂房，可采用三级耐火等级。
②有爆炸危险厂房的泄压面积与厂房体积的比值（m²/m³）宜采用 0.05～0.22，体积超过 1000m³ 的建筑，如采用上述比值有困难时，可适当降低，但不宜小于 0.03。

机器间和煤气排送机间布置

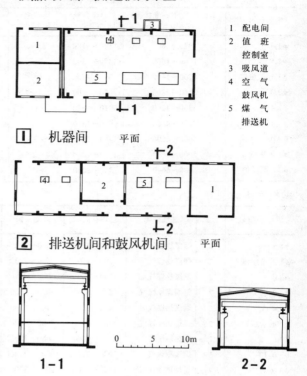

1 配电间
2 值班控制室
3 吸风道
4 空气鼓风机
5 煤气排送机

1 机器间 平面

2 排送机间和鼓风机间 平面

1-1　　　　2-2

煤气发生站荷载采用表

表 2

荷载 分类	标准荷载 kg/m² 或 kg	附 注
主厂房（按 φ3.0-13 型发生炉）		
1.底层地面均布荷载	500	大设备不能通行处
	2500	大设备能通行处
2.操作层均布荷载	500*	
集中荷载	2000	每根梁跨中均考虑此集中荷载，但不传递
3.特殊悬挂荷载	按工艺资料	
4.煤气发生炉贮煤斗上运煤通廊均布荷载	300	
机器间或排送间操作层	500	排送机在二层时按工艺资料
运煤栈桥均布荷载	200	皮带头尾架按具体资料考虑
破碎及筛分间		
1.地面均布荷载	200	破碎机及筛煤机安装及动力荷载按具体资料考虑
2.楼面均布荷载	500	
中央控制室、化验室	300	
室外净化设备的操作平台	200	特殊情况按工艺资料

* 荷载按耐火砖堆放 0.6m 考虑，两段炉荷载为 1000kg/m² 或按工艺资料

地面材料选择表（一般标准○ 较高标准●）

表 4

房间及场地名称	面层材料			附 注
	混凝土	水泥	水磨石	
主厂房（一层）	○	●		有坡向水沟的坡度
主厂房（楼层）	○	●		
排送机间、机器间			○	
整流间、仪表间、化验室、防护站、控制室			○	宜避免潮湿、振动、粉尘、噪声的影响，水磨石墙裙 1.2m 高
电工间		○		
维修间	○			
室外煤气净化设备区	○			
煤场	○			有排水设施

循环水系统

一、冷煤气用水洗涤，起冷却、除尘作用、水量大，含有酚、氰、焦油等杂质，必须为封闭循环。冷循环系统供洗涤塔用水，见1，热循系统供竖管用水，见2。

二、无烟煤冷煤气站包括1 2。小型无烟煤冷煤气站可将1 2合并，竖管和洗涤塔流出的水合并流入沉淀池经冷却塔回用。

三、烟煤冷煤气站包括1 2及焦油系统3。

四、采用间接冷却器的冷却水是干净水，为了节水，通常循环使用。

五、两段炉冷煤气站用急冷塔洗涤煤气时的循环水系统结合污水处理，见4。

六、热煤气站煤气不用水洗涤，但热煤气管道水封的溢流水含有少量酚类杂质，需设一水池，用水泵循环供水封溢流用水。

七、循环水系统宜布置在主厂房、煤气排送机间、空气鼓风机间、机器间的夏季盛行风向的下风侧。并应考虑冷却塔散发的水雾对周围环境的影响。

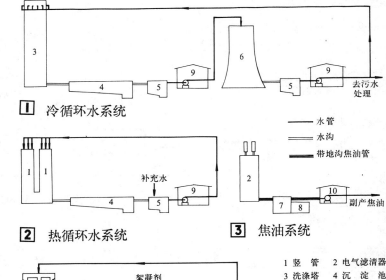

1 冷循环水系统

── 水管
══ 水沟
▬▬ 带地沟焦油管

2 热循环水系统　　3 焦油系统

1 竖管　2 电气滤清器
3 洗涤塔　4 沉淀池
5 吸水池　6 冷却塔
7 焦油池　8 焦渣池
9 水泵　10 焦油泵
11 急冷塔　12 净水器

4 两段炉热循环水系统

循环水系统建筑物和构筑物

名称	说明
水泵房	一般为半地下式，设有单轨电葫芦。当装有消防水泵时，屋盖应采用非燃烧材料，焦油泵应另行设置。
冷却塔	冷却塔出来的水，经冷却塔降温后重复使用，冷却塔一般为钢筋混凝土结构，风筒部分可用玻璃钢。间接冷却器的水用玻璃钢冷却塔。
吸水池	冷、热吸水池和冷却塔吸水池，可合建为多格、紧靠水泵房。
沉淀池	沉淀池四周需做1.0～1.5m宽的散水坡，池周应设栏杆，池中渣泥常用带有抓斗的桥式吊车或汽车吊清除。
调节池	沉淀池旁应有一定容量的调节池，遇有意外或水量过大时起调节作用，结构同沉淀池。
焦油池	一般靠近沉淀池，结构同沉淀池，需有保温的顶板，池旁应设焦渣池。
水沟	坡度≤6%，沟宽≤300mm，沟深大于700mm时，上部加宽如5，以便清理。小型煤气站沟宽≤200mm，水沟应设盖板。洗涤塔旁水沟见6。

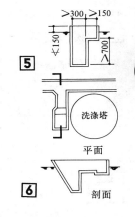

注：①与煤气直接接触的循环水系统所采用的吸水池、沉淀池、调节池、焦油池、水沟、冷却塔水池等构筑物必须有防止循环水渗入土壤污染环境的措施，并应采用钢筋混凝土建造。
②吸水池、沉淀池、调节池、焦油池、水沟的顶标高必须高出地面一定高度，并不小于150mm，以防止暴雨时地面水流入各构筑物。

污水处理

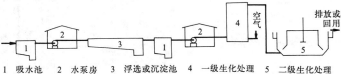

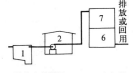

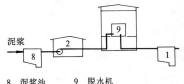

1 吸水池　2 水泵房　3 浮选或沉淀池　4 一级生化处理　5 二级生化处理　6 塔式生物滤池　7 冷却塔　8 泥浆池　9 脱水机

7 烟煤冷煤气　　　　　　　　　　8 无烟煤冷煤气　　9 两段炉冷煤气

煤气洗涤水含有酚氰等杂质需要处理。烟煤冷煤气污水处理工艺，主要是除焦油和除酚类有机物质，除油为预处理，通常用气浮或混凝沉淀，除酚为后处理，通常用生化处理。

无烟煤冷煤气洗涤水含油很少，含酚也不高，一般不用预处理。主要有害杂质为氰化物及硫化物，通常用脱氰效果较好的塔式生物滤池处理，塔式生物滤池可与冷却塔合建，即上段为冷却塔，下段为生物滤池。

两段炉冷煤气的下段煤气洗涤水可用净水器加絮凝剂将水中泥浆析出排入泥浆池，用泵打至脱水机，水流入吸水池回用，或按无烟煤冷煤气洗涤水处理，上段煤气与冷却水间接接触，仅有煤气冷凝液需要处理，可送焚烧炉雾化后焚烧，或通过蒸发器将冷凝液变为酚蒸汽掺入鼓风空气通至发生炉分解。

污水处理的建筑物有水泵房、化验室、风机间、加药间、污泥脱水间等。

动力站 [15] 煤气发生站

煤气发生站区域平面布置的几种形式

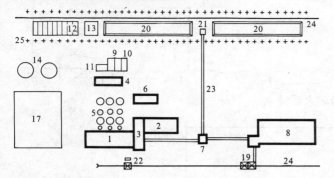

a 与锅炉房合并皮带运煤　　b 煤气站单独皮带运煤

1 烟煤冷煤气站 （φ3.0 13型 煤气发生炉）

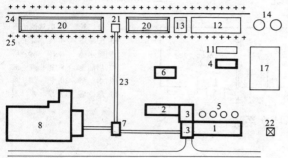 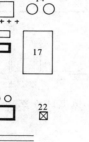 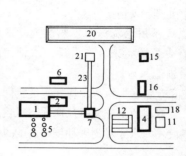

a φ3.0 发生炉，与锅炉房合并皮带运煤　　b φ2.0 发生炉　　c φ2.4-85型发生炉

1 发生炉间
2 排送机间
3 生活辅助间
4 循环水泵房
5 室外净化设备
6 变电所
7 筛煤房
8 锅炉房
9 焦油池
10 焦渣池
11 吸水池
12 沉淀池
13 晒泥场
14 冷却塔
15 生物滤池
16 澄清池
17 污水处理地
18 库房
19 末煤斗
20 煤场
21 受煤斗
22 灰渣斗
23 运煤栈桥
24 铁路
25 露天行车

2 无烟煤冷煤气站

煤气发生站区域平面布置实例

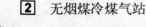

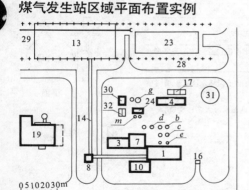 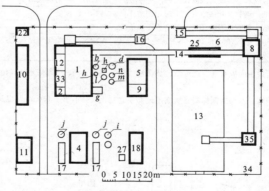

3 某厂烟煤冷煤气站 （φ3.0 13型 2台）　　4 某厂两段炉冷煤气站 （φ3.0 2台）

1 主厂房　　2 空气鼓风机间
3 机器间　　4 循环水泵房
5 排送机间　　6 电气控制室
7 变配电间　　8 破碎筛分间
9 配电间　　10 生活辅助间
11 变电所　　12 仪表控制室
13 煤场　　14 运煤栈桥
15 末煤斗　　16 灰渣斗
17 吸水池　　18 污泥脱水间
19 锅炉房　　20 锅炉水处理间
21 浓缩池　　22 传达室
23 沉淀池　　24 焦油泵房
25 休息室　　26 锅炉水泵房
27 沉渣池　　28 露天行车
29 铁路　　30 风机水泵房
31 冷却塔　　32 含酚污水池
33 变送器室　　34 围墙
35 磁选间

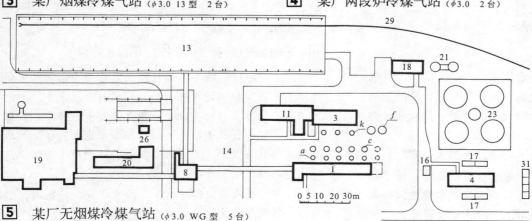

5 某厂无烟煤冷煤气站 （φ3.0 WG型 5台）

a 空塔　　b 第一电滤器
c 洗涤塔　　d 第二电滤器
e 隔离水封　　f 电气滤清器
g 焚烧炉　　h 间接冷却器
i 净水器　　j 玻璃钢冷却塔
k 除滴器　　l 冷凝液罐
m 轻油罐　　n 焦油罐

煤气发生站 [16] 动力站

煤气发生站实例

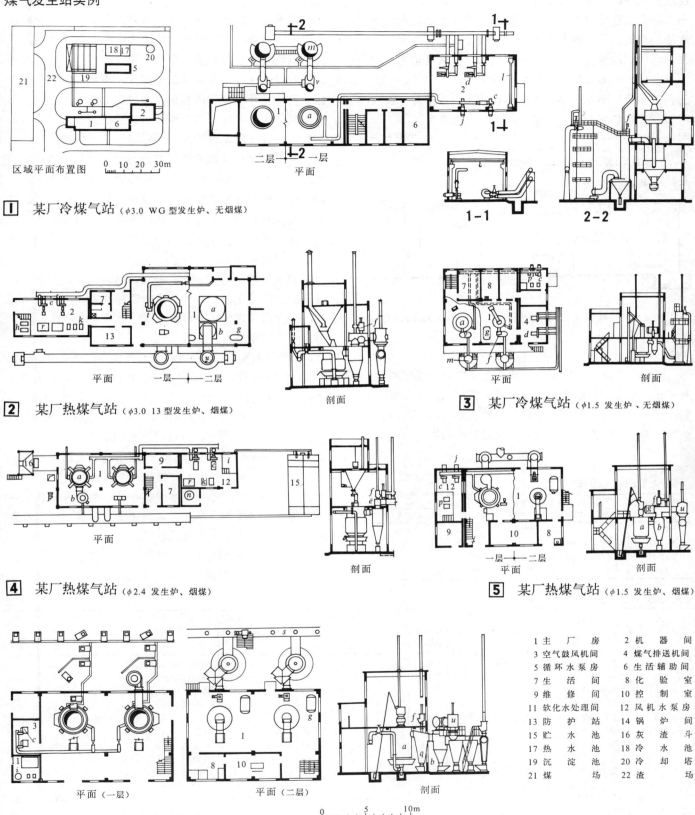

1. 某厂冷煤气站（φ3.0 WG型发生炉、无烟煤）
2. 某厂热煤气站（φ3.0 13型发生炉、烟煤）
3. 某厂冷煤气站（φ1.5 发生炉、无烟煤）
4. 某厂热煤气站（φ2.4 发生炉、烟煤）
5. 某厂热煤气站（φ1.5 发生炉、烟煤）
6. 某厂热煤气站（φ2.0 发生炉、烟煤）

1 主厂房	2 机器间	3 空气鼓风机间	4 煤气排送机间
5 循环水泵房	6 生活辅助间	7 生活间	8 化验室
9 维修间	10 控制室	11 软化水处理间	12 风机水泵房
13 防护站	14 锅炉间	15 贮水池	16 灰渣斗
17 热水池	18 冷水池	19 沉淀池	20 冷却塔
21 煤场	22 渣场		

a 煤气发生炉　b 旋风除尘器　c 空气鼓风机　d 煤气排送机　e 水封阀　f 钟罩阀　g 汽包
h 循环水泵　i 软化水处理设备　j 消声器　k 软化水泵　l 手动吊车　m 洗涤塔　n 锅炉
p 水泵　q 带灰斗炉出管　r 软化水箱　s 热煤气总管　t 水力逆止阀　u 盘阀　v 竖管

动力站 [17] 压缩空气站

压缩空气站的类型（按空气压缩机的类型分类）

一、活塞式压缩空气站：主机压力范围大，能适应任意流量，广泛用于各种类型工厂。厂房为单层。

二、离心式压缩空气站：主机容量大，且供气均匀，适用于规模较大的工厂。厂房多为两层。

三、回转式压缩空气站：主机结构紧凑，重量轻，但效率较低，一般用于中、小型工厂。厂房为单层。

注：1. 活塞式压缩机压力划分：低压$P\leq 1MPa$，中压$1MPa<P\leq 10MPa$，高压$P>10MPa$。
2. 本资料叙述的为工厂常用的低压活塞式压缩空气站。

压缩空气站工艺流程

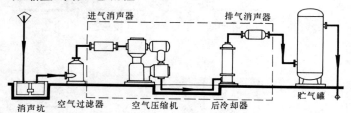

注：1 当采用消声坑时，一般不再采用进气消声器。 2 虚线框内为室内设备。

压缩空气站组成

主要生产间为机器间。辅助间有变电间、配电间、水泵间、检修间、贮藏间、油料间、值班室、办公室、更衣室和厕所等，其设置需根据站的规模和工厂的水、电供应情况、机修体制以及生活设施标准确定。

设计要点

一、压缩空气站生产的火灾危险性类别为丁类。全部由气缸无油润滑压缩机组成的站，其生产类别为戊类。

二、站的位置宜靠近负荷中心；便于供电、供水；有扩建的可能性；避免靠近散发爆炸性、腐蚀性和有毒的气体以及粉尘等有害物的场所，并位于上述场所全年风向最小频率的下风侧；与有噪声、振动防护要求的场所的间距，应符合国家现行的有关标准规范的规定。

三、站的朝向宜使机器间有良好的自然通风，并减少西晒。设备和辅助间的布置不宜影响机器间的通风和采光。

四、贮气罐应布置在室外，并宜位于机器间的北面。立式贮气罐与机器间外墙的净距，不应影响采光和通风。

五、站宜为独立建筑物。当与其它建筑物毗连或设在其内时，宜用墙隔开。

六、空气压缩机组宜为单排布置，机器间通道的宽度，应根据设备操作、拆装和运输的需要确定。

七、为降低噪声，可在机组、管道和建筑物上采取隔声消声和吸声等措施。

八、单机排气量$\geq 20m^3/min$的空气压缩机且总安装容量$\geq 60m^3/min$的站，宜设置按机组最重部件确定起重能力的检修用起重设备（如单轨手动葫芦、梁式起重机等）。

九、机器间高度应满足设备拆装起吊和通风的要求，且不宜低于4m。炎热地区，机器间跨度>9m时应设天窗。

十、机器间地面要不易起尘，一般用混凝土压光地面，较高标准用水磨石地面。内墙应抹灰刷白。

十一、冷却用水，除当地水资源丰富，允许采用直流给水系统外，应采用循环水或重复使用水系统。循环水宜采用开式高位冷却塔或闭式系统。

十二、设置集中采暖的站，机器间的采暖温度，不宜低于15℃，非工作时间的值班采暖温度，不宜低于5℃。

压缩空气站机器间建筑尺寸表   表1

压缩机排气量 (m^3/min)	柱距 (mm)	跨度 (mm)	屋架下弦标高 (mm)	起重机 轨顶标高(mm)	起重机 起重量(t)
3、6	3000	6000	4000	—	—
10、20	4000	9000	5000	悬挂	2
40、60	6000	12000	~6500	5500	3
100	6000	12000	~7500	6500	5

常用活塞式空气压缩机规格表   表2

空气压缩机型号	空气压缩机型式	压缩机排气量 (m^3/min)	最大排气压力 (MPa)	曲轴转数 (rpm)	冷却水消耗量 (m^3/h)	电动机功率 (kW)	电动机电压 (V)	贮气罐容积 (m^3)	贮气罐直径 (mm)	贮气罐高度 (mm)	压缩机或(机组)重量 (kg)	压缩机或(机组)外形尺寸(mm) 长	宽	高	压缩机基础尺寸(mm) 长	宽	深(参考)
V-3/8-1	V型 水冷式	3	0.8	980	0.9	22	380	0.5	812	2175	(1002)	(1500)	(1140)	(1210)	1340	900	350
V-6/8-1	V型 水冷式	6	0.8	980	1.8	40	380	1.0	812	2375	(1380)	(1850)	(1210)	(1320)	1850	900	350
3L-10/8	L型 水冷式	10	0.8	428	2.4	65	380	1.0	812	2210	1700	1900	900	1630	3800	1400	1000
L2-10/8-1	L型 水冷式	10	0.8	980	2.4	55	380	1.0	812	2200	1300	1592	855	1301	2500	2000	900
4L-20/8	L型 水冷式	20	0.8	400	4.8	132	380	2.5	1100	3500	2400	2340	1165	1930	3600	1800	1200
L3.5-20/8-1	L型 水冷式	20	0.8	730	4.8	110	380	2.0	1012	2950	2200	2035	913	1665	3400	2400	1000
5L-40/8	L型 水冷式	40	0.8	428	9.6	250	6000	4.6	1300	4100	5000	2500	2160	2430	3500	3400	1700
L5.5-40/8	L型 水冷式	40	0.8	600	9.6	250	6000	4.0	1216	3870	3900	2445	1505	1894	3600	3000	1500
L8-60/8	L型 水冷式	60	0.8	428	14.4	350	6000	6.0	1416	4180	7000	2500	1830	2390	3300	2980	1800
7L-100/8	L型 水冷式	100	0.8	375	24.0	550	6000	10.0	1620	5080	12000	2950	1850	2890	4300	4000	—
2D12-100/8	对称平衡式	100	0.8	500	24.0	550	6000	10.0	1620	5080	10000	4480	2050	3000	4400	3870	1700
2Z-3/8-1	立式无油润滑	3	0.8	730	1.5	22	380	0.6	712	2045	(2000)	(2250)	(2530)	(2090)	2450	2250	950
2Z-6/8-1	立式无油润滑	6	0.8	740	—	37	380	1.0	712	2045	(2200)	(2250)	(2530)	(2070)	2550	2250	950
2Z-10/8	立式无油润滑	10	0.8	740	2.4	75	380	1.0	812	2210	(2600)	(2270)	(1750)	(2170)	2200	1000	1150
ZL2-10/8-1	L型 无基础	10	0.8	980	2.4	55	380	1.0	812	2200	(2400)	(1592)	(1890)	(1967)	—	—	—
ZL3.5-20/7	L型 无基础	20	0.7	980	4.8	112	380	2.5	1100	3010	(4200)	(2121)	(1731)	(2000)	—	—	—

压缩空气站 [18] 动力站

压缩空气站区域布置和站房布置的几种形式

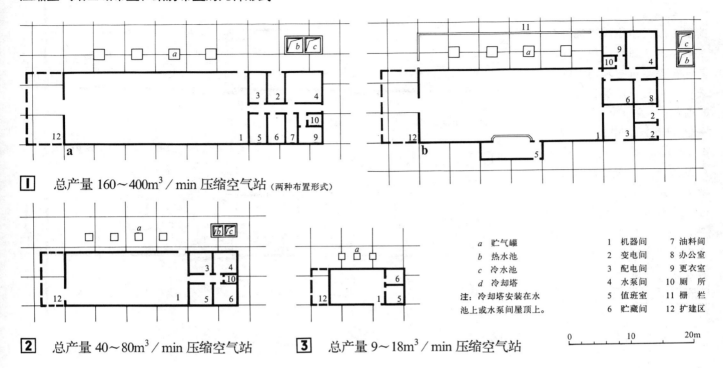

1 总产量 160~400m³/min 压缩空气站（两种布置形式）

2 总产量 40~80m³/min 压缩空气站

3 总产量 9~18m³/min 压缩空气站

a 贮气罐	1 机器间	7 油料间
b 热水池	2 变电间	8 办公室
c 冷水池	3 配电间	9 更衣室
d 冷却塔	4 水泵间	10 厕所

注：冷却塔安装在水池上或水泵间屋顶上。

5 值班室　11 栅栏
6 贮藏间　12 扩建区

压缩空气站设计实例

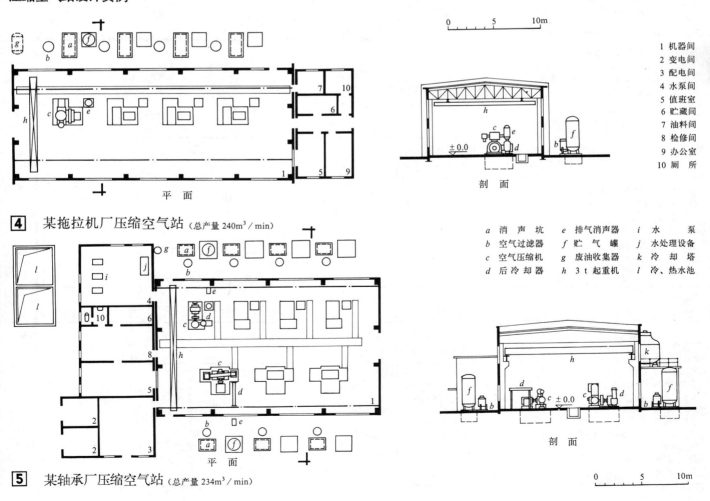

4 某拖拉机厂压缩空气站（总产量 240m³/min）

5 某轴承厂压缩空气站（总产量 234m³/min）

1 机器间	6 贮藏间
2 变电间	7 油料间
3 配电间	8 检修间
4 水泵间	9 办公室
5 值班室	10 厕所

a 消声坑	e 排气消声器	i 水 泵
b 空气过滤器	f 贮气罐	j 水处理设备
c 空气压缩机	g 废油收集器	k 冷却塔
d 后冷却器	h 3t 起重机	l 冷、热水池

动力站 [19] 氧气站

氧气站的组成和分类

氧气站是指在一定区域范围内，根据不同情况组合制氧站房、灌氧站房，以及其他有关建筑物和构筑物的统称，按其空分设备工艺流程的压力，可分为高压（16～20MPa）或中压（1.2～4MPa）的中、小型氧气站，或低压（低于1MPa）的大型氧气站。

汇流排间、气化站房是用户为集中供氧给各用气点而专设的建筑物。

氧气站工艺流程

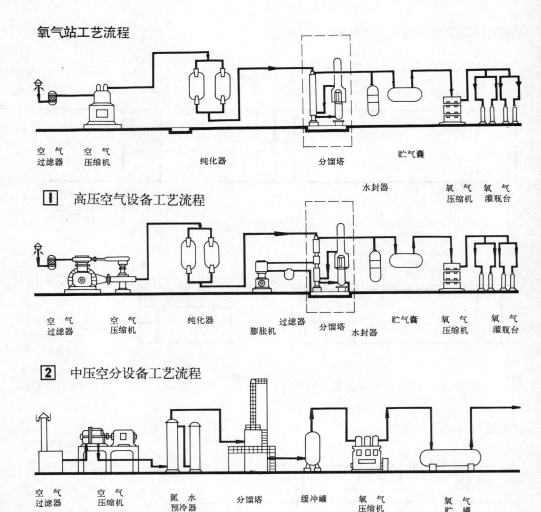

① 高压空气设备工艺流程

② 中压空分设备工艺流程

③ 低压空分设备工艺流程

氧气站的组成　表1

组成	房间名称
主要生产间	制氧间、贮气囊间、贮罐间、压缩机间、灌瓶间、实瓶间、空瓶间、修瓶间等
辅助生产间	检修间、变电间、配电间、水泵间、贮藏间等
生活间	更衣室、休息室和厕所等（办公室和生活间的设置应根据站的规模和生活设施的标准而定）

KGO-20型高压空分设备规格表（氧产量20m³/h）　表2

名称及型号	水耗量(t/h)	电力安装容量(kW)	外形尺寸 长×宽×高(mm)	重量(kg)
空气压缩机　1LY-2/200型	2.7	40	3350×1800×3350	1100
纯化器　HXK-120/200型			1120×900×2900	1400
分馏塔　FL-75型			1600×1120×6750	2170
贮气囊　50-1型			φ2850×8750	70
氧气压缩机　2LY-0.5/165-I型	1.0	13		1100
灌瓶台　GC-8型			2070×1291×1983	140
加热器　2.5型		5.0	3790×1580×500	

KDON-1000/1100型低压空分设备规格表（氧产量1000m³/h）　表3

名称及型号	水耗量(t/h)	电力安装容量(kW)	外形尺寸 长×宽×高(mm)	重量(kg)
空气过滤器　LWZ-12YA型		0.6	7200×2500×4500	530
空气压缩机　DA150-61型	132	804	6550×3200×6000	16000
氨水预冷器　　型	0.5	20	φ1200×8664	5000
分馏塔　FON-1000/1100型			6000×4800×18500	10000
透平膨胀机　PLK-33.3×2/4.7~0.35型	1.0	1.5×2	1220×500×500	165
液氧泵　3LB-4.5/1.5型	1.0	1.5×2	320×320×1006	83
氧气压缩机　2LY-9.2/30-1型	8×2	110×2	2100×910×2175	5950
加温系统	2.5	22		
仪表系统	0.3	22		

KZON-50/100型中压空分设备规格表（氧产量50m³/h）　表4

名称及型号	水耗量(t/h)	电力安装容量(kW)	外形尺寸 长×宽×高(mm)	重量(kg)
空气压缩机　L₄-5.5/40型	8	75	1850×1154×1658	4000
纯化器　HXK-300/40型		15	2350×1550×3060	2124
分馏塔　FON-50/100型			1060×1920×8610	3200
膨胀机　PZK-5/40-6型		7.5	810×915×1755	733
贮气囊　ZG-50			φ2850×8750	70
氧气压缩机　3Z3-1.67/150型	3	28	2030×2700×2035	2800
灌瓶台　GC-10型			4280×500×795	140
加热器　JR-13型		15	890×540×1663	310

KZON-150/600-3型中压空分设备规格表（氧产量150m³/h）　表5

名称及型号	水耗量(t/h)	电力安装容量(kW)	外形尺寸 长×宽×高(mm)	重量(kg)
空气压缩机　2D8-17/45-Ⅱ型	19	200	6083×4500×1500	14750
纯化器　HXK-960/45型	0.91	36	3500×1830×3945	4700
分馏塔　FON-150/600型			2270×1590×8725	8200
膨胀机　PZK-143/40-6型		17	980×1214×2125	2150
贮气囊　50-1型			φ2850×8750	70
氧气压缩机　3Z3-1.67/150型	3×2	28×2	2030×2700×2035	2800
灌瓶台　GC-24型			8200×500×700	305
加热器　JR-12.9型		15		360

制氧站房的布置

生活和辅助房间布置在机器间的一端，利于采光、通风和发展。

灌氧站房内灌瓶间及空瓶、实瓶间的布置

灌氧工艺属高压氧气系统，其高压氧气管线及灌瓶路线应愈短愈好，氧气瓶的运输方式，除较小的灌氧站房外，可采用机械化和半机械化运输，并应有发展的可能性。按工艺流程有以下几种布置方式：

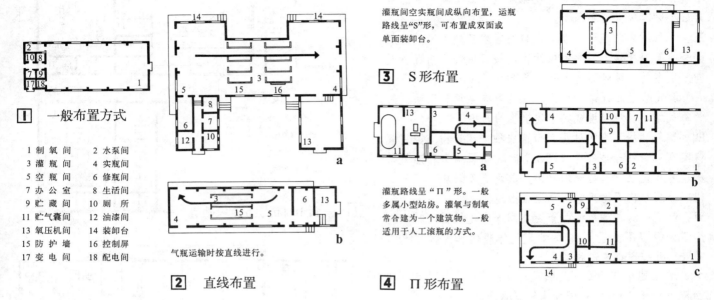

|1| 一般布置方式

1 制氧间　2 水泵间
3 灌瓶间　4 实瓶间
5 空瓶间　6 修瓶间
7 办公室　8 生活间
9 贮藏间　10 厕所
11 贮气囊间　12 油漆间
13 氧压机间　14 装卸台
15 防护墙　16 控制屏
17 变电间　18 配电间

|2| 直线布置　气瓶运输时按直线进行。

|3| S形布置　灌瓶间空实瓶间成纵向布置，运瓶路线呈"S"形，可布置成双面或单面装卸台。

|4| Π形布置　灌瓶路线呈"Π"形。一般多属小型站房。灌氧与制氧常合建为一个建筑物。一般适用于人工滚瓶的方式。

灌瓶台的布置

灌氧工艺中的管道和容器都是高压的，灌瓶台前需设置防护墙防止气瓶爆炸或发生瓶帽零件冲出伤人，控制阀门和压力仪表等应在集中的控制屏上。防护墙用钢筋混凝土制作，转角处嵌角钢。灌瓶台较多时，每6～8排中间留一条通道。

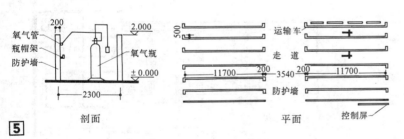

|5| 剖面　平面

氧气压缩机间的布置

大中型氧气站，当氧压机台数多于二台时，一般都布置在灌氧站房的相邻边房里，便于操作管理。比较安全，一般设有单轨电葫芦以备检修；氧压机台数二台或以下的小型站可与制氧站房的制氧间合并布置。

|6| ▢ 灌氧站房　■ 氧压机间

氧气站的区域布置

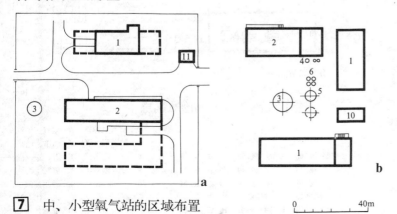

|7| 中、小型氧气站的区域布置

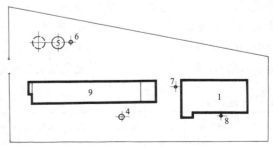

|8| 大型氧气站的区域布置

1 制氧站房　4 缓冲罐　7 消音器　10 变配电所
2 灌氧站房　5 球形贮罐　8 液态气体贮罐　11 传达室
3 湿式贮罐　6 立式贮罐　9 制氢压氧站房

动力站[21]氧气站

氧气站设计要点

一、氧气站生产的火灾危险性类别，应为乙类。氧气遇到油脂易发生火灾爆炸事故。

二、氧气站应建于空气洁净地区，并应位于乙炔站及电石渣堆或散发其他烃类等有害杂质及固体尘埃车间的全年最小频率风向的下风侧。

三、氧气站内的空分设备吸风口与散发乙炔以及其他烃类等有害杂质散发源之间的距离，按环境污染情况以及空分设备的自清除能力，一般为50～500m。

氧气站宜靠近最大用户，应注意有噪声和振动机组的氧气站建筑对环境或其它建筑物的影响。

四、制氧站房、灌氧站房宜布置成独立建筑物，但当氧气实瓶贮量小于或等于1700个时，制氧站房和灌氧站房也可布置在同一座建筑物内，其耐火等级应不低于二级，外围结构不需采取防爆泄压措施。

五、制氧站房与灌氧站房布置在同一座建筑物内时，应用耐火极限不低于1.5h的非燃烧体隔墙和丙级防火门隔开，并应通过走道相通。

六、各主要生产间之间，以及与其他房间之间应用耐火极限不低于1.5h的非燃烧体隔墙隔开。

七、氧气站应有较好的自然通风和采光。

八、氧气站各主要生产间的门窗均应向外开启。

主要生产间的制氧间、压缩机间、空瓶间、实瓶间，应有直通室外的门。

九、灌瓶间、实瓶间、贮气囊间的窗玻璃，宜采取涂白漆或其他防止阳光直射曝晒的措施。

十、空瓶间、实瓶间应设置宽度为2m，高度高出室外地坪0.4～1.1m的气瓶装卸平台，平台上应设非燃烧材料作的雨篷。

十一、柱网布置：制氧间柱距一般为6m，跨度一般为12、15、18m，屋架下弦高度根据最高设备（分馏塔）或从立式压缩机气缸中抽出活塞的高度和起重吊钩的极限高度确定，除大型站外，一般为8.5m～11.5m，有起重设备的，起重能力一般为5～10t，轨顶高度一般为7.0～9.5m，其他各间的高度不宜小于4m。

十二、制氧间、压缩机间内的生产管道宜敷设在地沟内。

地面材料选择表
表1

房间名称	铁屑混凝土	水泥	水磨石	木块	磁砖	地面要求
制氧间与压缩机间等		○	○		●	不易起灰尘局部防腐蚀
灌瓶与空瓶实瓶间	○	○			●	耐磨防滑
检修、贮藏生活、办公		○	●			

○ 一般标准　● 较高标准

氧气站设计实例

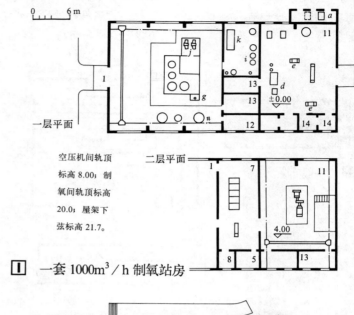

空压机间轨顶标高8.00；制氧间轨顶标高20.0；屋架下弦标高21.7。

1 一套1000m³/h制氧站房

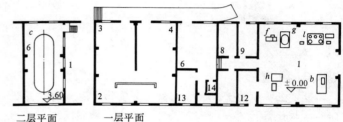

2 一套50m³/h制氧站

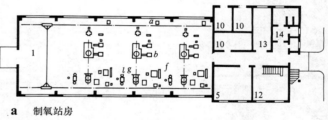

a 制氧站房

b 灌氧站房

3 三套150m³/h制氧与灌氧站房

1 制氧间　2 灌瓶间　3 实瓶间
4 空瓶间　5 化验间　6 修瓶间
7 主控室　8 休息室　9 办公室
10 变配电间　11 空压间　12 水泵间
13 贮藏间　14 厕所　15 氧压机间

a 空气过滤器　b 空气压缩机
c 贮气囊　d 油箱、油泵
e 冷却器　f 膨胀机
g 分馏塔　h 氧气压缩机
i 加温系统　j 透平膨胀机
k 仪表系统　l 纯化器
m 灌瓶台　n 氮水预冷器

乙炔站[22]动力站

乙炔站分类表　　　　　　　　　　　　　　　　表1

类别		说明
气态乙炔站	中压	发生器的工作压力为 0.02～0.15MPa，此类站容量较小、设备简单、操作方便，为单层厂房
	低压	发生器的工作压力为 4.00～8.00kPa，用水环式压缩机加压至 0.02～0.15MPa 后管道输送。站容量较大，厂房较中压气态站高
溶解乙炔站		气态乙炔经净化、压缩、干燥后灌充至乙炔钢瓶
混合乙炔站		一路经净化、压缩、干燥后灌充至乙炔钢瓶，另一路以管道输送

乙炔站各生产间爆炸和火灾危险环境分区表　　表2

非爆炸危险区	爆炸危险为1区的房间及场所	爆炸危险为2区的房间以及场所
值班室 机修间 化验室 电气设备间	发生器间、空瓶间、乙炔压缩机间、丙酮库、净化器间、实瓶间、乙炔汇流排间、电石库、乙炔库间、灌瓶间、电石渣处理间、减压间、电石渣坑、贮罐间、露天乙炔贮罐、中间电石库、电石渣泵间、电石破碎间、澄清水泵间	气瓶修理间 干渣堆场

中压气态乙炔站工艺流程

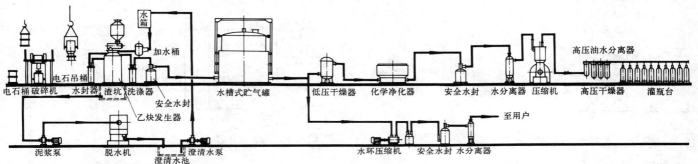

电石桶　电石斗　乙炔发生器　安全水封　水分离器

乙炔站主要生产间建筑尺寸表（单位 m）　　表3

生产间名称	发生器间			压缩机间	灌瓶间
	Q4-10型	YQ-40型	DYF-120型		
柱距	4,6	4,6	4,6	4,6	4,6
跨度	6	8,9	8,9	8,9,12	12,15
高度	5	9	7	5	5

低压混合乙炔站工艺流程

电石桶破碎机　水封　渣坑　洗涤器　加水桶　水槽式贮气罐　低压干燥器　化学净化器　安全水封　水分离器　压缩机　高压干燥器　高压油水分离器　灌瓶台
电石吊桶　泥浆泵　脱水机　安全水封　乙炔发生器　澄清水泵　澄清水池　水环压缩机　安全水封　水分离器　至用户

乙炔发生器规格及性能表　　表4

乙炔发生器型号	发气形式	乙炔发生率(m³/h)	每次加电石(kg)	电石规格(mm)	电石耗量(kg/h)	工作压力	排渣方式	加料方式	加料单轨起重量(kg)	水消耗量(kg/h)	发生器重量(kg)		外型尺寸(mm)	
											净重	基础荷重	桶径	高
Q4-10	水入电石式	10	25	15～80	50	0.12MPa	手动	手工	—	230	980	2000	1208	2690
YQ-20	电石入水式	20	1000	8～80	90	6kPa	自动	电磁振荡	2000	900	1725	4500	948	5100
YQ-40	电石入水式	40	200～1000	8～50	170	6kPa	自动	气动推料	500～2000	1700	1806	4200	1200	5515
DYF-120	电石入水式	120	少量	8～220	500	6kPa	自动	手工		5000	2759	6700	1816	4630
CF-240	电石入水式	240	2000	8～80	1000	4kPa	自动	电磁振荡	3000	10000	6500	14500	1500	7840

乙炔站设计要点

一、乙炔站按生产的火灾危险性分类为甲类生产，宜独立设置，并宜用敞开或半敞开式的厂房。当气态乙炔站安装容量≤10m³/h 时，可与一、二级耐火等级的其它厂房毗连，但应用无门、窗、洞的防火墙隔开。

二、乙炔站应布置在压缩空气站及氧气站空分设备吸风口处全年最小频风向的上风侧，严禁布置在易被水淹没的地方，管道输送的乙炔站应靠近主要用户。

三、有爆炸危险的房间（电石库除外）应设置泄压面积。泄压面积与房间容积的比值宜采用 0.22。

四、有爆炸危险的房间宜采用钢筋混凝土柱或有防火保护层的钢柱承重的框架或排架结构，泄压设施宜采用轻质非燃烧材料制作的屋盖作为泄压面积，易于泄压的门、窗、轻质墙体也可作为泄压面积。顶棚应尽量平整避免死角。门、窗应向外开启。灌瓶间和实瓶间的窗玻璃宜涂白色油漆或其它防止阳光直射乙炔气瓶的措施。

五、有爆炸危险的房间之间的隔墙，其耐火极限应≥1.5h，墙上的门为丙级防火门。有爆炸危险的房间与无爆炸危险的房间之间，应采用耐火极限≥3h 的无门窗、洞的非燃烧体墙隔开，如需连通时，应经乙级防火门的双门斗，通过走道相通。

六、有爆炸危险房间及场所使用的电力装置应符合现行国家规范《爆炸和火灾危险环境电力装置设计规范》的有关规定。

七、有电石粉尘的房间内表面，应平整、光滑。电石渣坑及澄清水池应考虑防渗漏措施。

八、有爆炸危险房间的换气次数每小时应大于三次，并应设置保证换气次数的通风装置。电石粉尘较多的房间应设置除尘装置。灌瓶间、实瓶间、空瓶间的散热器应设置隔热挡板。电石库和中间电石库不采暖。

九、灌瓶间应设置雨淋喷水灭火设备。

动力站[23] 乙炔站

乙炔站区域布置

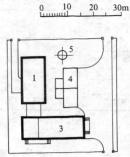
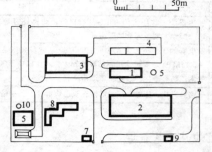
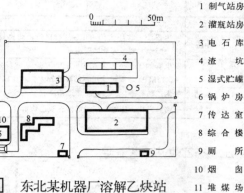

1 制气站房　2 灌瓶站房　3 电石库　4 渣坑　5 湿式贮罐　6 锅炉房　7 传达室　8 综合楼　9 厕所　10 烟囱　11 堆煤场

① 某钢铁厂混合乙炔站（总产量为 80m³/h）
② 某机械厂气态乙炔站（总产量为 80m³/h）
③ 东北某机器厂溶解乙炔站（总产量为 120m³/h）

乙炔站实例

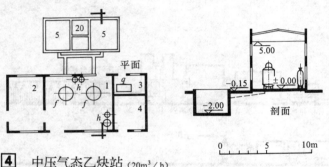

④ 中压气态乙炔站（20m³/h）　⑤ 低压气态乙炔站（120m³/h）

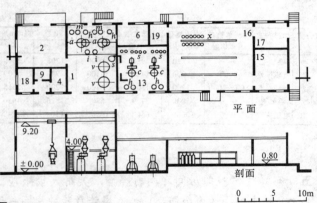
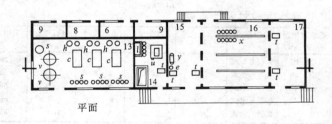
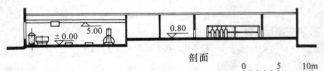

⑥ 低压混合乙炔站（80m³/h）　⑦ 灌瓶站房（80m³/h）

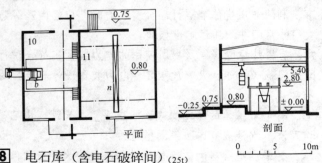
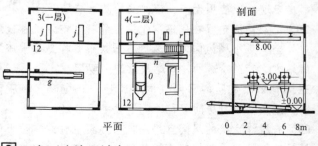

⑧ 电石库（含电石破碎间）（25t）　⑨ 电石渣处理站房（18t 渣水/h）

1 发生器间　2 中间电石库　3 水泵间　4 值班室　5 电石渣坑　6 电气间　7 化验室　8 更衣室　9 贮藏间　10 电石破碎间　11 电石库　12 渣处理间　13 压缩机间　14 气瓶修理间　15 空瓶间　16 灌瓶间　17 实瓶间　18 厕所　19 减压间　20 澄清水池

a 低压乙炔发生器　b 电石破碎机　c 乙炔压缩机　d 澄清水泵　e 丙酮灌充台　f 中压乙炔发生器　g 皮带输送机　h 水封器　i 加水桶　j 泥浆泵　k 水环压缩机　l 氮气汇流排　m 洗涤器　n 吊车　o 脱水机　p 气瓶试压水槽　q 空气压缩机　r 操作台　s 干燥器　t 磅秤　u 瓶阀拆装机　v 化学净化器　w 高位水箱　x 乙炔灌充台　y 丙酮贮罐

制冷站 [24] 动力站

制冷站分类　　　　　　　　　　　　　表1

类别		说明
压缩式制冷站	活塞压缩式制冷站	常用的制冷工质为氨(R-717)、氟里昂-12(R12)、氟里昂-22(R22)，是目前国内使用比较广泛的制冷站
	离心压缩式制冷站	常用的制冷工质为氟里昂-11(R11)，适于耗冷量较大的空调制冷站
	螺杆压缩式制冷站	常用的制冷工质为氨-22(R22)，是一种新型的有发展前景的制冷站
蒸汽喷射制冷站		通常适用于空调冷冻水温度较高的场所
吸收式制冷站		常见的有氨——水吸收式制冷和水——溴化锂水溶液吸收式制冷两种。前者用于低温制冷，后者用于空调制冷

制冷站组成

一、生产间：主要房间为机器间（用于布置制冷机）和辅助设备间。根据不同的制冷设备和制冷站的规模，制冷机和辅助设备可分开设置，也可合并在同一生产间内。

二、辅助间：变电间、配电间、控制间、水泵间、维修间、贮藏间、值班室、办公室和卫生间等。辅助间各房间的设置是根据制冷站的规模所选用的设备类型、水、电的供应情况，机修体制以及生活设施的标准确定。

冷水机组工艺流程

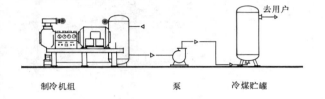

制冷机组　　　泵　　　冷煤贮罐

冷却水系统　　　　　　　　　　　　　表2

系统	说明
直流供水系统	系统简单，冷却水经冷却设备后，直接排放。为了节水，一般不采用此种系统
重复使用供水系统	系统比较简单，冷却水可以与其它系统用水重复使用。本系统一般以水温较低的深井水作水源
循环供水系统	系统比较复杂，需增设冷却构筑物和泵站等。本系统在冷却水循环使用过程中，只需少量的补充水，节水效果显著。目前，我国大部分制冷站采用这种供水系统

注：循环供水系统大多采用冷却塔，一般设在屋顶上，也可设在地面，为储存和调节水量，需设水池，池水深一般1.20m～1.50m，水池也可用塔下水盆代替。

氨制冷机工艺流程

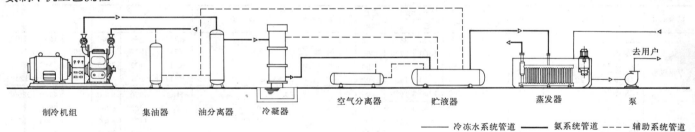

制冷机组　　集油器　　油分离器　　冷凝器　　空气分离器　　贮液器　　蒸发器　　泵

——— 冷冻水系统管道　　——— 氨系统管道　　----- 辅助系统管道

工艺设备布置

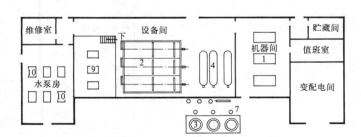

1 氨压缩机制冷　　　　　　　0　5m

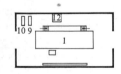

2 溴化锂吸收式制冷

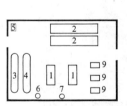

3 氨压缩机制冷

设备布置间距表　　　　　　　　　　　表3

项目	间距(m)
主要通道和操作走道宽度	≥1.5
压缩机突出部分与配电盘之间	≥1.5
压缩机侧面突出部分之间	>0.8
溴化锂吸收式制冷机侧面突出部分之间	≥1.5
溴化锂吸收式制冷机一侧与墙之间	≥1.2
蒸汽喷射制冷机突出部分之间	≥1.0

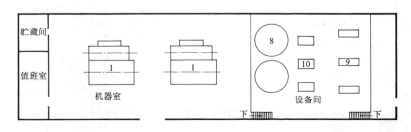

4 离心式压缩机制冷

1 制冷机　2 蒸发器　3 冷凝器　4 贮液器
5 空气分离器　6 集油器　7 油分离器　8 水罐
9 循环泵　10 冷却泵　11 冷水机组　12 溶液池

动力站[25]制冷站

常用制冷机

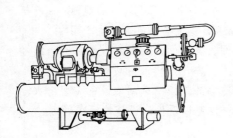

1 JZS-KF 螺杆式冷水机组

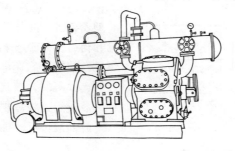

3 FLZ 活塞式冷水机组

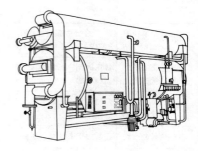

5 SXZ 双效吸收式制冷机组

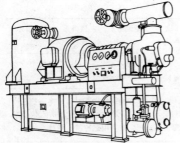

2 KF 螺杆式压缩机组

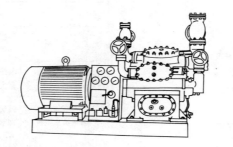

4 125 系列氨制冷压缩机组

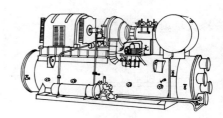

6 KF 离心式制冷机组

制冷设备外形尺寸表

设备名称	设备型号	冷媒	制冷量(kW)	外形尺寸(mm) 长	宽	高	重量 kg
螺杆式冷水机组	JZS-KF20-96	R22	1117	4250	1900	2346	7700
	JZS-KF16-48	R22	558	3750	1660	2200	4900
	JZS-KF12.5-30	R22	349	3150	1500	1660	3200
	JZS-KF12.5-20	R22	263	3340	1400	1660	3200
	JZS-BF12.5-20	R22	263	3340	1400	1660	3200
螺杆式压缩机组	KF20-48	R22	558	3500	980	2153	4000
	KA20-50	R717	581	3500	980	2153	4000
	KF16-24	R22	279	3260	820	2046	2800
	KA16-50	R717	290	3260	820	2040	2800
	KF12.5-11	R22	128	2460	1050	1600	1700
	KA12.5-12	R717	140	2460	1050	1600	1700
活塞式冷水机组	FLZ40	R22	456	3700	2150	2100	5200
	FLZ30	R22	342	3400	1970	2000	~4300
	FLZ20	R22	224	3050	1840	1780	~3100
	FLZ10	R22	114	2900	1860	1750	~2100
	LS8F₂S10	R22	290				3500
	LS2F₂Z10	R22	49	2100	740	1580	1290
	JZS-4F10	R12	63	2370	900	1365	1350
	JZS-2F10	R12	32	1780	780	810	800
	FJZ-40A	R22	456	3350	2250	1850	
	FJZ-30A	R22	342	3400	2070	1750	
	FJZ-20A	R22	227	3100	1320	1950	
	FJZ-15A	R22	174	3100	1230	1950	
活塞式制冷机组	8AS17	R717	512	3245	1520	1931	5932
	6AW17	R717	384	3133	1460	1907	5110
	4AV17	R717	256	2984	1270	1622	3750
	6AW12.5	R717	183	2600	1150	1579	2373
	8AS10	R717	108	2142	855	1167	1520
	6AW10	R717	81	2046	841	1153	1330
	4AV10	R717	54	1917	845	1110	1066
	2AZ10	R717	27	1495	747	788	575

设备名称	设备型号	冷媒	制冷量(kW)	外形尺寸(mm) 长	宽	高	重量 kg
活塞式制冷机组	8AS12.5	R717	244	2600	1140	1590	2300
	6AW12.5	R717	1837	2400	1100	1470	2100
	4AV12.5	R717	122	2210	970	1310	1700
	2AV12.5	R717	61	1810	1120	1300	1250
溴化锂吸收式制冷机组	XZ-350	H₂O	4070	8490	2620	4740	28000
	XZ-150	H₂O	1782	6800	2000	2800	16600
	XZ-100	H₂O	1187	5460	2150	2800	13000
	XZ-50	H₂O	593	5300	1660	2360	7800
	XZ-30	H₂O	356	3800	1400	2300	6000
	SXZ-250	H₂O	2908	7000	2900	4200	33000
	SXZ-200	H₂O	2326	6900	2600	3900	22800
	SXZ-150	H₂O	1740	6830	2350	3650	19000
	SXZ-50	H₂O	581	5150	2260	2616	1415
	SXZ-30	H₂O	349	3940	1980	2960	
	3SXZ-200	H₂O	2326	7890	3310	4510	59500
	XZ-150	H₂O	1744	6800	2400	3200	
	XZ-100	H₂O	1163	5400	2000	2800	
	XZ-50	H₂O	581	5400	1400	2300	
	XZ-30	H₂O	349	3800	1400	2300	
离心式制冷机组	FLZ-1000A	R11	1177	4816	1900	2809	
	FLZ-500	R11	581	4715	1400	2425	
	BF120×0	R11	1395	4800	1900	2900	
	BF100×0	R11	1163	4800	1900	2900	
	BF75×0	R11	872	4800	1900	2900	
	BF60×0	R11	698	4800	1900	2900	
	BF50×0	R11	1581	4600	1600	2350	
	BF40×0	R11	465	4500	1300	2000	
	BF30×0	R11	349	4500	1300	2000	
	KF120×0	R12	1395	5700	1580	2400	
	KF95×0	R12	1105	5700	1580	2400	
	KF75×0	R12	872	5700	1580	2400	
	KF120×(0)	R11	1395	5050	3060	2413	
	KF120×(4)	R11	1395	5400	4100	3200	

制冷站 [26] 动力站

制冷站设计要点

一、站的位置，应靠近主要冷负荷区域，应便于供水、供电。压缩式、离心式、螺杆式制冷站应避免布置在乙炔站、煤气站、锅炉房及煤、灰堆场等易于散发灰尘和有害气体的建筑物附近。氨制冷机房不应设在食堂、宿舍、学校、托幼、病房、商店等建筑物附近。

二、大中型制冷站宜单独建筑。小型制冷站可附设在用冷建筑物内。如系氨制冷系统，不宜布置在地下室且至少应有一面靠外墙，并避免西晒；而氟里昂制冷系统则不受此限。

三、制冷站的防火、防爆等级以制冷工质的性质确定。用氨作工质的制冷站，属乙类火灾危险性生产，防爆等级为Q-3级。关于防火、防爆和泄压设施的要求应遵照《建筑设计防火规范》执行。

四、制冷站生产间的高度是由设备高另加安装、检修高度确定，并综合考虑管道、冷却塔的布置。一般净高不低于4m；大中型制冷站净高以6～6.6m为宜。

五、为操作安全，氨压缩机间的主要操作通道长不宜超过12m；超过时应至少设两个向外开启的门作为出口。

六、制冷站房间的门、窗应向外开启。氨压缩机间与控制室、值班室应隔开并设固定观察窗。

七、为降低噪声危害，可在设备、管道上和建筑物内采取消声、隔声措施。

八、制冷站的生产间，应有良好的天然采光，窗地面积比不小于1：6。应有良好的通风，氨制冷站尤为重要。房间的通风换气，根据设备发热量确定。氨制冷设备间换气次数每小时不小于3次的自然通风，不小于8次的事故通风，并在室内外便于操作的地方设事故通风机开关。

九、设置集中采暖的制冷站、生产间的采暖温度，不宜低于16℃。氨压缩机间严禁明火采暖。

十、冷凝器安装在室外，一般应有操作平台，炎热地区应考虑遮阳设施。

十一、值班、控制室及生活间可为水磨石地面，其余房间采用水泥或混凝土地面。

实例

1　制冷机房　　5　室外水池　　9　卫生间
2　蒸发器室　　6　控制室　　　10　其它房间
3　水泵间　　　7　值班室　　　11　室外设备
4　贮氨器间　　8　门厅

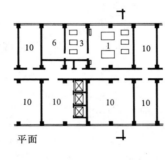

1 深圳统建楼空调制冷站
2台 LCHHD160WL(约克)

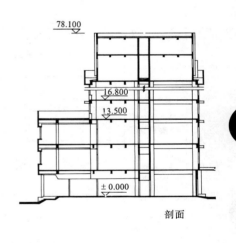

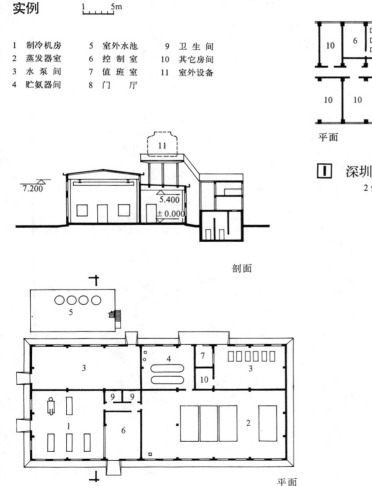

2 北京燕京啤酒厂压缩机组制冷站 (4台 KA-20)

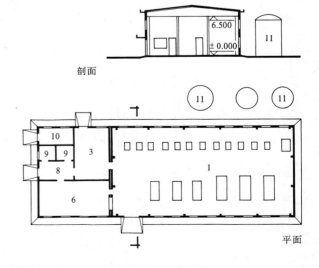

3 武汉啤酒厂冷水机组制冷站 (3台 JZS-KF12.5-20)

仓库[1]分类

本章内容是以一般机械制造厂的常用仓库为主，但其中有些内容：如建筑型式、面积计算及指标、一般技术要求、设备选择、叉车通道宽度、以及单个仓库中某些内容等等，对其它行业的仓库设计均有一定参考价值。

仓库建筑型式

名　　称		示　意　图	建筑结构	优　　点	缺　　点	适　用　条　件
单层仓库	无起重机的		1. 砖木结构 2. 钢筋混凝土结构 3. 钢木混合结构	1. 结构简单 2. 建造容易 3. 造价低 4. 作业方便	1. 占地多 2. 库房体积利用差 3. 库容量小	适用存放一般中小件物品和单元化货物。中小型仓库和不受场地限制，投资有限时可采用
	有起重机的		1. 钢筋混凝土结构 2. 钢结构	1. 结构简单 2. 装卸作业机械化 3. 提高装卸效率和减轻劳动强度 4. 作业方便	1. 占地多 2. 库房体积利用不高 3. 造价较无起重机的高	适用要求室内存放的一般长大件、笨重货物和装箱件。一般大、中、小型仓库均可采用
多层仓库	带站台的		一般都是钢筋混凝土结构	1. 节约用地 2. 库容量大 3. 库房干燥	1. 作业次数增多,运程长 2. 需加垂直运输设备 3. 结构较复杂 4. 投资比单层仓库高	楼层适用存放单位面积荷重不超过 2t/m² 的一般货物，最好存放小件物品和轻泡货物。大、中型仓库和受场地限制时可采用
	有起重机的		钢筋混凝土结构	1～3 同上 4 大件可用起重机作业	1～4 同上 5 跨距要求加大，增加楼层梁的高度	需要吊车装卸大件时采用
	带站台和地下室的			1～3 同上 4 地下室阴凉	1～4 同上 5 地下室防潮、通风 6 造价比以上几种型式均高	只有保管的物料要求地下室存放和场地受限制时采用
露天仓库	门式起重机露天库		有全门式的和半门式的	1 结构极简单 2 建造易扩大方便 3 门架宽吊装面大	1 铁路不能横向引入 2 结构笨式运行速度受到限制	适用存放不怕日晒雨淋的长大件、笨重货物、设备、集装箱及散装原材料等。大中型露天库可采用
	桥式起重机露天库		钢筋混凝土立柱铺砌地面	1 铁路可纵横向引入 2 运行速度较快 3 结构简单	比门式起重机露天库建造复杂些	
	露天堆场		高出四周地面并铺有地坪的场地	场地布置可因地制宜	面积利用系数低	
棚库			有顶，四周无墙的敞开建筑，多为砖木结构和钢砖结构	1 结构简单 2 造价低 3 通风好	1 占地多 2 库房体积利用差 3 库容量小	适用存放不受气候影响但怕日晒雨淋的一般物料。中、小型仓库和不受场地限制时可采用
筒仓			1. 钢筋混凝土结构 2. 钢板结构	1 容量大占地少 2 机械化程度高 3 密闭性好 4 防火性好	1 不宜贮存易粘结或自燃的材料 2 一个筒仓只能存放一种材料	适用存放单一品种的大宗散装料。大、中、小型仓库均可采用
高架仓库	库架分离式		1. 钢筋混凝土结构 2. 钢结构	1 空间利用率高 2 库容量大 3 占地少 4 能实现机械化自动化 5 节约劳动力	1 要求精度高建造复杂 2 要求地耐力高 3 用钢量大 4 投资较大	适用存放品种多数量大的各种单元化的货物。大、中型仓库均可采用
	库架整体式		1. 库架结合的钢结构 2. 库架结合的钢筋混凝土结构			
地下油库			油罐直埋地，罐基为矿垫层或混凝土基础，罐上有带锁盖的检查井	1 经济安全可靠 2 火灾扑灭容易 3 减少油的挥发 4 卸油可自流	1 油罐检查困难 2 维修不方便	适用贮存汽油、煤油、柴油及其它易燃液体

面积计算 [2] 仓库

仓库面积含有效面积和辅助面积两部分。有效面积指货架、料垛实际占用面积。辅助面积指验收、分类、分发作业场地、通道、办公室及生活间等需要的面积。面积计算：

一、荷重计算法：是一种常用的计算方法。

$$S = \frac{Q \times T}{306 \times q \times \alpha}$$

式中 S——仓库总面积，(m^2)；
  Q——全年物料入库量，(t)，可由用户提供；
  T——物料平均贮备期，（天），参见表1；
  q——有效面积上的平均货重，(t/m^2) 参见表1，如按物料品种分别计算时，其货重指标参照表2中 q 值乘存放高度。
  α——仓库面积利用系数，参见表1。

二、堆垛计算法：根据各种物料的外形尺寸或包装尺寸分别堆放在地面上、托盘上或货架上得到的实际占地面积（即有效面积），把各种物料实际占地面积加起来除以面积利用系数即得仓库总面积。面积利用系数可取：货架为 0.25～0.30，堆存为 0.45～0.6，托盘堆存为 0.4～0.5，混合贮存为 0.35～0.40。这种方法较准确，但较麻烦。

仓库面积计算综合平均指标 表1

仓库名称	平均贮备期(d)	有效面积货重 $q(t/m^2)$	面积利用系数 α
金属材料库	90～120	1.0～1.5	0.4
配套件库	45～75	0.6～0.8	0.35～0.4
协作件库	30～45	0.8～1.0	0.4
油化库	45～60	0.4～0.6	0.3～0.4
铸工辅库	45～60	1.5～1.8	0.4～0.5
五金辅库	60～90	0.5～0.6	0.35
中央工具库	60～90	0.6～0.8	0.30
中央备件库	60～90	0.5～0.6	0.35～0.4
建筑材料库	45～60	0.5～0.9	0.35～0.4
氧气瓶库	15～30	16 瓶/m^2	0.35～0.4
电石库	30～45	0.6～0.7	0.35～0.4
成品库	15～30	—	—

各种物料存放 1 m 高时每 m^2 有效面积货载（q） 表2

物料名称	单位	比重	贮存方法	堆积重量 (t/m^3)	堆积利用系数	q
1. 黑色金属						
中厚钢板	t	7.8	分层隔开平堆	3.5～4.5	0.7	2.4～3.1
薄钢板	t	7.8	分层隔开平堆	3.5～4.5	0.7	2.4～3.1
槽钢、工字钢	t	7.8	堆垛在垫板上	2.2～2.5	0.7	1.5～1.7
角钢、扁钢	t	7.8	堆垛在垫板上	3.5～4.0	0.7	2.4～2.8
元钢、方钢	t	7.8	悬臂料架	3.5～4.5	0.3～0.4	1.0～1.6
带钢	t	7.8	堆垛在垫板上	4.0～4.5	0.8	3.2～3.6
线材	t	7.8	堆垛在垫板上	0.9～1.2	0.7	0.6～0.8
钢管 <φ50	t	7.8	分层隔开堆垛	1.2～1.5	0.7	0.8～1.0
>φ50	t	7.8	分层隔开堆垛	0.8～1.0	0.7	0.6～0.7
生铁块	t	7.2	散装堆垛	3.5～5.0	0.8	2.8～4.0
碎切屑	t		散装料仓	1.0	0.8	1.0
2. 有色金属和铁合金						
有色型材	t		悬臂料架	—		0.8～1.5
有色铸锭	t		堆垛在地板上	—		1.5～3.0
铁合金	t		散堆在地板上	—		1.2～2.0
3. 机电设备及五金制品、电器						
电动机	t		堆垛在地板上			0.6～0.8
泵类	t		堆垛在地板上			0.5～0.7
滚珠轴承	t		箱堆在地板上	0.8～1.5	0.8	0.6～1.2
标准件	t		堆存和货架			0.6～1.0
小五金	t		层格式货架			0.4～0.5
电焊条	t		箱堆在地板上	1.2～1.5	0.8	0.9～1.2
各种电线	t		堆垛、货架			0.35～0.5
电气元件	t		盒装在货架	0.4～0.6	0.3～0.4	0.1～0.3
照明灯具	t		盒装在货架	0.15～0.18	0.3～0.4	0.05～0.08
仪表	t		盒装在货架	0.3～0.4	0.3～0.4	0.1～0.15
绝缘材料	t		堆垛、货架			0.3～0.5
4. 非金属材料						
橡胶石棉板	t		平堆在地板上	0.6～0.8	0.8	0.5～0.6
厚纸板	t		平堆在地板上	0.5	0.8	0.4
成卷纸张	t	0.6～0.8	平放堆垛	—	0.8	0.5～0.7
橡胶制品	t		层格货架	0.3～0.5	0.3～0.4	0.1～0.2
胶管	t		成盘堆垛	0.2		0.15
轮胎	t		立放堆垛			0.1～0.2
5. 化工材料						
各种油漆	t		堆垛、货架			0.4～0.6
稀释剂	t		桶立放一层			0.4～0.45
各种化学品	t		堆垛在垫板上			0.5～0.6
烧碱	t	2.13	桶立放一层			0.5～0.6
纯碱	t	2.5	袋装堆垛	0.8～1.0	0.8	0.6～0.8

物料名称	单位	比重	贮存方法	堆积重量 (t/m^3)	堆积利用系数	q
酸类			坛装放一层	—		0.15～0.2
乙炔瓶	瓶		瓶立放一层	—		16
氧气瓶	瓶		瓶立放一层	—		16
电石	t	2.22	桶立放一层			0.7
化肥	t		袋装堆垛			0.5～0.8
6. 油料						
汽油	t	0.74	桶立放一层			0.4
煤油	t	0.81	桶立放一层			0.45
柴油	t	0.84	桶立放一层			0.46
润滑油	t	0.88	桶立放一层			0.48
7. 燃料						
无烟煤	t		散装堆垛	0.7～1.0	0.8	0.6～0.8
烟煤	t		散装堆垛	0.8～1.0	0.8	0.6～0.8
泥煤	t		散装堆垛	0.29～0.5	0.8	0.3～0.4
焦炭	t		散装堆垛	0.36～0.53	0.8	0.3～0.4
8. 建筑材料						
砂、石、砖	t		散装堆垛	1.5～1.8	0.8	1.2～1.5
水泥	t		袋装堆垛	1.0～1.4	0.8	0.8～1.2
石灰(生)	t	1.27	散堆料仓	0.8～1.2	0.8	0.8～1.0
玻璃	t		箱装堆垛	1.0～1.5	0.8	0.8～1.2
油毡纸	t		成卷立放一层	0.3～0.6	0.8	0.3～0.6
沥青	t	1.05	堆垛	—		1.0～1.1
9. 木材						
原木	t		散堆垫木上	0.5～0.7	0.8	0.4～0.6
板材	t		散堆垫木上	0.3～0.5	0.8	0.24～0.4
三合板	t		散堆垫木上	0.55～0.6	0.8	0.45～0.5
纤维板	t		散堆垫木上	0.8～1.0	0.8	0.6～0.8
10. 其他						
纺织品	t		堆垛和货架			0.15～0.3
工作服	t		堆垛和货架			0.1～0.15
办公文具	t		货架			0.1～0.15
各种纸张	t		货架			0.1～0.2
肥皂	t		箱装堆存			0.7～0.8
擦拭材料	t		堆垛	0.2		0.2
棉花	t		成捆堆垛	0.4		0.4
塑料薄膜	t		成卷堆存	0.7		0.7
聚氯乙烯	t	1.4	袋装堆垛	0.9	0.8	0.6～0.8
日用百货	t		堆垛和货架			0.2～0.3
食盐	t	2.15	袋装堆垛	0.7～0.8	0.8	0.5～0.7

注：堆积利用系数＝货物实际体积÷货物堆存占用空间体积。

仓库[3]—般要求

库内货物流程

仓库对总平面布置要求：

一、仓库应位于服务中心，或靠近主要服务部门。
二、仓库应靠近铁路、公路或码头，并设站台以便装卸。
三、性质相同的仓库应尽量合并，组建较大的单层仓库、多层仓库、高架仓库，以充分利用装卸设备和节约用地。
四、应满足防火及环保卫生要求，以保证生产安全。

仓库组成

一、物料储存区
二、验收分发作业区
三、管理室及生活间
四、辅助设施

仓库生产类别

仓库生产类别是根据所贮存物品定，建筑耐火等级则根据生产类别和面积确定。采光要求一般为Ⅴ级。

仓库跨度、柱距、层高及起重运输设备   表1

仓库类别	跨度(m)	柱距(m)	层数	层高(m)	屋架高(m)	轨顶高(m)	起重设备
无吊车库房	6,9,12	4,6	1	—	4.2~6.0	—	人工,叉车
	15,18	6	1	—	5.4~7.2	—	叉车
	24	6	1	—	6.0~7.2	—	叉车
悬挂吊车库房	12,15,18	6	1	—	6.0~7.2	—	0.5t~2t
单梁吊车库房	12,15,18	6	1	—	—	5.6~7.4	1t~5t
桥式吊车库房	18,24	6	1	—	—	7.4~10.4	5t~30t
多层库房	6,9,12	6	2~6	4.2~7.2	—	—	人工,叉车,悬挂吊车
桥式堆垛机库房	12,15,18	6	1	—	—	7.46~10.6	1t~5t
	24	6	1	—	—	—	
分离式高架仓库	12,15,18	6	1	—	7.2~12.6	—	0.3t~1.0t

仓库站台   表2

项目名称	汽车站台(m)	铁路站台(m)
一般站台宽度	2.0~2.5	~3.5
小型叉车作业站台宽度	3.4~4.0	≥4.0
站台高度	高出地面 0.9~1.2	高出轨顶 1.1
站台上雨棚高度	高出地面 4.5	高出轨顶 5.0
站台边距铁路中心	—	1.75
站台端头斜坡道坡度	≤10%	≤10%

仓库大门

仓库大门的宽度应比运输工具（含货载）的最大宽度多出600mm以上。大门的净高应比运输工具的最高点高出200mm以上。仓库大门的一般尺寸见下表。

表3

运输工具	门宽(m)	门高(m)	附注
手推车及其它小车	1.5, 2.1	2.1, 2.4	①不含高架叉车和5t以上叉车、巷道式堆垛叉车
电瓶车及一般叉车	2.4, 3.0	2.4, 3.0①	
载重汽车	3.6, 4.2	3.6	
标准轨距铁路车辆	4.2~5.4	5.4	

仓库大门的间距（不含高架仓库）一般为20~40m，整列车皮装卸货物时，其间距一般考虑14m。

仓库内通道宽度

一、仓库通道宽度是根据物料的周转量，物料的外形尺寸和库内通行的运输设备来确定的。

物料周转量大，收发较频繁的仓库，其通道应按双向运行的原则来确定，其最小宽度可按下式计算

$$B = 2b + C$$

式中 B——最小通道宽度，(m)；C——安全间隙，一般采用0.9m；
b——运输设备宽度（含搬运物料宽度），(m)

用手推车搬运时通道的宽度一般为2~2.5m；用小型叉车搬运时，一般为2.4~3.0m；进入汽车的单行通道一般为3.6~4.2m。

二、过道的宽度是根据物料尺寸和放进取出操作方便等来确定。采用人工存取的货架之间的过道宽度，一般为0.9~1.0m；货堆之间的过道宽度，一般为1m左右。

仓库高度的确定

仓库高度是指由仓库地面至屋架下弦之间的距离。其高度采用叉车搬运堆垛时，可根据叉车提升高度增加1.5~2.0m来考虑；采用吊车时，可按下式进行计算。

$$H = h_1 + h_2 + h_3 + h_4 + h_5 + h_6$$

式中 H——仓库高度(m)；
h_1——屋架下弦至起重机顶端距离，一般大于0.2m；
h_2——起重机轨顶至起重机顶端距离(m) 查产品样本；
h_3——吊钩至轨顶面距离(m)；
h_4——货物吊起时底面至吊钩的距离(m)；
h_5——货物吊起时底面至料垛或货架之间的安全间隙，可取0.5~1.0m；
h_6——料垛或货架的高度(m)。

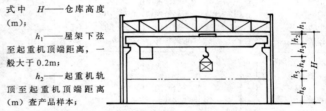

仓库地面要求   表4

仓库名称	使用要求	一般地面材料
金属材料库 配套件库	坚硬、耐冲击、不滑、不起尘	三合土、矿渣、混凝土、块石、铁屑水泥沥青混凝土、细石混凝土、水泥砂浆
五金辅料库	同上	同上
油料、油漆库	耐油、防爆、不起火花	不发火花细石混凝土、水泥砂浆、水泥石屑混凝土等
化工材料库	防潮	混凝土、细石混凝土、水泥砂浆等
酸库	耐酸	耐酸水泥、耐酸砖、耐酸陶板等
工具总库	柔软、不起尘	沥青混凝土、菱苦土、木地板、塑料板、沥青砂浆
中央备件库	不起尘	水泥砂浆、沥青混凝土、细石混凝土等
耐火材料库	坚固耐用	混凝土、沥青混凝土等
电石库	防爆、防潮	沥青混凝土、沥青砂浆、水泥石屑混凝土、不发火花细石混凝土
成品库(一般设备)	一般操作	混凝土
履带式车辆存放场	耐磨、易维修	块石、铁屑水泥、不低于C25细石混凝土块等
钢坯库、生铁块库、重型设备库	坚硬、耐冲击	素土、矿渣、碎石、块石

设备[.4]仓库

仓库常用设备的选择　　　　　　　　　　　　　表1

设备名称＼贮存方法	堆存	托盘货架	驶入式货架	密集式货架	重力式货架	梭式小车货架	高货架
普通起重机	○	—	—	—	—	—	—
普通叉车	○	○	○	○	○	○	—
巷道堆垛叉车	—	○	—	—	—	○	○
桥式堆垛起重机	○	○	—	—	—	—	○
巷道式堆垛起重机	—	—	—	—	○	○	○

注：带○表示适用

国际联运平托盘外部尺寸规定　　表2

代号	系列尺寸 (mm)	叉孔高度 (mm)
TP1	800×1000	70～100
TP2	800×1200	70～100
TP3	1000×1200	70～100

简图：

注：①托盘长度——指托盘纵梁或纵板的长度；
②托盘宽度——指托盘铺板的长度；
③叉孔高度常采用100mm。

| a 双行通道 | b 直角转弯通道 | c 直角堆存通道 | d 60°角堆存通道 | e 45°角堆存通道 | f 30°角堆存通道 | g 调头通道 |

1 叉车最小通道宽度

通道宽度表　　　　　　　　　　　　　　　　　　　　　　　　　　　　　　　　表3

通道宽度 (mm)	内燃叉车					电瓶叉车						
	CPD0.5 平衡重式	CPQ1 平衡重式	CPQ1.5 平衡重式	CPQ2 平衡重式	CPQ3 平衡重式	CPD0.5 平衡重式	CPD1 平衡重式	CPD1.5 平衡重式	CPD2 平衡重式	CPD3 平衡重式	DC-1 平衡重式	CQD1 前移式
	托盘尺寸 (mm)					托盘尺寸 (mm)						
	1000×800	1000×800	1000×800	1200×1000	1200×1000	800×600	1000×800	1000×800	1200×1000	1200×1000	1000×800	1000×800
A	2700	2900	3040	3200	3400	2470	2980	3100	3200	3400	2740	2900
B	1700	2000	2180	2330	2500	1800	1930	2080	2260	2400	1950	2900
C	3000	3200	3500	3900	4280	2700	3150	3350	3830	4180	3200	2900
D	2600	2830	3030	3380	3710	2340	2730	2900	3320	3620	2770	2000
E	2120	2310	2500	2760	3030	1910	2230	2370	2710	2960	2260	1630
F	1500	1630	1750	1950	2140	1350	1580	1680	1920	2090	1600	1150
G	3350	3680	3900	4410	4920	3040	3580	3790	4340	4820	3580	2900

注：通道宽度与叉车宽度和转弯半径以及托盘尺寸等有关。

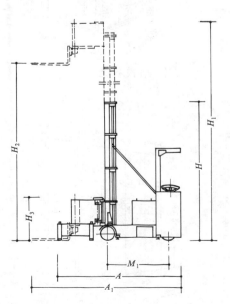

2 巷道堆垛叉车（无轨堆垛机）

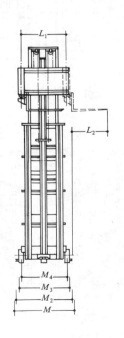

巷道堆垛叉车性能参数表　　表4

型号		C×D0.3-0.5	C×D0.5-5.5
额定起重量	kg	300	500
最大起升高度 H_2	m	5	5.5
自重（含蓄电池）	kg	2900	3300
货叉侧移距离 L_1	mm	972	1120
回转角度		180°	180°
最小转弯半径	mm	1700	1900
行驶速度	km/h	4.5	5.2
最大起升速度	m/min	10	10
侧移速度	m/min	3	4.2
货叉回转速度	r.p.m	3	3.5
货叉纵向放置时车总长 A_1	mm	3308	3670
货叉侧向放置时车总长 A	mm	2743	3034
车体最大宽度 M_3	mm	1050	1150
叉头伸出导向轮外长度 L_2	mm	803	923
门架不起升时车总高 H	mm	3144	3600
最大起升高度时车总高 H_1	mm	5914	6564
工作头高度 H_3	mm	918	1074
导向轮外侧宽度 M_2	mm	1295	1393
巷道最小宽度 M	mm	1300	1420
轴距 M_1	mm	1200	1500
前轮轮距 M_4	mm	925	1135

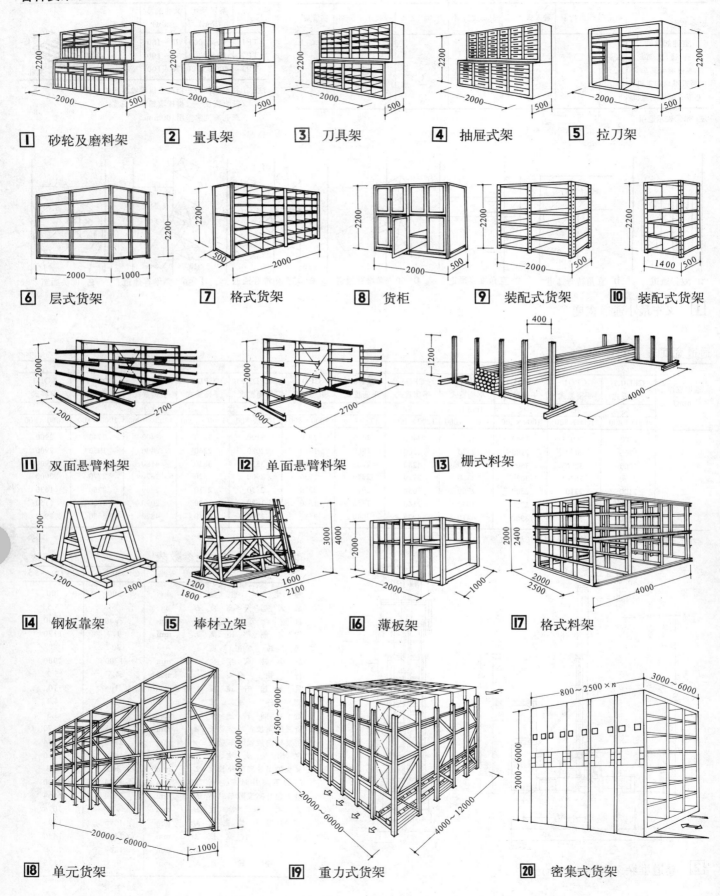

单层仓库储存方法及存取设备

单层仓库可用于储存各种物品和集装单元货物。

一、货架储存——适用品种繁多数量少的小件物品，或品种多有一定批量的，需随意取出所要的单元化货物。前者用人工存取，后者用叉车和无轨堆垛机存取。

二、堆垛储存——适用大批量品种少和不怕压的包装货物，以及不规则件和长大件，一般用吊车或叉车存取。

三、平托盘堆叠储存——适用品种少批量大和不怕压的规则货物，为加速出入库时所采用。一般用叉车存取。

四、柱式托盘堆叠储存——适用品种少批量大和怕压的货物，为加速出入库时所采用。一般用叉车存取。

设计要点

一、仓库最大占地面积必须符合建筑设计规范的要求。

二、库房或每个防火隔间的安全出口数目，不宜少于两个，面积少于 $100m^2$ 的防火隔间，可设置一个门。

三、库房内设有几个仓库时，其隔墙需隔到顶。

四、仓库大门要求向外开启，一般多用平开门和侧推拉门。门的尺寸要求，门和门之间的距离要求，以及通道宽度和过道宽度的要求，均参见[3]一般要求。

五、窗台高度一般要求在 2m 以上，以满足安全要求。

六、仓库采用人工和叉车装卸车时，一般宜在仓库的两侧设置汽车站台和铁路站台；有吊车的仓库也可不设站台，汽车直接进入库内装卸，铁路可引入库内。

七、仓库地面要求平坦、不起尘、坚固等，地面一般材料的具体要求，可见仓库[3]表4。地面负荷则根据货物每 m^2 有效面积存放重量（参考仓库[2]表2）乘上存放高度来确定，并需考虑搬运车辆的动荷载。

八、采暖地区需要采暖的仓库，采暖温度一般 8～12℃，只考虑工人操作温度时可为 5℃，管理室一般为 16℃。

九、仓库作业区和储存区的照明推荐取 50～100lx。

十、仓库要求干燥，通风良好。除建筑耐火等级为一、二级的丁、戊类仓库外，在库内一般都应设消火栓。

工艺平面布置

一、重大件货物、周转量大和出入库频繁的货物，宜靠近出入口布置，以缩短搬运距离，提高出入库效率。

二、容易着火的货物，应尽量靠外面布置，以便管理。

三、要考虑充分利用仓库面积和空间，使布置最紧凑。

四、有吊车的仓库，汽车入库的运输通道，最好布置在仓库的横向方向，以减少辅助面积，提高面积利用率。

五、仓库内部主要运输通道的宽度，一般采用双行道。

六、仓库出入口附近，一般应留有收发作业用的面积。

七、货架的布置一般分横列式和纵列式两种布置。

八、仓库内设置管理室及生活间时，应该用墙与库房隔开，其位置应靠近道路一侧的入口处。

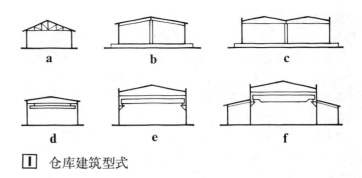

1 仓库建筑型式

实例

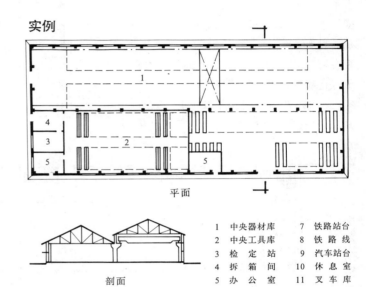

2 总仓库

1 中央器材库	7 铁路站台
2 中央工具库	8 铁路线
3 检定站	9 汽车站台
4 拆箱间	10 休息室
5 办公室	11 叉车库
6 耐火砖库	

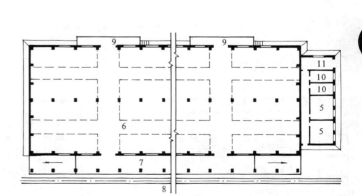

3 耐火砖库

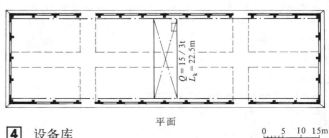

4 设备库

仓库[7] 多层仓库

设计要点

设计要点和工艺平面布置要求除参见仓库[6]单层仓库外，尚有以下要求：

一、多层仓库最大占地面积、防火隔间面积、层数，根据储存物品类别和建筑耐火等级遵照现行建筑设计防火规范来确定。

二、一座多层库房的占地面积小于 $300m^2$ 时，可设一个疏散楼梯，面积小于 $100m^2$ 的防火隔间，可设置一个门。

三、多层仓库建筑高度（室外地面到檐口或女儿墙）超过24m时，应按高层库房处理。

四、多层仓库物料分布原则：上轻下重，周转快的物料分布在低层。层间垂直运输设备可采用载货电梯、升降机、电葫芦。

五、仓库建筑可为单跨或多跨。当设有地下室时，地下室净空高度不宜小于2.2m。

六、楼板荷重控制在 $2t/m^2$ 左右为宜。

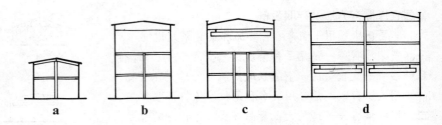

1 多层仓库建筑类型

实例

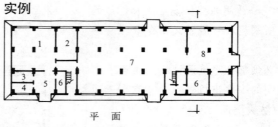

2 兰州石油化工总厂综合仓库

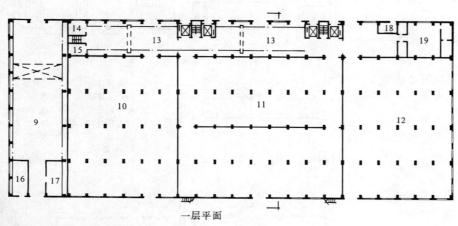

3 北京吉普汽车厂综合仓库

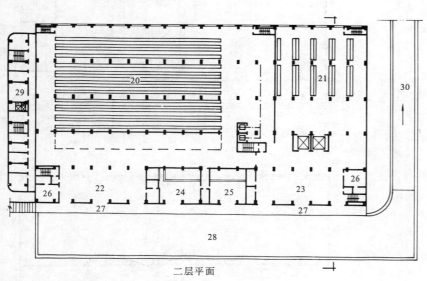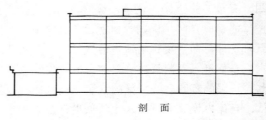

4 北京民航市内货运中心仓库

1 中央工具库　2 砂轮库　3 废工具库
4 检定站　5 拆箱间　6 办公室
7 五金机电库　8 杂品库　9 钢材库
10 设备库　11 配套件库　12 前后桥库
13 作业区　14 管理室　15 厕所
16 配电室　17 消防水泵房　18 消防控制室
19 电瓶充电间　20 高货架区　21 大货架区
22 国际作业区　23 国内作业区　24 国际营业厅
25 国内营业厅　26 工人休息室　27 汽车站台
28 汽车平台　29 营业楼　30 汽车坡道

分类

名　称		说　明
分离式高架仓库	单元货架仓库	每个巷道设两排货架,货架分横梁支承式格式货架和悬臂支承或格型货架二种。货架高度一般在12m以下,货架需用螺栓固定在地面上,分离式高架仓库建筑,除地面强度要求高,变形小、窗户离地面很高,大门一般多设在山墙外,其它均与一般仓库建筑基本一样
	重力式货架仓库	重力式货架由许多倾斜式货格通道排列成笼格式结构,货物由一端送入沿着倾斜的滑轮组靠重力运行到另一端,其坡度一般为1.5～3.5%。货架高度4.5～9m
	梭式小车货架仓库	这种货架类似重力式货架,所不同的用梭式小车搬运托盘载取替重力滑动运行,货格通道变成水平式
	驶入式货架仓库	货架成排进深大,两货架片之间,既是托盘货载存放,又是叉车作业通道。因此货架区的荷载既考虑货物的静荷载,又要考虑叉车的动荷载。货架高度4.5～9m
	密集式货架仓库	货架底部设有台车,在地面敷设的轨道上移动。有手动操作和电动操作两种。货架经常密集在一起,只留有一个作业通道。通道经常在变动。货架高度2～6m
整体式高架仓库		基本与单元货架仓库一样,所不同的整体式高架仓库的货架结构与仓库建筑结构结合成一个整体,其安装精度要求较高,且由建筑专业设计。仓库的最佳高度12～20m
自动化仓库		指货物存取搬运整个作业过程全自动控制,仓库的型式可以是分离式高架仓库,也可以是整体式高架仓库。高度根据需要定,货架垂直度偏差允许≤1/1000,且全高最大允许偏差值≤6mm,相应的地面允许变形≤1/1000

设计要点

一、仓库生产类别根据所存物品来定。建筑耐火等级一般为二级,自然采光要求不高,但人工照明却要求高。

二、根据储存物品的特性特征分类,组成集装单元储运。

三、确定合适的托盘或工位器具尺寸,选定与之相适应的存取设备的类型和起重量,及储存方法和码放高度。

四、根据储存物品品种和托盘数量,物品性质,出库要求,存取设备以及建库场地条件等,选择仓库型式。

五、充分利用库房面积和空间,尽可能考虑物料装卸、搬运、贮存作业全部工艺过程的综合机械化。

六、库架分离式高架仓库的跨度、柱距应符合建筑模数要求。参见仓库[3]表1。其高度应满足货架安装要求。

七、仓库地面要求平坦、不起尘和坚固。地面荷重根据每个货位的货载重量、层数和货架结构重量等确定。在荷载下货架基础板的倾斜度允许≤1/1000。

八、仓库可在侧墙或屋面考虑自然通风和采光要求。

九、仓库采暖温度一般为12～16℃,并要求机械通风。

十、高架仓库的照明,推荐采用75～100lx。可燃或难燃物品的高架库房,应设闭式自动喷水灭火设备。

高架仓库型式

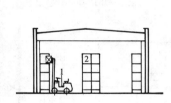

a 叉车作业

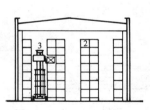

b 无轨堆垛机作业

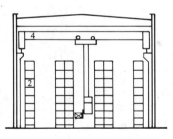

c 桥式堆垛机作业

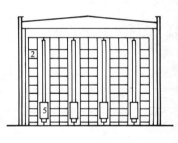

d 巷道式堆垛机作业

1 叉　　车	4 桥式堆垛机	7 屋　　架	10 出库输送机
2 货　　架	5 巷道式堆垛机	8 重力式货架	11 升 降 机
3 无轨堆垛机	6 墙　　壁	9 入库输送机	

e 巷道式堆垛机作业

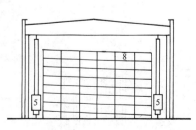

f 重力式货架

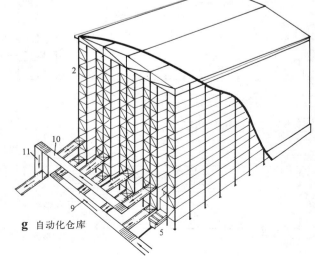

g 自动化仓库

① 高架仓库型式

仓库[9] 高架仓库

巷道式堆垛起重机主要参数　　表1

序号	项目	单位	SIST10型	DXZ₁D₂0.5	DXZ₁H0.5	XDD0.25-9
1	类型		单立柱	双立柱	单立柱	单立柱
2	起重量	kg	500 1000 1500	500	500	250
3	提升高度	m	~20 ~15 10	~15	~9	7.35
4	托盘尺寸	mm	~1200×1300	1100×900	1100×900	650×650
5	巷道宽度	mm	1250~1800	1150~1200	1050	1050
6	工作速度					
	行走	m/min	80~160	63~80	40~63	53.2
	升降	m/min	12~40	12	10	10
	货叉伸缩	m/min	20~32	8	8	8
7	电机功率					
	行走	kW	3.2	3.5	0.8	0.8
	升降	kW	11	7.5	4.5	4.5
	货叉伸缩	kW	0.4	0.2	0.2	0.2
8	自重	tf	6.8	7.23	2.77	3.4
9	控制方式		手动或自动	手动或半自动	同左	同左

桥式堆垛起重机主要参数　　表2

项目	单位	ZD₁型	ZD₂型		D₄-22.5型
1.起重量/净起重量	tf	1/0.8	2/1.7	3	4/3
2.跨度	m	7.5, 10.5	13.5, 16.5	13.5	22.5
3.提升高度	m	6	6	9	5.6
4.速度: 大车行走	m/min	40	40	28.1	47.9
小车行走	m/min	19.6	19.6	19.6	19.6
货叉升起	m/min	8	8	8	8
驾驶室升降	m/min	—	—	8	8
5.主柱回转速度	r.p.m	手动	手动	2.5	2.6
6.立柱回转半径	mm	900	950	1544	1320
7.电机功率: 大车行走	kW	0.55	0.55	2.2×2	2.2×2
小车行走	kW	0.55	0.55	0.6×2	0.6×2
货叉升降	kW	2.2	3.5	7.5+0.8×2	7.5+0.8×2
驾驶室升降	kW	—	—	3+0.4×2	0.4
主柱回转	kW	—	—	0.8	0.8
8.自重	tf	5.4	6.3		18.9

实例

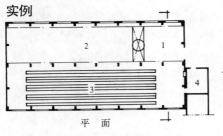

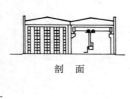

a 单立柱　　b 双立柱

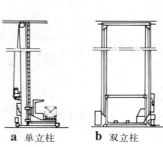

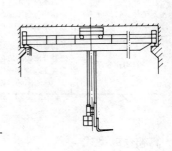

1 北建厂五金机电库　　**2** 巷道式堆垛起重机　　**3** 桥式堆垛起重机

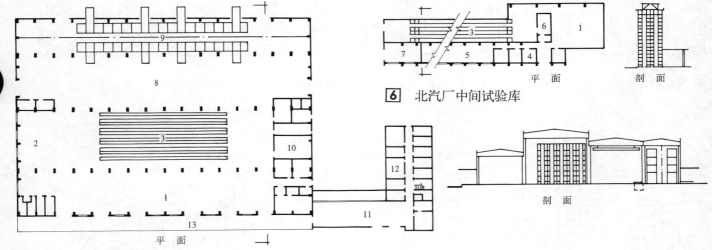

6 北汽厂中间试验库

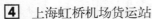

4 上海虹桥机场货运站

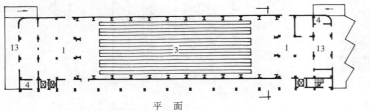

5 某制药厂成品库

1 收发作业区	8 组合分解区
2 大件贮存区	9 集装箱贮存区
3 高架库区	10 特殊货物库区
4 管理室	11 营业厅
5 平库	12 办公楼
6 控制室	13 汽车站台
7 水泵房	

0　5　10　15　20m

仓库组成、采暖温度、换气次数、最低照度

库房名称	室内采暖温度(℃)	每小时换气次数 临时有人	每小时换气次数 经常有人	一般照明(lx)
易燃油料贮存间	—	4~6	10	30
润滑油料贮存间	5~8	1.5~2.0	3~6	30
油漆贮存间	5~8	2~3	3~6	30
化学品贮存间	5~8	1.5~2.0	3~6	30
酸类贮存间	5~8	3	—	30
管理室	16	—	—	30

设计要点

一、各贮存间必须用防火墙隔开，有各自的出入口。门必须向外开启，一般采用平推门，丙类物品贮存间，可采用靠墙的外侧推拉门。门宽一般不宜小于 1.5~2m。

二、建筑面积大于 100m² 的隔间，门的数量不得少于二个。对桶装油品、油漆贮存间的门宽，不应小于 2m，并应设置斜坡式门栏，高出室内地坪 0.15m，以防泄漏油的外流和发生火灾时火势蔓延。在库内宜设集油坑，以便收集泄漏的油。地坪有一定坡度坡向集油坑。

三、防火墙两侧的门窗间的最小水平距离不应小于 2m。

四、库房的窗户应采用高窗，窗台离地面的高度≥2m。

五、油料间、溶剂间的地面要求耐油不起火花。不宜采用沥青地面或沥青混凝土地面，可参见仓库[3]。

六、酸类间的地面、墙面及屋架等均应考虑防酸措施。门栏高出室内地坪。酸类也可存放在棚库或露天场地。

七、为配合仓库通风设施，每个贮存间一般在窗户下方离地高 300mm 处，设置通风百叶洞口，洞口尺寸可采用 300×200mm，并在库内墙上加闸门，防护。

八、汽油、煤油、柴油卧式金属油罐应直接埋地贮存。

九、易燃油溶剂间须考虑防爆，泄压面积与体积的比值不宜小于 0.02~0.03。爆炸危险场所等级为 Q-2 级。

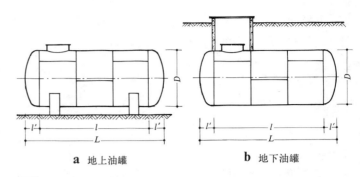

1 卧式金属油罐　　a 地上油罐　　b 地下油罐

卧式油罐主要技术参数

公称容量(m³)	实际容量(m³)	平底式 D②(mm)	平底式 L②(mm)	平底式 l(mm)	圆底式 D②(mm)	圆底式 L②(mm)	圆底式 l(mm)	l₁②(mm)	重量(kg) 地上式①	重量(kg) 地下式①
6	7.198 / 6.173	1608	3078	3000	1608	3812	3000	406	704 / 706	848 / 819
10	11.219 / 10.194	1608	5078	5000	1608	5812	5000	406	1020 / 1022	1041 / 1043
15	17.279 / 15.331	2010	4890	4800	2010	5794	4800	497	1621 / 1600	2218 / 2113
20	22.306 / 20.358	2010	6490	6400	2010	7394	6400	497	2016 / 1995	2754 / 2650
30	34.492 / 30.263	2610 / 2612	5710 / 5712	5600	2610 / 2612	6866 / 6868	5600	633 / 634	2496 / 2523	3024 / 2965
60	64.952 / 59.727	2810 / 2812	9910 / 9912	9600	2810 / 2812	10956 / 10958	9600	678 / 679	4116 / 4134	5189 / 5159

注：①分子数字为圆底或油罐的数值，分母数字为平底或油罐的数值。
②分子数字为地上油罐的数值，分母数字为地下油罐数值。

实例

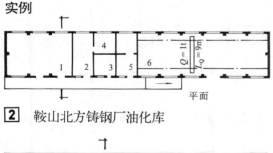

2 鞍山北方铸钢厂油化库

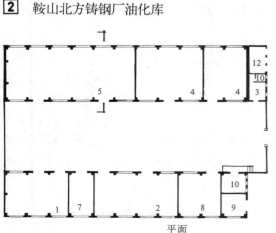

3 北京吉普汽车油化库

1 溶剂间	11 厕　　所
2 润滑油间	12 叉 车 库
3 管 理 室	13 橡胶品间
4 油 漆 间	14 毒 品 间
5 化学品间	15 油 泵 房
6 粘 剂 间	16 酸 类 间
7 汽 油 间	17 废 油 间
8 气 瓶 间	18 空 桶 间
9 丙 烷 间	19 汽车站台
10 乙炔瓶间	20 地下油库

剖面

剖面

4 长江挖掘机厂油化库

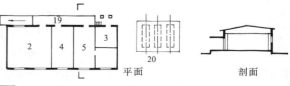

5 大庆重油厂油化库及汽车加油站

仓库[11] 集装箱库

集装运输方式

一、拼箱货运输——指若干货主的小批量同目的地的货物混装在一起，货主的货是在库内装箱和卸装。

二、整箱货运输——指货主把整箱货物托运，经水陆运输后，原封不动地把整箱货物交给收货人。

工艺流程

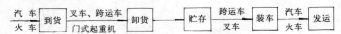

设计要点

一、集装箱库应靠近码头、铁路和公路。

二、集装箱库包括货场、办公室、生活间及辅助设施。

三、货场应高出四周地面 30cm，并向四周设 1% 的散水坡度。而且要铺设坚硬地面，一般采用混凝土地面。

四、场地负荷一般是根据存放的集装箱型号和堆放层数和所采用的搬运设备确定，并应按最大存放量来考虑。

五、集装箱堆放层数取决于装卸设备和集装箱数量。叉车和跨运车一般可堆 2~3 层；轮胎式龙门起重机可堆放 3~4 层；轨道式龙门起重机可堆放 4~5 层。

六、货场面积根据堆放集装箱数量、尺寸、间距和堆放层数，装卸和搬运设备的作业通道等确定。

七、集装箱平面布置间距   表1

装卸方式	集装箱间距 (m) 前后	集装箱间距 (m) 左右	作业通道 (m)
叉车	0.20~0.40	0.50~0.60	28.34①
跨运车	0.20~0.40	1.30~1.56	左右间距已含通道
龙门起重机	0.40~0.60	0.20~0.40	5.30

注：① 适用大型集装箱作业。

八、拼箱货运输的装箱和拆箱以及收发作业，均应在室内进行，并应有适当的临时堆放货物面积。

装卸方式的优缺点

一、叉车方式——集装箱的装卸、搬运和码垛均采用叉车。该方式的主要优点是速度快效率高，机动灵活性较好，转运作业方便；设备投资和维修保养费较少，维修保养简便，操作安全。其缺点占地面积大，轮压较大。对工艺过渡阶段和空箱堆场辅助作业必不可少的方式。

二、跨运车方式——集装箱从地面转入货场、码垛、装入拖车均由跨运车完成。它的优点与叉车方式类似。其最大缺点是轮压较大，维修管理复杂，损箱量较大。

三、龙门起重机方式——龙门起重机在货场内主要进行集装箱的装卸和码垛作业。其优点跨度和升幅较大，可堆高，能大大节约用地面积，维修保养简便；由于结构笨重，装卸效率较低，轮压较大，作业范围受限制。

四、混合方式——它具有各种方式的优点。其方式主要有：① 龙门起重机与叉车；② 龙门起重机与跨运车等。

集装箱规格   表2

型号	载重量 (t)	内部容积 (m³)	外部尺寸 (mm) 长	宽	高	总重 (t)
1AA	30	65.7	12192	2438	2591	30.48
1CC	20	32.1	6058	2438	2591	20.32
10D	10	19.6	4012	2438	2438	10.00
5D	5	9.1	1968	2438	2438	5.00
	2.7	5.12	2000	1250	2450	3.325
	1.05	1.2	1300	900	1300	1.25

注：5t 和 10t 集装箱主要用于国内运输；20t 和 30t 集装箱主要用于国际运输。

布置示例

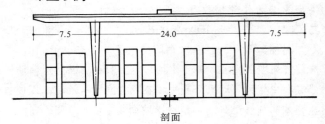

剖面

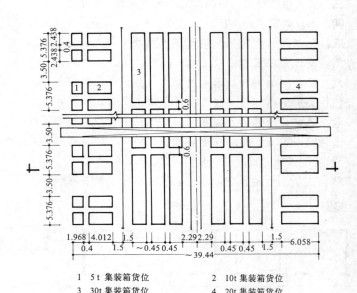

1　5t 集装箱货位　　　　2　10t 集装箱货位
3　30t 集装箱货位　　　4　20t 集装箱货位

1 龙门起重机式的集装箱、货场布置

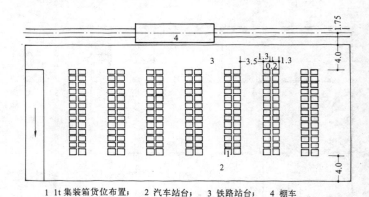

1　1t 集装箱货位布置；　2　汽车站台；　3　铁路站台；　4　棚车

2 用棚车运输 1t 集装箱作业布置图

分类

一、按筒仓高度和横截面最大尺寸的比值分：
浅筒仓——高度与筒仓内径或与筒仓短边之比小于1.5者，其底部所受压力，大致等于筒仓所盛物料的重量。
深筒仓——高度与筒仓内径或与筒仓短边之比大于或等于1.5者，其底部所受压力，有一部分物料的重量被物料与仓壁间的摩擦力所承受。

二、按筒仓的形状分：圆形筒仓；方形筒仓。

三、按结构分：钢筒仓；混凝土筒仓；混合材料筒仓。

一般钢筒仓自重小，地基好坏都易建造，地基费用低，施工时期短，但需涂油漆，维护工作大。而混凝土筒仓则相反。

a 单排圆形筒仓

c 单排矩形筒仓

b 双排圆形筒仓

d 双排矩形筒仓

1 筒仓平面布置示意

工艺流程

汽车／火车 → 运入（自卸车、抓斗吊、风动输送机）→ 卸车 → 输送机、提升机、风动输送机 → 入仓 → 贮存 → 筒仓底部卸料机 → 发运

设计要点

一、筒仓的大小、数量，则根据储存物料品种、数量和装卸仓条件，并进行技术经济比较来确定，其形状最好采用圆形和正方形筒仓，而且圆筒仓更为优越。

二、为满足储存各种不同品种的材料采用小型筒仓时，可采用正方形筒仓，其尺寸以不大于3～4m为合理。

三、圆形筒仓的直径小于或等于12m时，宜采用2m的倍数；大于12m时，宜采用3m的倍数，直径大于10m的圆形筒仓，仓顶上不宜设置有筛分设备的厂房。

四、圆群仓总长度超过50m或柱子支承的矩形群仓总长度超过36m时，应设伸缩缝。

五、筒仓的高度 $h \geq 1.5\sqrt{F}$，式中 F 为筒仓横截面的净面积，而 h 则为筒体（不含锥底）的高度。

六、筒仓容积的确定：

$$V = \frac{物料日需用量(m^3) \times 存放时间(d)}{K}$$

式中 K——填满系数，一般取 0.75～0.9。

七、平面布置：筒仓可以独立布置或成群布置。群仓多为单列式或双列式布置，见仓库[12]图1。直径大于或等于18m的圆形筒仓，宜采用独立布置的形式。

八、由机车车辆直接卸料的筒仓长度，应结合车辆长度和车位来考虑。轨道两侧需设高出轨面1.10m的走台，其宽度不小于0.60m；走台内侧边距铁道中心为2.10m。

散状物料的堆积密度和安息角 表1

物料名称	堆积密度 (t/m³)	安息角 运动	安息角 静止
无烟煤（干、小）	0.7～1.0	27°～30°	27°～45°
烟煤	0.8～1.0	30°	35°～45°
焦炭	0.36～0.53	35°	50°
无烟煤粉	0.84～0.89	—	37°～45°
细砂（干）	1.4～1.65	30°	30°～35°
造型砂	0.8～1.3	30°	45°
粘土（小块）	0.7～1.5	40°	50°
水泥	0.9～1.7	35°	40°～45°
稻谷	0.45～0.6	—	40°
大米	0.78～0.8	—	30°～44°
小麦	0.6～0.78	—	28°
大豆	0.6～0.75	—	21°～28°

实例

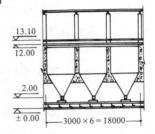
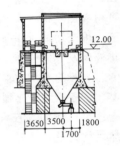

2 机车车辆直接运入的筒仓

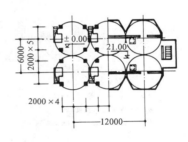
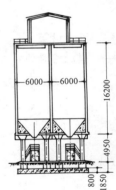

3 矿肥仓库筒仓

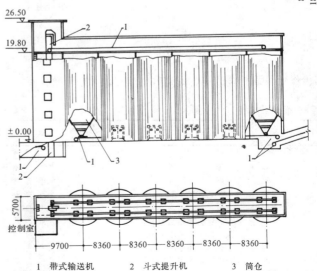

1 带式输送机　　2 斗式提升机　　3 筒仓

4 砂库筒仓

仓库[13] 煤堆场·废料场

煤库的类型

表1

名称	最小距离(m)
围墙	3.0
公路边缘	1.5
厂外铁路中心	10.0
厂内铁路中心	1.5
防火墙	1.0

煤堆场的布置

一、煤库应靠近热电站、煤气站和锅炉房等布置。

二、煤堆宜在厂区的下风向。其长边应平行于主导风向。

三、煤堆各边坡面倾斜角一般为40°~45°。

四、堆煤场地要选择在地势较高且平坦坚实干燥的地点。可用灰土地面，最好采用水泥地面。并应设排水设施。

五、堆煤场的地下不宜敷设电缆，采暖管道和易燃、可燃液体及气体管道。

六、在没有机械化装置的堆煤场中，为了将发热的煤冷却，需备有煤场总面积1/6的空地。

七、堆煤场四周应设有道路，其宽度不应小于4m。煤堆之间的最小间距，不应小于2m。

八、如果采用库房储存煤炭。应搞好通风，距顶棚不应小于1.9m，距可燃墙壁不应小于1.5m。

煤场面积计算

一、煤垛容量的计算：

$$q = \frac{h}{6}[(2b+b_1)l + (2b_1+b)l_1]r$$

式中 q——煤垛容量（t）　　h——煤垛高度（m）
　　 b——煤垛底部宽度（m）　b_1——煤垛上部宽度（m）
　　 l——煤垛底部长度（m）　l_1——煤垛上部长度（m）
　　 r——煤的堆积密度（t/m³）

二、需要煤垛数的计算：

$$n = \frac{Q}{q}$$　　式中 n——煤垛数　Q——煤的储备量（t）

三、煤场的有效面积计算：

$$f_{有效} = nf_{垛} = nlb$$　　式中 $f_{垛}$——煤垛底部面积（m²）

四、煤场总面积含道路、过道和铁路等，可按布置来定。

煤的储存期限、堆存高度、自燃倾向

表2

煤种		储存期（月）	堆存高度（m）	煤堆长度（m）	煤堆宽度（m）	自燃倾向
无烟煤		不限	不限	不限	不限	不自燃
烟煤	贫煤	不限	不限	不限		不自燃
	瘦煤	不限	不限	不限		不自燃
	弱粘结煤	不限	不限	不限	不限	不自燃
	不粘结煤	不限	不限	不限		难自燃
	肥煤	不超过3	不超过3	不限	≤20	难自燃
	焦煤	不超过3	不超过3	不限		难自燃
	气煤	不超过3	不超过3	不限		难自燃
	长焰煤	不超过3	不超过3	不限		可自燃
褐煤		不超过1	不超过1.5	不限	≤20	易自燃

注：机械化运转储煤，已经过压实的高度不限。

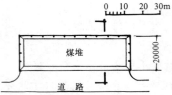
a 汽车运输料槽式露天煤库

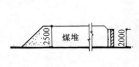

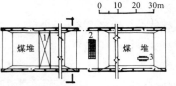
1 5t抓斗桥式起重机　2 受煤斗　3 履带式推土机
b 汽车运输用抓斗起重机带雨棚的煤库

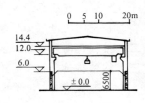

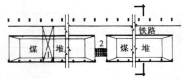
1 5t抓斗桥式起重机　2 受煤斗　3 挡煤墙
c 铁路运输用抓斗桥式起重机的露天煤库

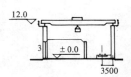

1 煤库布置

废料场的布置

一、废料场应选择不能利用的洼地：荒地、山沟、废河道与河滩的淤积地，并对农田水利无有害影响。

二、与厂区、居民点和水源地应有适当的卫生防护距离，并尽可能位于厂区和居民点最大风频的下风侧。

三、应将废料和垃圾分开放，以便废物利用时提取。

四、废料场堆积年限的计算

$$堆积年限 = \frac{废料场面积（m^2）×堆置高度（m）×K（面积利用系数）}{每年的废料量（m^3）}$$

五、废料堆积密度参考数据

表3

废料名称	堆积密度(t/m³)
干炉灰	0.4~0.6
煤渣	0.6~0.9
废砂	0.6~1.5
碎砖	0.6~1.6
垃圾	0.5~0.8
平炉熔渣	1.5~1.9
高炉溶渣	0.6~1.0

六、废料场如用铁路运输一般采用两条铁路线，并可不设道碴。其平面布置如图**2**

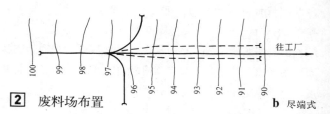

2 废料场布置　　a 环形式　　b 尽端式

木材仓库 [14] 仓库

木材仓库类别

序号	类别	储存物料	备注
1	原木堆场	圆木、大方	
2	锯材堆场	湿板材、湿小方	
3	木材废料场	锯屑、刨花、板皮、板条、截火、…等	含锯材棚*
4	板材库	干锯材、各种人造板	
5	半成品库	各类木制品毛坯、零部件	
6	成品库	各类木制品	

注：* 在下列情况下，设锯材棚
① 存放不宜放置露天的贵重锯材；② 对锯材进行强制通风自然干燥。

木材仓库对总平面布置的要求

一、原木堆场和锯木堆场应布置在厂内主要运输入口附近，位于热加工车间的上风方向，远离易燃易爆物品库。
二、木材堆场与木工车间之间的布置应使运输线最短。
三、木材仓库四周应有消防通道。仓库内外设消火栓。
四、木材储量大的大型木材堆场，与其他建筑物（包括行政、居住、生产厂房及仓库等）之间应用围墙隔离。
五、木材堆场的场地必须夯实，可用混凝土地坪、或煤碴碎石地面铺平夯实。场地要求平坦，并有不小于5‰的排水坡度。大型木材堆场，须有排水设施。
六、大型木材堆场，应考虑事故和安全保卫工作照明。

原木堆场布置

一、应分类成垛堆放，一般原木是直接放置在地面上。
二、垛宽80m以内，垛长根据原木的长度而定，一般为6～8m，垛高（从地面算起）为6～8m。
三、堆垛之间的间距为1.5～2m，每两个堆垛（垛对）之间设4～5m宽的通道。4～6个垛对为一垛组，垛组之间设8～10m宽的运输和防火通道。
四、两个垛组构成一垛区，垛区面积不应大于2ha，垛区之间应设不小于15m宽的防火间距。
五、两个垛区合成一垛段，垛段面积不应大于4.5ha，垛段之间应设不小于25m宽的防火间距。
六、堆场面积＞16ha时，应设＞50m的防火区带。

锯材堆场布置

一、分类成垛堆放在垛基上，垛基由基墩和底梁组成，基墩可用混凝土、石头等。基墩尺寸：顶部为300×300mm，底部为600×600mm，高为300～450mm。基墩间距不宜超过2m。底梁可用锯材，垛基总高400～600mm。
二、垛宽不大于8m，垛长根据所堆锯材的长度而定，一般为4～8m，垛高：当贮量小采用人工堆垛时，一般为2～4m；大型堆场采用机械堆垛时，可达6～8m。
三、8～12垛为一组，一般布置成两排。垛组面积不应超过900m²。垛间间距为1.5～2m，垛组之间应设8～10m宽的防火及运输通道。
四、30个垛组合成一个垛区，每个垛区的面积不应超过4.5ha，垛区之间须设不小于25m宽的防火间隔。
五、4个垛区合成一个垛段。堆场面积大于18ha时，垛段之间应设不小于100m间隔的防火区带。
六、堆场的外垛垛边距厂区道路边缘不应小于10m。

各类室内木材仓库

一、根据库存量大小，可建单跨或多跨单层建筑物；也可与木材加工车间组合一个建筑物，但必须设墙隔断。
二、半成品库及成品库，也可采用多层库房或高架库。
三、库房内设消防设施，并符合《建筑设计防火规范》。

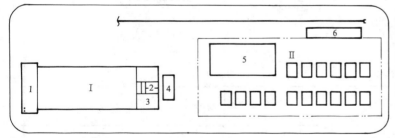
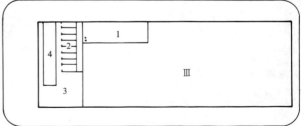

1 生活间办公室及辅助间　2 木材干燥室　3 干板材库　4 转运车道　5 锯材棚　6 卸货台
Ⅰ 建箱车间　Ⅱ 锯材堆场　Ⅲ 模型车间

[1] 某重型机器厂木材加工区域布置实例

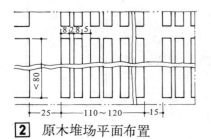

[2] 原木堆场平面布置

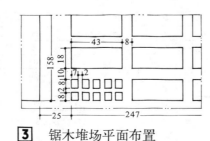

[3] 锯木堆场平面布置

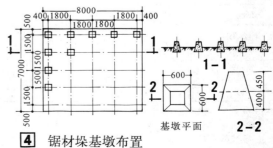

[4] 锯材垛基墩布置

起重运输机械 [1] 起重机械

起重机械

a 螺旋千斤顶　**b** 液压千斤顶　**c** 滑车　**d** 手动单轨小车　**e** 手拉葫芦　**f** 环链手板葫芦　**g** 电动葫芦

1 简易起重机械

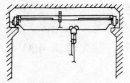 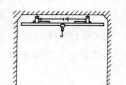 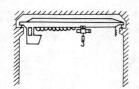 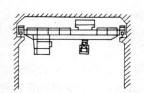 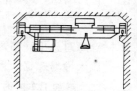

a 手动单梁起重机　**b** 手动单梁悬挂起重机　**c** 电动单梁起重机　**d** 抓斗桥式起重机　**e** 电磁桥式起重机

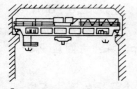 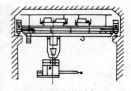 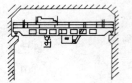 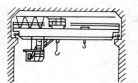 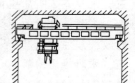

f 电站桥式起重机　**g** 加料桥式起重机　**h** 挠性料耙起重机　**i** 铸造桥式起重机　**j** 脱锭桥式起重机

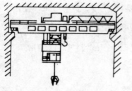 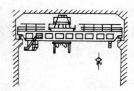 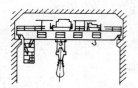 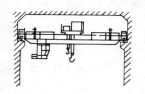 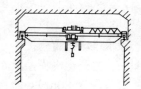

k 夹钳起重机　**l** 旋转夹钳桥式起重机　**m** 锻造桥式起重机　**n** 淬火桥式起重机　**o** 制冰吊钩桥式起重机

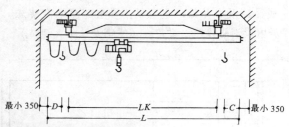

p 电动单梁悬挂起重机（表1）

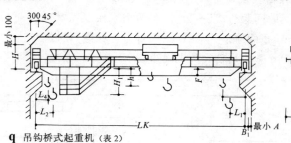

q 吊钩桥式起重机（表2）

2 桥式起重机、其它

表1

代号 \ 起重量(t)	0.5	1	2	3	5
LK(m)		3～7.5	8～12	12.5～16	
L(m)		4.5～9	10～14	14.5～18	
B（起重机总宽）		1500	2000	2500	
C	154	154	153	151	170
D	234	256	278	279	302

注：①上表尺寸系参考天津起重设备厂产品。
②起重高度均为6m、9m、12m、18m、24m、30m。
③工作制度均为JC＝25%。

表2

代号 \ 起重量(t)	5	10	16/3.2	20/5	32/5	50/10	100/32	125/32
LK(m)	10.5、13.5、16.5、19.5、22.5、25.5、28.5、31.5						13～31	
A	60						75	
B	5190～6100	5840～6330	5955～6390 / 6235～6835	6640～6990	6775～6975		9200～10200	
B_1	230	230	230～260	260	300		400～460	
F	-24～976		80～842	-79～816	76～525		70～605	
H	1764～1926		2095～2189	2337～2734	3931		3931～4230	
H_1	2526～3356		2570～3222	2531～3196	最大2900			
h	31～561.5		654～519	950～469	1230		1230～905	
L_1	1250	1300	1500	1450	1700	2000	2150	
L_2	800	1050	1850	1900	2050	2200	2800	
L_3	—	—	2310	2320	2680	3195	3405	
L_4			1040	1030	1070	1005	1545	

注：①上表尺寸5～50/10t系参考大连起重机器厂产品，100/32、125/32t系参考太原重型机器厂产品。
②工作制度均为JC＝25%。

起重机械[2]起重运输机械

起重机械

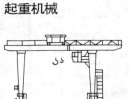
a 吊钩门式起重机

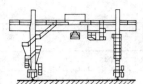
b 抓斗门式起重机

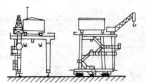
c 电站门式起重机

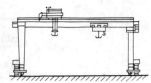
d 造船门式起重机

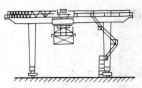
e 集装箱门式起重机

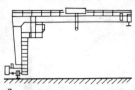
f 吊钩半门式起重机

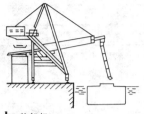
g 卸船机

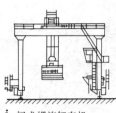
h 装船机

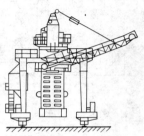
i 门式螺旋卸车机

j 链斗门式卸车机

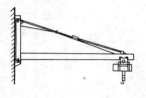
k 墙式旋臂起重机

l 定柱式旋臂起重机

m 平衡吊

n 塔式起重机

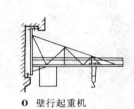
o 壁行起重机

1 门式起重机、装卸机、其它

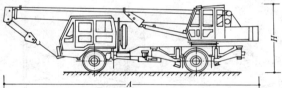

汽车起重机行驶状态外形尺寸　表1

代号 起重量(t)	A	B(起重机宽度)	H	R(最小转弯半径)
5	8500	2250	2280	8000
8	8370	2450	3200	9200
12	10760	2500	3150	11000
20	12330	2500	3355	9500
40	12980	2500	3230	13500

注：①起重量5t、12t的尺寸系参考泰安起重机械厂产品；8t、20t系参考北京起重机器厂产品；40t系参考长江起重机厂产品。
②起重量20t、40t分别为三桥、四桥结构。

2 汽车起重机

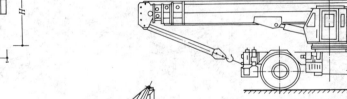

轮胎式起重机行驶状态外形尺寸　表2

代号 起重量(t)	A	B(起重机宽度)	H	R(最小转弯半径)
16	~16480	2990	~3351	7500
25	10500	2600	3450	11000

注：①起重量16t的尺寸系参考北京起重机厂产品；起重量25t系参考哈尔滨工程机械制造厂产品。
②R均指外轮轮迹中心。

4 轮胎式起重机

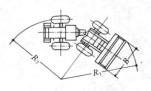
3 履带式起重机

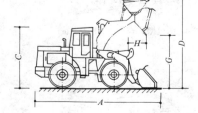
5 装载机（表3）

表3

代号 起重量(t)	A	B	C	D	G	H	R_1	R_2
1	3450	1208	2355		2150	900		2170
2	5700	2150	2760	4180	2600	900		4600
3	6000	2350	2900	4495	2750	850		4950
4	7034	2706	3337	4580	2800	1000	6700	5450※
5	6760	2940	3250	5010	2850	1000	6700	5600

注：①起重量1t的尺寸系参考宝鸡叉车制造公司产品；2t、3t系参考成都工程机械总厂产品；4t、5t系参考柳州工程机械厂产品。
②※号指后轮外侧尺寸。

起重运输机械[3] 叉车及运输小车

起重机械

代号 起重量(t)	A	C	D	H	L	L_1	L_2	B(叉车宽)	R(最小转弯半径)
1	2865	770	1320	2045	4020	3000	1980	1050	1840
2	3755	1070	1550	2090	4135	3000	2090	1270	2455
2.5	3755	1070	1550	2090	4135	3000	2090	1270	2455
3	3790	1070	1700	2090	4135	3000	2090	1270	2480
4	4055					3000	2260	1800	2680
5	4810	1220	2300	2450	4380	3000	2732	1910	3300

注：上表尺寸 4t 系参考宜昌叉车厂产品，其余系参考北京叉车总厂产品。

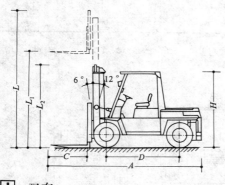

1 叉车（表1）

适用于长料货物的装卸、堆垛、短途运输。

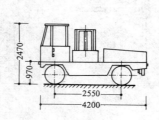

2 3t 侧面叉车

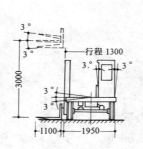

3 100t 内燃机铁路起重机

主要用于铁路救援

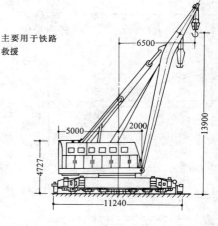

运输机械

a 多层手推车（载重量为 0.25~1t）

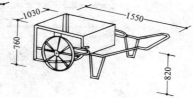

b 手推小车

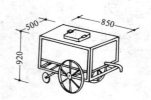

c 油料小车

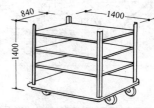

d 多层手推车

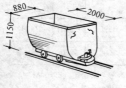

e U 型固定小矿车（1.1m³）

f 搬运叉车（可升降、载重量为 0.5~2t）

g 拖纸车（可升降、载重量为 2t）

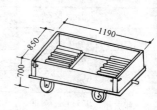

h 小车（带有滚轴，搬运大零件，两侧可开启）

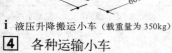

i 液压升降搬运小车（载重量为 350kg）

j 液压圆桶搬运车（载重量为 300kg）

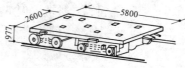

k 钢锭搬运车（载重量为 120t）

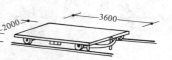

m 电动平板车（载重量为 10t）

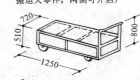

l 小车（搬运金属板用）

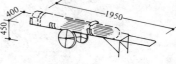

n 运瓶小车

4 各种运输小车

运输机械 [4] 起重运输机械

运输机械

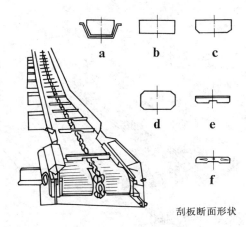

刮板断面形状

适用于输送粉末状及块粒不大的物料，刮板运输机亦可逆向运行。

1 刮板输送机

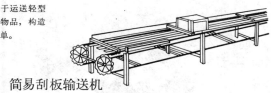

适用于运送轻型小件物品，构造较简单。

2 简易刮板输送机

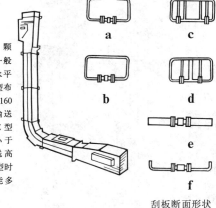

刮板断面形状

适用于输送粉状、颗粒状和小块状的一般物料，单机可作水平型、垂直型及Z型布置，机槽宽度为160～400mm，水平输送长度小于80m（Z型时，上水平段小于30m），垂直输送高度小于30m（Z型时小于20m），也能多机组合布置。

3 埋刮板输送机

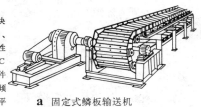

适用于输送较沉重、块度较大、有锋利棱角、对输送机有强烈磨损性或温度达 600～700℃ 的各种散状物料和成件物品，可作水平、倾斜、倾斜—水平、水平—倾斜及综合型布置，输送机长度可达200m，倾角可达 30°～35°（平板输送机小于 25°）。弯曲半径约 5～8m，底板宽度一般为 400～1400mm。

a 固定式鳞板输送机

b 固定式平板输送机

4 板式输送机

适用于输送容重为 0.5～2.5t/m³ 的各种块状、粉状等散体物料，也可输送成件物品。一般带式输送机可作水平、倾斜、水平—倾斜、倾斜—水平或水平—倾斜—水平等布置，倾角为 0°～25°（视运送的材料而不同），某些高倾角带式输送机可作L型、Z型、C型、S型等布置，倾角为 0°～70°。胶带宽度为 125～2000mm。

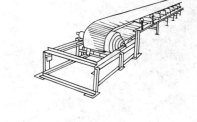

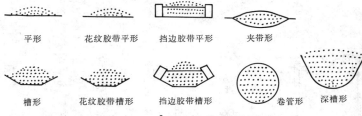

平形　花纹胶带平形　挡边胶带平形　夹带形

槽形　花纹胶带槽形　挡边胶带槽形　卷管形　深槽形

a 普通带式输送机　　b 高倾角带式输送机

输送带承载段断面形状

5 固定式带式输送机

适用于输送粉状及粒状物料。倾斜角度为 9°～20°。运输长度为 10、15 及 20m，胶带宽度为 500～800mm。

6 移动式带式输送机

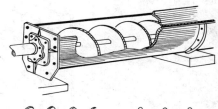

适用于输送粉状、颗粒状和小块状物料。分水平固定式、垂直式和弹簧螺旋输送机三种。
水平式螺旋输送机是最常用的一种，其螺旋直径为 150～700mm，输送倾角小于 20°，输送长度为 3～90m。
垂直式螺旋输送机用于短距离提升物料，其螺旋直径为 200～400mm，倾角 15°～90°，提升高度一般在 15m 以下。
弹簧螺旋输送机用于小输送量和短距离输送，其水平或垂直输送距离小于 15m。

a 实体螺旋　　c 叶片式螺旋

b 带式螺旋　　d 异形螺旋

e 弹簧螺旋

7 螺旋输送机

适用于输送粉尘较大，具有挥发性的物料及 300℃ 以下的高温物料，并可 2～3 台刚性连接同步输送，管体长度 1～3m，直径 200～350mm。

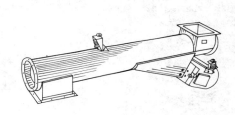

8 管式电磁振动输送机

起重运输机械 [5] 运输机械

运输机械

适用于车间内部或车间之间连续运送成件或已包装的粒状物品，以及各行业流水生产中工序间传送工件。

适用于大批生产小型铸件的铸工车间造型浇注和落砂工部间的运输。输送器小车台面宽度为 500～1000mm。

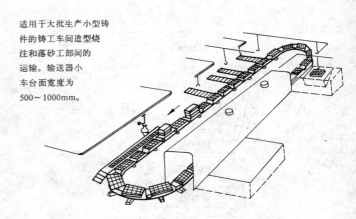

5 水平环型铸型输送机

分有驱动装置和无驱动装置两大类，结构简单，适用于输送各种不同大小、重量、形状的成件物品。

6 辊道输送机

1 悬挂式输送机

适用于楼层之间输送物件。输送机线路可通过干燥、油漆及浸浴等装置内部。输送机垂直高度在 30m 以内时总长度可达 100～150m。

2 提架输送机

用于家用电器等行业的装配检测生产流水线及产品运输，系侧面牵引小车，可间歇或连续及带电运行。

3 封闭轨台式输送机

系新闻印刷行业使用的输纸设备，小车内装有传动装置，采用地下馈电滑行接触的集电方式，线路长短不限，以道岔改变运行线路。

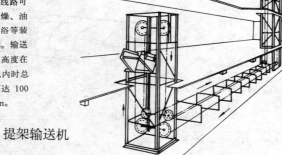

适用于垂直或倾斜时输送粉状、颗粒状、小块状及无磨琢性或半磨琢性物料。料斗宽度当牵引构件系橡胶带时为 160～450；强力尼龙带时为 100～630；链条时为 250～1000。提升高度可达 40m（橡胶带牵引的及双通道提升机为 30m）。

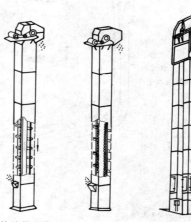

a 橡胶带或强力尼龙带牵引　　b 链条牵引　　c 链条牵引（双通道型）

7 常用斗式提升机

构造简单，无传运装置，适用于自上而下的输送。阶梯式可输送成件物件，螺旋式可输送袋装物件。

   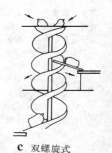

a 阶梯式　　b 单螺旋式　　c 双螺旋式

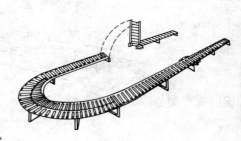

小车／盖板／集电器／滑线／轨道

轨道断面图

小车／道岔

线路示意图

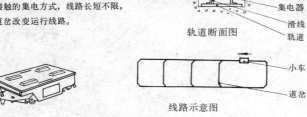

4 电动台车式地面输送机

8 重力输送装置